식용해조류 II

식용해조류 II

성분과 생리활성

한용봉

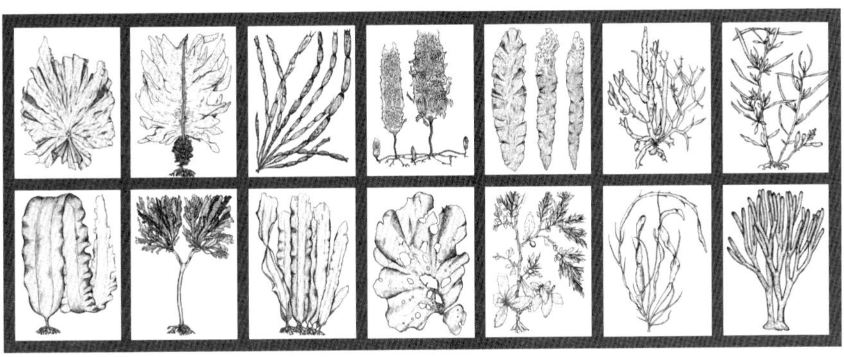

고려대학교출판부
KOREA UNIVERSITY PRESS

머리말

해조류는 바닷물 속 모래나 바위에 부착하여 사는 하등식물로 해초 또는 바다채소라고도 하며 형태는 뿌리, 줄기, 잎의 구별이 확실하지 않고, 엽상부와 기근부로 나뉜다. 해조류의 색소로는 녹색 chloroplyll, 황색 carotenoids, 적색 phycobilin 등이 함유되어, 배합에 따라 녹조류, 홍조류, 갈조류, 남조류로 분류된다. 식용 해조류로 녹조류 0.4%, 홍조류 33.0%, 갈조류 66.5%가 이용되고 있으나, 한국, 일본, 중국 등 아시아에서 주로 소비되고, 자연산보다는 바다 양식이 식용의 94%에 이른다.

인류의 해조류 이용은 B.C. 600년경부터이며, 중국의 고서에 해조류의 중요성, 요리법과 유용성이 기재되어 있고, 아시아, 아메리카, 하와이 등에서 식용하여 왔으나, 유럽에서는 사료나 비료로 사용되었다.

우리나라에서 식용되고 있는 해조류는 50여 종이다. 엽록소나 엽록소와 갈색소를 함유한 녹조류인 파래, 청각, 매생이, 청태 등이 얕은 바다에, 갈색소가 많은 갈조류인 미역, 다시마, 톳, 곰피, 감태, 대황 등은 조금 깊은 바다에, 엽록소 외에 적색소가 많은 홍조류인 우뭇가사리, 풀가사리, 지누아리, 도박, 갈래곰보, 꼬시래기, 진두발(카라기난) 등은 깊은 바다에 분포한다.

우리나라 해조류 소비량은 미역이 75%로 가장 많고, 일본은 김이 45%로 가장 많다.

해조류의 영양은 회분 25%로 무기질인 칼슘, 칼륨, 인, 구리, 망간, 철, 요오드 등이 풍부한 알카리성 식품이다. 특히 김은 vitamin A, B, B_{12}, C 등이 많고, 식욕을 돋우는 독특한 향기가 있으며, 맛은 아미노산인 시스틴과 당질인 만난에 기인하며, 특히 다시마는 단백질 5~15%로 아미노산인 글르탐산으로 감칠맛이 있고, 소화도 비교적 잘 된다. 건조 유기물은 가용성 탄수화물 32~60%와 섬유 4~12%로 끈끈한 점질물을 분해하면 포도당과 과당이 생기며, 알긴이라는 점질 물질이 약 20% 함유되어 있는데 이는 중금속과 결합하여 중금속을 체외로 배설시키기도 한다. 더구나 식이섬유가 많아 혈중 cholesterol을 낮추어, 고혈압, 심장병, 동맥경화 등에 효과 있으며, 요오드는 체내에서 갑상선 hormone의 주요 성분으로 심장과 혈관의 원활한 활동, 체온과 땀의 조절 등 신진대사를 증진시키는 등 오늘날 증가하고 있는 성인병의 예방과 치료에 적합한 건강기능성 식품으로 손색이 없다고 할 수 있다.

이 책에서 해조류 학명은 강제원의 《한국동식물도감(해조류)》(문교부, 1968)과 이용필, 강서영의 《한국산 해조류의 목록》을 참고하였으며, 2009년 9월까지 국내 관련 학회지에 보고된 내용을 중심으로 영양성분, 특수성분(2차 대사산물) 및 생리활성을 정리하였고, 관심이 있는 이의 연구에 필요한 기초자료로 참고문헌을 제시하였다. 미흡하나마 도움이 되었으면 한다.

이 책이 완성되기까지 많은 이들의 도움이 있었으며, 특히 자료 보강에 도움을 주신 고려대학교 과학도서관 사서들에게 고마움을 전한다. 늘 곁에서 묵묵히 격려해 준 남편과 출판을 흔쾌히 허락하여 주신 고려대학교출판부에도 감사함을 전한다.

2010년 가을

저자 한 용 봉

차례

Chondria crassicaulis Harvey

서실 1

홍조류 · Rhodomelaceae(빨간검둥이과)

• 일명 | Yuna
• 별명 | 개서실
• 분포 | 한국, 일본
• 용도 | 식용

✻ 식물학적 특성

홍조류로 빨간검둥이과에 속하며, 뿌리는 소각상이며, 하부가지는 옆으로 기어나고, 몸은 원주상, 성숙하면 평편한 원이다. 하체는 짧고, 가운데 상체는 굵고 다육질, 굵기는 2~5㎜, 높이 10~20㎝, 가지는 호생, 때론 불규칙. 가지 끝은 뭉뚝. 기부는 가늘다. 성숙하면 작은 가지에 전분을 저장, 후에 모체에서 떨어져 새로운 개체가 된다.

동속 해조류에는 덤불서실(*Ch. expansa*), 각시서실(*Ch. dasyphylla*) 등이 있다.

전 세계에 널리 분포되어있고, 우리나라 울릉도, 남해에도 서식하고 있다.

✻ 성분

1) 특수성분

서실(*Ch. crassicaulis*)에서 chondrine(1S, 3R, C-01223), *Ch. armata*에서 3-Amino pentadioic acid(A-01506), Aspartic acid(R, A-02883),

Domoic acid(D-03646), Domoilactone A, B(D-03647), Isodomoic acid A, B, C(I-00425), *Ch. californica*에서 Lenthionine(P-00766), 1, 2, 4, 6-Tetrahiepane(T-01170), *Ch. dasiphylla*에서 2, 4-Pyrrolidinecarboxylic acid(2S, 4R, P-02320), *Ch. oppositiclada*에서 Chondriol(C-01224), Cycloeudesmol(C-02307), *Ch. tenaissima*에서 ent-1, 3-Epiconcinndiol (B-00902)등이 분리되었다.

✼ 생리 활성

암예방효과① : 홍조류 서실을 추출, 항발암 효과를 HeLa, MCF-7, HT-29, $HepG_2$ 암세포에 대하여 실험한 결과, HeLa세포는 CCMB(서실 BuOH층)의 최고농도 150㎍/㎖에서 92.6% 암세포 증식억제, MCF-7(유방암세포)에는 CCMM(서실 MeOH층) 95.47%, CCMB 77.05%, HT-29(대장암세포)의 120㎍/㎖에서 CCMM 67.97%, CCMB 61.89% 억제하였으나 최고농도 150㎍/㎖에서 CCMB 81.94%, CCMM 75.45%보다 높은 효과를 보였다. 또한 RT-PCR로 apoptosis와 연관성을 가진 대표적 유전자 발현을 조사, 서실의 암세포 증식 억제 효과를 측정한 결과, CCMM에 cyclo-oxygenase(COX-2), caspase-3 및 IAP(cIAP-1, cIAP-2, xIAP) 단백질 발현이 저하되었으며, p53, p21 및 survivin protein의 발현이 증가되었으나, Bax, Bcl-2와 Bcl-XL 발현에는 영향이 없었다. $HepG_2$로 QR 유도 활성은 50㎍/㎖에서 CCMH(hexane층)와 CCMM이 대조군보다 약 2배 효과가 있었고, 120㎍/㎖에서 CCMH와 CCMM이 각각 3.73과 2.45배 암예방 QR 유도 효과가 있었다. 특히 CCMM층은 암세포 증식 억제 효과 및 QR 유도 활성이 높았다.

홍조류의 암세포에 대한 세포독성② : 제주도 해안에서 수집한 서실, 시나이아, 진두발, 폴리시폰니아 등 26종의 홍조류 MeOH와 수침물질을 20℃와 70℃에서 4종의 암세포: U-937(human monoblastoid leukemia cell lines), H-60(human promyelocytic leukemia cell line), B-16(murine melanoma cell line)과 HeLa(woman cervical careinoma cell line)에 대하여 세포 독성을 조사한 결과, *Polysiphonia japonica*(떨기나무폴리시포니아) MeOH추출물은 U-937과 B-16세포에서 50% 이상의 세포 독성을 보였고, *Scinaia okamura*의 20℃ 수침물질과 *Chondrus crispus*의 70℃ 수침물질은 HL-60과 H-16세포에 대해 50% 이상의 세포 성장을 억제하였다. *Scinaia okamura*의 20℃ 수침물질에서 B-16 세포에 대해 80.55%의 세포 독성을 보여 가장 강력하였다.

Prolyl Endopeptidase, Tyrosinase 저해 및 항응고 활성 : 40여 종 해조류의 MeOH ex에 대하여 prolyl endopeptidase(PEase), tyrosinase(Tyase) 및 혈액 응고 저해 활성을 측정한 결과, 항치매 활성 지표인 PEase에 대하여 40ppm에서 쌍발이모자반, 짝잎모자반, 큰잎모자반, 지충이, 감태, 패, 톳이 90% 이상 저해 활성이 있었고, 항암 및 미백 효과 활성 지표인 Tyase에는 꽈배기모자반, 감태가 각각 40ppm에서 51%, 76% 저해 효과를 보여 시료 중 가장 강하였다. 강력한 항응고 활성 해조류는 없었으나, 약 367ppm에서 APTT assay에서는 큰모자반, 개우무 및 톳이 대조구에 비해 210, 211, 198% 응고 시간 연장 효과를 보였고, TT assay에서는 마디잘록이, 쌍발이서실 및 톳이 각각 216, 197, 251%의 연장 효과를 보였다.

Nitrite 제거 해조류 검색과 활성 : 녹조류(파래-*Enteromorpha, Ulva*), 갈조류(톳, 미역, 모자반류, 곰피), 홍조류(우뭇가사리, 진두발, 도박, 서실, 보라우무, 지누아리, 꼬시래기, 돌가사리) 등에 대하여 NO 제거 활성을 검색한 결과, 곰피의 MeOH ex가 가장 강하였고, 추출 정제한 활성 물질은 phlorotannin A였다. phloroglucinol(IC_{50}=3.9㎎/*ml*)의 활성을 ascorbic acid(IC_{50}=65.0㎎/*ml*)보다 강하였다. 이상의 결과로 곰피에서 추출한 활성 물질 phlorotannin A와 phloroglucinol은 발암성 N-nitroso 화합물의 전구물질 nitrite제거제로 응용될 수 있을 것으로 생각되었다.

항산화물질 : 동해 주문진 해안에 생육하는 12가지 식용 해조류에서 항산화 물질을 분리하였고, 항산화 측정(AOM법, DPPH법)과 UV, HPLC,

GC/MS로 분석하였다. 12종 식용 해조류를 열 MeOH 추출, AOM법으로 측정한 활성은 김〉미역, BHT〉다시마〉넓미역〉지누아리〉서실 순이었고, 나머지 해조류는 활성이 나타나지 않았다. 또한 석유에텔, Et_2O, $CHCl_3$, MeOH, H_2O로 순차 추출, 색소제거 후 농축하여 DPPH법으로 항산화를 측정한 결과, H_2O-MeOH 가용분획에서 강한 활성을 보였고, 김〉미역〉다시마〉BHA〉파래〉Tocopherol〉넓미역〉BHT 순이었다. 특히, 김, 미역, 다시마, 파래는 같은 양에서 BHT, BHA보다 높거나 비슷한 항산화 활성을 보였다. 활성 물질 회수율은 1.82%, 극성 용매 분획에서 강한 활성을 보였다. 추출 물질의 흡수 파장은 235±5nm, 270±5nm(λmax), HPLC 분석결과 다시마, 미역, 파래의 retention time(RT)이 8.5분, 10분인 극성 물질이 분리되었고, 김에서는 25분의 비극성 물질로 BHA, BHT와 비슷한 RT에서 분리되었다.

충치균에 대한 항균 활성 : 우리나라 연안에서 채취한 해조류 27종의 80% EtOH 추출물이 충치균 *Streptococcus mutans* KCTC 3300의 증식에 미치는 영향을 조사한 결과, 해조류 중 다시마가 가장 강하였고(+++), 갈파래, 청각, 감태, 곰피, 미역도 비교적 활성이 높았으며(++), 홍조류보다 갈조류와 녹조류가 대체로 강하였다. 다시마의 항균 활성은 용매에 따른 추출물의 차이는 나타나지 않았다. *S. mutans* KCTC 3300과 *S. sobrinus* KCTC 3307에 대한 해조류의 80% EtOH 추출물의 MIC는 해조류 종뿐 아니라, 동일 해조류 추출물에서도 균 종에 따라 차이가 있었다. 다시마의 80% EtOH의 Et_2O 분획에서 MIC는 105㎍/㎖, 수용성 분획은 약 5,500㎍/㎖에서 균의 증식이 억제되지 않았다. 홍조류 서실은 약한 항균 활성을 보였다(+).

Marine carotenoid의 생물학적 기능 : 자연계에서 생성되는 색소 중 carotenoid (CA)는 가장 중요하며 인체건강에 유용한 효과를 갖고 있어 관심이 증가되고 있다. 해산 CA는 그들이 주는 화학적, 생물학적 이익의 영향은 중요하며. 해산 CA 중 astaxanthin과 fucoxanthin은 해양 동물이나 해양식물 중에서 비교적 강력한 생물학적 활성이 있다. 즉 이 둘 CA는 quenching siglet oxygen과 scavenging free radical의 강한 항산화 작용이 있기 때문이며, 식이성 항산화 작용이 있는 이들 강력한 작용의 CA는 항암 작용과 항염작용이 있다. 특히 fucoxanthin이 근래 항 비만과 항 당뇨 효과가 인정되면서부터 주목받게 되었다. 이러한 작용은 mitochondria의 백색지방(WAT)에서 uncoupling protein(UCP1)을 만들어 WAT에서 지방산을 산화시켜 WAT에서 열을 생산하기 때문이다. fucoxanthin은 insulin 저항을 개선하여 혈당을 낮추며, 동물의 WAT에서 종양 및 괴사인자 α(TNFα)를 감소시키기 때문이다.

홍조류의 성분 : 국내 연안에 서식하는 13종의 홍조류를 채취, 구성 성분을 분석한 결과, 채취 장소에 따라 차이가 있었고, 우뭇가사리의 회분은 9.02~13.30%, 단백질 19.99~20.47%, 지방 0.31~0.11%, 탄수화물 66.02~69.88%, sulfate는 2.35~1.62%, 돌가사리의 회분은 29.48, 단백질 27.42, 지방 0.90, 탄수화물 42.20, sulfate 19.48%, 부챗살의 회분 17.32, 단백질 31.15, 지방 0.24, 탄수화물 48.71, sulfate 1.92%, 깃꼴진두발의 회분 12.91, 단백질 22.47, 지방 0.22, 탄수화물 64.40, sulfate 17.96%, 풀가사리의 회분 19.20, 단백질 18.11, 지방 0.64, 탄수화물 62.05, sulfate 18.23%, 석묵의 회분은 11.41, 단백질 31.69, 지방 0.53, 탄수화물 60.71, sulfate 4.43%였으며, 수용성 구성당은 3, 6-anhydrogalactose, galactose, 6-methylgalactose, rhamnose, fucose, ribose, arabinose, xylose, mannose, glucose였고, 가장 많은 당은 galactose, 다음 3, 6-anhydrogalactose, glucose, xylose 순이었다.

미량 금속 함량 : 우리나라 연안에서 수집한 해조류 총 620건 시료 즉 녹조류(파래 등 113건), 갈조류(고리매 등 275건), 홍조류(지누아리, 서실 등 232건)의 미량 금속 함량을 비교 분석한 결과, Hg은 갈조류에서, Cd는 홍조류에서, Cu, Cd는 녹조류에 많았고, Mn과 Ni은 녹조류와 홍조류에서, Pb는 녹조류에서, Zn은 홍조류에 많았다. 지역 별로는 Hg, Cd, Ni, Mn은 충남 태안지역에서 Cr은 영덕, Cu는 통영, Pb와 Zn은 울산지역에서 많았나. 갈조류에는 Hg와 Cd, 녹조류는 Cr, Cu, Mn, Ni, Pb가, 홍조

류에는 Zn이 많았다. 비 식용 해조류 중 지충이는 Cd와 Mn의 biomonitor, 애기마디잘록이와 지누아리는 Ni와 Zn의 biomonitor, 식용 갈조류인 고리매는 Cr과 Pb의 biomonitor로 사용할수 있을 것으로 판단되었다.

미이용해조류의 성분과 단백질추출: 갈조류 14종(18시료), 녹조류 3종(3시료), 홍조류 15종(19시료)을 분석한 결과, 홍조류의 조단백이 높았고, 조지방이 낮았으며, 갈조류와 녹조류는 조단백은 낮았고, 조지방이 높았다. 단백질 자원으로는 지충이, 부채꼴아크로소리움, 펑꼬리, 오카므라서실, 검은서실, 지누아리, 진두발, 불등가사리, 돌가사리, 딕티오타, 고리매 등이나, 큰딕티오타, 코르다리아, 비틀대모자반, 알쏭이모자반, 외톨개모자반, 도박, 털도박, 미끌도박 납작파래, 구멍갈파래, 거머리말은 단백질이 극히 적었다. 추출액 중 단백질 침전법은 MeOH 처리법이 가장 양호하였으며, 알쏭이모자반이 가장 좋았고, 다음이 지누아리, 거머리말 순이었다.

건강 기능성 식품과 해조류 소비: 경북대 학생 281명을 대상으로 해조류 건강기성능식품의 구매의도와 소비가치를 조사한 결과, 구매 장소는 24시간 편의점이고, 낱개 포장으로, 구매 목적은 영양보충과 체중조절이며, 구매의도가 높은군과 낮은군의 차이가 현저하였고, 식품, 영양 및 건강관련 과목 수강 경험자 중 기능가치와 인식가치가 높았다.

남해 조간대 해조 군집: 남해 10개 도서 조간대의 해조 군집의 구조와 특성을 조사한 결과, 군집의 구조는 상, 중, 하부의 뚜렷한 층위구조로 구성되고, 상부와 중부의 중요종은 조사기간 매우 유사하였으나, 지역간에는 차이가 있었다. 상부의 대표 종은 막상 혹은 사상형의 *Gloiopeltis* spp. *Gelidium divaricatum*, *Prophyra suborbiculata*, *Nemalion vermiculare* 이었고, 중부의 대표 종은 *Corallina pilulifera*, *Chondria crassicaulis*, *Hizikia fusiformis* 이었으며, 조사기간 중 공통으로 중요 종으로는 *Sargassum sagamianum*, *Laurencia* spp. *Symphyocladia latiuscula*, *Chondrus* spp. *Pachymeniopsis lanceolata*, *Gigartina* spp. 등이었다.

동해 영일만 중심 해조류의 해조상, 분포, 군집 구조: 1995년 7월~1996년 6월까지 계절별, 남조류 5종(3.5%), 녹조류 18종(12.5%), 갈조류 20종(13.9%), 홍조류 101종(70.1%)으로 144종이었고, 봄 77종, 여름 78종, 가을 92종, 겨울 81종이 출현하였다. 연중 4계절 출현하는 것은 구멍파래, 참그물바탕말, 우뭇가사리, 진두발, 돌가사리, 폴리시포니아, 보라색우무, 단박, 서실 등 29종이 출현, 연중 비교적 높은 빈도 출현은 구멍파래, 우뭇가사리, 보라색우무이며, 중요한 것은 지충이, 클라도포라, 모자반, 납작파래 등이 있었다.

오동도 해조 군락 : 1982년 6월~1983년 5월까지 오동도 해조 군락 특성을 5개의 line transect를 설치, 연간 계절별로 조사 분석한 결과, 수직분포의 상부군이 *Gelidium divaricatum*, *Enteromorpha linza*, *Porphyra yezoensis*, *Scytosiphon lomentaria*, *Blidingia nana*, *Ectocarpus confervoides*, 중부군이 *Ulva pertusa*, *Chondria crassicaulis*, 하부군은 *Sargassum sagamianum*, *Undaria pinnatifida*, *Sargassum thunbergii* 및 *Gelidium amansii* 등의 홍조류로 대표되었다. 출현 해조 종수는 4월에 최대, 8월에 최소였다.

참고문헌

1) 강태선, 제종길, 홍재상, **수산학회지,** 1993, 26(1), 49 (남해의 하계 해조 군집 – 1. 조간대 – 도박, 톳, 불등가사리, 서실, 진두발, 돌가사리, 우뭇가사리, 보라우무, 비틀대모자반 등)
2) 김지희, 목종수, 박희연, **식품영양과학회지,** 2005, 34(7), 104 (한국 연안 해조류의 미량 금속 함량 – 파래, 청각, 매생이, 미역, 다시마, 김, 모자반, 톳, 고리매, 우뭇가사리, 꼬시래기, 서실, 불등가사리)
3) 김지희, 임치원, 박희연, 이두석, 박정흠, **수산학회지,** 2002, 35(2), 191 〔충치균(*Streptococcus mutans*)에 대한 다시마 추출물의 항균 활성 – 갈파래, 청각, 서실, 감태, 곰피, 미역, 다시마 등〕
4) 남기완, 김영식, 김영환, 손철현, **수산학회지,** 1996, 29(5), 727 (한국 동

해안 연안역의 저서 해조류 – 해조상, 분포 및 군집 구조)
5) 도정룡, 남윤주, 박진희, 조진호, **수산학회지,** 1997, 30(3), 428 (국내산 홍조류의 구성 성분에 관한 연구 – 우뭇가사리, 꼬시래기, 돌가사리, 붉은까막살, 애기곱슬이, 붉은잎, 애기마디잘록이, 부챗살, 진두발, 풀가사리, 석묵)
6) 박영호, 변재형, 오후규, 강영주, **수산학회지,** 1976, 9(3), 155 (미이용해조류의 이용화에 관한 연구 – 1. 미이용해조류의 성분조성과 조류단백질 추출)
7) 박재한, 강규찬, 백상봉, 이윤형, 이규순, **식품과학회지,** 1991, 23(3), 256 (식용 해조류에서 항산화 물질의 분리 – 김, 파래, 미역, 다시마, 서실, 지누아리, 넓미역)
8) 손철현, **수산학회지,** 1983, 16(4), 368 (오동도 해조 군락에 관한 연구 – 참김, 잎파래, 고리매, 미역, 서실, 모자반, 지충이, 우뭇가사리)
9) 오윤식, 이인규, 부성민, **Algae,** 1990, 5(1), 57 (한국산 유용 해조 특히 식용, 약용 및 공업용 해조에 대한 주해)
10) 이용필, 강서영, **Algae,** 2002, 17(1), 69 (한국산 해조류의 목록)
11) 이현진, 김진희, 이주현, 김종식, 곽상태, 이경복, 송경식, 최병욱, 이봉호, **생약학회지,** 1999, 30(3), 231 (해조류 메탄올 추출물의 Prolyl Endopeptidase, Tyrosinase 저해 및 항응고 활성 스크리닝 – 모자반, 지충이, 감태, 서실, 톳, 잘록이)
12) 전광혜, 신미옥, 배송자, **영양학회지**, 2005, 38(7), 503 (서실 분획물의 암예방 효과)
13) 차명화, 김유경, **식생활문화학회지,** 2008, 23(4), 462 (해조류 건강 기능성 식품에 대한 소비가치 분석)
14) Amano, H., **Marine Biochemistry,** Yamaguchi, K. ed., Tokyo University Press, Japan, 1999, pp.170~171 (Biochemistry and biotechnology of seaweed)
15) Baker, J. T., **Proc. Intl. Seaweed Symp.,** 1984, 11, 29 (Seaweeds in pharmaceutical studies and application)

16) Boney, A. D., Corner, E. D. S., **J. Mar. Biol. Assoc. U. K.,** 1962, 42, 579 (On the effects of some carcinogenic hydrocarbons on the growth of sporelings of marine red algae)

17) Chapman, V. J., Chapman, D. J., **Seaweeds and Their Uses,** Chapman and Hall, London, 1980, 334

18) Choi, J. S., Lee, J. H., Jung, J. H., **J. Kor. Fish. Soc.,** 1997, 30(6), 909 (The screening of Nitrite scavenging Effect of marine Algae and Active pricples of *Eklonia stolonifera*)

19) Cole, K. M., **Biology of the Red Algae,** Cole, K. M., Sheath, R. G.(eds.), Cambridge Univ. Press. Cambridge, 1990, 517 pp

20) Daigo, K., **Yakugaku Zasshi,** 1959, 79, 350, 353, 356, 365: **CA,** 53, 14218d (isol, Domoic acid)

21) Edmonds, J. S., Shibata, Y., Yang, F., Morita, M., **Tetrahedron Lett.,** 1997, 38(33), 5819 (Isolation and synthesis of 1-deoxy-1-dimethyl-arsinoylribitol-5-sulfate, a natural constituent of *Chondria crassicaulis* and other red algae)

22) Efimor, V. S., Usov A. I., Ol'kaya, T. S., Baliunis, A., Roskin, M. Y., **Farmakol. Toksiakol.,** 1983, 46(3), 61 (Comparative study of anticoagulant activity of Sulfated polysaccharides obtained from red sea algae)

23) Fenical, W. et al, **Tetrahedron Lett.,** 1974, 1507 (Condriol, antibiotic)

24) Gabrielson, P. W., Garbary, D., **CRC Crit. Rev. Pl. Sci.,** 1986, 325 〔Systematics of Red algae (Rhodophyta)〕

25) Gmelin, R. et al, **Phytochemistry,** 1981, 20, 2521 (isol, props, Lenthionine)

26) Greenstein, J. P. et al, **Chemistry of the Amino acid,** Wiley, N. Y. 1961, 3, 1856, 2759 (rev, Aspartic acid)

27) Hosokawa, M., Okada, T., Mikami, N., Konishi, I., Miyashita, K., **Food Sci. Biotechnol.,** 2009, 18(1), 1 (Bio-function of Marine Carotenoids)

28) Jimenz-Escrig, A., Goni Ganbrodon, I., **Arch. Latinoam. Nutr.**, 1999, 49, 114 (Nutritional evaluation and physiological effects of edible seaweeds)

29) Kaneda, T. P., Kamasastri, V., Tokuda, S., **Bull. Jpn. Fish. Sci. Soc.**, 1965, 31, 1026 [Studies on the effects of marine products on cholesterol metabolism in rat. V. The effect of edible seaweed (supplement)]

30) Kim, K, -N., Lee, K. -W., Song, C. B., Ahn, C. -B., Jeon, Y. -J., **J. Food Sci. Nutr.**, 2006, 11, 177 (Cytotoxic Activities of Red Algae collected from Jeju Island Against Four Tumor cell lines)

31) Mabeau, S., Fleurence, J., **Trends Food Sci. Technol.**, 1993, 4, 103 (Seaweed in the food products : Biochemical and nutritional aspects)

32) Maeda, M. et al, **Tetrahedron Lett.**, 1987, 28, 633 (isol, Struct, Domoilactone A, B)

33) Mizukoshi, S., Matsuoka, S., Nakamura, K., Katou, H., Noda, H., **Bull. Faculty Biosources**, Mie. Univ., 1992, 8, 27 (Search for bioactive substances from marine algae)

34) Nishizawa, K., Murasugi, S., **The Sea Vegetable Book**, Kensei Press, Tokyo, 1988, 57 (in Japanese)

35) Noda, H., Amano, H., Arashima, K., Hashimoto, S., Nisizawa, K., **Nippon Suisan Gakkaishi**, 1989, 55, 1265 (Antitumor activity of polysaccharides and lipids from marine algae)

36) Noda, H., **Science of Marine Algae**, Oishi, K. ed., Asakura-Shoten, Tokyo, 1993, pp.14~29 (Chemistry of marine algae)

37) Ohta, K., **Proc. Intl. Seaweed Symp.**, 1979, 9, 401 (Chemical studies on biologically active substances in seaweeds)

38) Schwartsmann, G., Ha, A. B., Berlinck, R., Jimeno, G. S., **Oncology**, 2001, 2, 221 (Marine organisms as a souse of new anticancer agents)

39) Sims, J. J. et al, **Chem. Soc. Chem. Commun.**, 1973, 47 (isol, Struct, ent-1, 3-Epiconcinndiol)

40) Summons, R. E., **Phytochemistry,** 1981, 20, 1125 (deriv, 3-Aminopentadioic acid)

41) Suzuki, T. et al, **Tetrahedron Lett.,** 1981, 22, 3423 (Struct, Cycloeudesmol)

42) Tominaga, F. et al, **J. Biochem.(Tokyo),** 1963, 54, 222 (isol, Chondrine)

43) Tseng, C. K., Zhang, J. F., **Proc. Intl. Seaweed Symp.,** 1984, 11, 152 (Chinese seaweeds in herbal medicine)

44) Welter, A. et al, **Phytochemistry,** 1978, 17, 131 (isol, struct. 2, 4-Pyrrolidine carboxylic acid)

45) Wratt, S. J. et al, **J. Org. Chem.,** 1976, 41, 2465 (isol, G(±) antibacterial, 1, 2, 4, 6-Tetrathiepane)

46) Yamamoto, I. Nagumo, T., Yagi, K., Tominaga, H., Aoki, M., **Jpn. J. Exp. Med.,** 1974, 44, 543 (Antitumor effect of seaweeds)

Campylaephora hypnaeoides J. Agardh

석묵 2

홍조류 · Ceramiaceae(비단풀과)

- 영명 | Seaweed hypnaeoides
- 일명 | Egonori
- 분포 | 한국 서남해안, 일본
- 용도 | 식용, 한천의 원료

✻ 식물학적 특성

홍조류의 하나로 비단풀과에 속하며 처음에 *Sargassum*에 붙어 발생, 직립하여 바른 차상(叉狀)으로 분기하여 10~20㎝ 길이로 자라나 후에 불규칙하게 되어 부착부에서 떨어져 갈고리 모양으로 굴곡된 굵은 부분으로 *Sargassum*에 엉켜서 큰 덩어리를 이룸. 다 자라면 굵기 약 1㎜, 불규칙하게 차상으로 분기. 각부의 끝은 갈고리 모양, 작은 가지는 거의 탈락되고, 몸은 나출된다.

동속 식물에는 굵은비단풀(*C. crassa*) 등이 있다.

✻ 성분

1) 영양성분

① **석묵**(12045 말린것) : 가식부 100g 중 열량 253.0kcal, 단백질 9.6g, 지질 0.2g, 당질 9.1g, 조섬유 54.80g, Ca 215.0㎎, P 93.0㎎, Fe 7.60㎎, Na 1700.0㎎, Zn 1.58㎎, vitamina A 3.0 RE, β-carotene 18.0㎎, B_1

0.050mg, B_2 0.320mg, B_6 0.01mg, niacin 1.1mg, C 0.0mg, 엽산 1058.3㎍, E 7.23mg.

❋ 생리 활성

충치균에 대한 항균 활성 : 우리나라 연안에서 채취한 해조류 27종의 80% EtOH 추출물이 충치균 *Streptococcus mutans* KCTC 3300의 증식에 미치는 영향을 조사한 결과, 해조류 중 다시마가 가장 강하였고, 갈파래, 청각, 감태, 곰피, 미역도 비교적 활성이 높았으며, 홍조류보다 갈조류와 녹조류가 대체로 강하였다. 다시마의 항균 활성은 용매에 따른 추출물의 차이는 나타나지 않았다. *S. mutans* KCTC 3300과 *S. sobrinus* KCTC 3307에 대한 해조류의 80% EtOH 추출물의 MIC는 해조류 종뿐 아니라, 동일 해조류 추출물에서도 균 종에 따라 차이가 있었다. 다시마의 80% EtOH의 Et_2O 분획에서 MIC는 105㎍/㎖, 수용성 분획은 약 5,500㎍/㎖에서 균의 증식이 억제되지 않았다. 석묵도 항균성(+)을 보였다.

Marine carotenoid의 생물학적 기능 : 자연계에서 생성되는 색소 중 carotenoid (CA)는 가장 중요하며 인체건강에 유용한 효과를 갖고 있어 흥미가 증가되고 있다. 해산 CA는 그들이 주는 화학적, 생물학적 이익의 영향은 중요하다. 해산 CA 중 astaxanthin과 fucoxanthin은 해양동물이나 해양식물 중에서 비교적 강력한 생물학적 활성이 있다. 즉 이들 CA는 quenching siglet oxygen과 scavenging free radical의 강한 항산화 작용이 있기 때문이며, 식이성 항산화 작용이 있는 이들 강력한 작용의 CA는 항암작용과 항염작용이 있다. 특히 fucoxanthin이 근래 항비만과 항당뇨 효과가 인정되면서부터 주목받게 되었다. 이러한 작용은 mitochondria의 백색지방(WAT)에서 uncoupling protein(UCP1)을 만들어 WAT에서 지방산을 산화시켜 WAT에서 열을 생산하게 하기 때문이다. fucoxanthin은 insulin 저항을 개선하여 혈당을 낮추며, 동물의 WAT에서 종양괴사인자 α(TNFα)를 감소시키기 때문이다.

홍조류의 성분 : 국내 연안에 서식하는 13종의 홍조류를 채취, 구성 성분을 분석한 결과, 채취 장소에 따라 차이가 있었고, 우뭇가사리의 회분은 9.02~13.30%, 단백질 19.99~20.47%, 지방 0.31~0.11%, 탄수화물 66.02~69.88%, sulfate는 2.35~1.62%, 돌가사리의 회분은 29.48, 단백질 27.42, 지방 0.90, 탄수화물 42.20, sulfate 19.48%, 부챗살의 회분 17.32, 단백질 31.15, 지방 0.24, 탄수화물 48.71, sulfate 1.92%, 깃꼴진두발의 회분 12.91, 단백질 22.47, 지방 0.22, 탄수화물 64.40, sulfate 17.96%, 풀가사리의 회분 19.20, 단백질 18.11, 지방 0.64, 탄수화물 62.05, sulfate 18.23%, 석묵의 회분은 11.41, 단백질 31.69, 지방 0.53, 탄수화물 60.71, sulfate 4.43%였으며, 수용성 구성당은 3, 6-anhydrogalactose, galactose, 6-methylgalactose, rhamnose, fucose, ribose, arabinose, xylose, mannose, glucose였고, 가장 많은 당은 galactose, 다음 3, 6 -anhydrogalactose, glucose, xylose 순이었다.

✻ 효능과 이용

1) 식용 : 식재료
2) 기타 : 한천의 원료

참고문헌

1) 김영동, 김영명, 강통삼, **한국식품연구소 연구보고,** 1981, 163 (해조류의 다각적 이용에 관한 연구)
2) 김지희, 임치원, 박희연, 이두석, 박정흠, **수산학회지,** 2002, 35(2), 191 〔충치균(*Streptococcus mutans*)에 대한 다시마 추출물의 항균 활성 – 갈파래, 청각, 감태, 곰피, 미역, 다시마 등〕
3) 도정룡, 남윤주, 박진희, 조진호, **수산학회지,** 1997, 30(3), 428 (국내산 홍조류의 구성 성분에 관한 연구 – 우뭇가사리, 꼬시래기, 돌가사리, 붉

은까막살, 애기곱슬이, 붉은잎, 애기마디잘록이, 부챗살, 진두발, 풀가사리, 석묵)

4) 오윤식, 이인규, 부성민, **Algae,** 1990, 5(1), 57 (한국산 유용 해조 특히 식용, 약용 및 공업용 해조에 대한 주해)

5) 이용필, 강서영, **Algae,** 2002, 17(1), 69 (한국산 해조류의 목록)

6) Amano, H., **Marine Biochemistry,** Yamaguchi, K. ed., Tokyo University Press, Japan, 1999, pp.170~171 (Biochemistry and biotechnology of seaweed)

7) Baker, J. T., **Proc. Intl. Seaweed Symp.,** 1984, 11, 29 (Seaweeds in pharmaceutical studies and application)

8) Chapman, V. J., Chapman, D. J., **Seaweeds and Their Uses,** Chapman and Hall, London, 1980, 334

9) Chengkui, Z., Junfu, Z., **Proc. Intl. Seaweed Symp.,** 1984, 11, 151 (Chinese seaweeds in herbal medicine)

10) Cole, K. M., **Biology of the Red Algae,** Cole, K. M., Sheath, R. G. (eds.), Cambridge Univ. Press. Cambridge, 1990, p.517

11) Coombe, D. R., Parish, C. R., Ramshow, I. A., Snowden, J. M., **Intl. J. Cancer,** 1987, 39, 82 (Analysis of the inhibition of tumor metastasis by sulfated polysaccharides)

12) Hosokawa, M., Okada, T., Mikami, N., Konishi, I., Miyashita, K., **Food Sci. Biotechnol.,** 2009, 18(1), 1 (Bio-function of Marine Carotenoids)

13) Jimenz-Escrig, A., Goni Ganbrodon, I., **Arch. Latinoam. Nutr.,** 1999, 49, 114 (Nutritional evaluation and physiological effects of edible seaweeds)

14) Mabeau, S., Fleurence, J., **Trends Food Sci. Technol.,** 1993, 4, 103 (Seaweed in the food products : Biochemical and nutritional aspects)

15) Nishizawa, K., **Food Develop.,** 1989a, 24, 54 〔Physiological substances of seaweeds(Ⅰ)〕

16) Nishizawa, K., **Food Develop.,** 1989b, 24, 59 〔Physiological subs-

tances of seaweeds(II)]

17) Noda, H., **Chemistry of Fisheries Utilization,** Konosu, S., Hashimoto, K. ed., Koseisha Koseiku, Tokyo, Japan, 1992, pp.304~306 (in Japanese)(Chemistry of Seaweed)

18) Van der Meer, J. P., **Biology of the Red algae,** Cole, K. M., Sheath, R. G. eds., Cambridge Univ. Press, Cambridge, 1990, pp.103~121 (Genetics)

Spirulina platensis L.
Arthrospira platensis L.

스피룰리나 3

남조류 · Phormidiaceae

- 영명 | Spirulina
- 분포 | 케냐, 에디오피아, 멕시코, 페루의 호수
- 용도 | 식품첨가물, 화학약품, 의약품, 건강보조식품, 사료(어류, 가축)

✲ 식물학적 특성

남조류의 하나로 햇빛이 풍부한 지역의 맑은 호수에 자생하는 길이 300~500㎛, 직경 8㎛의 나선형의 미세조류로 지구상에서 약 3억 년 이상 생존하는 담수 조류 식물의 하나로 알려져왔으나 근래에는 광합성 능력을 가지는 미생물 cyanobacteria 에 속하는 나선형 박테리아로 분류된다. 영양이 풍부하며, 인체에 95%나 흡수되는 영양원으로 알려져 100여 개국에서 안전성과 영양성이 인정되어 사용하며, WHO, FAO, UNIDO, UNICEF, IOI가 인정하고있다.

동속식물에는 *S. themophilus*와 *S. maxima* 등이 있다.

✲ 역사

스피룰리나가 알려진것은 1940년 보르도의 린네학회에 프랑스 식물학자 Dangeard에 의해 비롯되었다. 프랑스 식민지 적도 아프리카(현 Chad 공화국)에 주둔하던 약사 Creach가 Dangeard에 보낸 스피룰리나 "Dihe"를 보낸 것으로, Chad 호수 동쪽 50㎞에 있는 Massakory 시장에서 팔았고, Kanembu 종족의 주식 수수음식에 양념재료로 쓰였다. 이곳 호수나 연못에 떠 있는 미세조류(microalgae)를 모아 건조한 것이었다. 동 아프리카 Rift 계곡의 호수에도 분포하며 풀라밍고의 주된 먹이감으로 식물성 plankton과 동일 종류임을 알게되었다. 조사 결과, 오래전부터 아프리카 일부지역에서 사람과 동물이 스피룰리나를 식용함을 확인하였다. 1965년 벨기에의 사하라 횡단 탐험대에 동행했던 식물학자 L'eonard 가 라미요새 부근에서 청록색의 "Dihe"를 발견하였다. 알칼리성 호수(pH 9~11)에서 서식, 건조한 것은 탄수화물 15~20%, 지방 6~9%이며, 단백질이 62~68% 로 한 끼 섭취량이 9종의 필수 아미노산을 함유하며 10~12g, 총 열량의 약 8%, 필요 단백질의 약 10%가 충당된다. 같은 시기에 Mexico시 근교 Texcoco 호수에서도 동속 미생물 *Spirulina maxima*가 발견, 이때는 먹는 사람이 없었으나, Spain인이 Mexico를 점령했을때 식용으로 판매되어, 과자를 만들었다는 기록이 있다. 1세기 말 Spain이 Mexico 정복 당시에 Tecuitlatl(스피룰리나)에 대한 이야기가 사라졌다. 이 당시 전염병 때문에 많은 사람이 죽었고, 이당시 사회적, 정치적, 종교적 변화로 아즈텍족과 마야인들의 고유한 습관이 사라진 때문으로 생각할 수 있다. 그 이후 1827년 독일 해조류 학자인 Turpin이 개울물에서 최초로 분리, 보고에 의해 알게되었다. 다른 생물이 살기 어려운 바다 염분 농도의 6~7배, 40℃ 전후, pH 9~11의 극한 상황에서도 생존함을 알 수 있었다. 현재 발견되고 있는곳은 *S. platensis*는 Chad 공화국 Bodou, Rombou, Dijkare 등이며 Mexico의 Texcoco 호수 등이다. 엽록소를 갖고 있어 광합성과 탄소 동화 작용을 하여 독립된 번식을 한다.

✻ 성분

1) 영양성분

① **건조 스피룰리나** : 수분 5%, 단백질 65%, 총 지방 5%, 탄수화물 18%, Ca 100.0mg, P 90.0mg, Fe 15.0mg, Cu 120.0mg, mg 40.0mg, Mn 0.5mg,

Zn 0.3mg, K 120.0mg, vitamin C 0.5mg, carotene 2.300 RE, niacin 1.46 mg, B_1 0.31mg, 엽산 1.0μg, E 1.01IU.

2) 특수성분

*Spurulinas*에서 phycobilin, phycocyanin 등이 분리되었다.

✻ 생리 활성

성장 특성 : 관형 광생물 반응기를 이용, 이에 들어가는 CO_2의 농도와 유속에 따른 *S. platensis* 성장 특성을 조사한 결과, 3% CO_2와 150ml/min의 유속일때 가장 빠른 성장이 나타났고, 6% CO_2 와 50ml/min에서는 성상이 나빴다. 시간에 따른 접종 배지의 pH 변화를 분석한 결과, 유속에 관계없이 CO_2 농도에 따라 일정한 pH를 형성하였고, 이는 섭종 배지 내 CO_2 기체로 배지 내 탄산염 system이 형성됨을 보였다. 또한 시간에 따른 비성장 속도를 분석한 결과, 모든 실험 조건에서 지수 성장기 중 비성장 속도의 감소 경향을 보였으며 이는 광합성 미세조류인 *S. platensis*의 농도 증가가 관형 광생물 반응기로 복사되는 빛 에너지의 투과도를 약화시켜 *S. platensis*의 성장을 저해함을 보였다.

성장과 Phycocyanin 함량 : *S. platensis*의 배양 조건과 phycocyanin 함량을 조사한 결과, 35℃, 3500 lux가 가장 적절하였으며, phycocyanin 색소량은 성장에 따라 증가 하였고, chlorophyll-a 양과 상관성은 없었다. 배지중 $NaHCO_3$ 1% 첨가가 조류의 생장과 색소 축적에 좋은 조건이었다. 탄소원은 0.2~0.3% Na_2CO_3로 phycocyanin 색소 축적에 도움이 되었다.

Phycobilin S 와 Phycocyanin : hetical tublar photobioreactor에서 수확한 *Spirulina* 를 분석한 결과, 단백질은 64.5±2.8, 당질은 20.8±1.9, 지방은 7.2±1.2 및 회분 함량은 7.8±0.8%이었다. 본 균체에서 C-phycocyanin을 추출, 염석, 정제한 결과, 흡광도 652nm의 allophycocyanin, 622nm

의 C-phycocyanin이 확인되었다.

성장과 지방산 조성 : 판형 배양조에서 온도와 빛의 강도를 변화시켜 성장시킨 *S. platensis*의 지방성분을 조사한 결과, 온도에 따라 다소 차이는 있으나, 4235μE/m^3/sec 와 6391μE/m^3/sec 사이의 빛 강도가 적당하였고, 온도는 40℃에서 빛 강도에 관계없이 균체 성장이 억제되었고, 결국 사멸하였으며, 25℃에서 성장이 지연되었다. 30°와 35℃가 적절한 온도, 빛의 강도에 따라 온도 선택이 중요하였다. 30~35℃와 4235~6391μE/m^3/sec에서 지질 함량이 최대이었고, 지질 조성은 배양 조건에 관계없이 $C_{16:0}$가 가장 높은 비율을 차지하였고, $C_{20:0}$, $C_{18:2}$ 순이었으며, 특정 지질 성분의 생산 $C_{18:3}$의 함량은 몇몇 조건에서만 극히 소량검출 되었다.

영양성분 : Spiruliana 중 60~70%가 양질의 단백질, 6~9% 지질, 15~20% 탄수화물, 무기 성분은 Ca, P, Fe, Cu, Mg, Mn, Zn, K, Cr, Ge, Se 등이 있고, vitamin 은 carotene, B_1, niacin, B_{12}, choline, B_6, E, 엽산 등을 함유하고 있었다.

필수 아미노산의 비교 : Spiruliana의 필수아미노산 isoleucine은 3.3~3.9g%로 chlorella 와 비슷하나, 콩(1.8g%) 소고기(0.90%), 계란(0.67%)보다 많았고, leucine, lycine, methionine, cystine, phenylalanine, tyrosine, threonine, tryptophan, valine 모두 많았다.

보고된 생리활성 : 식품으로의 안전성, 성장 소화 흡수율, 장내 세균총, 당뇨병, 고 지혈증, 비만 대책, 알코올 대사, 고 혈압, 항 암작용, 약물, 중금속에 의한 신장, 간장에 의한 영향경감, 항암제 부작용의 경감, dioxin 배설촉진, 방사선 방어, 면역 기구의 조절, 항 바이러스 작용, 항 알러지 작용, 상처치료 및 항생제 효과, 영양 및 기타등 다양하였다.

즉시형 과민반응 억제 효과① : *Spirulina platensis* powder(Spp)는 compound 48/80(비만 세포의 탈과립제)유도 전신 anaphylaxis 및 antidinitrophenyl(DND) IgE 유도 anaplylaxis를 억제하였다. 이는 Spp가 생체내에 존재하는 비만 세포막을 안정화시켜 histamine의 방출을 억제함으로써 compound 48/80 및 anti - DNP IgE에 의해 유도된 anaphylaxis를 억제하는 것으로

생각되었다.

면역 효과② : Spirulina(*S. platensis*)와 추출물 및 spirulina의 광합성 색소 단백질인 phycocyanin의 mucosal immune 활성에 대해 인체와 동물에서 관찰한 결과, spirulina와 그 추출물 투여 mice의 mucosal 면역 활성에서 IgA 항체를 현저히 증가시켰고, phycocyanin은 감염성 질병에 생물학적 방어를 증강시켰으며, mucosal 면역계를 유지시켜 알레르기성 부종을 감소시켰다. 건강 식품인 spirulina를 복용하면 인체 타액에서 IgA를 증가시켜 면역성을 높였다. 또한 흰쥐에서는 골수 세포의 증식과 분화를 증진시키는 것으로 나타났다.

저온초음파추출과 면역활성 증진③ : 해수 배양 *S. maxima*(Sm)를 100℃, 초음파 병행 60℃ 물추출물, 80℃ EtOH추출물을 AOAC법으로 분석한 결과, 단백질 56%, 무기질 중 Na는 60%로 많았고, 피부와 관련이 깊은 leucine 9.83%로 많아 피부면역 활성 증진에 기능성이 높았다. T세포와 B세포의 생육 증진 및 cytokine분비 측정과 NK세포 활성과 항염증 효과인 hyaluronidase 저해 활성을 측정한 결과, 60℃물 추출물이 면역 B세포와 T세포에서 각각 11.3x10^{4}cells/㎖, 12.8x10^{4}cells/㎖로 6일째 가장 생육도가 높았고, cytokine(IL-6, TNF-α)의 분비량이 60℃, 초음파 병행 물추출물이 증가되어 면역 및 기능성 소재로 뛰어났다. B세포에 각 시료를 첨가, 배양한 배양액을 NK세포에 첨가 시 6일 동안 생육도가 증가, 12.40x10^{4}cells/㎖로 대조군(11.49x10^4)에 비해 높은 활성을 보여 활성물질이 존재함을 보였고, 또 항염 효과의 hyaluronidase저해는 60℃ 초음파 병행 물추출물이 1.0㎎/㎖에서 62.4%보여 100℃에 단백질 파괴 위험을 줄여 피부 면역 생리활성 물질 추출이 용이할 것으로 기대되었다.

Phycocyanin 과 건강식품 : Spirulina의 phycocyanin 생리활성은 항산화, 항염증 및 COX-2(cyclooxygenase) 방해 작용에 의한다. 암, 심장병, Alzheimer나 Parkinson병, 당뇨병 같은 연령 관련 질병의 예방이나 경감시키는 데 효과적인 건강 식품으로의 응용이 가능하다.

항산화성 : 녹황색 채소가 암이나 노화에 유효한 것은 항산화성인 β

-carotene과 vitamin E가 발암 물질에 의해 발생되고 있는 활성 산소를 제거하는 항산화 작용을 하기 때문이다. carotene과 vitamin E는 지용성으로 세포막에서 항산화 작용을한다. SOD는 활성 산소를 환원, 과산화수소와 불활성 산소를 변화시키는 효소인 SOD 효소 생성 능력을 저하시켜 암이나 노화가 촉진된다. 스피룰리나는 SOD 효소 활성이 10,000~37,500 IU/10g가 있어 항산화 효과를 나타낸다.

지방질의 생리활성 : 스피룰리나에는 고도 불포화필수지방산 linolenic acid (18:2), γ-linolenic acid(18:3)가 많고, 그 양은 linolenic acid가 17.9㎎/10g, γ-linolenic acid 22.3㎎/10g이 있으며, 이들은 C_{20}인 arachidonic acid를 거쳐 prostaglandin, thromboxane, prostacyclin, leucotrien 등의 생리활성이 강한 물질로 체내에서 변하여, 혈청 지질수준, 혈소판 응집, 혈액 응고, 혈액 점도, 혈관 확장과 수축 조절 작용 등의 중요한 생리활성 물질로 작용한다. 특히 스피룰리나에 있는 prostaglandin의 전구 물질 γ-linolenic acid는 cholesterol 상승 억제, 아토피성 피부염 개선, 월경전 증후군의 경감, 알코올 대사산물 분해 및 촉진, 혈압 조절, 항천식, 항종양 작용, 혈액 순환 향상, 염증 감소 등이 있다.

Vitamin 과 무기질의 생리활성 : 스피룰리나에는 β-carotene, vitamin B_1, B_2, B_6, B_{12} 등이 타식품보다 풍부하며, 특히 타식물성 식품에는 거의 없는 B_{12}가 소간의 25%나 있고, 스피룰리나를 먹인 쥐의 간에 vitamin A 함량이 많아 vitamin A의 좋은 공급원임을 시사하고 있다. 또한 스피룰리나에는 Fe이 많고, 인체에 흡수가 좋은 것이 특징이나, 특히 청색 색소인 phycocyanin은 Fe 및 다른 무기질과 수용성 복합체를 만들어 Fe의 이용율을 높이며, 야채나 육류의 Fe보다 흡수율이 높다. 또한 Ca은 뼈형성과 근육 수축, 신경 전달에 중요 물질이며, 골다공증에 도움이 된다. 또한 Se, Zn의 좋은 급원이기도하다.

초음파추출물의 항암효과① : 해수배양 스피룰리나(Sp) 초음파 추출물(U ex)을 EtOH로 60℃와 100℃에서 추출하였다. 초음파를 이용한 물추출은 33.46%를 얻었고, HEK293에 대한 세포독성과 A549, AGs, MCF7 및

Hep3B 암세포에 대한 항 암성을 sulforhodamine-B(SRB)로 측정한 결과, 모든 추출물의 0.1㎎/㎖에서 26% 이하였고, 해수 배양 Sp의 U ex에 세포 독성은 초음파 처리하지 않은 Sp보다 4% 적었다. 암세포 성장 억제 효과는 1.0㎎/㎖ 추출물에서 약 80%이었다. 암세포 억제 효과는 해수 배양 초음파 처리 Sp ex는 초음파 처리 않은 추출물보다 강하였다. HL-60 세포 분화는 160.9%였고, U ex와 일반 추출물의 Bcl-2 발현은 U ex가 일반 추출물보다 항암 활성이 더 강하였다.

함황 다당류의 Invasion 과 Metastasis 방해② : Spirulina에서 얻은 새로운 함황 다당류 Ca-Sp는 암세포의 침투나 전이가 heparan sulfate를 heparanase 소화로 방해함으로써 억제되며, B16 - BL6 melanoma cell이 점진적인 폐 전이를 방해하는 것으로 실험되었다.

효소분해 스피룰리나 추출 : 세포벽 분해 효소와 단백질 분해 효소를 이용 스피룰리나 추출물을 효율적인 생산법을 조사한 결과, 세포벽 분해 효소인 tunicase는 2%가 적당하였고, 고형분 회수율과 핵산관련의 함량을 나타내는 Spirulina extraction(SE) index를 기준으로 상업용 단백질 분해 효소를 선별하였다. 7종의 효소 중에 esperase가 가장 우수하였고, 2%가 최적 사용량이었다. tunicase와 esperase를 순차로 또는 동시에 반응시켜도 고형분 회수율과 SE index는 매우 유사하였으며, 동시 사용이 시간 단축 효과가 있었다. 두 효소를 동시에 반응시키면 단순 열수 추출보다 고형분 회수율은 약 45%(45.2%→65.3%), SE index 75%(11.4%→20.0%) 증가하였다.

효소 가수 분해물의 생리 활성 : 스피룰리나의 세포벽 가수 분해 효소와 단백질 가수 분해 효소로 분해한 가수 분해물(EHS)의 생리활성 즉 유산균 증식과 항산화능에는 큰 영향이 없었으나, 부인 경부암 HeLa세포에 1.42 ㎎/ℓ에서 15% 미만의 증식 저해 효과를 보였다. 항혈전 활성의 공통경로는 내인성 경로와 유사한 항혈전 활성이 확인되었다. thrombin time assay로 공통경로를 측정한 결과, EHS 100㎎/ℓ에서 155.6초를, 내인성 경로는 activated partial thromboplastin time assay로 측정한 결과, EHS

1000㎎/l에서 95.8초를 나타내었다. prothrombin time assay로 외인성 경로를 측정한 결과, EHS 1000㎎/l에서 10.6초를 보여 결과적으로 스피룰리나 효소 가수 분해물이 항 혈전 경로 중 공통 경로와 내인성 경로에 활성이 있음을 알 수 있음으로 EHS는 새로운 항 혈전 기능성 원료로의 개발이 기대되었다.

〈표 1〉 스피룰리나와 클로렐라의 비교

	항목	스피룰리나	클로렐라
역사	탄생, 발견	약 35억 년 전 1827년, 독일인	약 20억 년 전 1890년, 네덜란드인
	연구 개시, 발표	1967년, 국제학회 1974년, 유엔	1971년, 독일 1942년, 각국
	양산 개시	1978년, 일본 (대일본 잉크화학공업)	1964년, 일본
분류	조류	남조류	녹주류
	형	나선형	구형
	세포	다세포	다세포
	크기	길이 1/2㎜(500μ)	직경 1/200㎜(5μ)
효율	세포벽	얇다	두껍다
	소화흡수율	95%	60%
	입자의 감촉	씹기 쉽다	씹기 어렵다
	입자의 풍미	김과 같은 맛	녹차 같은 맛
	변의 색도	야채와 동일	녹변이 되기 쉬움
환경	기온	고온	중온
	배양지	강 알칼리성	약산성
	식품의 알칼리도	40~45	20~25
성분	카로틴	100~200㎎	5~75㎎
	비타민 B_{12}	0.1~0.25㎎	0.06~0.1㎎
	비타민 C	1250~1600㎎	25~100㎎
	칼륨	1000~2000㎎	700~1400㎎
	클로로 필	800~2000㎎ (α-타입양)	1500~4000㎎ (a+b 타입양)
	피코 시아닌	3,500~7,000㎎	0

스피룰리나연구회: 완전식품 스피룰리나, 한가람서원, 서울, 2005, p.177

초임계 이산화탄소 이용 지질추출과 지방산 조성 : 초임계 추출 장치로 *Spirulina platensis*(Sp)에서 지질 추출은 압력에 비례하고, 20분 추출, 35℃, -7000psi, 50℃, -5500psi, 80℃, -4000psi가 비슷, 40분 추출은 35℃에서 모든 압력구간에서 가장 수율이 높았고, 50℃, 5500psi 조건이 지방산 추출에 적절하였다. 포화지방산은 60~75%, monoene산이 12~20%, 고도 불포화 지방산도 13~21%로 지방산 조성은 대부분 $C_{18:2}$이었다. 압력증가로 불포화지방산이 증가되었으나, 온도에 따라 압력증가로 포화지방산이 증가되었다.

종속 영양 배양과 γ-Linolenic acid 생산 : *A. platensis*(A) 종속 영양 배양 결과, glucose 5.0g/*l* 첨가 SOT 배지에서 8일간 배양, 0.54g/*l*을 얻었고 일일 0.068g/*l*/day 생산, 비생장율은 0.014μ/h 모균주 *A. platensis* PCC 9108에 비해 각각 1.3배와 1.2배 향상되었다. A의 건체량 중 지방산과 γ-linolenic acid 함량은 각각 1.94~4.97%의 0.13~1.33%로 균주에 따라 다양하였다. A는 유기 탄소원으로 glucose 첨가에서 성장이 가장 좋았으며, *A. platensis* M9108의 maltose 이용 농도는 glucose 이용능과 유사하였다. *A. platensis* M9108의 성장은 glucose 5.0g/*l*까지 증가하였으나, 10.0g/*l*에서 저해되었다. 또한 고 농도의 탄소원을 이용한 종속 영양 배양 중 발생하는 세포의 뭉침현상이 *A. platensis* M9108에서 관찰되지 않아 안정적으로 고농도 생산이 유용할 것으로 판단되었다.

스피룰리나와 유산균 증식 : 스피룰리나(Sp)에 적합한 유산균주의 종류 및 배양 방법을 결정하고자, 멸균 10% skim milk 배지에 Sp 1% 첨가 후, 계대 배양한 유산균주를 단독 균주 〔Sp, *Lactobacillus acidophilus*(La), *L. bulgaris*(Lb)〕 또는 혼합균주(Sp+La, Sp+Lb)로 접종, 37℃에서 24시간 배양하면서 시간별로 pH, 적정산도 및 유산균주 수를 측정한 결과, Sp첨가 기능성 요구르트 개발에는 단독균주보다 혼합균주가 유산균 증식에 효과적이며 Sp+Lb가 효과적이었다. 또한 Sp 각각 1, 2, 3%첨가 Sp+Lb 혼합균주를 접종, 37℃에서 24시간 배양하면서 시간별로 pH, 적정산도 및 유산균주수를 측정한 결과, pH는 대조구보다 Sp첨가구에서 낮았고,

적정산도는 배양시간 경과에 따라 Sp 첨가 농도 증가에 따라 높았다. 균수 증식은 Sp첨가구가 빨랐으며, 발효시간은 12시간 전후가 적당한 것으로 보였다.

스피룰리나 요구르트의 품질 특성과 항산화성 : 기능성 요구르트 개발을 위해 우유와 탈지 분유에 스피룰리나를 0, 0.25, 0.5, 1%를 첨가 40℃에서 12시간 발효 후, 키위 퓨레와 올리고당을 첨가, 요구르트를 제조한 후 조사한 결과, 스피룰리나 첨가 증가에따라 pH는 감소, 적정 산도와 점도는 증가하였고, 생균 수는 시료 0, 0.25, 0.5, 1.0% 첨가에 따라 각각 $6.3x10^8$, $1.5x10^9$, $3.4x10^9$CFU/*ml*로 증가하였다. DPPH 및 hydyoxyl radical 소거능은 시료 첨가 증가에 따라 항산화 활성도 증가하였다. 관능 검사에서 대조구 4.7점(7점 척도), 시료 0.25, 0.5, 1.0%에 각각 5.2, 4.0, 3.7점으로 0.25%구가 기호도가 가장 높았다. 시료 요구르트의 영양성분은 대조구에 비해 열량 , 탄수화물, 수분, 조회분, 조단백질이 높았고, Na, K, P, Fe, Mg, Cu, Zn, Al이 많았으며 Cd, Pb, Hg 등 중금속은 검출되지 않았다. 이 결과로 스피룰리나 요구르트는 기능성 식품 재료로의 개발 가능성이 있으며, 0.25%요구르트가 양호하였다.

스피룰리나 첨가 콩 다식의 품질특성 : 스피룰리나(시료)를 콩가루에 0, 10, 20, 30% 첨가, 다식을 제조하여 콩 다식의 특성을 조사한 결과, 시료첨가량 증가에 따라 수분 함량이 7~8%로 뚜렷한 차이는 없었고, L값은 조금씩 감소, a와 b값도 감소하였다. 경도는 시료량 증가에 따라 약하였으며, 부착성은 별 차이가 없었고, 대조군이 높았다. 관능 검사는 7점 척도법에서 대조군이 6.4점, 시료 10, 20, 30% 첨가군에서 각각 5.7, 5.4, 4.9점으로 첨가량 증가에 따라 수용도가 낮았으며, 구매 의사는 20% 첨가군이 7.2점으로 높았으나, 30%군이 가장 낮았다. 따라서 스피룰리나 콩 다식은 20% 시료 첨가가 적절할 것으로 사료되었다.

스피룰리나 흑임자 다식의 품질과 항산화능 : 스피룰리나(Sp)분말을 흑임자 가루에 0, 10, 20 및 30%를 첨가, 다식을 제조하여, 항산화성과 관능적 특성을 조사한 결과, Sp 30% 첨가군의 수분량이 가장 많았고, 색도 L, a, b 값은 Sp첨가량이 증가할수록 증가하였다. 경도는 Sp 첨가량 증가에 따라 증가하였으며, 탄력성과 응집성은 감소하였다. DPPH 라디칼 소거능과 hydroxy 라디칼 소거능의 IC_{50} 값이 대조군은 각각 112.3, 56.2㎎/㎖이었으나, Sp첨가 30%군에서 58.2, 45.7㎎/㎖로 Sp첨가량 증가와 비례하여 항산화력이 증가하였다. 관능 검사 결과, 전체적 수용도는 Sp 10, 20% 첨가군이 6.2점으로 대조군과 유사하였고, 30% 첨가군은 4.1점으로 첨가량 증가에 따라 감소하였다. 구입 의향은 Sp 10, 20% 첨가군이 6.7, 6.8점으로 대조군과 유사하였고, 30%첨가군은 4.8점으로 차이를 보였다. 이상으로 Sp는 기능성 소재로 식품제조 시 이용될 수 있으며, 흑임자 다식은 Sp 20% 첨가가 가장 적당하였다.

Spirulina, Chlorella, Astaxanthin과 비단 잉어 체색 : Spirulina(Sp)와 Chlorella (Ch)를 사료에 각각 4, 6, 8, 10%를, 또 astaxanthin(Asx) 40, 60, 80, 100 ppm을 넣어 적색과 흰색의 비단잉어에 주어 관찰하였다. 빨간 부분의 피부 조직의 총 carotenoid 농도는 Sp, Ch, Asx 사료로 사육할 때 2주까지는 증가하였으나 그 후에는 감소하였다. Sp와 Ch 처리 잉어의 적색도는 실험 6주까지는 감소하다가 그 후 증가하였으나 Asx처리 잉어의 적색도는 실험 시작 2주부터 꾸준히 증가하였다. 실험한 3종 시료 중 carophyll pink의 Asx가 적색과 백색 잉어의 적색도를 향시시키는 네 가장 효과적이었다. 잉어 적색도는 Asx농도에 따른 변화는 통계적 유의성은 없었다. 이러한 결과로 적색 또는 백색 잉어의 적색도 증가에 Asx 40ppm 첨가 사료가 가장 경제적이라 생각되었다.

✽ 효능과 이용

1) 효능 : 항암, 고혈압, 면역 효과, 항생제 효과
2) 식용 : 식품 첨가물, 건강 보조식품
3) 약용 : 화학 약품, 의약품
4) 기타 : 어류와 가축의 사료

참고문헌

1) 김용상, 박호일, 김동건, 박대원, **생물공학회지**, 2003. 18(4), 277 (관형 광생물 반응기에서의 *Spirulina platensis* 성장 특성 연구)
2) 김형민, 송호준, 신민교, 신태요, **약학회지**. 1997. 41(5). 647 (스피룰리나 풀라텐시스의 즉시형 과민반응 억제 효과)
3) 김혜정, 김미연, 이윤진, 김미리, **식품조리과학회지**, 2008, 24(6), 899 (스피룰리나를 첨가하여 제조한 콩 다식의 품질 특성)
4) 김효성, 김철희, 권민철, 송영구, 조정환, 곽형근, 황보영, 김진철, 이현용, **수산학회지**, 2006, 39(4), 318 (해수 배양 *Spirulina platensis* 초음파 추출물의 항 암효과)
5) 문종철, **내몸을 바꾸는 스피룰리나**, 도서출판 가라뫼, 경기도, 2006
6) 성기돈, 안주희, 이준엽, 오상집, 이현용, **생물공학회지**. 1995. 10(4). 401 (옥외 광 배양조에서 광합성 미세조류인 *Spirulina platensis*의 대량 배양에 관한 동력학적 연구)
7) 성기혼, 이정호, 박영식, 김현규, 유호금, 오상집, 이현용, **산업미생물학회지**. 1994. 22(2). 196 (*Spirulina platensis*를 이용한 축산 폐수 처리 및 고 단백 사료원의 생산)
8) 성낙응, 한병훈, 김병각, 이상인, 김영민, 김화영, 사이키 이꾸오, 로버트 헨릭스, **WHO. FAO. UNIDO. UNICEF가 인정한 완전식품 스피룰리나**, 한가람 문화사, 서울, 2002, p.236
9) 손민희, 박근형, 최아름, 유귀재, 인만진, 김동호, 채희정, **식품영양과학회지**, 2009, 38(2), 36 (스피룰리나 효소 가수분해물의 생리활성 탐색)
10) 손찬욱, 김혜정, 이윤진, 김미리, **식생활문화학회지**, 2008, 23(6), 755 (스피룰리나 첨가 흑임자 다식의 품질과 항산화능)
11) 손찬욱, 신유미, 심현정, 김미연, 김미리, **식품조리과학회지**, 2007, 23(6), 968 (스피룰리나가 유산균의 증식에 미치는 영향)
12) 스피룰리나 연구회, **완전식품 스피룰리나**, 한가람 서원. 서울. 2005
13) 신유미, 손찬욱, 심현정, 김민희, 김미연, 권오윤, 김미리, **식품조리과학회지**, 2008, 24(1), 68 (스피룰리나 첨가 요구르트의 품질 특성 및 항산화성)

14) 안주희, 김성수, 김태호, 이준엽, 오상집, 이진하, 이현용 **산업미생물학회지**. 1996. 24(4) 519 (축산 폐수의 효율적 처리를 위한 광합성 미세조류인 *Spirulina platensis* 배양 공정의 최적화)

15) 오성호, 한재건, 하지혜, 김영, 정명훈, 김승섭, 점향숙, 최근표, 박욱연, 강도영, 이현용, **식품과학회지,** 2009, 41(3), 313 (저온 초음파 추출에 의한 *Spirulina maxima* 면역 활성 증진)

16) 인만진, 권수연, 채희정, 김동청, 김동호, **응용생명화학회지,** 2000, 50(4), 304 (효소 분해 방법을 이용한 스피룰리나 추출물의 제조)

17) 주동식, **수산학회지,** 2000, 33(5), 482 (*Spirulina platensis* 가 생산하는 Phycobilins 의 Spectral 특성 및 Phycocyanin 색소의 안정성)

18) 주동식, 정충국, 이창호, 조순영, **수산학회지,** 2000, 33(5), 475 (배양조건에 따른 *Spirulina platensis* 의 성장 및 Phycocyanin 함량 변화)

19) 주동식, 조만기, 이응호, **수산학회지,** 1998, 31(3), 417 (초임계 이산화탄소를 이용한 *Spirulina platensis*로부터 지질 추출 및 지방산 조성 분석)

20) 주동식, 조만기, Rainer, Buchholz, 이응호, **수산학회지,** 1998, 31(3), 409 (배양 조건에 따른 *Spirulina platensis* 의 성장 및 지방산 조성)

21) 최강국, 배명숙, 박제섭, 박복준, 안치용, 오희목, **미생물, 생명공학회지,** 2007, 35(1), 45 〔*Arthrospira*(*Spirulina*) *platensis*의 종속 영양 배양과 γ-Linolenic acid 생산〕

22) Amha, B., **J. Appl. Phycology,** 1993. 5. 235 (Current Knowlege on Potential health benefits of *Spirulina*)

23) Annapurna, V.V., Deosthale. Y..G., **Plant Foods Human Nutr.,** 1991. 41(2). 125 (*Spirulina* as a Source of Vitamin A)

24) Aoyama, K., Uemura, I., Miyako, J., Asada, Y., **J. Ferm. Bioeng.,** 1997, 83, 17 (Fermentative metabolism to produce hydrogen gas and organic compounds in a cyanobacterium, *Spirulina plantensis*)

25) Avigad, V., ***Spirulina platensis* (*Arthrospria*),** lst edition, Taylor Francis, 1997

26) Baldia, S. F., Nishijima, T., Hata, Y., Fukami, K., **Nippon Suisan**

Gakkaishi, 1991, 57(4), 645 (Growth characteristic of a blue-green alga *Spirulina platensis* for nitrogen utilization)

27) Baojiang, G., **2nd Asia Pacific Conference on Algal Biotechnol.**, Singapor 1994, April (Study on effect and mechanism of polysaccharides of *Spirulina* on body immune function improvement)

28) Becker, E. W., **Nutr. Rep. Intern.**, 1986. 33(4). 565 (Clinical and Biochemical evaluation of *Spirulina* with regard to its application in the treatment of obesity)

29) Becker, E. W., Vanatlaraman, L. V., **Biomass**, 1984, 4, 105 (Production and utilzation of the blue green algae *Spirulina in* India)

30) Belay, A., **J. Am. Nutraceutical Assoc.(JANA)**, 2002. 27 〔The potential application of *Spirulina*(*Arthrospira*) as a nutritional and therapeutic supplement in health management〕

31) Belay, A., **J. Appl. Phycol.**, 1933. 5. 235 (Current Knowlege on Potential health benefits of *Spirulina*)

32) Belay, A., Kato, T., Ota, Y., **International Association of Appllied Algoloy 7th Conference Abstracts**, 1996, 23 〔*Spirulina*(*Arthrospira*) : Potential application as an animal feed supplement〕

33) Belay, A., **Kor. Nutr. Sci.**, 2004, 7(3), 165 〔New Scientific Developments in the Health Benefits of *Spirulina*(*Arthrospira*) : Phycocyanin and its Potential Health Benefits〕

34) Belay, A., Ota, Y., Miyakawa. K., Shimamatsu, H., **J. Appl. Phycol.**, 1993, 5, 235 (Current Knowledge on potential health benefits of *Spirulina*)

35) Belay, A., **Proc. of the lst Intl. Symp. on Health**, 2000, 92, Seoul, Korea 〔Natural Nutritional and Therapeutic Supplement Strategies in Health Maintenance : Potential use of S*pirulina*(*Arthrospira*)〕

36) Bhat, V. B., Madyastha, K. M., **Biochem. Biophys. Res. Commun.**, 2001, 285, 262 (Scavenging of Peroxynitrite by Phycocyanin and

Phycocyanobilin from *Spirulina platensis*: Protection against oxidative damage to DNA)
37) Boussiba, S., Richmond, A. E., **Arch. Microbiol.**, 1979, 120, 155 (Isolation and Characterization of phycocyanins from the blue-green algae *Spirulina platensis*)
38) Boussiba, S., Richmond, A. E., **Arch. Microbiol.**, 1980, 125, 143 (C-Phycocyanin as a storage protein in the blue-green algae *Spirulina platensis*)
39) Carlos. J., Belen, R. C., Dieog, L., Xavier, N., **Aquaculture,** 2003, 217, 179 [The feasibility of industrial productiom of *Spirulina* (*Arthrospira*) in southern Spain]
40) Carlos. J., Belen, R. C., Xavier, N., **Aquaculture**, 2003. 221. 331 (Relationship between Physicochemical variables and productivity in open ponds for the production of *Spirulina platensis*)
41) Chamorro, G. A., Herrea, G., **Med. Nutr.**, 1988, 24(24), 104 (Studies on Chronic toxicity of *Spirulina*)
42) Chamorro, G. A., Salaza, M., **J. Food Protec.**, 1989, 52(2), 125 (Dominant lethal assay of *Spirulina maxima* in male CD-1 mice after short-term and prolonged-term feeding)
43) Cho, H., Yang, Y. H., Lee, K. J., Cho, Y. S., Chun, H. K., Song, K. B., Kim, M. R., **Kor. J. Food Preserv.**, 2005, 12(4), 329 (Quality characteristics of low fat salad dressing with *Spirulina* during storage)
44) Ciferri, O., **Microbiol. Rew.**, 1983, 47(4), 551 (*Spirulina,* the edible microorganisms)
45) Ciferri, O., Tiboni, O., **Ann. Rer. Microbiol.**, 1983, 39, 503 (The biochemistry and industrial potential of *Spirulina*)
46) de Cair, G. Z., Parada, J. H., Zaccaro, M. C., de Cano, M. M. S., **World J. Microbiol & Biotechnol.**, 2000, 16(6), 563 (Effect of *Spiru-*

lina platensis biomass on the growth of lactic acid bacteria in milk)

47) Devi, M. A., Venkataram, L. V., **Nutr. Rep. International,** 1983, 28, 519 (Hypocholesterolemic effect of blue-green algae *Spirulina platensis* in albino rats)

48) Ernest, R., **Poultry Sci.,** 1990, 69, 794 [The National Value of Dehydrated Blue Green Algae(*Spirulina platensis*) for Poultry]

49) Estrada, J. E. P., Bescos, P. B., Freno, A. M. V., **Farmaco.,** 2001, 56, 497 (Antioxidative activity of different fractions of *Spirulina platensis* protein extract)

50) Facundo, J. M., Sasaki, K., Nishino, N., Nagai, S., **Biotech. Hetr.,** 1995, 17(2), 225 (Inhibitory effect of oxygen accumulation on the growth of *Spirulina platensis*)

51) Froog, S. M., Ebrahim, A. S., Asokan, D., Sakthivel, R., Savitha, S., Rajesh, N. G., Varalakshmi, P., **Clin. Nutr.,** 2005, 24, 932 (Credentials of *Spirulina* diet on stability and flux related properties on the biomineralization process during oxalate mediated renal calcification in rats)

52) Fukino, H., **Eisei Kagaku,** 1990, 36, 5 (Effect of *Spirulina* on the Renal Toxicity Induced by Inorganic Mercury and Cisplatin)

53) Gonzalez, R., Rodriguez, S., Romay, C., Amcheta, P., Gonzalez, A., Armesto, J., Remirez, D., Merino, N., **Phrmacol. Res.,** 1999, 39, 55 (Anti-inflammatory activity of Phycocyanin extract in acetic acid - induced colitis in rats)

54) Grinstea, G. S., Tokach, S. S., Goodband, R. D., Nelssen, J. L., **Anim. Feed Sci. Technol.,** 2000, 83, 237 (Effects of *Spirulina platensis* on growth performance of weanling pigs)

55) Hayashi, O. K., Hayashi, T., Morita, N., **Phytother. Res.,** 1993, 7, 76 (An extract from *Spirulina platensis* is a Selective inhibitor of *Herpes simplex* virus type 1. Penetration into HeLa cells)

56) Hayashi, O., Katoh, T., Okuwaki, Y., **J. Nutr. Sci. Vitaminol.**, 1994, 40, 431 (Enhancement of antibody production in mice by dietary *Spirulina platensis*)

57) Hayashi, O., Hirahashi, T., Katoh, T., Miyaijjima, H., Hirano, T., Okuwaki, Y., **J. Nutr. Sci. Vitaminol.**, 1998, 44, 841 (Class specific influence of dietary *Spirulina platensis* on antibody production in mice)

58) Hayashi, O., Kawamura, C., Ishii, K., Ono, S., Katoh, T., **Congress of Jpn. Phys. Fit. Nutr. Immunol.(abstract)**, 2002 (A study on enhancement of bone-marrow cell-proliferation and differentiation by *Spirulina platensis* in mice)

59) Hayashi, T., Hayashi, K., **J. Nat. Prod.**, 1996, 59, 83 (Calcium Spirulan, an inhibitor of enveloped virus replication, from a blue-green algae *Spirulina platensis*)

60) Herbert, V., Drivas, G., **J. Am. Med. Assoc.**, 1982, 248(3), 3096 (*Spirulina* and Vitamin B_{12})

61) Hernanadez, A. C., Nieves, I., Meckes, M., Chamorro, G., Barron, B. L., **Antivir. Res.**, 2002, 56, 297 (Antiviral activity of *Spirulina maxima* against *Herpes simplex* virus type 2)

62) Herrero, M., Ibanez, E., Senorans, J., Cifuentes, A., **J. Chromatogr.**, 2004, 1047, 195 (Pressurized liquid extracts form *Spirulina platensis* microalgae determination of their antioxdant activity and preliminary analysis by micellar electrokinetic chromatography)

63) Hirahaohi, T., Matsumoto, M., Hazeki, K., Saeki, Y., Ui, M., Seya, T., **Intl. Immunopharmacol.**, 2002, 2 423 (Activation of the human innate immune system by Spirulina; augmentation of interferon production and NK cytotoxicity by oral administration of hot water extract of *Spirulina platensis*)

64) Hirata, T., Tanaka, M., Ookie, M., Tsunomura, T., Sakaguchi, M., **J.**

Appl. Phycol., 2000, 12, 435 (Antioxidant activities of phycocyanobilin prepared from *Spirulina platensis*)

65) In, M. J., Gwon, S. Y., Chae, H. J., Kim, D. C., Kim, D. H., **J. Kor. Soc. Appl. Biol. Chem.**, 2007, 50(4), 304 (Production of *Spirulina* extract by enzymatic hydrolysis)

66) Isii, K., Katoh, Y., Hayashi, O., **J. Kagawa Nutr. Univ.**, 1999, 30, 27 (Influence of dietary *Spirulina platensis* on IgA level in human saliva)

67) Iwata, K., **J. Nutr. Sci. Vitaminol.**, 1990, 36, 165 (Effects of *Spirulina platensis* on plasma Lipoprotein lipase Activity in Fructose-induced Hyperlipidemic Rats)

68) Joo, D. S., Cho, M. G., Buchholz, R., Lee, E. H., **J. Kor. Fish. Soc.**, 1998, 31, 409 (Growth and fatty acid composition with growth conditions for *Spirulina platensis*)

69) Jorge, A. V. C., Giani, A. L., Daniel, I. P. A., Guilherme, M. M., Roselini, T. K., **World J. Microbiol. Biotechnol.**, 2000, 16, 15 (Modeling of growth condition for cyanobacterium *S. platensis*)

70) Kaji, T., Fujiwara, Y., Inomata, Y., Hamada, C., Yamamoto, C., Shimada, S., Lee, J. B., Hayashi, T., **Life Sci.**, 2002, 70, 1841 (Repair of wounded monolayers of cultured bovine arotic endothelial cells is inhibited by calcium spirulan, a novel sulfated polysaccharide isolated from *Spirulina platensis*)

71) Karpoor, R., Mehta, U., **Plant Foods for Human Nutr.**, 1993, 44(1), 29 (Iron status and growth of rats fed different dietary iron source)

72) Kato, T., **Japanese Patent 77, 134, 058,** 1977 (Blue edible pigment from *Spirulina* algae)

73) Kato, T., Takemoto, K., Kuwabara, Y., **J. Jpn. Soc. Nutr. Food Sci.**, 1984, 37, 323 〔Effects of Spirulina(*Spirulina platensis*) on dietary hypercholesterolemic in rats〕

74) Kawamura, C., Hirahashi, T., Nagai, T., Yamada, H., Katoh, T., Hayashi, O., **J. Nutr. Sci. Vitaminol.** (in submitted), 2003 (Distinct effects of phycocyanin on secretory IgA and allergic IgE antibody respones in mice following oral immunization wigh antigen - entrapped biodegradable microparticles)

75) Kawamura, C., Ishii, K., Miyajima, H., Hirahashi, T., Katog, T., Hayashi, O., **J. Phys. Fit. Nutr. Immunol.**, 2003, 13(2), 102 (Effect of *Spirulina* phycocyanin ingestion on the mucosal antibody responses in mice)

76) Kim, H. S., Kim, C. H., Kim, J. H., Kwon, M. C., Cho, J. H., Gwak, H. G., Hwang, B. Y., Kim, J. C., Lee, H. Y., **Kor. J. Microbiol. Biotechnol.**, 2006, 34, 143 (Comparision of anticaner activities from the culture and extraction condition of the *Spirulina platensis*)

77) Kim, H., Lee, E., Cho, H., Moon, Y., **Biochem. Pharmcol.**, 1998, 55, 1071 (Inhibitory effect of mast cell-mediated immediate-type allergic reactions in rats by *Spirulina*)

78) Kim, W. Y., Park, J. Y., **J. East Asian Soc. Dietary Life**, 2003, 36(3), 287 (The effect of *Spirulina* on lipid metabolism, antioxidant capacity and immune function in Korean elderlies)

79) Koay, R. A., **Crit. Rev. Food Sci. Nutr.**, 1991, 30(6), 555 (Microalgae as food and supplement)

80) Kuhad, A., Tirkey, N., Pilkhwal, S., Chopra, K., **Fund. Clin. Pharmacol.**, 2006, 20, 121 (Effect of *Spirulina*, a blue green algae, on gentamycin-induced oxidative stress and renal dysfunction in rat)

81) Kumar, D. P., Murthy, S. D., **Biochem. Mole. Bio.**, 2007, 40(5), 644 (Photoinhibition Induced Alterations in Energy Tranfer Process in phycobilisames of PS II in the Cyanobacterium, *Spirulina platensis*)

82) Kunshan Gao, **Algae**, 1998, 13(1), 119 (Growth and carbon Budget of *Spirulina pacifica*, with Special reference to Light)

83) Lee, J. N., **MS Thesis**, Kangwon Univ., Kangwondo, Korea., 1999 (Studies on screening of anticaner anti-immuno-regulation functions from single cell protein, photosynthetic microalgae, *Spirulina platensis*)

84) Liu, L., Guo, B., Ruan, J., Dai, X., Chen, L., Wu, B., **Marine Sci.**, 1991, 6, 44 (Study on effect and mechanism of polysaccharides on *Spirulina platensis* on body immune functions improvement)

85) Liu, L., **Marine Sci.**, 1991, 5, 33 (Inhibitive Effect and Mechanism of Polysaccharide of *Spirulina platensis* L. on Transplanted tumor cells in mice)

86) Madhavishokharam, K., Venkataraman, L. V., **Photochemistry**, 1987, 26(8), 2267 (Carbohydrate composition and characterization of two unusual sugar from the blue green alga *Spirulina platensis*)

87) Mahajan, G., Kamat, M., **Appl. Microbiol. Biot.**, 1995, 43(3), 466 (γ-Linolenic acid production from *Spirulina platensis*)

88) Manabe, E., Hirano, M., Takano, H., Ishikawa-Doi, N., Sode, K., Matsunaga, T., **Appl. Biochem. Biotechnol.**, 1992, 34/35, 273 (Influence of ammonium chloride on growth and fatty acid production by *Spirulina platensis*)

89) Mao, T., K., Water, V., D., Gershwin, M. E., **J. Medicinal Food**, 2000, 3, 135 (Effect of *Spirulina* on the Secretion of cytokines from peripheral blood mononuclear cells)

90) Marquez, F. J., Nishio, N., Nagai, S., Sasaki, K., **J. Chem. Tech. Biotechnol.**, 1995, 62, 159 (Enhancement of biomass and pigment production during growth of *Spirulina platensis* in mixotrophic culture)

91) McLack, J. M., **Limnology and Oceanography**, 1979, 24, 753 [Photosynthesis and growth of *Spirulina platensis* (Cyanophyta) in an equatorial lake(Lake Simbi, Kenya)]

92) Miranda, M. S., Cintra, R., Barros, S. B. M., Mancini-Filbo, J., **Braz. J. Med. Biol. Res.**, 1998, 31(8), 1075 (Antioxidant activity of the microalga *Spirulina maxima*)

93) Murthy, S. D. S., Venkataramanaiah, V., Sudihir, P., **Photosynthetica,** 2004, 41, 331 (Effect of high temperature on photosynthetic electron transport activities of the cyanobacterium, *Spirulina platensis*)

94) Nakaya, N., **Nutr. Rep. Intl.**, 1988, 37(6), 1329 (Cholesterol Lowering Effect of *Spirulina*)

95) Nandeesha, M. C., Gangadhara, B., Manissery, K. K., Venkatraraman, L. V., **Bioresour. Technol.**, 2001, 80, 117 [Growth performance of two Indian major carps, Catla(*Catla catla*) fed diets containing different levels of *Spirulina platensis*]

96) Okada, S., Liao, W., Mori, T., Yamaguchi, K., Watanabe, T., **Suisan. Gak.**, 1991, 57, 1403 (Pigmentation of Cultured Striped jack reared on diets supplemented with blue-green alga *Spirulina maxima* N.)

97) Olaizola, M., Duerr, E. O., **J. Appl. Phycol.**, 1990, 2, 98 (Effects of light intensity and quality on the growth rate and photosynthetic pigment content *Spirulina platensis*)

98) Ouing, H., Richmond, A., **J. Appl. Phycol.**, 1996, 8, 139 (Productivity and photosynthetic efficiency of *Spirulina platensis* as affected by light intensity, algal density and rate of mixing in a flat plate photobioreactor)

99) Ozdemir, G., Karabay, N. U., Dalay, M. C., Pazarbasi, B., **Phytother. Res.**, 2004, 18, 754 (Antibacterial activity of volatile component and various extract of *Spirulina platensis*)

100) Parada, J. L., de Cair, G. Z., Zaccaro, M. C., de Cano, M. M. S., **Intl. J. Food Microbiol.**, 1998 45(3), 225 (Lactic acid bacteria growth promoters from *Spirulina platensis*)

101) Piñero Estrada, J. E., Bermejo Descos, P., Villar del Fresno, A. M.,

Farmaco., 2001, 56(5~7), 497 (Antioxidant activity of different fractions of *Spirulina platensis* protean extract)

102) Piorreck, M., Baasch, K. H., Pohl, P., **Phytochemistry,** 1984, 23, 207 (Biomass production, total protein chlorophylls, lipids and fatty acids of fresh water green and algae under different nitrogen regimes)

103) Qishen, P., **Toxicol. Lett.**, 1990, 48, 165 (Radioprotective effect of extract from *Spirulina platensis* in mouse bone marrow cells studied by using the micronucleus test)

104) Reddy, M. C., Subhashini, J., Mahipal, S. V. K., Bhat, V. B., Reddy, P. S., Kiranmai, G., Madyastha, K. M., Reddanna, P., **Biochem. Biophys. Res. Commun.**, 2003, 304, 385 (C-Phycocyanin, a selective cyclo-oxygenase-2 inhibitor, induces apoptosis in lipopolysaccharide-stimmulated RAW 264.7 marcrophages)

105) Reddy, C. M., Bhat, V. B., Kiranmai, G., Reddy, M. N., Reddanna, P., Madyastha, K. M., **Biochem. Biophys. Res. Commun.**, 2000, 277, 599 (Selection inhibition of Cyclo-oxygenase-2 by C-Phycocyanin, a biliprotein from *Spirulina platensis*)

106) Remirez, D., Fernandez, V., Tapia, G., Gonzalez, R., Videla, A., **Inflamm. Res.**, 2002, 51, 351 (Influence of C-Phycocyanin on hepatocellular parameters related to oxidative stress and kuffer cell functioning)

107) Remirez, D., Gonzalez, A., Merino, N., Gonzalez, R., Ancheta, O., Romay, C., Rodriguez, S., **Drug Dev. Res.**, 1999, 48, 70 (Effect of phycocyanin in zymogen-induced arthritis in mice-phycocyanin as an antiarthritic compound)

108) Remirez, D., Ledon, N., Gonzalez, R., **Mediat. Inflamm.**, 2002, 11, 181 (Role of histamine in the inhibitory effects of phycocyanin in experimental models of allergic inflammatory response)

109) Rimbau, V., C'amins, A., Romay, C., Gonzalez, R., Pallas, M., **Naunysn - Scmiedeberg's Arch. Pharmacol.**, 2001, 364, 96 (C-Phycocyanin protects Cerebellar granule cells from low potassium/ serum deprivation-induced apoptosis)

110) Rimbau, V., Carmins, A., Romay, C., Gonzalez, R., Pallas, M., **Neuroscience Lett.**, 1999, 276, 75 (Protective effects of Phycocyanin against Kainic acid - induced neuronal damage in rat hippocampus)

111) Rippka, R., Deruelles, J., Waterbury, J. B., Herdman, M., Roughan, P. G., **J. Sci. Food Agric.**, 1989, 47, 295 (*Spirulina*, A sources of dietary γ-linolenic acid)

112) Rodriguez-Jorge, M., Lopez-Guerra, M., **Alimentaria**, 1996, 269, 95 (Radiodecontamination of *Spirulina platensis* tablets)

113) Romana, I., Bellitti, M. R., Nicolaus, B., Lama, L., Mance, C., Pagnotta, E., Gambacorta, A., **Phytochemistry**, 2000, 54, 289 (Lipid profile I a useful chemotaxanomic marker for classification of new cyanobacteruim in *Spirulaina* genus)

114) Romay, C., Delgado, R., Remirez, D., Gonzalez, R., Rojas, A., **Arzneim-Forsch/Drug Res.**, 2001, 51, 733 (Effect of phycocyanin extract on tumor necrosis factors and nitrite levels in serum of mice treated with endotoxin)

115) Romay, C., Gonzalez, R., **J. Pharm. Pharmacol.**, 2000, 52, 367 (Phycocyanin is an antioxidant protector of human erythrocytes against lysis by peroxyl radicals)

116) Romay, C., Gonzalez. R., Pizarro, M., Lissi, E., **J. Prot. Chem.**, 2000, 19, 151(Kinetics of C - Phycocyanin reaction with hydrochlorite)

117) Romay, C., Ledon, N., Gonzalez, R., **Inflamm. Res.**, 1998, 47, 334 (Further studies on anti - inflammatory activity of Phycocyanin in some animal models of inflammation)

118) Romay, C., Ledon, N., Gonzalez, R., **J. Pharm. Pharmcol.**, 1999, 51, 641 (Phycocyanin extract reduces Leukotriens B_4 Levels in arachidonic acid-induced mouse-ear inflammation test)

119) Romay, C., Ledon, N., Gonzalez, R.,, **Arzneim-Forsch/Drug Res.**, 2000, 50, 1106 (Effects of Phycocyanin extract on prostaglandin E_2 levels in mouse ear inflammation)

120) Saiki, I., Murata, J., Fuji, H., Kato, T., **Kor. Nutr. Sci.**, 2004, 7(3), 144 (Inhibition of Tumor Invasion and Metastasis by Calcium Spirulina(Ca-Sp), a Novel Sulfated Polysaccharide Derived From a Blue-Green Alga *Spirulina platensis*)

121) Sautier, C., Tremolierer, J., **J. Ann. Nutr. Aliment.**, 1975, 30, 517 (Food value in *Spirulina* algae in human)

122) Schwartz, J. L., Shklar, G., Roid, S., Trickler, D., **Nutr. Cancer,** 1988, 11, 127 (Prevention of experimental oral cancer by extracts of *Spirulina-Dunaliella* algae)

123) Son, C. W., Shin, Y. M., Sim, H. J., Kim, M. Y., Kim, M. R., **Kor. J. Food Cookery Sci.**, 2007, 23(6), 968 (Effect of *Spirulina* on growth of lactic acid bacteria)

124) Sung, K. D., Ann, J. H., Park, Y. S., Ohn, S. J., Lee, H. Y., **Kor. J. Biotechnol. Bioeng.**, 1995, 10, 401 (Kinetics of cultivating photosynthetic microalga *Spirulina platensis* in an outdoor photobioreactor)

125) Sung, K. H., Lee, J. H., Park, Y. S., Kim, H. K., Yu, H. K., Ohh, S. J., Lee, H. Y., **Kor. J. Appl. Microbiol. Biotechnol.**, 1994, 22(2), 197 (The treatment of swine wastes and the production of high protein feedstoks from photoheterotrophic growth of *Spirulina platensis*)

126) Tedesco, M. A., Duerr, E. O., **J. Appl. Phycol.**, 1989, 1, 201 (Light, temperature and nitrogen starvation effects on the total lipid and

fatty acid content and composition of *Spirulina platensis* UTEX 1928)

127) Tokusoglu, Ó., Unal, M. K., **J. Food Sci.**, 2003, 68, 1144 (Biomass nutrition profiles of three microalgae; *Sprulina platensis, Chlorella vulgaris,* and *Isochrisis galbana*)

128) Tomaselli, L., Pelosi, E., Paoletti, D., **Proc. 18th Congress National Italian Soc. Microbiology,** Fiuggi, Terme, Italy, 1978 (Composition of organic materials in *Spirulina plantensis* and *S. manxima*)

129) Torres-Duran, P. V., Miranda-Zamora, R., Paredes-Carbajal, M. C., Mascher, D., Castillo, B., Diaz-Zagoya, J. C., Juarez-Oropeza, M. A., **J. Ethnopharmacol.**, 1999, 64, 141 (Studies on the preventive effect of *Spirulina maxima* on fatty liver development induced by carbon tetrachloride in the rat)

130) Upasani, C. D., Khera, A., Balaraman, P., **Indian J. Exp. Biol.**, 2001, 39(1), 10 (Effect of lead with vitamin E, C, or *Spirulina* on malondialdehyde, conjugated dienes and hydroperoxides in rats)

131) Vadiraja, B., Gaikwad, N., Madyastha, K., **Biochem. Biophys. Res. Commun.**, 1998, 249, 428 (Hepatoprotective effect of C Phycocyanin: protection from carbon tetrachloride and R-(+)-pulegone-mediated hepatotoxicity in rats)

132) Vernerey, A., Albiol, J., Lasseur, C., Godia, F., **Biotechnol. Prog.**, 2001, 17, 431 (Scale-up and design of a pilot-plant photobioreactor for the continuous culture of *Spirulina platensis*)

133) Vonshak, A.(ed.), ***Spirulina platensis* (*Arthrospira*)**: Physiology, Cell- Biology and Biotechnology, Taylor & Francis Ltd, U.K., 1997, 205 (Cohen, Z., The chemicals of Spirulina)

134) Vonshak, A., **Hydrobiologia,** 1987, 151/152, 75 (Strain selection of *Spirulina* suitable for mass production)

135) Watanabe, F., Katsura, H., Takenaka, S., Fujita, T., Abe, K.,

Tamura, Y., Nakatsuka, T., Nakano, Y., **J. Agric. Food Chem.**, 1999, 47, 4736 (Pseudovitamin B_{12} is the prodominant cobamide of an algal health food Spirulina tablets)

136) Watanabe, Y., Noue, J., Hall, D. O., **Biotech. Bioen.**, 1995, 47, 261 (Phytosynthesis performance of a helical tubular photobioreactor incorporating the cyanobacterium *Spirulina platensis*)

137) Wu, L. -C., Annie Ho, J. -A., Shief, M. -C., Lu, I. -W., **J. Agric. Food Chem.**, 2005, 53, 4207 (Antioxidant and antiproliferative activities of *Spirulina* and *Chlorella* water extract)

138) Yang, H. N., Lee, E. H., Kim. H. M., **Life Sci.**, 1997, 61(13), 1237 (*Spirulina* inhibits anaphylactic reaction)

Myagropsis myagroides
Fensholt
Cystophyllum sisymbrioides
J. Agardh

외톨개모자반 4

갈조류 · Sargassaceae (모자반과)

• 일명 | Joromoku
• 분포 | 한국(부산, 기장, 제주도), 일본

✻ 식물학적 특성

갈조류의 하나로 모자반과에 속하며, 뿌리는 낮은 원추상, 직경 5~7㎝, 고무처럼 좀 연하다. 뿌리 표면에서 1~4 또는 2이상의 줄기가 나오고, 줄기 표면에는 혹이 많다. 중심 가지는 매우 접근하여 줄기의 양측에서 깃털모양으로 나와서 넓게 벌어진다. 길이 1~3m, 중심 가지는 눌린원이고, 수회 깃털모양으로 분기하며 작은 가지의 양 가장자리에 잎이 있다. 잎에는 중륵이 있고, 줄모양이며, 가늘고 깃털모양으로 분기한다. 기포는 타원형이며, 양끝이 가늘고, 상부의 것은 방추형이다. 기포가 큰것은 길이 5~10㎜, 지름 4~5㎜, 상부의 작은 것은 길이 4㎜, 폭 2㎜되는 것도 있다.

동속 해조류로는 애기외톨개모자반(*M. yendoi*)이 있다.

✻ 생리 활성

Fucoidan의 생리기능과 활용 : 미역, 다시마, 톳 등 갈조류에 많은 fucoidan은 90여 년 전에 추출 확인되었으며 항혈액 응고, 항혈전, 항암, 면역조절, 항virus, 줄기세포의 활성화 등의 생리 활성이 연구되어, 이와 관련된 각종 질병의 완화 및 치료제로 활용 가능성이 인식되고 있다. 갈조류의 양식은 잘 발달되었고, 전남 완도지역은 청정지역으로 수질오염이 낮아 다시마, 미역 포자엽의 수확량이 풍부, fucoidan 추출원료 수급이 용이하다.

산화적 Stress에 대한 Fucoidan과 Alginic acid의 보호효과 : Peroxyl radical - 유도 산화적 stress에 대한 fucoidan과 alginic acid(갈조류 함유, 활성 다당류)의 보호 작용을 in vitro에서 실험한 결과, fucoidan은 NO와 O_2 (superoxide)제거능이 강력하였으나, alginic acid는 이러한 작용이 없었다. 그러나 alginic acid는 fucoidan보다 -OH 제거능은 높았다. fucoidan과 alginic acid는 AAPH 유도 산화적 stress에 대하여 세포의 활성을 향상시켰다. fucoidan과 alginic acid 1,000㎎/㎖에서 세포의 활성은 각각 16.4%에서 85.9%와 67.7%로 증가하였다. 또한 fucoidan과 alginic acid는 AAPH에 의해 용량 의존적으로 LLC-PKI 세포에서 지질 과산화를 개선시켰다. 이 결과로 fucoidan과 alginic acid는 free radical로 인한 산화적 stress에 대해 항산화제로 작용하는 것으로 생각되었다.

알긴산의 화학적 조성과 물성 : 알긴산의 연평균량은 외톨개모자반과 괭생이모자반이 각각 25.2%, 26.5%, 연평균 M/G비는 외톨개모자반이 1.97, 괭생이모자반이 1.38, 또 M/G비는 외톨개모자반은 최대치는 12~1월, 최소치는 5~6월과 10~11월, 괭생이모자반은 1월에 최대치, 3~4월에 최소치를 보였다. 우론산 block 배열비 alternating, M, G block이 외톨개모자반은 각각 18.4, 40.4, 41.2%, 괭생이모자반은 9.8, 33.3, 56.9%이었다. 알긴산의 점도는 외톨개모자반 11월의 시료 45.3cp로 최고이었고, 괭생이모자반은 1월에 26.0cp이었다. 또 점도의 온도 의존성은 외톨개모자반은 11월 시료가, 괭생이모자반은 6월 시료가 컸으며, 금속 ion 교환량은 외톨개모자반은 11월 시료가 최고, 그 교환량은 Pb^{2+} 4.4, Cu^{2+} 1.8, Zn^{2+} 2.5, Co^{2+} 2.0meq/g, Ag-Alg.이었고 괭생이모자반은 6월 시료가 최고, 그 교환량은 Pb^{2+} 4.5, Cu^{2+} 2.2, Zn^{2+} 2.4, Co^{2+} 2.1meq/g, Na-Alg.이었다. 대체로 금속 ion에 교환능은 우론산 block비와 관련성이 있는 것으로 보였다.

알긴산 조성 : 식용 갈조류의 uronate 조성과 alginate 분자량을 조사하였다. 미역, 다시마, 모자반, 톳 4종의 갈조류 중 미역이 가장 alginate 분자량이 크며, D-mannuronioc acid와 L-glucuronic acid(M/G)비가 톳〉모자반〉미역〉다시마 순이었고, 특히 수용성 alginate가 많았다. alginate의 분자량은 다시마가 45,000~48,000kDa, 미역이 4,000~4,200kDa, 톳이 3,300~3,400kDa, 모자반이 3,000~3,200kDa 순이었다. 미역의 수용성 alginate에서 M/G비는 4.59로 가장 높았다. 분자량은 포자엽과 줄기가 4,100~4,200kDa로 비슷하였고, 잎부분은 4,000~4,100kDa 정도였다.

Alginate의 항돌연변이와 Cholesterol, Glucose, Cd 결합능① : Alginate의 평균 분자량 약 10,000(HAG-10), 50,000(HAG-50), 100,000(HAG-100)의 저분자 alginate를 만들어 Ames test로 항돌연변이 효과를 측정한 결과, AFB_1에 대한 간접 돌연변이 원성과 MNNG에 대한 직접 돌연변이 원성의 항돌연변이 효과는 HAG-10이 가장 높았고, 나음 HAG-50, IIAG-100 및 alginate 순으로 분자량이 적을수록 증가하였다. 저분자 alginate의 cholesterol, glucose 및 Cd 결합능은 alginate가 가장 높았고, 다음 HAG-50과 HAG-100은 유사하였으며, HAG-10은 결합능이 없었다.

Alginate의 Cholesterol, Glucose 및 Cd 배출 효과② : Alginate의 기능성을 개선하고자 저분자 alginate를 만들어 rat에 HAG-10, HAG-50, HAG-100 및 alginate를 투여, cholesterol의 체외 배출 효과를 조사한 결과, HAG-50과 HAG-100이 높았고, 다음 alginate이며, HAG-10은 나타나지 않았다. 혈청 중 glucose 양은 HAG-50에서 가장 낮았고, 이후에도 계속 혈당이 저하하였으며, 혈청 중 insulin도 HAG-50에서 초기에 증가한 후 계속 저하되었다. Cd의 체외로의 배출은 HAG-50에서 가장 높았고, 다음 HAG-100, alginate, HAG-10순이나 HAG-10은 거의 효과가 없었다. 이로써 HAG-50은 rat에서 cholesterol과 Cd 체외 배출이 촉진되었으며, 혈중 glucose 저하 효과가 뚜렷하였다.

혈청 지질 변화 및 급성 독성 : 저분자 alginate인 HAG-10, HAG-50, HAG-100 및 alginate를 랫드에 35일 투여한 결과, 저분자 alginate인 HAG-50

이 혈청 지질성분과 동맥경화 지수가 가장 좋았다. 즉 total cholesterol, HDL, LDL, TG, 인지질 및 동맥 경화 지수는 5%와 10% HAG-50에서 현저히 감소하여 지질 대사 개선을 보였고, HAG-50의 급성 독성을 검토한 결과, 5g/kg 경구 투여에서 암수 모두 폐사 및 병리조직학적 이상은 없어 LD_{50}을 산출하기 어려워 아주 안전함을 입증하였다. 이상에서 분자량 50,000 정도의 저분자 alginate 인 HAG-50이 가장 우수한 지질 대사 개선 효과가 있었고, 안전한 물질임이 인정되었다.

알긴산과 3T3-L1 세포의 분화① : 3T3-L1 세포가 지방 세포로 분화되는 과정 중 혈청에 분화 촉진 인자(insulin, prostaglandin F2α 등) 첨가로 분화가 촉진되고, 분화 억제 인자(actinomycin D, tumor necrosis factor α 등)로 억제될 수도 있다. 3T3-L1 세포는 세포 내 지방 축적으로 지방세포 형태를 나타낸다. 3T3-L1 세포의 특성을 이용, 해조류에 많은 알긴산이 지방세포로의 분화 과정에 어떤 영향을 주는지 실험한 결과, 3T3-L1 세포 분화를 억제하였다. 또 분화 촉진 물질 IGF-1(insulin-like growth factor-1)과 insulin을 이용, 알긴산이 분화에 미치는 영향을 검토한 결과, 알긴산은 insulin의 분화 촉진 작용을 특이적으로 억제하였다. 본 연구는 알긴산을 이용, 알긴산의 지질 감소 효과를 세포 수준에서 검증하였다.

알긴산의 비만 억제 효과② : 미역, 다시마 등 갈조류에 20~30% 함유되어 있는 알긴산을 agar, cellulose, CMC, chitin, lignin 등의 식이섬유의 비만 억제 작용을 magarine 유도 비만 쥐에서 비교 검토하였다. 사료에 식이섬유 10%를 가하여 비만 억제 효과를 보면, lignin이 가장 크고, 다음 Na-alginate, cellulose, CMC 순이었다. 간장과 부고환 및 난소 주위의 지방조직의 비만 억제 효과는 lignin이 가장 크고, Na-alginate, cellulose, CMC 순. 또 Lee index의 비만 억제는 Na-alginate〉lignin〉CMC〉chitin〉cellulose 순. 간의 지질 분석에서 지방 축적 억제 효과는 agar〉CMC〉cellulose〉Na-alginate〉chitin〉lignin 순이었다. 혈청 glucose 감소 효과는 CMC가 가장 크고, 다음 Na-alginate, lignin 순. 혈청 cholesterol 저하 효과는 Na-alginate가 가장 크고, 다음이 lignin, cellulose 순. 그 밖에 chitin을

제외한 대부분이 효과가 있었다. 또 lipase 활성의 상승 작용은 Na-alginate가 가장 효과적이며 다음 chitin이었다. 이상으로 갈조류 중 알긴산 20~30%가 있는 미역, 다시마 등은 비만 예방과 치료에 가장 효과적인 것으로 생각된다.

조류와 생약 성분의 비만 억제 비교③ : 해조류의 알긴산, 담수 록조 chlorella, 생약 인삼 saponin, 마늘 alliin과 scordinin 첨가, 비만 억제 효과를 검토한 결과, Na-alginate(71%)가 크고, 다음 scordinin(76%), chlorella(76%), alliin(86%) 순으로 체중 증가가 있었다. 사료 효율과 비교, 체중 증가량은 Na-alginate(68%)가 가장 효과적이고, alliin(79%)도 인정되었다. 간의 지방 축적 억제 효과는 Na-alginate(84%)가 가장 효과적, 부고환 및 난소 주변의 지방 축적 억제 효과는 Na-alginate(54%)가 가장 효과적, 다음 alliin (64%), saponin(66%) 순이었다. 또 Lee index 비만 억제 효과를 비교하면 Na-alginate(91%)에서만 인정되었다. 간 중 지방 축적 억제 효과는 alliin(40%)〉saponin(58%)〉Na-alginate(62%)〉chlorella(64%)〉scordinin(74%) 순. 혈청 glucose 감소 효과는 Na-alginate(67%)가 가장 크고, 다음 saponin(73%), scordinin(74%), alliin(83%) 순. 혈청 cholesterol 저하작용은 Na-alginate(82%)가 가상 크고, 다음 alliin(84%), chlorella(86%), saponin(87%) 순이었다. 또한 혈청 lipase 활성 증가에 의한 비만 억제 작용은 Na-alginate(109%)와 saponin(104%)의 첨가가 효과적. 따라서 미역, 다시마, 톳 등 갈조류 성분 알긴산이 chlorella, 인삼 saponin, 마늘 alliin 및 scordinin보다 비만 예방과 치료에 효과적이었다.

갈조류의 Fucoidan 추출, 정제 및 특성 : 갈조류인 다시마, 미역, 톳, 모자반에서 수용성 식이 섬유인 fucoidan추출은 pH 2.0, 65℃, 1시간씩 3회 추출, cetylpyridium chloride로 부분 정제한 결과, 다시마 2.71%, 미역포자엽 6.65%, 톳 2.51%, 모자반 1.56%, 미역엽상체 0.40%였고, DEAE-Sepadex A-25 이온 교환으로 정제 fucoidan 분획은 다시마, 미역포자엽, 톳, 모자반 모두 3종의 분획으로, 전기 영동에서 2종 이상의 band가 검출되어 불균일성을 보였다. 알코올 분별 침전법으로 재분획한 결과, 다시마, 미역포자엽, 톳은 60~70% EtOH에서, 모자반은 60~65%에서 침전된 분획이 cellulose acetate 전기 영동 및 gel filteration chromatography 상에서 균일하였다. 이 fucoidan은 fucose: galactose: sulfate의 mole 조성비는 다시마, 미역포자엽, 톳, 모자반이 각각 1:0.31:2.43, 1:0.87:1.99, 1:0.66: 2.74, 1:0.24:1.46이었고, 분자량은 다시마 31,000, 미역포자엽 38,000, 톳 26,000, 모자반 105,000이었다. 구성당의 위치는 다시마, 톳, 모자반의 주 결합은 1, 3 fucose, 미역포자엽은 1, 3 fucose 외 1, 3 galactose, 황산기는 fucose 및 galactose C-4에 , 미역포자엽과 톳은 C-4 외에 C-2 탄소에 결합되었고, 이들의 항혈액 응고력은 다시마〉톳〉모자반〉미역포자엽이었다. 특히 다시마의 항응고력은 18㎎/㎖에서 70초로 heparin의 약 15% 활성을 보였다. 또한 다시마 톳, 모자반의 정제 fucoidan의 항응고력은 황산기 함량 증가에 따라 증가하였다.

CCl_4- 유도 간손상과 Fucoidan 효과 : CCl_4-산화 stress 손상 간에 fucoidan extracts(FE)의 항산화성을 GOT, GPT, ALP, LDH, MDA, SOD, CAT, GPx수준으로 알 수 있는지 실험하였다. SD계rat(♀)에 Fe 100㎎/㎏을 14일간 투여하고 15일째 CCl_4를 준 후 희생시켰다. rat 혈청 중 GDT, GPT, ALP 및 LDH를 총 간의 균질액에서 MDA, SOD, CAT 및 GPx와 같이 측정한 결과 CCl_4처리에서는 GDT, GPT, ALP, LDH, 및 MDA가 증가하였고, SOD, CAT 및 GPx는 현저히 감소하였으나, FE로 전처리 한 rat은 CCl_4 처리 rat에서 SOD, CAT 및 GPx양이 회복되는 것과 같이 GOT, GPT, ALP, LDH 및 MDA의 증가가 억제되었다. 더구나 FE처리 rat의 간에서는 괴저나 경화 발생이 현저히 감소하였다. 이러한 결과로 FE의 항산화성이 CCl_4-유도 산화적 stress에 효과 있음을 알게 되었다.

AAPH- 손상 LLC-PK1세포와 Fucoidan : AAPH 손상 LLC-PK1세포의 산화적 stress에 fucoidan의 보호 효과를 실험하였다. LLC-PK1세포를 1mM 2,2'-azo-bis(2-aminopropane) dihydrochloride(AAPH)에 24시간 노출시켜 산화적 stress에 생활력이 현저히 감소하였으나, fucoidan은 용량의존적으로 이를 보호하였다. 이러한 fucoidan의 작용은 superoxide anion radical과 hydroxyl radical의 작용을 제거 하는 것과 같이 fucoidan이 지질 과산화와 항산화 효소의 작용과 같은 양상이다. fucoidan의 AAPH-유도 LLC-PK1 손상에 보호 효과는 특히 superoxide radical을 강하게 제거함을 보였다. fucoidan의 IC_{50}은 48.37±1.54㎍/㎖ superoxide anion radical 제거능과 hydoxyl radical 제거 능력은 IC_{50} 32.03㎍/㎖로 강하였다. 그러므로 fucoidan의 AAPH-손상 LLC-PK1 세포 보호는 지질 과산화를 방해하고, 항산화 효소 작용을 증가시켜 과산화 radical을 제거함에 있다(LLC-PK1 cell: Procine kidney epitheial celll).

Fucoidan의 항혈액 응고 활성 : 국내 연안의 갈조류, 미역포자엽, 다시마, 톳, 모자반을 묽은 염산(pH 2.0)으로 65℃에서 추출 crude fucoidan을 CPC 처리로 침전시킨 후, $CaCl_2$(1.0M, 1.5M, 3.0M)를 증가시켜 분리하였다. APTT 활성으로 비교한 결과, 분획물의 항혈액 응고 활성은 황산기 함량의 증가에 따라 증가하였으며, 분획물 시료중 미역포자엽을 3.0M $CaCl_2$로 분획한 것이 가장 활성이 우수하였다. 이 분획을 다시 pronase와 laminase로 수식한 결과, 각각 단백질과 glucose가 감소하였으나 수식 전에 비해 APTT 활성이 증가하였다. pronase와 laminase로 수식한 fucoidan의 fucose : galactose : mannose : sulfate : uronic acid의 mole%는 1 : 1.3 : 0.03 : 2.7 : 0.08이었으며, 효소 처리에 따른 미역포자엽의 결합 구조는 변화가 없었다.

Nitrite 제거 해조류 검색과 활성 : 녹조류 (파래-*Enteromorpha, Ulva*), 갈조류(톳, 미역, 모자반류, 곰피), 홍조류(우뭇가사리, 진두발, 도박, 서실, 보라우무, 지누아리, 꼬시래기, 돌가사리)등에 대하여 NO 제거 활성을 검색한 결과, 곰피의 MeOH ex가 가장 강하였고, 추출 정제한 활성 물질은 phlorotannin A였다. phloroglucinol(IC_{50}=3.9㎎/㎖)의 활성은 ascorbic acid (IC_{50}=65.0㎎/㎖)보다 강하였다. 이상의 결과로, 곰피에서 추출한 활성 물질 phlorotannin A과 phloroglucinol은 발암성 N-nitroso 화합물의 전구물질 nitrite제거제로 응용될 수 있을 것으로 생각되었다.

피부 세포주 HaCaT에 대한 해조류의 영향 : 한국 연안 해조류를 채집, 이들 중 녹조류 4종, 갈조류 18종, 홍조류 14종을 수세, 음건하여 80% MeOH로 4회 추출, 37℃에 건조한 시료를 인체 피부세포 HaCaT와 24시간 배양 후 조사한 결과, 36종의 해조 시료 중 비틀대모자반과 돌가사리가 대조구보다 1.6배 활력이 증가되었고, 참그물바탕말(*Dictyota dichotoma*), 참도박(*Pachymeniopsis elliptica*) 및 잎파래(*Enteromorpha linza*)의 추출물은 대조구보다 각각 0.2, 0.4, 0.4배 정도 활력을 억제시켰다.

해조류 추출물의 화학적 암 예방 효과① : 동해와 남해안에서 미역, 다시마, 감태 등 30종의 해조류에 대하여 phase II 해독 효소 유도 및 염증 반응 방지효과로 화학적 암 예방 효과를 시험한 결과, *Dictyota coriacea*(그물바탕말) *Cutleria cylindrica*(채찍말)에서 4.36과 4.66의 강한 암 예방 수치를 얻었고, 이 추출액 100㎎/㎖에서 3배의 항산화 효과가 나타났다. 패(*Ishige okamurae*), 산말류(*Desmarestia ligulata, D. viridis*), 딕티오프레티스(*Dictyopretis divaricata, D. coriacea*), 모자반류(*S. horneri, S yezoense*) 등에서 NO에 대해 현저한 방해와 5~20 ㎎/㎖에서 농도의존적으로 prostaglandin E_2 생산을 억제하였다. 이들 해조류들은 화학적 암 예방효과가 있는 식품으로 이용될 수 있다. 특히 *Dictyota coriacea*는 ARE의존 기작으로 gene을 조절할 뿐 아니라 NO와 PGE_2 생산을 방해하여 염증을 예방하는 강력한 화학적 암 예방 물질을 함유하고 있을 것으로 생각되었다.

돌연변이 원성 억제② : 가열식품 유래 돌연변이 물질 PhIP와 MeIQx의 돌연변이 억제는 갈조류가 녹조류나 홍조류보다 우수하였고, 특히 갈조류 중 감태, 곰피, 다시마 및 미야베모자반에서 우수하였다. 그중 곰피의 Et_2O, $CHCl_3$, EtOAc 및 수용성 획분 중 수용성 획분제외 모든 분획에서 억제 효과가 강하였고, EtOAc 획분이 가장 강하여, Sephadex LH20으로 분리한 결과, 활성 획분 A-7은 PhIP에 대해 90%/㎎ 이상, MeIQx에 대해 80%/㎎의 억제 효과를 보였으며, 207.7및 232㎜에서 흡수파장을 보였다.

산지와 채취시기별 일반성분의 조성과 무기원소 : 녹조류(참홑파래, 청각), 갈조류(미역, 톳, 모자반, 다시마), 홍조류(얼룩도박, 참김, 불등풀가사리) 9

종에 대해 기장, 충무, 여수 지역에서 채취 시기별 일반성분을 분석한 결과, 조단백질은 참김(45%)이 가장 많았고, 참홑파래(30%)가 낮았고, 지질은 다시마 약 10%로 많은 편이며, 참김은 약 6%로 높았으나, 얼룩도박과 불등풀가사리는 약 3% 이하로 낮았다. 회분과 탄수화물은 청각(약 90%)이 많았고, 참김(약 30%)이 가장 적었다. 참홑파래, 미역, 얼룩도박에는 Na가 가장 많았고, K, Mg, Ca이 비슷하였으며, Fe은 참홑파래가 많았고, 미역과 얼룩도박에는 낮았다. Zn은 해조류에 비교적 많았고, 얼룩도박이 가장 많았다. 미역, 톳, 다시마의 무기질 중 K과 Na 비슷하였으나 Mg은 Ca보다 많았고, Zn은 지역별 차이가 많았다. 일반성분 조성은 종류와 채취 장소에 따라 차이가 있었고, 무기원소는 채취 시기에 따라 큰 차이가 있었다.

산지와 채취시기별 식이섬유질 함량과 해조다당류 분포 : 참홑파래, 청각, 미역, 톳, 모자반, 다시마, 얼룩도박, 참김, 불등풀가사리 등 9종의 식이섬유를 시기별로 비교한 결과, 총 식이섬유질은 참홑파래가 25.4~38.1%, 청각 35.4~43.8%, 미역 34.2~48.8%, 톳 37.5~47.8%, 모자반은 42.9~71.3%, 다시마는 37.1~45.1%, 참김은 31.3~40.5%, 얼룩도박은 51.5~60.4%, 불등풀가사리는 57.1~65.8% 이었고, 가용성 및 불용성 식이섬유를 많이 함유한 해조류는 불등풀가사리와 모자반이었다. 총 식이섬유에 대한 가용성 식이섬유 비율은 녹조류 중 참홑파래 43.7~64.8%, 갈조류 중 미역은 17.5~31.3%, 홍조류 중 불등풀가사리는 44.7~63.2%가 높았다. 해조다당류의 분포특징은 갈조류는 알칼리 가용성 알긴산을 9.0~15.1%, 홍조류 중 참김은 porphyran 5.8%, 불등풀가사리와 얼룩도박은 한천 20.0%, 카라기난 23.8%를 각각 많이 함유하는 차이를 보였다.

유리당과 비휘발성 유기산의 조성과 계절적 변화 : 감태, 큰잎모자반, 외톨개모자반의 유리당과 비휘발성 유기산을 GLC로 분석한 결과, 모두 floridoside, galactose, glucose 및 xylose가 동정되었고, 그중 floridoside가 가장 많아 각각 53.4%, 52.8% 및 58.8%, xylose가 가장 적어 각각 8.3%, 7.5%, 6.8%이었다. 계절적 변화에서 3시료 모두 변화가 크지 않았으며, 유리당

총량은 감태〉큰잎모자반〉외톨개모자반 순이었다. 유기산 조성에 있어 감태는 9종이 동정, 그중 lactic, oxalic, fumaric, succinic, malic 및 citric acid가 중요하며, 그중 succinic acid가 30.6%로 가장 많았고, 큰잎모자반과 외톨개모자반에서 8종의 유기산이 동정, 그 조성은 동일하였다. 양 시료 모두 succinic, malic 및 citric acid로 그중 succinic acid 함량이 30.9%와 31.2%로 가장 많았다. 계절적 유기산의 변화는 3시료 모두 뚜렷하지 않았으나, 유기산 총량에서 감태 191.6㎎/100g으로 가장 많았고, 큰잎모자반 103.5㎎/100g, 외톨개모자반은 76.2㎎/100g으로 가장 적었다.

미량 금속 함량 : 우리나라 연안에서 수집한 해조류 총 620건 시료 즉 녹조류(113건), 갈조류(275건), 홍조류(232건)의 미량 금속 함량을 비교 분석한 결과, Hg은 갈조류에, Cd는 홍조류에, Cu, Cd는 녹조류에 많았고, Mn과 Ni은 녹조류와 홍조류에, Pb는 녹조류에, Zn은 홍조류에 많았다. 지역별로는 Hg, Cd, Ni, Mn은 충남 태안 지역에서 Cr은 영덕, Cu는 통영, Pb와 Zn은 울산 지역에서 많았다. 갈조류에는 Hg와 Cd, 녹조류는 Cr, Cu, Mn, Ni, Pb가, 홍조류에는 Zn이 많았다. 비 식용 해조류중 지충이는 Cd와 Mn의 biomonitor, 애기마디잘록이와 지누아리는 Ni와 Zn의 biomonitor, 식용 갈조류인 고리매는 Cr과 Pb의 biomonitor로 사용 할 수 있을 것으로 판단되었다.

알긴산 조성 : 미역, 다시마, 모자반, 톳 등 식용 갈조류의 uronate 조성과 alginate 분자량을 조사하였다. 4종의 갈조류 중 미역이 가장 alginate 분자량이 크며, D-mannuronic acid와 L-glucuronic acid(M/G)비가 톳〉모자반〉미역〉다시마 순이었고, 특히 수용성 alginate가 많았다. alginate의 분자량은 다시마가 45,000~48,000kDa, 미역이 4,000~4,200kDa, 톳이 3,300~3,400kDa, 모자반이 3,000~3,200kDa 순이었다. 미역의 수용성 alginate에서 M/G비는 4.59로 가장 높았다. 분자량은 포자엽과 줄기가 4,100~4,200kDa로 비슷하였고, 잎부분은 4,000~4,100kDa 정도 였다.

재생장과 식물 호르몬 : 외톨개모자반의 절편을 PESI 기본배지에 2.4-D (2.4-dichlorophenoxy acetic acid), kinetine, IAA(indole-3-acetic acid)

및 NAA(naphthalene acetic acid)를 mole 농도 별로 60일 배양한 결과, 재 생장에 미치는 식물 호르몬의 농도는 10^{-5}~10^{-8}M, 저해 농도는 10^{-3}~10^{-4}M이었다. 제1측지의 재 생장 효능은 kinetine 10^{-8}M〉2.4-D 10^{-5}M〉NAA^{-6}M〉IAA10^{-6}M 순이었고, 제2측지의 재 생장 효능은 NAA10^{-6}M〉kinetine 10^{-8}M〉IAA10^{-6}M〉2.4-D 10^{-5}M 순이었다. 제1측지와 제2측지의 순 재생장율 최대치는 각각 kinetine 10^{-8}M(157.3%)와 NAA 10^{-6}M (447.2%), 대조구에서도 124.1%와 228.9%로 재 생장 효능이 제2측지가 높았다.

미이용 해조류의 성분과 단백질 추출 : 외톨개모자반 등 갈조류 14종(18시료), 납작파래 등 녹조류 3종(3시료), 진두발 등 홍조류 15종(19시료)을 분석한 결과, 홍조류의 조단백이 높고, 조지방이 낮았으며, 갈조류와 녹조류는 조단백은 낮고, 조지방이 높았다. 단백질 자원으로는 지충이, 부채꼴아크로소리움, 꿩꼬리, 오카므라서실, 검은서실, 지누아리, 진두발, 불등가사리, 돌가사리, 딕티오타, 고리매 등이나, 큰딕티오타, 코르다리아, 비틀대모자반, 알쏭이모자반, 외톨개모자반, 도박, 털도박, 미끌도박, 납작파래, 구멍갈파래, 거머리말은 단백질이 극히 적었다. 추출액 중 단백질 침전법은 MeOH 처리법이 기장 양호하였으며, 알쏭이모자반이 가장 좋았고, 다음이 지누아리, 거머리말 순이었다.

돌산도의 조하대 해조 군락 : 1982년 6월~1983년 5월까지 계절별로 scuba잠수로 채집 분석하였다. 조하대의 수직 분포는 sheltered 지역 특성을 보였고, 상, 중, 하부 3개 구역으로 나누어, 상부는 *Ulva pertusa, Codium fragile, Chondria crassicaulis, Gigartina tenella*의 녹조, 홍조류, 중부는 *Myagropsis myagroides*와 *Sargassum tortile*의 대형 갈조류, 하부는 *Plocamium telfairiae, Callophyllis japonica, Symphyociadia linearis*의 홍조류가 우점 종이었다. Normal association analysis로 분석한 결과, 이 지역은 9개의 해조 군락으로 나누어지고, 각 군의 우점 종은 각각 *Sargassum tortile, Myagropsis myagroides, Chondria crassicaulis, Codium fragile, Pterocladia tenuis, Gigartina tenella, Gracilarie textorii*

등 이었고 해종림 종은 *Myagropsis myagroides*와 *Sargassum tortile*이었다. *Myagropsis myagroides*의 현존량은 봄에 2,248g/50㎠, 여름 650.4g, 가을 747.6g으로 봄에 최고치에 달한다.

참고문헌

1) 구재근 **박사학위논문,** 고려대학교, 1994 (한국산 갈조류 중의 Fucoidan 추출, 정제 및 그 특성에 관한 연구 – 다시마, 미역, 톳, 모자반)
2) 구재근, 최용석, 곽중기, **수산학회지,** 2001, 34(5), 515 (국내산 미역포자엽, 다시마, 톳, 모자반 Fucoidan의 항혈액 응고 특성)
3) 권대중, 임승택, 정용준, 박상후, 권동권, **식품과학과 산업,** 2006, 39(3), 73 (갈조류에서 추출한 푸코이단의 이해와 활용)
4) 김규동, 강진훈, 윤호동, 변한석, 김동수, 김선봉, 박영호, **수산학회지,** 1986, 19(3), 227 (감태, 큰잎모자반 및 외톨개모자반의 유리당 및 비휘발성 유기산의 조성과 그 계절적인 변화)
5) 김남길, 유종수, **Algae,** 2003, 18(4), 289 〔해중림의 구조와 기능 1. 통영산 외톨개모자반(*Myagropsis myagroides*) 개체군의 연령과 생장〕
6) 김동수, 박영호, **수산학회지,** 1985, 18(2), 124 (알긴산의 화학적 조성 및 그 물성에 관한 연구 – 4. 외톨개모자반 및 괭생이모자반의 알긴산)
7) 김두상, 이동수, 조득문, 김형락, 변재형, **수산학회지**, 1995, 28(3), 270 (식용 해조류중의 미량요소와 특수기능성 당질 – 2. 산지와 채취 시기별 식이성 섬유질의 함량 변화와 해조 다당류의 분포)
8) 김영동, 김영명, 강통삼, **한국식품연구소 연구보고,** 1981, 163 (해조류의 다각적 이용에 관한 연구)
9) 김육용, 이근우, 김건배, 조영제, **수산학회지,** 2000, 33(5), 388 (다시마 Alginate 의 가열 가수 분해에 따른 물리, 화학적 및 생물학적 특성에 관한 연구 – 3. 랫드의 Cholesterol, Glucose 및 Cd 체외 배출 효과)
10) 김육용, 조영제, **수산학회지,** 2001, 34(3), 173(다시마 Alginate의 가열 가수 분해에 따른 물리 화학적 및 생물학적 특성에 관한 연구, 8. 저분

자 Alginate 투여에 의한 랫드의 혈청 지질의 성분 변화 및 경구 급성 독성 실험)
11) 김중래, 이종화, **수산학회지,** 1985, 18(3), 271 〔외톨개모자반(*Myagropsis myagroides*)의 재생장에 미치는 식물 호르몬의 효과〕
12) 김지희, 목종수, 박희연, **식품영양과학회지**, 2005, 34(7), 104 (한국 연안 해조류의 미량 금속 함량 – 파래, 청각, 매생이, 미역, 다시마, 김, 모자반, 톳, 고리매, 우뭇가사리, 꼬시래기, 서실, 불등가사리)
13) 박영범, 김인수, 유승재, 안종관, 이태기, 박덕천, 김선봉, **수산학회지,** 1998, 31(4), 581 (해조류 중의 antitumor initiator 및 promoter 의 해석 2. PhIP 와 MeIQx의 돌연변이 원성을 억제하는 해조 추출물 소재의 연구 – 곰피, 감태, 모자반, 다시마)
14) 박영호, 변재형, 오후규, 강영주, **수산학회지,** 1976, 9(3), 155 (미이용 해조류의 이용화에 관한 연구 – 1. 미이용 해조류의 성분 조성과 조류 단백질 추출: 외톨개모자반, 도박, 구멍갈파래 등)
15) 손철현, 이인규, 강제원, **수산학회지,** 1983, 16(4), 379 (남해안 돌산도의 해조 II, 조하대 해조 군락의 구조 – 구멍파래, 우뭇가사리, 외톨개모자반, 서실, 보라색우무, 모자반, 돌가사리)
16) 오윤식, 이인규, 부성민, **Algae,** 1990, 5(1), 57 (한국산 유용 해조 특히 식용, 약용 및 공업용 해조에 대한 주해)
17) 윤승제, 조연숙, 남주현, 이형호, Kim Eliya, 홍용기, **수산학회지,** 2008, 41(1), 68 (각종 해조류 추출물들의 인간 피부세포주 HaCaT에 대한 활력 영향 – 비틀대모자반, 돌가사리, 참그물바탕말, 참도박, 구멍파래, 잎파래, 청각, 납작파래, 딕티오타, 감태, 곰피, 톳, 패, 다시마, 모자반류, 고리매, 미역, 진두발, 꼬시래기, 부챗살)
18) 이동수, 김형탁, 조득문, 남택정, 변재형, **수산학회지,** 1998, 31(1), 1 (식용 갈조류의 알긴산조성 – 미역, 다시마, 모자반, 톳)
19) 이용필, 강서영, **Algae,** 2002, 17(1), 69 (한국산 해조류의 목록)
20) 조득문, 김두상, 이동수, 김형락, 변재형, **수산학회지,** 1995, 28(1), 49 (식용해조류중의 미량요소의 특수기능성 당질 –1, 산지와 채취 시기

별 일반성분의 조성과 무기원소의 분포)
21) 최진호, 임채환, 김재연, 양종순, 최재수, 변대석, **수산학회지,** 1986, 19(4), 303 (비만 치료식 개발을 위한 기초연구 −1. 식이섬유로서의 알긴산의 비만 억제 효과)
22) 최진호, 최재수, 변대석, 양달선, **수산학회지,** 1986, 19(5), 485 (비만 치료식 개발을 위한 기초연구 -2. 조류와 생약성분의 비만 억제 작용 비교- 알긴산, chlorella, 인삼 saponin, alliin, scordinin)
23) 최창근, **수산학회지,** 2008, 41(5), 371 (한려 해상 국립 공원의 해조상 – 파래류, 청각, 패, 고리매, 곰피, 감태, 부챗말, 참그물바탕말, 톳, 모자반류, 지충이, 김, 시나이아 등)
24) 황혜정, 변재형, 남택정, **수산학회지**, 2000, 33(6), 541 (알긴산이 3T3-L1 세포의 분화에 미치는 영향)
25) Amano, H., **Marine Biochemistry,** Yamaguchi, K. ed., Tokyo University Press, Japan, 1999, pp.170~171 (Biochemistry and biotechnology of seaweed)
26) Chapman, V. J., Chapman, D. J., **Seaweeds and Their Uses,** Chapman and Hall, London, 1980, 334
27) Chengkui, Z., Junfu, Z., **Proc. Intl. Seaweed Symp.,** 1984, 11, 151 (Chinese seaweeds in herbal medicine)
28) Choi, J. S., Lee, J. H., Jung, J. H., **J. Kor. Fish. Soc.,** 1997, 30(6), 909 (The screening of Nitrite scavenging Effect of marine Algae and Active principles of *Eklonia stolonifera*)
29) Hiroyuki, N., Hideomi, A., Koichi, A., Kazutosi, N., **Hydrobiologia**, 1990, 204/205, 577 (Antitumor activity of marine algae)
30) Hornsey, I. S., Hide, D., **Br. Phycol. J.,** 1976a, 11. 63 (The production of antimicrobial compounds by British Marine algae II. Seasonal variation in production of antibiotics)
31) Hornsey, I. S., Hide, D., **Br. Phycol. J.,** 1976b (The production of antimicrobial compounds by British Marine algae III. Distribution of

antimicrobial activity within the algal thallus)

32) Jimenz-Escrig, A., Goni Ganbrodon, I., **Arch. Latinoam. Nutr.**, 1999, 49, 114 (Nutritional evaluation and physiological effects of edible seaweeds)

33) Kang, K. S., Kim, I. D., Kwon, R. H., Lee, J. Y., Kang, J. S., Ha, B. J., **Arch. Pharm. Res.**, 2008, 31(5), 622 (The effect of Fucoidan Extracts on CCl_4-Induced Liver Injury)

34) Lee, S. B., Lee, J. Y., Song, D. G., Pan, C. H., Nho, C. W., Kim, M. C., Lee E. H., Jung, S. H., Kim, H. S., Kim. Y. S., Um, B. H., **Food Sci. Biotechnol.**, 2008. 17(3), 613 (Cancer chemopreventive Effects of Korean seaweed Extracts)

35) Nishizawa, K., **Food Develop.**, 1989a, 24, 54 [Physiological substances of seaweeds(I)]

36) Nishizawa, K., **Food Develop.**, 1989b, 24, 59 [Physiological substances of seaweeds(II)]

37) Noda, H., Amano, H., Arashima, K., Nishizawa, K., **Hydrobiologia**, 1990, 204/205, 577 (Antitumor activity of marine algae)

38) Noda, H., **Science of Marine Algae**, Oishi, K. ed. Asakura-Shoten, Tokyo, 1993, pp.14~29 (Chemistry of marine algae)

39) Ohta, K., **Proc. Intl. Seaweed Symp.**, 1979, 9, 401 (Chemical studies on biologically active substances in seaweeds)

40) Park, M. J., Han, J. S., **J. Food Sci. Nutr.**, 2008, 13(4), 259 (Fucoidan protects LLC-PK1 cells against AAPH-induced Damage)

41) Shiomi, K., **Suisangaku Shiriizu**, 1983, 45, 120 (Agglutinins of marine algae)

42) So, M. J., Kim, B. K., Choi, M. J., Park, K. Y., Rhee, S. H., Cho, E. J., **J. Food Sci. Nutr.**, 2007, 12, 191 (Protective Activity of Fucoidan and Alginic Acid against Free Radical-Induced Oxidative Stress under in vitro and Cellular System)

43) Tseng, C. K., Zhang, J. F., **Proc. Intl. Seaweed Symp.**, 1984, 11, 152 (Chinese seaweeds in herbal medicine)

44) Tsuchiya, Y., **Proc. Intl. Seaweed Symp.**, 1969, 6, 747 (Comparative hypocholesterolemic activities of marine algae)

Gelidium amansii Lamouroux

우뭇가사리 5

홍조류 · Gelidiaceae (우뭇가사리과)

• 영명 | Ceylon moss
• 일명 | Makusa
• 중국명 | 天草, 石花菜
• 용도 | 한천의 원료, 미생물 배지, 식품첨가물

✻ 식물학적 특성

우뭇가사리는 홍조류로 우뭇가사리과에 속하며, 몸은 더러 크게 뭉쳐 있고, 사상(絲狀) 또는 선상(線狀)이며, 납작하고, 특히 하부는 양 가장자리가 넓다. 4~5회 우상(羽狀)으로 분기하는데 가지는 호생, 또는 대생, 어릴 때는 우상으로 분기하여 원추상이나 불규칙 하다. 가지는 다소 굴곡이 있고, 작은 가지는 길고 짧으며, 가지 끝은 뾰족하다.

동속 식물에는 실우뭇가사리(*Gelidium pusillum*), 애기우뭇가사리(*G. divaricatum*), 막우뭇가사리(*G. vagum*) 등이 있다.

한국 전 연해안(특히 경북 연안), 일본, 인도네시아, 인도양, 대서양에 분포하고 있다.

✻ 성분

1) 영양성분

① **우뭇 가사리(생것, 12047)** : 가식부 100g 중 수분 70.30g, 열량 89.0kcal,

단백질 4.2g, 지질 0.2g, 당질 18.5g, 조섬유 3.00g, Ca 183.0mg, P 47.0mg, Fe 3.90mg, Zn(12.21)mg, vitamin A 360.0 RE, β-carotene 2160.0μg, B_1 0.040mg, B_2 0.430mg, B_6(0.14mg), niacin 1.1mg, 엽산 1463μg, E(1.00mg).

② **우뭇 가사리(우무, 12048, agar-gel)** : 가식부 100g 중 수분 99.00g, 열량 3.0kcal, 단백질 0.1g, 당질 0.8g, Ca 10.0mg, P 3.0mg, Fe 0.30mg, Zn (12.21)mg, vitamin B_2(0.14mg), 엽산(146.3μg), E(1.00mg).

③ **우뭇 가사리(한천, 12049, agar-agar)** : 가식부 100g 중 수분 20.10g, 열량 273.0kcal, 단백질 2.3g, 지질 0.1g, 당질 74.6g, Ca 523.0mg, P 16.0mg, Fe 7.80mg, Zn(12.21)mg, vitamin B_2(0.14mg) ,엽산(146.3μg), E(1.00mg).

2) 특수성분

*G. amansii*에서 Gigartinine(S. G-00354)이, *G. sesquipedale*에서 Aplysiaterpenoid A(T-01700) 등이 분리.

✻ 생리 활성

Oligo 당 제조: 한천을 유기산으로 분해하여 Oligo 당을 얻고자 실험한 결과, 유기산 농도는 0.5% citrate와 malate, 120℃, 90분이 적절하였고, microwave나 초음파 처리로는 한천 분해율은 5%로 매우 부분적이었다. 110℃ 이상 온도에서 얻어진 분해물의 TLC 상의 형태는 유기산의 종류에 따라 차이가 있었고, 분해 온도가 높을수록 저분자 획분이 많았다.

홍조류의 구성 성분 : 국내 연안에 자생 홍조류 13종의 구성 성분을 조사한 결과, 회분 함량은 꼬시래기(송도) 8.57%로 적었고 붉은잎꼬시래기(송도) 30.23%, 단백질은 풀가사리(광안리) 18.11%, 붉은까막살(송도), 33.90%, 지방은 0.11~0.90%, 수용성 성분은 붉은까막살(송도) 4.32%, 깃꼴진두발(광안리) 55.78%이었으며, 수용성 성분 중 황산기 함량은 우뭇가사리(다대포) 1.65%, 돌가사리(송도) 19.48%로 차이가 많았다. 홍조류의 수용성 성분의 구성당은 3, 6-anhydrogalactose, glalactose, 6-methyl- galactose, rhamnose, fucose, ribose, arabinose, xylose, mannose, glucose 이었다. 가장 많은 당은 galactose, 다음 anhydrogalactose, glucose, xylose 순이었다(GC 분석).

고강도 한천 제조 : 우뭇가사리를 NaOH 0, 2, 4, 6, 8%로 80℃에서 3시간 처리한 결과, 6%가 한천 제조에 적당하였고, 6% NaOH 로 40, 60, 70, 80, 90℃에서 3시간 처리에서 80℃가 수율과 이화학적 성질이 적합하였다. 6% NaOH 80℃에서 2, 3, 4시간 처리한 결과, 한천의 수율과 이화학적 성질이 2시간이 적당하였다. 즉 최적의 전처리는 6%-NaOH 80℃ 2시간이 적절하였으며, 우뭇가사리에서 추출한 한천의 Gal(galactose)는 53.28%, An-Gal(anhydrogalactose)은 44.24%, NaOH 처리 우뭇가사리에서 추출한 한천은 Gal 51.69~52.96%, An-Gal은 44.05~46.10%로 조성당에는 큰 차이가 없었다.

Nitrite 제거 해조류 검색과 활성 : 녹조류 (파래-*Enteromorpha, Ulva*), 갈조류(톳, 미역, 모자반류, 곰피), 홍조류(우뭇가사리, 진두발, 도박, 서실, 보라우무, 지누아리, 꼬시래기, 돌가사리)등에 대하여 NO 제거 활성을 검색한 결과, 곰피의 MeOH ex가 가장 강하였고, 추출 정제한 활성 물질은 phlorotannin A였다. phloroglucinol(IC_{50}=3.9㎎/*ml*)의 활성을 ascorbic acid (IC_{50}=65.0㎎/*ml*)보다 강하였다. 이상의 결과로 곰피에서 추출한 활성 물질 phlorotannin A와 phloroglucinol은 발암성 N-nitroso 화합물의 전구물질 nitrite제거제로 응용될 수 있을 것으로 생각되었다.

해조류와 당뇨쥐의 장기능① : 상용하는 해조류 4종(김파래, 다시마, 미역, 한천)을 당뇨환자 치료식의 고식이 섬유 보충을 STZ유도 당뇨쥐에 분말시료 7%(에너지 밀도 동일) 실험식을 6주간 투여한 결과, 체중, 장기능 및 증세 호전도에서, 정상군보다 체중 증가는 낮았으나, pectin 투여군보다 시료 효율과 체중 유지는 호전되었고, 해조류 중 다시마는 pectin보다 약하나 당뇨 동물에서 전형적 당뇨 증세는 호전 경향을 보였다. 해조류의 투여는 pectin 투여와 같이 장 통과 시간의 유의적 단축, 분변 배설량의 증가, 장 길이 증가 등 당뇨 동물의 소화 흡수 장 기능의 변화를 보였다.

해조류와 당뇨쥐의 당, 지질대사② : STZ유도 당뇨쥐에 각 해조류(미역, 김파래, 다시마, 한천) 분말 시료 7% 포함 식이를 6주간 투여한 결과, 다시마, 미역, 한천군은 경구 내당능 검사에서 당뇨군보다 공복 시 혈당 수준이 감소와 내당능 개선 효과를 보였다(pectin군보다는 낮았다). 김파래는 당뇨군의 혈중 cholesterol을 현저히 낮추었다(pectin과 비슷). 해조류는 변중 steroid 물질의 배설을 증가, 특히 김파래와 미역은 변중 cholesterol 배설을 pectin과 같이 증가, 담즙산의 배설량은 pectin보다 높았다.

Angiotensin-1 전환 효소 저해 : 해조류(김, 파래, 미역, 우뭇가사리, 청각, 톳, 다시마) 추출물과 가수 분해물의 성분과 ACE 저해 효과를 조사하였다. 단백질의 함량은 김 39.6%, 파래 22.1%, 미역 21.1%, 우뭇가사리 18.3%, 청각 15.7%, 톳 12.4%, 다시마 8.2% 순이었고, 추출물의 ACE저해 효과는 50, 70, 98℃에서 추출한 결과, 70℃ 추출 시료 모두에서 가장 높았으며, 70℃를 기준 ACE 저해율은 우뭇가사리 10.9%, 김 9.3%, 파래 8.9%, 미역 8.2%, 톳 7.5%, 다시마 7.1%, 청각 7.0% 순이었다. maxayme과 papain 가수 분해 물의 ACE 저해 효과는 김이 파래, 미역, 우뭇가사리보다 현저히 높았고, peptide-nitrogen 함량 역시 높았다. 김 8시간 가수 분해 후, ACE 저해 효과가 maxazyme 31.3%, papain 27.9%로 가장 높았고, peptide-nitrogen 함량도 가장 높았다. 파래의 ACE 저해 효과 역시 8시간에서 maxazyme 9.6%, papain 8.5%로 다른 시간대보다 높았으며, peptide-nitrogen 함량이 16시간까지 완만히 증가하였다.

Prolyl Endopeptidase, Tyrosinase 저해 및 항응고 활성 : 40여 종 해조류의 MeOH ex에 대하여 prolyl endopeptidase(PEase), tyrosinase(Tyase) 및 혈액 응고 저해 활성을 측정한 결과, 항치매 활성 지표인 PEase에 대하여 40ppm에서 쌍발이모자반, 짝잎모자반, 큰잎모자반, 지충이, 감태, 패, 톳이 90% 이상 저해 활성이 있었고, 항암 및 미백 효과 활성 지표인 tyrosinase에는 꽈배기모자반, 감태가 각각 40ppm에서 51%, 76% 저해 효과를 보여 시료중 가장 강하였다. 강력한 항응고 활성 해조류는 없었으나, 약 367ppm에서 APTT assay에서는 큰모자반, 개우무 및 톳이 대조구에 비해 210, 211, 198% 응고 시간 연장 효과를 보였고, TT assay에서는 마디잘록이, 쌍발이서실 및 톳이 각각 216, 197, 251%의 연장 효과를 보였다.

Phenol성 물질의 간 보호 활성 : 16종의 해조류 MeOH 추출물을 대상으로 시험관 내에서 bromobenzene 유도 흰쥐의 지질 과산화에 대해 관찰한 결과, *Enteromorpha compressa, Capsosiphon fulvescens, Gelidium amansii, Hizikia fusiformis, Sargassum siliquastrum, S. thunbergii* 추출물이 10^{-1}mg/ml에서 각각 22%, 32%, 21%, 41%, 54%, 40%, 1mg/ml에서 26%, 45%, 26%, 66%, 79%, 59% 지질 과산화 생성이 감소 되었다. 이 중 *S. siliquastrum* 추출물의 n-BuOH 분획은 억제율이 가장 컸다. bromobenzene 유도 xanthine oxidase 와 aldehyde oxidase 활성은 추출물 1mg/ml에서 모두 억제되었다. *Ecklonia stolonifera*에서 분리된 phloroglucinol 의 경구투여도 bromobenzene 유도 과산화 지질이 감소되었으나, glutathion S-transferase, aminopyrine N-demethylase, aniline hydroxylase의 활성 변화는 없었고, epoxide hydrolase 농도를 대조군의 76%로 회복시켰다. 따라서 phloroglucinol에 의한 bromobenzene 유도 흰쥐의 지질 과산화 억제 활성은 epoxide hydroxylase가 관여하는 것으로 사료되었다.

충치균에 대한 항균 활성 : 우리나라 연안에서 채취한 해조류 우뭇가사리 등 27종의 80% EtOH 추출물이 충치균 *Streptococcus mutans* KCTC 3300의 증식에 미치는 영향을 조사한 결과, 해조류 중 다시마가 가장 강하였고, 갈파래, 청각, 감태, 곰피, 미역도 비교적 활성이 높았으며(+++), 홍조류보다 갈조류와 녹조류가 대체로 강하였다(++). 다시마의 항균 활성은 용매에 따른 추출물의 차이는 나타나지 않았다. *S. mutans* KCTC 3300과 *S. sobrinus* KCTC 3307에 대한 해조류의 80% EtOH 추출물의 MIC는 해조류 종뿐 아니라, 동일 해조류 추출물에서도 균 종에 따라 차이가 있었다. 다시마의 80% EtOH의 Et_2O 분획에서 MIC는 105μg/ml, 수용성 분획은 약 5,500μg/ml에서 균의 증식이 억제되지 않았다. 우뭇가사리도 약간

(+)의 항균 활성을 보였다.

한천 분해물의 기능 특성 : 한천 분해균 *Cytophaga* sp. ACLJ-18이 생산하는 효소로 한천을 oligo당 형태 분해산물을 제조. TLC로 구성당을 확인한 후, 이들의 중합도를 확인하였다. TLC로 분리한 oligo당의 항균성, 항충치성, 항혈액 응고능을 측정한 결과, 효소와 한천 반응 시간은 17시간에 약 30%가 분해, 이후 40시간은 33% 분해되었고, 17시간 반응시킨 분해물을 TLC에서 8개의 band를 확인, 이들 중합도는 3.0~7.0이었다. 얻어진 분해물과 TLC획분의 항균 활성은 미약하였으나, 항충치 활성은 강하였고, 항혈액 응고활성은 약하였다.

한천 분해 효소 고생산성 변이주의 최적 배양조건 : 한천 분해 효소 생산 해양미생물 *Bacillus cereus* ASK202를 이용. 돌연변이원 자외선, 1-methyl-3-nitro-1-nitroguanidine 그리고 ethylmethane sulfonate를 처리, 고 생산성 한천 분해 효소 변이주를 선별하였고, 선별된 변이주 중 한천 분해 효소 생산에 대한 안정성과 생산능을 검토한 결과. 1-methyl-3-nitro-1-nitrosoguanidine처리로 만든 N3 변이주가 가장 우수하였으며 이변이주를 *Bacillus cereus* ASK 202-N3로 명명, 이 변이주는 agar 0.5%(w/v), NaCl 5.0%(w/v), yeast extract 0.3%(w/v)가 첨가된 pH 7.8 변형 해수배지에서 25℃, 약 32시간 배양이 최적의 한천 분해 효소 생성량은 원균주보다 약 5.3배 증가된 850units/ *l* 이었다.

***Cytophaga* sp. AYK301의 한천분해 최적배양조건** : 한천 분해능이 뛰어난 균주를 전남천에서 분리, *Cytophaga* sp.로 동정. *Cytophaga* sp. AYK301로 명명. 균체 성장과 효소 생산성 향상을 위해 탄소원은 단당, 복합다당류를 조사한 결과, agar기질로 배양시 효소생산량이 가장 많았고, agar 0.0~0.6%(w/v) 농도별로 첨가, 효소 생산능의 최적 조건을 조사한 결과, 0.2%(w/v) agar에서 최대 효소활성을 보였다. 질소원은 유기질소원과 무기질소원 즉 beet extract 0.3%(w/v)와 NH_4NO_3 0.05%(w/v)에서 각각 최고 효소활성을 보였다. 또한 초기 pH는 7.5에서, NaCl 7%(w/v)에서 가장 강한 효소활성을 보였으며, 각종 금속 이온에 대한 효소 활성

은 별 영향이 없었다. 최적 배양 조건은 flask로 배양한 결과, 231unit/ l 생산, 기본 배지 이용시 보다 약 4배 효소 활성이 증가되었다.

Agarase의 정제와 특성 : *Cytophaga* sp. ACLJ-18이 생산하는 한천 분해 효소를 정제한 후 분자량을 측정한 결과, 24,700 Da의 단량체로 확인되었다. 이 효소의 최적 활성조건 및 안정성은 pH는 중성부근, NaCl 0.35M, 40℃에서 최대 활성을 보였고, 중성부근의 pH와 40℃이하에서 안정성이 보였으며, 37℃이하에서 기질의 점도 증가로 활성이 급격히 감소하였다. 효소 활성은 NaCl존재가 생육에 필수성분이나 다른 금속이온은 활성을 저하시켰다. 효소의 기질 특성은 한천에만 작용하였고, 기타 전분이나, 산성 다당류 pectin, CMC 등에는 활성이 전혀 없었다.

Agarase의 Agaro-oligosaccharides① : 한천 분해능이 뛰어난 해양 세균 *Bacillus cereus* ASK202를 이용, 그 배양액에서 한천 분해 효소를 부분정제한 효소의 최적온도 40℃, pH는 7.0, 0.3%(w/v)의 한천을 기질로 1 unit에 해당하는 부분 정제 효소와 반응시킨 결과, 최대의 한천 oligo당 생성량을 보였다. 생성 oligo당에 대하여 TLC와 HPLC로 분석한 결과, 중합도 2, 4, 6당의 neoagarobiose, neoagarotetrose, neoagarohexose로 구성되었다. 상기 조건에서 2시간 반응시킨 후 생성된 oligo당의 전환율을 조사한 결과, 77.5%의 neoagarobiose와 6.4% neoagarotetrose가 생성, 최종 올리고당의 전환율은 83.7%로 높았다. 또 기질과 효소의 장시간 반응 시에 반응 초기에 생성되는 agarohexose가 agarobiose 및 agarotetrose로 전환되는 것으로 나타났고, 기질 및 효소의 농도나 반응시간을 적절히 조절함으로써 필요로 하는 각 한천 올리고당의 선택적 분리가 가능할 것으로 기대되었다.

한천 Oligo당 생산② : 한천에서 Oligo 당을 생산 하고자 *Bacillus cereus*(해양미생물) 유래 한천 분해 효소를 고정화에 Na-alginate가 적합하고(3% w/w), 고정화 효소의 최적 반응 온도 40℃, pH는 7.0이었고, 한천 기질은 0.1%(w/v)일 때 HPLC로 한천 올리고당 분석 결과, 중합도는 2,4 당 올리고당이 생산되었고, 이때 전환율은 89%이었다. 고정화 agarose의

Km과 Vmax는 0.5㎎/*ml*와 4.4㎎/*ml*·min 임을 확인하였다.

미량 금속 함량[①] : 우리나라 연안에서 수집한 해조류 총 620건 시료 즉 녹조류(113건), 갈조류(275건), 홍조류(우뭇가사리 등 232건)의 미량 금속 함량을 비교 분석한 결과, Hg은 갈조류에서, Cd는 홍조류에서, Cu, Cd는 녹조류에 많았고, Mn과 Ni은 녹조류와 홍조류에서, Pb는 녹조류에서, Zn은 홍조류에 많았다. 지역 별로는 Hg, Cd, Ni, Mn은 충남 태안지역에서 Cr은 영덕, Cu는 통영, Pb와 Zn은 울산지역에 많았다. 갈조류에는 Hg와 Cd, 녹조류는 Cr, Cu, Mn, Ni, Pb가, 홍조류에는 Zn이 많았다. 비식용 해조류 중 지충이는 Cd와 Mn의 biomonitor, 애기마디잘록이와 지누아리는 Ni와 Zn의 biomonitor, 식용 갈조류인 고리매는 Cr과 Pb의 biomonitor로 사용할수 있을 것으로 판단된다.

미량 금속함량[②] : 한국 연안의 우뭇가사리 중 미량 금속 함량은 Hg ND~0.07㎍/g(dryweight) Cd 0.10~1.14, Cr ND~9.49, Cu 0.98~66.65, Mn 8.02~116.26, Ni 0.54~5.66, Pb ND~2.67, Zn 10.83~129.61㎍/g이었다.

Marine carotenoid의 생물학적 기능 : 자연계에서 생성되는 색소 중 carotenoid (CA)는 가장 중요하며 인체 건강에 유용한 효과를 갖고 있어 관심이 증가되고 있다. 해산 CA는 그들이 주는 화학적, 생물학적 이익의 영향은 중요하다. 해산 CA 중 astaxanthin과 fucoxanthin은 해양동물이나 해양식물 중에서 비교적 강력한 생물학적 활성이 있다. 즉 이들 CA는 quenching siglet oxygen과 scavenging free radical의 강한 항산화 작용이 있기 때문이며, 식이성 항산화 작용이 있는 이들 강력한 작용의 CA는 항암작용과 항염작용이 있다. 특히 fucoxanthin이 근래 항비만과 항당뇨 효과가 인정되면서부터 주목받고 있다. 이러한 작용은 mitochondria의 백색지방(WAT)에서 uncoupling protein(UCP1)을 만들어 WAT에서 지방산을 산화시켜 WAT에서 열을 생산하기 때문이다. fucoxanthin은 insulin 저항을 개선하여 혈당을 낮추며, 동물의 WAT에서 종양괴사 인자 *α*(TNF *α*)를 감소시키기 때문이다.

식이섬유 함량과 추출 조건 : 미역, 다시마, 톳, 파래(*U. lactuca*), 우뭇가사리, 꼬시래기에서 가용성 식이 섬유를 추출하고자, 산, 알칼리, 효소를 사용한 결과, 미역은 1.5% Na_2CO_3나 2.0% Na_2EDTA가, 다시마는 1.0% Na_2EDTA, 톳은 2.0% Na_2CO_3, 우뭇가사리와 꼬시래기는 2.0% Na_2EDTA, 파래는 Na_2CO_3, NaOH, Na_2EDTA의 2%, 17.49~18.46% 식이섬유를 얻었다. 추출 시간과 온도는 100℃에서 추출 시간이 길수록 추출률이 높았다. 우뭇가사리와 꼬시래기는 110℃ 이상에서는 1시간 추출이 각각 38.48%, 42.11%의 높은 수율을 보였다.

오동도 해조 군락 : 1982년 6월~1983년 5월까지 오동도 해조 군락 특성을 5개의 line transect를 설치, 연간 계절별로 조사 분석한 결과, 수직분포의 상부군이 *Gelidium divaricatum*, *Enteromorpha linza*, *Porphyra yezoensis*, *Scytosiphon lomentaria*, *Blidingia nana*, *Ectocarpus confervoides*, 중부군이 *Ulva pertusa*, *Chondria crassicaulis*, 하부군은 *Sargassum sagamianum*, *Undaria pinnatifida*, *Sargassum thunbergii* 및 *Gelidium amansii* 등의 홍조류로 대표되었다. 출현 해조 종수는 4월에 최대, 8월에 최소였다.

남해 조간대 해조 군집 : 남해 10개 도서 조간대의 해조 군집의 구조와 특성을 조사한 결과, 군집의 구조는 상, 중, 하부의 뚜렷한 층위구조로 구성되고, 상부와 중부의 중요 종은 조사 기간 매우 유사하였으나, 지역간에는 차이가 있었다. 상부의 대표 종은 막상 혹은 사상형의 *Gloiopeltis* spp., *Gelidium divaricatum*, *Prophyra suborbiculata*, *Nemalion vermiculare*이었고, 중부의 대표 종은 *Corallina pilulifera*, *Chondria crassicaulis*, *Hizikia fusiformis* 이었으며, 조사기간 중 공통으로 중요 종으로는 *Sargassum sagamianum*, *Laurencia* spp., *Symphyocladia latiuscula*, *Chondrus* spp., *Pachymeniopsis lanceolata*, *Gigartina* spp. 등이었다.

동해 영일만 중심 해조류의 해조상, 분포, 군집 구조 : 1995년 7월~1996년 6월까지 계절별, 남조류 5종(3.5%), 녹조류 18종(12.5%), 갈조류 20종(13.9%), 홍조류 101종(70.1%)로 144종이었고, 봄 77종, 여름 78종, 가을

92종, 겨울 81종이 출현하였다. 연중 4계절 출현하는 것은 구멍파래, 참그물바탕말, 우뭇가사리, 진두발, 돌가사리, 폴리시포니아, 보라색우무, 단박, 서실 등 29종이 출현, 연중 비교적 높은 빈도 출현은 구멍파래, 우뭇가사리, 보라색우무이며, 중요한 것은 지충이, 클라도포라, 모자반, 납작파래 등이 있었다.

유과 바탕의 품질 특성 : 유과의 품질 개선을 위해 한천, sodum alginate 및 carrageenan을 각각 0.0, 0.1, 0.5, 1.0, 3.0%(w/w)씩 첨가, 제조한 유과 바탕의 부피, 모양, 경도, 색도, 유지 함량 및 관능 검사를 실시한 결과, 부피 증가는 한천, Na-alginate, carrageenan을 각각 0.5, 1.5, 0.5%(w/w) 첨가군에서 최고였으며, 이 중 Na-alginate 부피가 가장 컸고, 형태는 대조구와 비슷하였고, 경도와 조지방 함량은 3가지 해조 다당류 첨가량에 반비례로 감소하였으며, L값은 증가, a, b값은 감소하였다. 관능평가에서 맛과 바삭김은 Na-alginate 0.1~1.0%(w/w) 경우 대조구보다 높았으나 한천과 carrageenan은 낮았다.

건강기능성 식품과 해조류 소비 : 경북대 학생 281명을 대상으로 해조류 건강기능 식품의 구매 의도와 소비 가치를 조사한 결과, 구매 장소는 24시간 편의점이고, 낱개 포장으로, 구매 목적은 영양 보충과 체중 조절이며, 구매 의도가 높은군과 낮은군의 차이가 현저하였고, 식품, 영양 및 건강 관련 과목 수강 경험자 중 기능가치와 인식가치가 높았다.

✻ 효능과 이용

1) 식용 : 식재료
2) 약용 : intestinal disorders, antimicrobial

참고문헌

1) 강제원, **한국 동식물 도감**, 제7권 – 식물편(해조류), 문교부, 삼화출판

사 1970, 서울

2) 강태선, 제종길, 홍재상, **수산학회지,** 1993, 26(1), 49 (남해의 하계 해조 군집 - 1. 조간대 - 도박, 톳, 불등가사리, 서실, 진두발, 돌가사리, 우뭇가사리, 보라우무, 비틀대모자반 등)

3) 강훈이, 고문섭, 김현주, 김성우, 배태진, **수산학회지,** 1996, 29(5), 716 (제주산 우뭇가사리로부터 추출한 한천의 품질 및 용액 특성)

4) 강훈이, 고문섭, 김현주, 김성우, 배태진, **수산학회지,** 1996, 29(5), 722 (제주산 우뭇가사리로부터 추출한 한천 용액의 유통 특성)

5) 김두상, 김형락, 김정한, 변재형, **수산학회지,** 2000, 33(1), 70 (국내산 우뭇가사리로부터 미생물 배지용 한천의 pilot 규모정제와 특성)

6) 김봉조, 송창문, 하순득, 황선희, 김학주, 배승권, 공재열, **식품과학회지,** 2000, 32(2), 284 (식품 소재로의 한천 올리고당의 이화학적 특성)

7) 김봉조, 하순늑, 임동중, 송창문, 공재열, **생물공학회지,** 1998, 13(5), 524 (해양세균 *Bacillus cereus* ASK202가 생산하는 agarase를 이용한 Agaro-oligosaccharides의 생산-한천)

8) 김은미, 우순자, 지규만, **영양학회지,** 1996, 29(3), 251 (주요 당류 및 해조류의 대사 에너지 함량 평가에 관한 연구)

9) 김중만, 전예정, 박효숙, 송영애, 백승화, 김녕곤, **식생활문화학회지,** 2005, 20(1), 96 〔한천, Sodium alginate 및 Carrageenan첨가가 유과(부수게) 바탕의 품질에 미치는 영향〕

10) 김지희, 목종수, 박희연, **식품영양과학회지**, 2005, 34(7), 1041 (한국 연안 해조류의 미량 금속 함량 - 파래, 청각, 매생이, 미역, 다시마, 김, 모자반, 톳, 고리매, 우뭇가사리, 꼬시래기, 서실, 불등가사리)

11) 김지희, 임치원, 박희연, 이두석, 박정흠, **수산학회지,** 2002, 35(2), 191 〔충치균(*Streptococcus mutans*)에 대한 다시마 추출물의 항균 활성 - 갈파래, 청각, 감태, 곰피, 미역, 우뭇가사리, 다시마 등〕

12) 남기완, 김영식, 김영환, 손철현, **수산학회지,** 1996, 29(5), 727 (한국 동해안 연안역의 저서 해조류의 해조상, 분포 및 군집 구조)

13) 도정룡, 김은미, 구재근, 조길석, **수산학회지,** 1997, 30(2), 291 (국내산

주요 해조류의 식이 섬유소의 함량과 추출 조건 – 미역, 다시마, 톳, 파래(*U. lactuca*), 우뭇가사리, 꼬시래기)
14) 도정룡, 박진희, 조길석, **수산학회지,** 1998, 31(5), 673 (우뭇가사리로부터 고강도 한천의 제조)
15) 도정용, 남윤주, 박진희, 조진호, **수산학회지,** 1997, 30(3), 428 〔국내산 홍조류(꼬시래기, 풀가사리, 붉은까막살이, 우뭇가사리, 돌가사리)의 구성 성분에 관한 연구〕
16) 박종철, 최재수, 송상호, 최명락, 김광용, 최종원, **생약학회지,** 1997, 28(4), 239 (해조류 추출물과 페놀성 화합물의 in vitro 및 in vivo 간 보호 활성 – 매생이, 톳, 우뭇가사리, 알쏭이모자반, 꽈배기모자반, 지충이, 구멍갈파래, 납작파래, 패, 주름진두발, 개그물바탕말, 마디잘록이, 바위수염)
17) 손철현, **수산학회지,** 1983, 16(4), 368 (오동도 해조 군락에 관한 연구 – 참김, 잎파래, 고리매, 미역, 서실, 모자반, 지충이, 우뭇가사리)
18) 이강호, **수산학회지,** 1968, 8(1), 39 〔고온(가압) 추출법에 의한 한천의 추출 조건과 제품의 품질〕
19) 이원경, 김봉근, 하순득, 공재열, **생물공학회지,** 1999, 14(5), 572 (해양세균 *Cytophaga* sp. AYK 301의 분리 동정 및 한천 분해 효소 생산을 위한 최적 배양 조건)
20) 이헌옥, 김동수, 도정룡, 고영수, **수산학회지,** 1999, 32(4), 427 (해조류의 Angiotensin-1 전환 효소 저해 작용 – 김 파래, 미역, 우뭇가사리, 청각, 톳, 다시마)
21) 이현진, 김진희, 이주현, 김종식, 곽상태, 이경복, 송경식, 최병욱, 이봉호, **생약학회지,** 1999, 30(3), 231 (해조류 메탄올 추출물의 Prolyl Endopeptidase, Tyrosinase 저해 및 항응고 활성 스크리닝 – 톳, 지충이, 감태, 우뭇가사리)
22) 이혜성, 최명숙, 이연경, 박수현, 김유정, **영양학회지,** 1996, 29(3), 286 〔당뇨병 환자를 위한 고식이 섬유 보충물의 개발을 위한 연구(1), 해조류 투여가 당뇨쥐의 장기능과 증세 호전에 미치는 영향〕

23) 이혜성, 최명숙, 이연경, 박수현, 김유정, **영양학회지,** 1996, 29(3), 296 〔당뇨병 환자를 위한 고식이 섬유 보충물의 개발을 위한 연구(2), 해조류(미역, 김파래, 다시마, 한천) 투여가 당뇨쥐의 당질과 지질 대사에 미치는 영향〕

24) 조순영, 주동식, 최용석, 김옥선, 송해미, 이응호, **생물공학회지,** 1996, 11(5), 593 (한천 분해균 *Cytophaga* sp. ACLJ-18의 분리 및 효소생산 조건 최적화)

25) 조한옥, 이서래, **식품과학회지,** 1974, 6(1), 36 (해조 다당류의 추출에 미치는 방사선 조사의 효과)

26) 조한옥, 정만재, 이서래, **식품과학회지,** 1975, 7, 109 (국산원조의 전처리과정에 따른 한천의 수율 및 품질 특성)

27) 주동식, 김옥선, 조순영, 이창호, **수산학회지,** 2003, 36(1), 6 (한천 올리고당 제조를 위한 유기산 처리 조건)

28) 주동식, 이정석, 박중제, 조순영, 김희경, 이응호, **식품과학회지,** 1996, 28(1), 146 (효소 분해에 의한 알긴산 올리고당류의 제조)

29) 주동식, 이정석, 박중제, 조순영, 안창범, 이응호, **산업미생물학회지,** 1995, 23(4), 432 (알긴산 분해균 *Vibrio* sp. AL-145가 생산하는 균체내 효소의 정제 및 특성)

30) 주동식, 조순영, 이응호, **생물공학회지,** 1998, 13(4), 378 (Agarase에 의한 한천 분해물의 제조 및 기능 특성)

31) 주동식, 최용석, 조순영, **수산학회지,** 2003, 36(1), 1 (유기산에 의한 알긴산 가수 분해물의 제조)

32) 차명화, 김유경, **식생활문화학회지,** 2008, 23(4), 462 (해조류 건강 기능성 식품에 대한 소비 가치 분석)

33) 황선희, 하순득, 김봉조, 김학주, 공재열, **생물공학회지,** 1999, 14(3), 351 (한천 분해 효소의 고 생산성 변이주의 분리 및 최적 해양 조건)

34) Araki, C. L., **Proc. Intl. Seaweed Symp. 5,** Young, E. G., Maclahan, J. L., ed., Pergamon Press, Lodon, 1965, 3~7 (Some recent studies on the polysaccharides of agarophytes)

35) Araki, C., Ari, K., Hirase, S., **Bull. Chem. Soc. Jpn.**, 1967, 40, 959 (Studies on the chemical constitution of agar-agar 23, isolation of D-xylose, 6-*O*-methyl-L-galactose, 4-*O*-methyl-L-galactose and 4-*O* -methyl-pentose)

36) Araki, C., Aria, K., **Bull. Chem. Soc. Jpn.**, 1957, 30(3), 287 (Studies on the chemical constitutions of agar-agar XX, Isolation of tetrasaccharide by enzymatic hydrolysis of agar-agar.)

37) Araki, C., Hirase, S., **Bull. Chem. Soc. Jpn.**, 1960, 33, 597 (Studies on the chemical constitution of agar-agar)

38) Asare, S. O., **Bot. Mar.**, 1980, 23, 595 (Seasonal changes in sulfate and 3, 6-anhydrogalactose content of phycocolloids from two red algae)

39) Barilotti, C. D., Silverthorne, W., **Proc. Intl. Seaweed Symp.**, 1972, 7, 255 (A resource management study of *Gelidium robustum*)

40) Craig, J. S., **Biology of Red Algae,** Cole, K. M., Sheath, R. G., ed, Cambridge Univ. Press, Cambridge, 1990, pp.221~251

41) Craig, J. S., Leigh, C., **Carageenans and Agars** : In Hand Book of Phycological Methods and Biochemical Methods (Hellebust, J. A., Craig, J. S., ed), Cambridge Univ. Press, Cambridge, 1978, pp.109~ 132

42) Do, J. R., **J. Kor. Fish. Soc.**, 1997, 30, 427 (Extraction and purification of agar from *Gelidium amansii*)

43) Do, J. R., Nam, Y. I., Park, J. H., Jo, J. H., **J. Kor. Fish. Soc.**, 1997, 30, 428 (Studies on chemical composition of red algae)

44) Duckworth, M., Yaphe, W., **Carbhydr. Res.**, 1971, 16, 189 (The Structure of agar part 1. Fractionation of complex mixture of polysaccharides)

45) Durkworth, M., Yaphe, W., **J. Chrom.**, 1970, 49, 482 (Thin-layer chromatographic analysis of enzymic hydrolysates of agar)

46) Fujii, T., Yano, T., Kumagai, H., Miyawaki, O., **Food Hydrocol.**, 2000, 14, 359 (Scaling analysis on elasticity of agarose gel near the

sol-gel transition temperature)

47) Fumeaux, R. H., Miller, I. J., Stevenson, T. T., **Hydrobiologia**, 1990, 204(205), 645 〔Agaroids from New Zealand members of Gracilariaceae(Gracilariales, Rhodophyta) ; a novel dimethylated agar〕

48) Fuse, T., **J. Agric. Chem. Soc. Jpn.**, 1969a, 43, 110 (Effects of various factors on gelatin of agar)

49) Fuse, T., **J. Agric. Chem. Soc. Jpn.**, 1969b, 43, 296 (Jelly formation ability of agarose derivatives)

50) Fuse, T., Katsura, K., **Kogyo Kagaku Zasshi**, 1965, 68, 205 (Some properties of agarose and agaropectin isolated from agar)

51) Fuse, T., Katsura, K., **Kogyo Kagaku Zasshi**, 1967, 70, 724 (Properties of agarose and agaropectin solution isolated by sodium iodide)

52) Fuse, T., Yoshii, H., **J. Agr. Chem. Soc. Jpn.**, 1974, 48, 451 (Effect of the chemical composition on gelation in agar)

53) Goto, F., Fuse, T., **Agric. Biol. Chem.**, 1971, 35, 799 (Some properties of agarose and agaropectin isolated from various mucillagenous substances of red seaweed)

54) Groleu, D., Yaphe, W., **Can. J. Microbiol.**, 1977, 23, 672 (Enzymatic hydrolysis of agar ; Purification and characterization of β-neoagarotetrose hydrolase from *Pseudomonas allantica*)

55) Haug, A., **Acta Chem. Scand.**, 1959, 13, 1250 (Ion exchange properties of alginate fractions)

56) Hayashi, K., Hiramitsu, T., **Nippon Shokuhin Kogyo Gakkaishi**, 1970, 17, 575 (Separation of agarose and agaropectin from agar)

57) Hayashi, K., Okazaki, A., **Agar Handbook**, Korin Publishing, Japan, 1970, pp.237~286 (in Japanese)

58) Hireten, S., **Biochem. Biophy. Acta**, 1962, 61, 73 (A new method for preparation of agarose for gel electrophoresis)

59) Hirst, E. L., Percival, E., Wold, J. K., **J. Chem. Soc.**, 1964, 8, 1493

(The structural of alginic acid part IV. Partial hydrolysis of the reduced polysaccharide)

60) Hosokawa, M., Okada, T., Mikami, N., Konishi, I., Miyashita, K., **Food Sci. Biotechnol.**, 2009, 18(1), 1 (Bio-function of Marine Carotenoids)

61) Izumi, K., **Carbohydr. Res.**, 1971, 17, 227 (Chemical heterogenic of the agar from *Gellidium amansii*)

62) James, J. K., Tsai, A. C., **J. Nutr.**, 1978, 108, 630 (Effect of pectin gum arabic and agar on cholesterol absorption, Synthesis and turn over in rats)

63) Jeon, Y., J., Athukorala, Y., Lee, J. H., **Algae**, 2005, 20(1), 61 (Characterization of Agarose product from Agar Using DMSO)

64) Jol, C. A., Neiss, T. G., Penninkhof, B., Rudolph, B., Ruiter, G. A. D., **Anal. Biochem.**, 1999, 268, 213 (Novel high performance anion-exchange chromatographic method for the analysis of carrageenans and agars containing 3, 6-anhydrogalactose)

65) Kang, H., Kim, H. J., Kim, S. W., Bae, T. J., **J. Kor. Fish. Soc.**, 1996, 29(5), 716 (Fluid Properties and quality of agar solution from Cheju seaweed, *G. amansii)*

66) Kashiwagi, M., Mynderse, J. S., Moore, R. E., Norton, T. R., **J. Pharma. Sci.**, 1980, 69, 734 (Anti-neoplastic evaluation of pacific basin marine algae)

67) Kato, I., **Food & Develop.**, 1999, 33, 44 [The functions of agar and agaro-oligosaccharides (in Japanese)]

68) Kim, H. G., Kim, O. D., Son, H. J., **Kor. J. Food Nutr.**, 1997, 10, 228 (Physicochemical and rheological properties of agar by physical treatment)

69) Kim. C. H., **MS Thesis**, Pukyung Nat. Univ., Busan, Korea, 1984 (Culture studies on the regeneration of *Gelidium amansii* ham)

70) Kosovel, V., Avanzini, A., Scarcia, V., Furlani, A., **Pharmacol. Res.**

Commun., 1988, 20, 27 (Algae as possible sources of antitumoral agents, Preliminary evaluation of the in vitro cytostatic activity of crude extracts)

71) Ku, K. J., Hong, Y. H., Song, K. B., **J. Food Sci. Nutr.**, 2008, 73, c217 (Mechanical properties of a *Gelidium corneum* edible film containing catechin and its application in sausage)

72) Ku, K. J., Seo, Y. B., Song, K. B., **J. Food Sci. Nutr.**, 2007, 72, 122 (Physical properties of *Gelidium corneum* Films Treated with Cinnamaldelyde)

73) Leon, O., Quintana, L., Peruzzo, G., Slebe, J. C., **Appl. Environ. Microbiol.**, 1992, 58, 4060 [Purification and properties of an extra-cellular agarase from *Alteromonas* sp.(1)]

74) Malmgvist, M., **Biochim et Biophys.**, 1978, 537, 31 (Purification and characterization of Two Different Agarose-degrading Enzymes)

75) Mollion, J., Andriantsiferana, M., Sekkal, M., **Hydrobiologia**, 1990, 204/205, 655 [A study of phycocolloids from *Gelidium madagascariense* and *Eucheum denticulatan* (Rhodophyta) collected on the south coasts of Madagasca]

76) Nishino, T., Nagumo, T., **Carbohydr. Res.**, 1992, 229, 355 (Anti-coagulant and antithrombin activities of oversulfated fucan)

77) Patway, M. U., Mackay, R. M., Vander Meer, J. P., **J. Phycol.**, 1993, 29, 216 [Revealing genetic makers in *Gelidium vagum* (Rhodophyta) through the random amplified polymorphic DNA(rapid technique)]

78) Tagawa, S., **Cont. Shimonoseki Univ. Fish.**, 1966, 14, 165 (Separation of agar-agar by dimethylsulfoxide into agarose and agaro-pectin)

79) Tagawa, S., **Cont. Shimonoseki Univ. Fish.**, 1969, 17, 1 (Chemical studies on manufacture of agar-agar)

80) Tagawa, S., Kojima, Y., **Cont. Shimonoseki Univ. Fish.**, 1974, 22, 67 (Compositional differences of agar polysaccharide of *Gellidium*

amansii through Various extracting conditions)

81) Watanabe, K., Iwata, K., Tanadai, Y., Nishizawa, M., Yamagishi, T., Yoshizawa, I., **Jpn. J. Toxicol. Environ. Health,** 1992, 38, 258 (Effects of soluble alginates on the excretion of cholesterol, Trp-P-1 and aflatoxin B in rats)

82) Watase, M., **Nippon Shokuhin Kogyo Gakkaish,** 1973, 20, 173 (Rheological studies of various kinds of agar gels)

83) Watase, M., Nishiari, K., **Nippon Shokuhin Kogyo Gakkaish,** 1981, 28, 437 〔Rheological studies of agar-agar gels prepared from makusa(*Gellidium amansii*) gathered in different seasons〕

84) Wright, A., Burstyn, P. G., Gibney, M. J., **Br. Med. J.,** 1979, 2, 1541 (Dietary fiber and blood pressure)

85) Yamamura, L., Matsumoto. T., Fumatsu, M., Shigeiri, H., Shibata, T., **Agric Biol. Chem.,** 1991, 55, 2531 (Purification and some properties of Agarase from *Pseudomonas* sp. PT-5)

86) Yasushi, S., Terada, Y. I., Arita, M., Noma, M., Matsumoto, T., **Appl. Environ. Microbiol.,** 1993, 59, 1549 (Purification and characterization of new agarase from a marine bacterium, *Vibrio* sp. strain JT0107)

Enteromorpha linza (Linné) J. Agardh

잎파래 6

녹조류 · Ulvaceae (갈파래과)

- 일명 | Usuba-aonori
- 별명 | 참파래(정문기, 1985)
- 분포 | 전세계에 분포
- 용도 | 식용

✻ 식물학적 특성

녹조류로 갈파래과에 속하며, 몸은 많이 모여나고, 길며, 편평한 엽상체. 모양은 피침상, 신장형, 또는 선상, 단조하고, 하부에 가지가 나기도, 몸의 하부는 매우 가늘고, 가장 자리는 주름이 있거나, 또는 평탄하다. 표면에 다소 주름이 있고, 길이 10~20㎝, 넓이는 0.5~10㎝, 어린 것은 실모양, 가운데가 비었고, 직경 1~1.3㎜, 색은 선록색, 질은 엷은 막질이다. 포자는 10월 중순부터 11월 초까지 착생, 차차 생장하여 11월경~다음해 5, 6월까지 번성한다.

동속 식용 식물에는 가시파래(*E. prolifera*), 격자파래(*E. clathrata*), 납작파래(*E. compressa*)가 있고, 모두 식용한다.

✻ 성분

1) 특수성분

*E. linza*에서 N-Arginylglutamine(L,L. A-02720)과 Cyteinolic acid(S,

A-01435)가, *E. intestinalis*에서 2-Carboxyethyldimethylsulfonium(IT, C-00385)이 분리되었다.

✲ 생리 활성

항산화 효과① : 상용되는 해조류 5종 — 미역, 다시마, 톳, 파래, 김의 항산화 활성과 총 flavonoid 및 polyphenol 함량을 알고자, 해조 EtOH ex를 Fe유도 지방 과산화 억제율, DPPH 라디칼 소거율 및 MDA-BSA 결합 저해 등을 3가지 방법으로 측정하였다. 녹조류인 파래의 항산화 효과가 가장 우수하였고, 특히 지질 과산화물이 단백질과 결합 반응을 저해하였고, 김, 다시마의 항산화효과가 우수하였으며 미역과 톳은 거의 없었다. 총 flavonoid 는 미역 11.63㎎/g으로 높았고, 총 polyphenol은 파래가 8.97㎎/g으로 가장 높았다. 3가지 방법의 항산화 효과는 총 phenol성 물질의 양과 관계가 깊었으며, 지질 과산화 억제율과 매우 높은 상관성을 보였다. 해조류의 항산화 효과에 polyphenol 성분의 기여도가 큰 것으로 나타났다.

항산화 물질② : 동해 주문진 해안에 생육하는 12가지 식용 해조류(김, 파래, 미역, 다시마 등)에서 항산화 물질을 분리하였다. 항산화 측정(AOM법, DPPH법)과 UV, HPLC, GC/MS 로 분석하였다. 12종 식용 해조류를 hot-MeOH 추출 AOM법으로 활성을 측정한 결과, 김〉미역, BHT〉다시마〉넓미역〉지누아리〉서실 순이었고, 나머지 해조류는 활성이 나타나지 않았다. 또한 석유에텔, Et_2O, $CHCl_3$, MeOH, H_2O로 순차 추출, 색소제거후, 농축하여 DPPH법으로 항산화를 측정한 결과, H_2O-MeOH 가용 분획에서 강한 활성을 보였고, 김〉미역〉다시마〉BHA〉파래〉Tocopherol〉넓미역〉BHT 순이었다. 특히, 김, 미역, 다시마, 파래는 같은 양에서 BHT, BHA보다 높거나 비슷한 항산화 활성을 보였다. 활성 물질 회수율은 1.82%, 극성 용매 분획에서 강한 활성을 보였다. 추출 물질의 흡수파장은 235±5nm, 270±5nm(λmax), HPLC 분석 결과 다시마, 미역, 파래의 retention time(RT)이 8.5분, 10분인 극성 물질이 분리되었고, 김에서는 25분의 비극성 물질로 BHA, BHT와 비슷한 RT에서 분리되었다.

저분자 Peptide 의 기능성 : 해조류의 이용성을 높이고자 pepsin으로 가수분해한 peptide를 정제, 쇠미역, 파래, 지누아리는 3개의 peptide, 김은 2개의 peptide를 얻어 항산화 활성을 검사한 결과, 김은 peak 1이 높았고, 다음 peak 2가 높았다. ACE 저해 활성은 김 peak 1, 파래 peak 3, peak 2 순으로 높았으며, 항갈변 활성은 김 peak 1과 2, 파래 peak 2가, 파래 peak 3이 높았다. 항암 활성은 파래 peak 1〉쇠미역 peak 2〉 파래 peak 3〉 지누아리 peak 3 순이었다. 전반적으로 김의 기능성이 높았고, 또한 단백질 함량도 높았다.

피부 세포주 HaCaT에 대한 해조류의 영향 : 한국 연안 해조류를 채집, 이들 중 녹조류 4종(잎파래, 구멍갈파래, 납작파래, 청각), 갈조류 18종, 홍조류 14종을 수세, 음건하여 80% MeOH로 4회 추출, 37℃에 건조한 시료를 인체 피부세포 HaCaT와 24시간 배양 후, 조사한 결과, 36종의 해조시료 중 비틀대모자반과 돌가사리가 대조구보다 1.6배 활력이 증가되었고, 참그물바탕말(*Dictyota dictiotoma*), 참도박(*Pachymeniopsis elliptica*) 및 잎파래(*Enteromorpha linza*)의 추출물은 대조구보다 각각 0.2, 0.4, 0.4배 정도 활력을 억제시켰다.

Tyrosinase 억제 활성 : 납작파래를 비롯한 23종의 해조류 MeOH ex에 대해 tyrosinase 억제 활성을 검색한 결과, 납작파래(*Enteromorpha compressa*) 53%, 큰잎모자반(*Sargassum ringgoldianum*) 50%, 잎파래 30%, 톳 24%, 매생이 21%, 참불가사리 18% 순의 억제 효과를 보였으며(dopachrome법), 이중 비교적 강한 억제 활성은 납작파래와 큰잎모자반이었다.

Angiotensin-1 전환 효소 저해 : 해조류(김, 파래, 미역, 우뭇가사리, 청각, 톳, 다시마) 추출물과 가수 분해물의 성분과 ACE 저해 효과를 조사하였다. 단백질의 함량은 김 39.6%, 파래 22.1%, 미역 21.1%, 우뭇가사리 18.3%, 청각 15.7%, 톳 12.4%, 다시마 8.2% 순이었고, 추출물의 ACE저해 효과는 50, 70, 98℃에서 추출한 결과, 70℃ 추출 시료 모두에서 가장 높았으며, 70℃를 기준 ACE 저해율은 우뭇가사리 10.9%, 김 9.3%, 파래 8.9%, 미역 8.2%, 톳 7.5%, 다시마 7.1%, 청각 7.0 순이었다. maxayme과 papain 가수 분해 물의 ACE 저해 효과는 김이 파래, 미역, 우뭇가사리보다 현저히 높았고, peptide-nitrogen 함량 역시 높았다. 김 8시간 가수 분해 후 ACE 저해 효과가 maxazyme 31.3%, papain 27.9%로 가장 높았고, peptide-nitrogen 함량도 가장 높았다. 파래의 ACE 저해 효과 역시 8시간에서 maxazyme 9.6%, papain 8.5%로 다른 시간대보다 높았으며, peptide-nitrogen 함량이 16시간까지 완만히 증가하였다.

HT-29 대장암 세포 증식 억제 효과① : 식용 가능한 28종의 해조류 MeOH ex 중 보라우무가 HT-29(대장암 세포)세포 증식 억제가 가장 강하여, 이 기전을 밝히고자 보라우무 MeOH ex을 HT-29 세포에 실험한 결과, 농도 의존적으로 억제 활성이 증가하였고, apoptotic cell수는 현저히 증가하였다. Apoptosis(AP) 조절 인자 Bcl-2 family 단백질 중 Bcl-2는 보라우무 MeOH ex에 변화가 없었으나, t-Bid 단백질은 시료에 현저히 증가시켰다. Bcl-2 family 단백질과 같이 AP조절에 주요역할자 caspase 단백질은 시료 처리로 cleaved caspase-8, -9, -7, -3 단백질이 현저히 증가하였다. 이 결과로 보라우무 MeOH ex은 caspase-8의 활성 증가로 mitochondria 막투과성 변화와 caspase -7/-3 활성 증가는 AP를 유도, 암세포 증식 억제시킴을 알 수 있어 기능성 식품으로의 개발이 기대되었다. 보라우무 MeOH ex는 48.9%, 모자반 MeOH ex는 HT-29(대장암)에 75.3%, 톳은 78.3%, 잎파래 86.4%, 지충이 87.1%, 곤포 88.4% 억제 효과가 있었다.

항돌연변이 활성 및 암세포 성장 억제② : 톳, 다시마, 미역, 김, 파래 등 5종의 해조류 EtOH 추출물의 2-anthramine에 대한 돌연변이 억제 효과를 *Sal. thypimurium* TA98에서 측정한 결과, 톳(100%), 다시마(94.2%)가 3.5㎎/plate에서, 파래(68.5%)가 4.5㎎/plate에서 억제능을 보였고, TA100에서 파래(100%), 톳(100%), 다시마(94.1%)가 각각 1.5, 2.5, 4.5㎎/plate에서 최대 억제 효과를 보였으나 미역과 김은 간접 돌연변이 억제는 없었다. 직접 항돌연변이는 TA98에서 톳, 미역, 파래 모두 4.5㎎/plate에서 각각 83%, 73%, 73% 억제되어 2-nitrofluorene의 돌연변이능 저해율이 비교적 높았다. 또한 TA100에서 sodium-azide의 돌연변이 저해가 가장 큰 해조류는 톳, 다시마 및 파래로 3.5㎎/plate에서 모두 100% 저해율을 보였다. TA98에서 미역과 김은 4.5㎎/plate에서 각각 73%, 50% 저해하였고, TA100에서는 저해능이 없었다. HeLa cell과 MCF-7 cell, SNU-638 cell 암 세포 성장 억제는 MTT assay로 관찰한 결과, 5종 모두 억제 효과를 보였다. HeLa cell 성장을 90% 이상 저해는 파래〉미역〉다시마〉톳 순이었고, 김은 56% 저해하였다. MCF-7 cell에는 90% 이상 저해는 파래〉미역〉다시마〉톳 순이었고, 김은 50% 저해율을 보였다. SNU-638 cell 세포 성장 억제는 HeLa cell과 MCF-7 cell보다 낮았다. 저해율 70% 이상은 파래, 미역, 다시마, 톳이었고, 김은 68% 이었다. 이상에서 Ames test와 MTT assay 결과, 톳, 파래, 다시마는 항돌연변이 효과와 암 세포 성장 억제 효과가 우수한 것으로 나타났다.

수용성 단백질 추출 : 해조류, 둥근돌김, 잎파래(*E. linza*), 톳, 모자반, 미역, 청각, 셀만모자반, 구멍갈파래 등 8종을 선정, 수용성 단백질을 추출한 결과, 둥근돌김 24.14%, 미역 15.7%, 톳 7.66%, 모자반 12.61%, 셀만모자반 14.08%, 잎파래 10.86%, 구멍갈파래 16.60%, 청각 9.89%이었고, 추출 조건은 구멍갈파래와 잎파래는 1시간, 둥근돌김, 톳 미역, 모자반, 셀만모자반은 2시간, 청각은 3시간이, 추출 온도는 톳 40℃, 둥근돌김, 청각, 잎파래, 미역, 모자반, 셀만모자반이 50℃, 구멍갈파래 60℃에서 최고 수율을 보였으며, pH는 9~12가 양호하였다.

식염 가용성 및 알코올 가용성 단백질 : 상용 해조류인 둥근돌김, 잎파래, 구멍갈파래, 미역, 톳, 모자반, 셀만모자반, 누운청각의 식염가용성 단백질은 미역, 톳, 돌김, 잎파래, 구멍갈파래, 0.25M-NaCl 용액에서, 모자반, 셀만모자반, 누운청각은 1.0M-NaCl 용액에서 수율이 가장 높았고, 알코올 가용성 단백질은 전시료 모두 20% EtOH에서 수율이 높았다. 식염 가용성 단백질은 구멍갈파래, 잎파래가 1시간, 둥근돌김, 누운청각이 2시간, 미역, 톳, 모자반, 셀만모자반은 3시간이었고, 알코올 가용성 단백질은 전시료가 1시간 내외에서 수율이 높았다. 온도는 잎파래, 구멍갈파래는 40℃, 미역은 50℃, 톳, 모자반, 셀만모자반, 누운청각은 60℃에서 최고 수율을, 알코올 가용성 단백질은 잎파래 30℃, 미역, 둥근돌김, 모자반은 40℃에서 수율이 높았으며 pH는 식염 가용성은 pH 7~8, 알코올 가용성은 pH 8~9에서 성적이 양호하였다.

해조의 단백계수와 소화율 : 홍조류(양식과 자연산김)의 단백질 소화율은 78.5~82.2%로 녹조류(잎파래)와 갈조류(미역, 톳, 모자반)보다 높았고, trypsin inhibitor는 갈조류가 높았다. 잎파래는 김보다 체외 소화율이 낮았으나, trypsin inhibitor 함량은 갈조류가 높았다. 햇빛에 말린 김이 microwave cooking 영향은 가열 시간 15분 후에도 소화율이 현저히 증가되지 않았으며 trypsin inhibitrory는 서서히 감소하였다. 구운김의 체외 소화율은 microwave로 15분 가열시료와 비슷하였다. 아미노산 분석 결과, 단백계수는 김 6.52, 잎파래 6.00, 미역 6.11, 모자반 5.85, 톳은 5.83이었다.

지방산 조성 : 녹조류(파래, 청각), 갈조류(다시마, 톳, 곰피, 모자반, 미역), 홍조류(김) 등 8종의 식용해조류의 지방산을 GLC로 분석한 결과, 녹조류 1.51%, 갈조류 2.81%, 홍조류 1.02%이었고, 지방산 조성은 녹조류에서는 $C_{16:0}$산이 가장 많았고, $C_{18:1}$, $C_{18:2}$, $C_{18:3}$산도 많았다. 갈조류에는 $C_{16:0}$, $C_{18:1}$, $C_{18:2}$, $C_{18:3}$산이 많았으나 $C_{18:0}$산은 적었다. 홍조류에는 $C_{16:0}$산이 많았고, $C_{14:0}$, $C_{18:1}$, $C_{18:2}$, $C_{18:3}$은 매우 적었다. 녹조류 C_{16}, C_{18}산이, 갈조류는 C_{16}, C_{18}, C_{22}산이, 홍조류에는 C_{15}, C_{16}, C_{18}산이 각각 많았다.

미량 금속 함량 : 우리나라 연안에서 수집한 해조류 총 620건 시료 즉 녹조류(파래 등 113건), 갈조류(275건), 홍조류(232건)의 미량 금속 함량을 비교 분석한 결과, Hg은 갈조류에, Cd는 홍조류에서, Cu, Cd는 녹조류에 많았고, Mn과 Ni은 녹조류와 홍조류에서, Pb는 녹조류에서, Zn은 홍조류에 많았다. 지역별로는 Hg, Cd, Ni, Mn은 충남 태안지역에서 Cr은 영덕, Cu는 통영, Pb와 Zn은 울산지역에서 많았다. 갈조류에는 Hg와 Cd, 녹조류는 Cr, Cu, Mn, Ni, Pb가, 홍조류에는 Zn이 많았다. 비식용

해조류중 지충이는 Cd와 Mn의 biomonitor, 애기마디잘록이와 지누아리는 Ni와 Zn의 biomonitor, 식용 갈조류인 고리매는 Cr과 Pb의 biomonitor로 사용할수 있을 것으로 판단되었다.

미량 금속과 안전성 평가 : 우리나라 연안에서 수집한 김(33점), 미역(88점), 다시마(12점), 파래(43점) 등 총 176점 해조류의 미량 금속을 조사한 결과, Zn, Mn, Cu 순으로 많았고, 다음 Cr, Ni, Cd, Hg 순이었다. 김에는 Cd, Zn이, 파래에는 Cr, Ni, Pb가 많았으며, 다시마에는 Hg가 가장 많았다. Cd와 Zn 농축 계수는 김에서 각각 약 12,000과 14,000으로 높았으며 Cr과 Pb는 파래에서 각각 약 23,000 및 2,500으로 가장 많았다. Cu는 김과 파래에서 약 5,500으로 가장 많이 농축되어 있었다. 다시마에는 Mn과 Pb가 많았고, 갈조류인 미역과 녹조류인 파래에는 전혀 다른 경향이었다. 우리나라 국민의 식용 해조류에서 Hg 섭취는 평균 0.03㎎/일로 PTWI(5㎎/kg b.w/wk)의 0.07%이었고, Cd 섭취량은 평균 2.15㎎/일로 PTWI(7㎎/kg b.w/wk)의 3.57%, Pb의 섭취량은 평균 2.65㎎/일로 PTWI (25㎎/kg b.w/wk)의 1.20%이었다. 이로써 우리 국민이 해조류로 섭취하는 Hg, Pb, Cd/주의 함량은 PTWI 0.07~3.57%이며, 유해 금속 섭취는 매우 안전하며, Cu, Zn, Mn, Cr의 섭취량은 영양소 기준치의 각각 1.35, 0.89, 4.28, 9.18%이었다.

발효 식품과 해조류의 비타민 B_{12} : 전통법으로 제조한 된장의 비타민 B_{12}함량은 1.85㎍%, 공장 된장은 0.04~0.86%, 전통 청국장은 0.69㎍%, 공장 청국장은 0.06~0.15㎍이었고, 전통식 고추장은 0.11㎍%, 국 간장은 0.04㎍%이었으나 진 간장에서는 검출되지 않았다. 시판 배추김치의 B_{12}는 0.02~0.03㎍%, 열무김치 0.013㎍%, 갓김치 0.02㎍, 깍두기는 0.004㎍%이었고 새우젓 0.78㎍, 멸치액젓 1.52㎍%이었다. 김의 B_{12}함량은 66.76㎍, 파래 84.74㎍, 다시마 0.36㎍, 미역 1.90㎍%이었다.

해조류의 콜린 함량 : 김, 다시마, 미역, 파래의 가식부 100g당 choline 함량은 각각 179.47, 76.70, 11.53, 112.74, 2.46㎎% 로 미역〉김〉다시마〉파래 순이었다.

파래 설기떡의 품질 특성 : 파래 분말을, 0, 4, 8, 12, 16% 첨가, 설기떡을 제조, 실온에서 4일간 저장하면서 수분, 색도, 기계적 품질 특성 및 관능검사를 실시한 결과, 수분은 시료 첨가량 증가에 따라 감소하였고, 4일 저장에서 대조군은 3.9%, 12%군은 2.46%로 감소, 색도는 시료 첨가 증가에 따라 L값(명도)은 낮아졌으나, a값(적색도)은 증가, 황색도 b는 4%군이 가장 높았다. 견고성은 2일째 대조군의 4.4배, 12%군은 1.21배 증가하였다. 부드러운 정도는 제조 직후 8%군이, 2일째는 16%군이 가장 좋았다. 쫄깃한 정도는 저장 기간 중 대조군이 가장 높았다. 이 결과로, 파래설기는 멥쌀 가루 184g, 파래 분말 16g, 소금 2g, 설탕 2g, 물 8g의 배합비가 가장 좋았고, 수분 함량은 39.23%이었다.

오동도 해조 군락 : 1982년 6월~1983년 5월까지 오동도 해조 군락 특성을 5개의 line transect를 설치, 연간 계절별로 조사 분석한 결과, 수직분포의 상부 군이 *Gelidium divaricatum*, *Enteromorpha linza*, *Porphyra yezoensis*, *Scytosiphon lomentaria*, *Blidingia nana*, *Ectocarpus confervoides*, 중부 군이 *Ulva pertusa*, *Chondria crassicaulis*, 하부 군은 *Sargassum sagamianum*, *Undaria pinnatifida*, *Sargassum thunbergii* 및 *Gelidium amansii* 등의 홍조류로 대표되었다. 출현 해조 종 수는 4월에 최대, 8월에 최소였다.

건강기능성 식품과 해조류 소비 : 경북대 학생 281명을 대상으로 해조류 건강기능 식품의 구매 의도와 소비 가치를 조사한 결과, 구매 장소는 24시간 편의점이고, 낱개 포장으로, 구매 목적은 영양 보충, 체중 조절이며, 구매 의도가 높은군과 낮은군의 차이가 현저하였고, 식품, 영양 및 건강 관련 과목 수강 경험자 중 기능가치와 인식가치가 높았다.

✻ 효능과 이용

1) 효능 : A형 독감, 항virus

2) 식용 : 물김치, 건조물은 국거리로 이용된다.

참고문헌

1) 곽충실, 김성애, 이미숙, **식품영양과학회지,** 2005, 34(8), 1143 (한국산 5종 해조류의 항산화 효과와 총 폴리페놀 함량의 관련성 --- 미역, 다시마, 톳, 파래, 김)

2) 곽충실, 황진용, 와다나베 후미오, 박상철, **영양학회지,** 2008, 41(5), 439 (한국 장류, 김치 및 식용 해조류를 중심으로 하는 일부 상용 식품의 비타민 B_{12} 함량 분석 연구 – 파래, 다시마, 미역)

3) 김성애, 김진, 우미경, 곽충실, 이미숙, **식품영양과학회지,** 2005, 34(4), 451 (다섯 가지 해조류 에탄올 추출물의 항돌연변이 활성 및 암세포 성장 억제 효과 – 톳, 다시마, 미역, 김, 파래)

4) 김영동, 김영명, 강통삼, **한국식품연구소 연구보고,** 1981, 163 (해조류의 다각적 이용에 관한 연구)

5) 김은지, 박소영, 홍지은, 신민정, 임순성, 신현경, 윤정한, **식품영양과학회지,** 2007, 36(4), 43 1(보라우무 메탄올 추출물의 HT-29 대장암 세포 증식 억제 효과 – 모자반 75.3%, 톳 78.3%, 잎파래 86.4%, 지충이 87.1%)

6) 김지희, 목종수, 박희연, **식품영양과학회지**, 2005, 34(7), 104 (한국 연안 해조류의 미량 금속 함량 - 파래, 청각, 매생이, 미역, 다시마, 김, 모자반, 톳, 고리매, 우뭇가사리, 꼬시래기, 서실, 불등가사리)

7) 목종수, 박희연, 김지희, **식품영양과학회지,** 2005, 34(9), 1464 (한국산 주요 식용 해조류의 미량 금속 함량 및 안전성 평가 – 김, 미역, 다시마, 파래 등 176종)

8) 박재한, 강규찬, 백상봉, 이윤형, 이규순, **식품과학회지,** 1991, 23(3), 256 (식용 해조류에서 항산화 물질의 분리 – 김, 파래, 미역, 다시마)

9) 손철현, **수산학회지,** 1983, 16(4), 368 (오동도 해조 군락에 관한 연구 – 참김, 잎파래, 고리매, 미역, 서실, 모자반, 지층이, 우뭇가사리)

10) 오윤식, 이인규, 부성민, **Algae,** 1990, 5(1), 57 (한국산 유용 해조 특히 식용, 약용 및 공업용 해조에 대한 주해)

11) 유홍수, Statterlee, L. D., 이강호, **수산학회지,** 1982, 15(4), 263 (수종 해조의 단백계수와 in vitro Digestibility – 잎파래, 미역, 톳, 모자반)

12) 유홍수, 이강호, **수산학회지,** 1997, 30(3), 151 (해조 단백질의 추출에 관한 연구 －1. 수용성 단백질의 추출 － 둥근돌김, 파래(*E. linza*), 톳, 모자반, 미역, 청각, 셀만모자반, 구멍갈파래)

13) 유홍수, 이강호, 우순임, **수산학회지,** 1997, 30(4), 189 (해조 단백질의 추출에 관한 연구 －2. 식염 가용성 및 알코올 가용성 단밸질의 추출 － 둥근돌김, 잎파래, 구멍갈파래, 미역, 톳, 모자반, 셀만모자반, 누운청각)

14) 윤승제, 조연숙, 남주현, 이형호, Kim Eliya, 홍용기, **수산학회지,** 2008, 41(1), 68 (각종 해조류 추출물들의 인간 피부세포주 HaCaT에 대한 활력 영향 － 비틀대모자반, 돌가사리, 참그물바탕말, 참도박, 구멍파래, 잎파래, 청각, 납작파래, 딕티오타, 감태, 곰피, 톳, 패, 다시마, 모자반류, 고리매, 미역, 진두발, 꼬시래기, 부챗살)

15) 이용필, 강서영, **Algae,** 2002, 17(1), 69 (한국산 해조류의 목록)

16) 이정민, 유상권, 김상무, **식품영양과학회지,** 2005, 34(8), 1124 (해조류 효소 가수 분해 물질로부터 정제한 저분자 Peptide 의 기능성－김, 지누아리, 쇠미역, 파래)

17) 이지연, 윤숙자, **식품조리과학회지,** 2008, 24(1), 39 (파래 분말을 첨가한 설기떡의 품질특성)

18) 이헌옥, 김동수, 도정룡, 고영수, **수산학회지,** 1999, 32(4), 427 (해조류의 Angiotensin-1 전환 효소 저해 작용 － 김 파래, 미역, 우뭇가사리, 청각, 톳, 다시마)

19) 조효정, 나진석, 정한옥, 정영진, **영양학회지,** 2008, 41(5), 428 (한국인 상용식품의 콜린 함량 － 두류, 채소류, 버섯류, 과실류, 육류, 난류, 생선류, 조개류, 해조류)

20) 차명화, 김유경, **식생활문화학회지,** 2008, 23(4), 462 (해조류 건강 기능성 식품에 대한 소비 가치 분석)

21) 최병욱, 이봉호, 강기정, 이은석, 이남호, **생약학회지,** 1998, 29(3), 237 (해조류 및 생약의 Tyrosinase 억제 활성 검색 － 납작파래, 잎파래, 톳, 매생이, 큰잎모자반)

22) 최창근, **수산학회지,** 2008, 41(5), 371 (한려 해상 국립 공원의 해조상

– 파래류, 청각, 패, 고리매, 곰피, 감태, 부챗말, 참그물바탕말, 톳, 모자반류, 지충이, 김, 시나이아 등)

23) 하봉석, **수산학회지,** 1997, 30(4), 199 〔수산물의 지질에 관한 연구(제2보), 해조류 지질의 지방산 조성에 대하여 – 파래, 청각, 다시마, 톳, 미역, 김 등〕

24) Amano, H., **Marine Biochemistry,** Yamaguchi, K. ed., Tokyo University Press, Japan, 1999, pp.170~171 (Biochemistry and biotechnology of seaweed)

25) Arasaki, S., Shihira, T., **Jpn. J. Bot.,** 1959, 17, 92 (Variability of morphological structure and model of reproduction in *Enteromorpha linza*)

26) Baker, J. T., **Proc. Intl. Seaweed Symp.,** 1984, 11, 29 (Seaweeds in pharmaceutical studies and application)

27) Berglund, H., **Physiol. Plant,** 1969, 22, 1069 (Stimulation of growth of two marine green algae by organic substances excreted by *Enteromorpha linza* in unialgal and axenic cultures)

28) Chapman, V. J., Chapman, D. J., **Seaweeds and Their Uses,** Chapman and Hall, London, 1980, 334

29) Chengkui, Z., Junfu, Z., **Proc. Intl. Seaweed Symp.,** 1984, 11, 151 (Chinese seaweeds in herbal medicine)

30) Goodwin, T. W., **J. Gen. Microbiol.,** 1957, 17, 467 (The nature and distribution of carotenoids in some blue-green algae)

31) Hiroyuki, N., Hideomi, A., Koichi, A., Kazutosi, N., **Hydrobiologia,** 1990, 204/205, 577 (Antitumor activity of marine algae)

32) Innes, D. J., Yarish, C., **Phycologia,** 1984, 23, 331 〔Genetic evidence for the occurrence of asexual reprocduction in population of *Enteromorpha linza*(L.), J. Ag.(Chlorophyta, Ulvales) from Long Island sound〕

33) Jimenz-Escrig, A., Goni Ganbrodon, I., **Arch. Latinoam. Nutr.,** 1999,

49, 114 (Nutritional evaluation and physiological effects of edible seaweeds)

34) Kaneda, T. P., Kamasastri, V., Tokuda, S., **Bull. Jpn. Fish. Sci. Soc.**, 1965, 31, 1026 〔Studies on the effects of marine products on cholesterol metabolism in rat. V. The effect of edible seaweed (supplement)〕

35) Kaparaun, D. F., Flynn, E. H., **Phycologia**, 1973, 12, 145 〔Culture studies of *Enteromorpha linza*(L.) and *Ulvaria oxysperuma*(K.) building(Chloropyceae, Ulvales) from central America〕

36) Kim, K. Y., Ahn, Y. S., Lee, I. K., **Kor. J. Phycol.**, 1991, 6, 31 〔Growth and morphology of *Enteromorpha linza*(L.) and *E. prolifera* (Miiller)〕

37) Koeman, R. D. T., van den Hoek, C., **Crypt. Algal.**, 1982, Ⅲ, 37 〔The taxanomy of *Enteromorpha* Link. 1820 (Chlorophyceae) in the Netherland Ⅱ. The section proliferae〕

38) Kwak, C. S., Kim, S. A., Lee, M. S., **J. Kor. Soc. Food Sci. Nutr.**, 2005, 34, 1143 (The correlation of antioxidative effects of 5 Korean common edible seaweeds and total polyphenol content)

39) Mabeau, S., Fleurence, J., **Trends Food Sci. Technol.**, 1993, 4, 103 (Seaweed in the food products : Biochemical and nutritional aspects)

40) Nakazawa, S., Abe, F., Kuroda, H., Kohno, K., Hiashi, T., Umezaki, I., **Chemotheraphy**, 1976, 22, 1435 〔Antitumor effect of water extracts from marine algae(1)〕

41) Noda, H., Amano, H., Arashima, K., Nishizawa, K., **Hydrobiologia**, 1990, 204/205, 577 (Antitumor activity of marine algae)

42) Senger, H., Wagner, C., Hermsmeier, D., Hohl, N., Urbig, T., Bishop. N., **J. Phytochem. Photobiol.**, 1993, 18, 273 (The influence of light intensity and wave-length on the contents of α- and β-carotene and their xanthophylls in green algae)

43) Shibata, T., Taga, N., **Bull. Jpn. Soc. Sci. Fish.**, 1991a, 47, 1193 (Effects of the extra-cellular products *Enteromorpha linza* on its epiphytic bacterial flora)

44) Yokohama, Y., Misonou, **Jpn. J. Phycol.**, 1980, 28, 219 (Chlorophyll a : b rations in marine benthic green alage)

45) Zaneveld, J. S., **Ind. Pac. Fish Counc. Spec. Publ. 3.**, 1955 (Economic marine algae of tropical south and east Asia and their utilization)

46) Zavodnik, N., **Bot. Mar.**, 1987, 30, 71 (Seasonal variations in the rate of photosynthetic activity and chemical composition of the littoral seaweeds *Ulva rigida* and *Porphyra leucoticta* from the North Adriatic)

Grateloupia filicina(Wulfen) C. Agardh

지누아리 7

홍조류 · Cryptonemiaceae (지누아리과)

• 일명 | Mukadenori
• 분포 | 우리나라 각지, 세계 각지
• 용도 | 식용, 호료

✻ 식물학적 특성

홍조류로 지누아리과에 속하는 해조류, 몸은 각상근에서 다소 뭉쳐나며, 짧은 줄기가 있고, 편평한 실모양이다. 높이 20~30㎝, 폭은 2~3㎜, 다소 뚜렷한 주축이 하나 있어 양 가장자리에 깃털모양으로 분기한다. 주축은 가지의 상부는 대체로 길게 뻗어나서 작은 가지가 없다. 때로는 표면에 작은 가지가 있기도 하다. 작은 가지의 기부는 매우 가늘게 되지 않는다. 이 종은 체형의 변화가 매우 심하여 다른 종처럼 보이기도 한다.

동속해조류로는 넓은지누아리(*G. livida*)와 뼈지누아리(*G. divaricata*)가 있고 식용한다.

✻ 성분

1) 특수성분

지누아리(*G. filicina*)에서 Citrulline(S, C-01405), Gigartime(S, G-00354), Gongrine(G-00648), Grateloupine(G-00721), 동속 넓은지누아리(*G. livida*)에서 Gigartinine(S, G-00354), Lividine(S, L-00661)이, *G. protesus*에서

4-Hydroxy-N,N-dimethyl-3-pyrrolidine carboxylate(H-02970)가, *G. sarnosa*에서 Carnosadine(C-00441), *G. filicina*에서 4,5-Dihydroxy-3methyl -2-cyclopentene-1-one(4R, 5S, D-02321) 등이 분리되었다.

✲ 생리 활성

항산화 물질① : 동해 주문진 해안에 생육하는 12가지 식용 해조류에서 항산화 물질을 분리하였고, 항산화 측정(AOM법, DPPH법)과 UV, HPLC, GC/MS로 분석하였다. 12종 식용 해조류를 hot-MeOH 추출, AOM법으로 활성을 측정한 결과, 김〉미역, BHT〉다시마〉넓미역〉지누아리〉서실 순이었고, 나머지 해조류에서는 활성이 나타나지 않았다. 또한 석유에텔, Et_2O, $CHCl_3$, MeOH, H_2O로 순차 추출, 색소제거 후, 농축하여 DPPH법으로 항산화를 측정한 결과, H_2O-MeOH 가용 분획에서 강한 활성을 보였고, 김〉미역〉다시마〉BHA〉파래〉tocopherol〉넓미역〉BHT 순이었다. 특히, 김, 미역, 다시마, 파래는 같은 양에서 BHT, BHA보다 높거나 비슷한 항산화 활성을 보였다. 활성 물질 회수율은 1.82%, 극성용매 분획에서 강한 활성을 보였다. 추출 물질의 흡수 파장은 235±5nm, 270±5nm(λmax), HPLC 분석 결과 다시마, 미역, 파래의 retention time(RT)이 8.5분, 10분인 극성 물질이 분리되었고, 김에서는 25분의 비극성 물질로 BHA, BHT와 비슷한 RT에서 분리되었다.

Phenol성 물질의 항산화 효과② : 다시마, 모자반, 곰피, 미역, 고리매, 김, 지누아리 등 상용 해조류를 75% MeOH로 상온에서 추출한 후, 다시 MeOH 가용 분획(SF)과 불용 분획(ISF)으로 분획하여 각 분획의 항산화성을 DPPH, hydroxy radical 소거능으로 측정한 결과, SF는 구멍쇠미역, 고리매, 괭생이모자반이 26.60~23.40%로 높았으며, 재래종 다시마와 김이 9.26%와 8.66%로 낮았다. ISF이며 수용성 분획은 재래종 다시마와 김이 29.70%와 21.01%로 높았고, 그 외 지누아리 8.76%, 곰피 6.46%, 고리매 4.87%, 구멍쇠미역 2.05%, 괭생이모자반 1.95%로 낮았다. DPPH와

hydroxy radical 소거능 평가에서 SF 분획이 높은 구멍쇠미역과 괭생이모자반은 항산화 효과가 높았으며, 총 phenol 함량이 높은것과 일치하였다. 곰피는 전자 공여능이 우수하였으나 hydroxy radical 소거능은 없었다. ISF분획에서 7종의 해조 모두 총 phenol이 거의 없는 것으로 전자공여능과 hydroxy radical 소거능은 보이지 않았다. 이 결과로 해조의 항산화능은 MeOH 용해 성분이 강한 항산화 효과가 있는 것으로, 이 효과는 phenol성 물질과 관련이 깊은 것으로 나타났다.

Marine carotenoid의 생물학적 기능 : 자연계에서 생성되는 색소 중 carotenoid (CA)는 가장 중요하며 인체건강에 유용한 효과를 갖고 있어 관심이 증가되고 있다. 해산 CA는 그들이 주는 화학적, 생물학적 이익의 영향은 중요하다. 해산 CA 중 astaxanthin과 fucoxanthin은 해양 동물이나 해양 식물 중에서 비교적 강력한 생물학적 활성이 있다. 즉 이들 CA는 quenching siglet oxygen과 scavenging free radical의 강한 항산화 작용이 있기 때문이며, 식이성 항산화 작용이 있는 이들 강력한 작용의 CA는 항암작용과 항염작용이 있다. 특히 fucoxanthin이 근래 항 비만과 항 당뇨효과가 인정되면서부터 주목받게 되었다. 이러한 작용은 mitochondria의 백색 지방(WAT)에서 uncoupling protein(UCP1)을 만들어 WAT에서 지방산을 산화시켜 WAT에서 열을 생산하기 때문이다. 또한 fucoxanthin은 insulin 저항을 개선하여 혈당을 낮추며, 동물의 WAT에서 종양괴사인자 α(TNFα)를 감소시키기 때문이다.

미이용해조류의 성분과 단백질추출 : 갈조류 14종(18시료), 녹조류 3종(3시료), 홍조류 15종(19시료)을 분석한 결과, 홍조류의 조단백이 높고, 조지방이 낮았으며, 갈조류와 녹조류는 조단백은 낮고, 조지방이 높았다. 단백질 자원으로는 지충이, 부채꼴아크로소리움, 꿩꼬리, 오카므라서실, 검은서실, 지누아리, 진두발, 불등가사리, 돌가사리, 딕티오타, 고리매 등이나, 큰딕티오타, 코르다리아, 비틀대모자반, 알쏭이모자반, 외톨개모자반, 도박, 털도박, 미끌도박, 납작파래, 구멍갈파래, 거머리말은 단백질이 극히 적었다. 추출액 중 단백질 침전법은 MeOH 처리법이 가장 양호하였으며, 알쏭이모자반이 가장 좋았고, 다음이 지누아리, 거머리말 순이었다.

홍조류의 Carrageenan 함량과 그 화학적 성상 : 1975년 6월 23일 부산 해운대에서 채취한 진두발, 지누아리 및 돌가사리의 홍조류에서 carrageenan (CA)을 추출, SO_4은 지누아리〉진두발〉돌가사리 순으로, 3, 6-anhydro-galactose 함량은 돌가사리〉진두발〉지누아리 순으로 많았다. 0.125 M-KCl에서 침전은 진두발, 지누아리, 돌가사리의 CA순으로 높았고, 0.125~2.0 M-KCl에서 침전은 돌가사리, 지누아리, 진두발의 CA순으로, 0.2 M이상의 KCl농도에서 침전은 지누아리, 돌가사리, 진두발 순이었다. CA을 0.0625 M과 0.25 M-KCl농도에서 3분획 하였을 때 각 분획의 수율은 진두발, 돌가사리 CA는 비슷하였으나, 지누아리 CA는 가용 분획이 가장 높았다. 각 분획의 SO_4 및 3, 6-anhydrogalactose 함량은 역 상관 관계를, KCl에 대한 용해도가 큰 획분은 SO_4함량이 많았고 3, 6-anhydro-galactose 함량은 낮았다.

저 분자 Peptide 의 기능성 : 해조류의 이용성을 높이고자 pepsin으로 가수분해한 peptide를 정제, 쇠미역, 파래, 지누아리는 3개의 peptide, 김은 2개의 peptide를 얻어 항산화 활성을 검사한 결과, 김은 peak 1이 높았고, 다음 peak 2가 높았다. ACE 저해 활성은 김 peak 1, 파래 peak 3, peak 2 순으로 높았으며, 항 갈변 활성은 김 peak 1과 2, 파래 peak 2가, 파래 peak 3이 높았다. 항암 활성은 파래 peak 1〉쇠미역 peak 2〉 파래 peak 3〉 지누아리 peak 3 순이었다. 전반적으로 김의 기능성이 높았고, 또한 단백질 함량도 높았다.

Nitrite 제거 해조류 검색과 활성 : 녹조류 (파래-*Enteromorpha, Ulva*), 갈조류(톳, 미역, 모자반류, 곰피), 홍조류(우뭇가사리, 진두발, 도박, 서실, 보라우무, 지누아리, 꼬시래기, 돌가사리) 등에 대하여 NO 제거 활성을 검색한 결과, 곰피의 MeOH ex가 가장 강하였고, 추출 정제한 활성 물질은 phlorotannin A였다. phloroglucinol(IC_{50}=3.9㎎/*ml*)의 활성을 ascorbic acid(IC_{50}=65.0㎎/*ml*)보다 강하였다. 이상의 결과로 곰피에서 추출한 활성 물질 phlorotannin A과 phloroglucinol은 발암성 N-nitroso 화합물의 전구물질 nitrite제거제로 응용될 수 있을 것으로 생각되었다.

미량 금속 함량 : 우리나라 연안에서 수집한 해조류 총 620건 시료 즉 녹조류(113건), 갈조류(275건), 홍조류(232건)의 미량 금속 함량을 비교 분석한 결과, Hg은 갈조류에서, Cd는 홍조류에서, Cu, Cd는 녹조류에 많았고, Mn과 Ni은 녹조류와 홍조류에서, Pb는 녹조류에서, Zn은 홍조류에 많았다. 지역별로는 Hg, Cd, Ni, Mn은 충남 태안 지역에서 Cr은 영덕, Cu는 통영, Pb와 Zn은 울산 지역에서 많았다. 갈조류에는 Hg와 Cd, 녹조류는 Cr, Cu, Mn, Ni, Pb가, 홍조류에는 Zn이 많았다. 비식용 해조류 중 지충이는 Cd와 Mn의 biomonitor, 애기마디잘록이와 지누아리는 Ni와 Zn의 biomonitor, 식용 갈조류인 고리매는 Cr과 Pb의 biomonitor로 사용 할 수 있을 것으로 판단되었다.

건강 기능성 식품과 해조류 소비 : 경북대 학생 281명을 대상으로 해조류 건강 기능식품의 구매 의도와 소비 가치를 조사한 결과, 구매 장소는 24시간 편의점이고, 낱개 포장으로, 구매 목적은 영양 보충, 체중 조절이며, 구매 의도가 높은군과 낮은군의 차이가 현저하였고, 식품, 영양 및 건강 관련 과목 수강 경험자 중 기능가치와 인식가치가 높았다.

✲ 효능과 이용

1) 식용 : 식재료
2) 효능 : agglutinin

참고문헌

1) 김병목, 전준영, 박영범, 정인학, **식품영양과학회지,** 2006, 35(8), 1097 (해조류 메탄올 추출물의 항산화 효과 – 다시마, 모자반, 곰피, 미역, 고리매, 김, 지누아리)

2) 김영동, 김영명, 강통삼, **한국식품연구소, 연구보고,** 1981, 163 (해조류의 다각적 이용에 관한 연구)
3) 김지희, 목종수, 박희연, **식품영양과학회지**, 2005, 34(7), 104 (한국 연안 해조류의 미량 금속 함량 – 파래, 청각, 매생이, 미역, 다시마, 김, 모자반, 톳, 고리매, 우뭇가사리, 꼬시래기, 서실, 불등가사리, 애기마디잘록이, 지누아리)
4) 박영호, 변재형, 오후규, 강영주, **수산학회지,** 1976, 9(3), 155 (미이용해조류의 이용화에 관한 연구 – 1. 미이용 해조류의 성분 조성과 조류 단백질 추출, 지누아리)
5) 박영호, 변재형, 오후규, 강영주, **수산학회지,** 1976, 9(3), 163 (미이용해조류의 이용화에 관한 연구 2 – 진두발, 지누아리, 돌가사리)
6) 박재한, 강규찬, 백상봉, 이윤형, 이규순, **식품과학회지,** 1991, 23(3), 256 (식용 해조류에서 항산화 물질의 분리 – 김, 파래, 미역, 지누아리, 넓미역, 서실, 다시마)
7) 오윤식, 이인규, 부성민, **Algae,** 1990, 5(1), 57 (한국산 유용 해조 특히 식용, 약용 및 공업용 해조에 대한 주해)
8) 이용필, 강서영, **Algae,** 2002, 17(1), 69 (한국산 해조류의 목록)
9) 차명화, 김유경, **식생활 문화학회지,** 2008, 23(4), 462(해조류 건강 기능성 식품에 대한 소비 가치 분석)
10) Amano, H., **Marine Biochemistry,** Yamaguchi, K. ed., Tokyo University Press, Japan, 1999, pp.170~171 (Biochemistry and biotechnology of seaweed)
11) Baker, J. T., **Proc. Intl. Seaweed Symp.,** 1984, 11, 29 (Seaweeds in pharmaceutical studies and application)
12) Chapman, V. J., Chapman, D. J., **Seaweeds and Their Uses,** Chapman and Hall, London, 1980, 334
13) Choi, J. S., Lee, J. H., Jung, J. H., **J. Kor. Fish. Soc.,** 1997, 30(6), 909 (The screening of Nitrite scavenging Effect of marine Algae and Active pricples of *Eklonia stolonifera*)

14) Cole, K. M., **Biology of the Red Algae,** Cole, K. M., Sheath, R. G. (eds.), Cambridge Univ. Press. Cambridge, 1990, p.517.
15) Coombe, D. R., Parish, C. R., Ramshow, I. A., Snowden, J. M., **Intl. J. Cancer,** 1987, 39, 82 (Analysis of the inhibition of tumor metastasis by sulfated polysaccharides)
16) Efimor, V. S., Usov. A. I., Ol'kaya, T. S., Baliunis, A., Roskin, M. Y., **Farmakol. Toksikol.**, 1983, 46(3), 61 (Comparative study of anti-coagulant activity of Sulfated polysaccharides obtained from red sea algae)
17) Frankel, M. et al, **J. Chem. Soc. C,** 1967, 2698 (Synth. Gongrine)
18) Hosokawa, M., Okada, T., Mikami, N., Konishi, I., Miyashita, K., **Food Sci. Biotechnol.**, 2009, 18(1), 1 (Bio-function of Marine Carote-noids)
19) Ito, K. et al, **CA,** 1968, 68, 87527c; 69, 93635y (isol, Gigartinine)
20) Jimenz-Escrig, A., Goni Ganbrodon, I., **Arch. Latinoam. Nutr.**, 1999, 49, 114 (Nutritional evaluation and physiological effects of edible seaweeds)
21) Kwak, C. S., Kim, S. A., Lee, M. S., **J. Kor. Soc. Food Sci. Nutr.**, 2005, 34, 1143 (The correlation of antioxidative effects of 5 Korean common edible seaweeds and total polyphenol content)
22) Mabeau, S., Fleurence, J., **Trends Food Sci. Technol.**, 1993, 4, 103 (Seaweed in the food products : Biochemical and nutritional aspects)
23) Msall, M, et al, **N. Engl. J. Med.**, 1984, 310, 1500 (pharmacol, citrullinine)
24) Nakazawa, S., Abe, F., Kuroda, H., Kohno, K., Hiashi, T., Umezaki, I., **Chemotheraphy,** 1976, 22, 1435 〔Antitumor effect of water extracts from marine algae(1)〕
25) Ohira, S. et al, **Agric, Biol. Chem.**, 1991, 55, 2437 (isol, oil, 4,5-Dihydroxy-3-methyl- 2-cyclo-pentene-1-one)

26) Sciuto, S. et al, **J. Nat. Prod.(Lloydia),** 1988, 51, 1017 (isol, struct, 4-Hydroxy- N,N-dimethyl-3-phyrrolidine carboxylate)

27) Stammer, H. et al, **Tetrahedrone,** 1990, 46, 2231 (rev, carnosine, amino acid carnosaxdine)

28) Tseng, C. K., Zhang, J. F., **Proc. Intl. Seaweed Symp.,** 1984, 11, 152 (Chinese seaweeds in herbal medicine)

29) Tsuchiya, Y., **Proc. Intl. Seaweed Symp.,** 1969, 6, 747 (Comparative hypocholesterolemic activities of marine algae)

30) Wakamiya, T. et al, **Tetrahedron,** 1984, 40, 235 (isol, Gogrine, Gartloupine),(isol, Lividine)

31) Yan, X. J., Nagata, T., Fan, X., **Plant Foods for Hum. Nutr.,** 1998, 52, 253 (Antioxidative activities in some common seaweeds)

Sargassum thunbergii (Mertens) O. Kuntze

지충이 8

갈조류 · Sargassaceae (모자반과)

- 영명 | Silkworm tail
- 일명 | Umitorano-o
- 분포 | 한국의 전 연안, 일본, 중국
- 용도 | 식용, 구충제, 사료

✻ 식물학적 특성

갈조류로 모자반과에 속하며, 뿌리는 소반상(小盤狀)이며, 줄기는 매우 짧다. 여러 개의 중심 가지가 있고, 외형은 가지의 길이와 마디 사이 거리가 다양하다. 실 모양의 잎이 나선상으로 덮고 있다. 어떤 것은 곁가지가 짧고, 어떤 것은 긴 가지가 우상이다. 성장한 것은 길이 30㎝~1m, 중심가지 굵기는 2~3㎜, 기포는 긴 타원형 또는 도란형, 방추형으로 잎에 섞여 잘 나타나지 않는다.

동속 해조류에는 모자반(*S. fulvellum*), 비틀대모자반(*S. sagamianum*) 꽈배기모자반(*S. tortile*) 등이 있다.

✻ 성분

1) 특수성분

지충이에서 24-Vinyloxycholesta-5,23Z-dien-3β-ol(C-01110), 비틀대모자반(*S. sagamianum*)에서 Sargahydroguinoic acid(S-00205), Yezoquinolide

(Y-00024), 셀만 모자반(*S. kjellmanianum*)에서 Kjellmanianone(R, K-00248), Sargassumlactam(S-00210), 잔가시모자반(*S. micracanthum*)에서 6, 10, 14-Trimetly1-5,10-pentadecadiene-2,12-dione(T-02875), 6,10,14-Trimetlyl-5, 9-pentadecadiene-2, 12-dione(T-02874)등이 분리되었다.

✻ 생리 활성

갈조류의 항미생물 작용과 온도 및 pH의 영향①: 30종의 해조류 수침ex와 EtOH ex를 한천 분산법으로 항미생물 활성 최저 억제 농도(MIC)를 측정하였다. 한천 분산법에서 12종 해조류가 실험 미생물에 대해 성장 억제 효과가 있었고, 특히 패, 곰피, 모자반(*S. siliquastrum*), 지충이, 긴볼레기말 및 감태에 4㎎/㎖에서 Gram 양성 미생물에 대해 강한 항bacteria 활성을 보였다. *S. siliquastrum*은 *Listeria monocytogens, Clostridium perfringens* 및 *Bacillus subtilis*에 MIC가 0.005~0.0075%에서 가장 강한 항균성을 보였다. 열 안정성 시험에서 패, 지충이, 모자반, 감태, 긴볼레기말의 EtOH ex는 121℃에서 15분간 안전하였으며, 모자반 EtOH ex의 항균 활성은 pH 2~10에서 안진히였으나, 다른 종류는 pH 10 이하에서는 불안정하였다.

항균 활성②: Paper disc법으로 항균력을 실험한 결과, H_2O ex에서 활성이 없었으나, 4㎎/㎖ EtOH ex에서 gram(-)균 *S. liquefaciens, S. thyphimurium* 및 *P. aerogenosa*에, 또 실험에 사용된 gram(+)균에 모두 항균성을 보였다. 특히 *B. subtilis, C. perfringens* 및 *L. monocytogens*에 항균성이 높았다. 또 *A. niger* 및 *P. expansum*에는 활성이 없었으나 *S. cerevisiae*에 4㎎/㎖에서 항진균성을 보였다. 지충이 EtOH ex에 MIC test에서 gram(-)균에는 0.6~0.8%로 약하였으나, gram(+)균인 *C. perfringens*와 *L. monocytogenes*에 0.01 및 0.1%에서 생육 억제가 있었다. 열 및 pH 안정성 실험 결과, 지충이 EtOH ex는 121℃에서 15분 가열과 pH 2~8에서 활성의 변화가 없어 이 추출물은 열과 pH 변화에 안정한 물질로 생각되

었다. 지충이 EtOH ex를 용매로 추출 분리한 결과, $CHCl_3$와 EtOH 분획에서, $CHCl_3$, EtOAc 및 EtOH 분획 혼합물에서 조 추출물 이상의 항균 활성이 나타났다.

피부세포주 HaCaT에 대한 해조류의 영향 : 한국 연안 해조류를 채집, 이들 중 녹조류 4종, 지충이 등 갈조류 18종, 홍조류 14종을 수세, 음건하여 80% MeOH로 4회 추출, 37℃에 건조한 시료를 인체 피부세포 HaCaT와 24시간 배양을 조사한 결과, 36종의 해조시료 중 비틀대모자반과 돌가사리가 대조구보다 1.6배 활력이 증가되었고, 참그물바탕말(*Dictyota dichotoma*), 참도박(*Pachymeniopsis elliptica*) 및 잎파래(*Enteromorpha linza*)의 추출물은 대조구보다 각각 0.2, 0.4, 0.4배 정도 활력을 억제시켰다. 지충이는 피부세포주에 별 영향이 없었다.

Prolyl Endopeptidase, Tyrosinase 저해 및 항응고 활성 : 40여 종 해조류의 MeOH ex에 대하여 prolyl endopeptidase(PEase), tyrosinase(Tyase) 및 혈액 응고 저해 활성을 측정한 결과, 항 치매 활성 지표인 PEase 에 대하여 40ppm에서 쌍발이모자반, 짝잎모자반, 큰잎모자반, 지충이, 감태, 패, 톳이 90% 이상 저해 활성이 있었고, 항암 및 미백 효과 활성 지표인 tyrosinase 에는 꽈배기모자반, 감태가 각각 40ppm에서 51%, 76% 저해 효과를 보여 시료 중 가장 강하였다. 강력한 항응고 활성 해조류는 없었으나, 약 367ppm에서 APTT assay에서는 큰모자반, 개우무 및 톳이 대조구에 비해 210, 211, 198% 응고 시간 연장 효과를 보였고, TT assay 에서는 마디잘록이, 쌍발이서실 및 톳이 각각 216, 197, 251%의 연장 효과를 보였다.

Phenol성 물질의 간 보호 활성 : 16종의 해조류 MeOH 추출물을 대상으로 시험관 내에서 bromobenzene 유도 흰쥐의 지질 과산화에 대해 관찰한 결과, *Enteromorpha compressa, Capsosiphon fulvescens, Gelidium amansii, Hizikia fusiformis, Sargassum siliquastrum, S. thunbergii* 추출물이 10^{-1}mg/ml에서 각각 22%, 32%, 21%, 41%, 54%, 40%, 1mg/ml에서 26%, 45%, 26%, 66%, 79%, 59% 지질 과산화 생성이 감소 되었다. 이

중 *S. siliquastrum* 추출물의 n-BuOH 분획의 억제율이 가장 컸다. bromobenzene 유도 xanthine oxidase 와 aldehyde oxidase 활성은 추출물 1 mg/ml에서 모두 억제되었다. *Ecklonia stolonifera*에서 분리된 phloroglucinol의 경구투여도 bromobenzene 유도 과산화 지질이 감소되었으나, glutathion S-transferase, aminopyrine N-demethylase, aniline hydroxylase의 활성 변화는 없었고, epoxide hydrolase 농도를 대조군의 76%로 회복시켰다. 따라서 phloroglucinol에 의한 bromobenzene 유도 흰쥐의 지질 과산화 억제 활성은 epoxide hydroxylase가 관여하는 것으로 사료되었다.

항산화 활성 : 지충이의 항산화 활성은 전자 공여 작용, 아질산염 소거작용, SOD 유사활성 및 환원력은 β-carotene-linolate model system으로 측정하였다. 총 phenol 함량은 $CHCl_3$ 추출물이 22.5±0.8mg/100ml, MeOH 추출물이 20.1±0.6mg/100ml, 전자 공여 작용은 hexane 추출물을 제외한 모든 시료에서 시료 농도 의존적으로 강하였으며, 특히 추출물의 1,000mg/ml 일 때 MeOH 추출물과 H_2O 추출물에서 각각 70.4%와 63.2%로 radical 소거능이 강하였다. 아질산염 소거작용은 pH 2.5 반응용액에서 추출물 농도 증가에 따라 강한 소거능을 보였으며, 1,000mg/ml에서 MeOH 추출물이 89.4±0.9%로 가장 강한 소거능을 보였으나, H_2O 추출물은 38.6±0.5%로 낮았다. SOD 유사 활성은 $CHCl_3$ 추출물이1,000mg/ml 첨가 시 61.4%로 활성이 가장 높았다. β-carotene-linoleate model system에서 항산화 활성 측정 시 시료 농도 의존적으로 활성이 강하였으며 MeOH 추출물이 가장 강하여 1,000mg/ml에서 78.4%로 대조군인 BHT(72.1%)보다 더 항산화 활성이 높았다.

Pb와 Cr 제거① : 모자반의 중금속 흡착력을 실험한 결과, 초기 금속 농도 1,000mg/ l 에서 30분 내 흡착 평형을 보여 232.5mg Pb/g biomass, 91.6 mg Cr/g biomass 를 흡착, 모자반에 Pb 흡착량이 Cr보다 약 2.5배 높았다. 생물학적 흡착은 Langmuir 모델에서 모자반 표면에 흡착되는 중금속이 단 분자층으로 균일하게 흡착됨을 알 수 있었다. 또 중금속 용액

내 pH 2.2~5에서 흡착능을 조사한 결과, Pb는 pH 증가에 따라 흡착량이 증가, pH 5에서 최대 흡착량을, Cr은 pH 증가에 따라 흡착량이 감소, pH 2.2~5에서 비교적 잘 흡착되었다. Pb와 Cr의 흡착 성능은 *S. thunbergii* 입경에 따라 달라, 입경이 0.6㎜ 이상 0.355㎜ 이하에서 Pb 흡착량은 182.5㎎/g biomass에서 232.5㎎/g biomass로 27% 증가, Cr 흡착량은 62.7㎎/g biomass에서 91.6㎎/g biomass로 46% 증가하였다. *S. thunbergii* 흡착 선택성을 조사한 결과, 각각 500㎎/ *l* 의 Pb, Cu, Cr, Cd 혼합 용액에서 Pb〉 Cu〉 Cr〉 Cd 순으로 선택적 흡착을 보여 Pb가 가장 높았다. Pb와 Cr 이 흡착된 *S. thunbergii* 회수율을 조사한 결과, 1,000㎎/ *l* Pb 와 Cr 용액에서 Pb 180.4~189.7㎎/g biomas(흡수율), 탈착률은 EDTA 이용 시 95.8%, HCl 과 HNO_3로 탈착시 100%, 99.8%로 높았다. 흡착된 Cr은 69.6~77.9㎎/g biomass 로 EDTA 탈착시 50.7%, HCl 과 HNO_3이용시 48.6%, 46.7%이었다. pH의 영향은 Cr이 Pb보다 적게 받는 것으로 나타났다.

중금속 바이오 흡착 활성② : 한국 인근 해안 해조류 23종에 대하여 Cr과 Pb 흡착성능을 조사한 결과, *Sargassum* 종의 Cr 흡착능이 가장 높았다. *Sargassum*종 4종에 대해 Cr과 Pb 흡착력을 조사한 결과, Cr은 30~60분, Pb는 30분 소요되었고 Cr과 Pb 최대 흡착량은 136㎎ Cr/g biomass, 232.5㎎ Pb/g biomass 이었다. Pb 흡착 및 탈착 과정을 6회 반복한 결과, 지충이는 재생성이 매우 좋았고, 지충이를 자유 충전시킨 충전층 반응기를 이용 50㎎/ *l* Pb 용액의 연속적 제거 실험에서 Pb가 완전히 제거되는 구간은 HRT 10분에서 300 bed volume, HRT 5분에서 200 bed volume이었다. 1회 흡착시 Pb 제거량은 HRT 10분에서 165㎎/g biomass, HRT 5분에서 112㎎/g biomass 였으나 흡착 완결은 각각 112시간과 52시간으로 HRT 5분일 때 더욱 효과적이었다. 0.1M HCl의 Pb 회수 실험에서 95% 이상 회수되었다. HRT 10분과 5분에서 탈착 후 재흡착이 3회 반복되어도 흡착량은 다소 감소하였으나 계속적 Pb 제거가 가능하여 *Sargassum thunbergii*(지충이)는 바이오 흡착제로 사용이 가능한 것을 알 수 있었다.

항염증성 방선균 선발 : 해조류에서 항염증성 활성의 방선균을 탐색하였다. 해조류와 해양저질에서 총 363 균주를 분리하여 이중 균주 16과 291-11에서 phorbol ester 유도 쥐 귀부종에 가장 강한 항염증 활성을 보였다. 균주 16과 261-11은 지충이(*S, thunbergii*)와 미역(*U. pinnatifida*)에서 추출되었고 16S rDNA 서열 분석 결과, *Streptomyces macrosporeus* 와 *St. praecox* 로 동정되었다.

미이용 해조류의 성분과 단백질 추출 : 갈조류 14종(지충이 등 18시료), 녹조류 3종(납작파래 등 3시료), 홍조류 15종(지누아리 등 19시료)을 분석한 결과, 홍조류의 조단백이 높고, 조지방이 낮았으며, 갈조류와 녹조류는 조단백은 낮고, 조지방이 높았다. 단백질 자원으로는 지충이, 부채꼴아크로소리움, 꿩꼬리, 오카므라서실, 검은서실, 지누아리, 진두발, 불등가사리, 돌가사리, 딕티오타, 고리매 등 이나, 근딕디오다, 코르다리아, 비틀대모자반, 알쏭이모자반, 외톨개모자반, 도박, 털도박, 미끌도박, 납작파래, 구멍갈파래, 거머리말은 단백질이 극히 적었다. 추출액 중 단백질 침전법은 MeOH 처리법이 가장 양호하였으며, 알쏭이모자반이 가장 좋았고, 다음이 지누아리, 거머리말 순이었다.

해조류의 항암 Initiator와 Promoter① : 항암 initiater와 promoter를 갈조류 9종, 홍조류 5종, 녹조류 2종에 대해 실험한 결과, 갈조류가 홍조류나 녹조류보다 강하였고, 갈조류 중 미역(83.5%/20M)이 가장 강하였고, 다시마, 지충이, 괭생이모자반 순이었다. 다시마는 EBV(Epstein-Barr Virus) 활성을 강력히 저해하나 세포독성은 낮았다.

PhIP 와 MeIQx에 돌연변이 원성억제② : 지충이, 감태, 곰피, 다시마, 모자반 등 갈조류 9종, 홍조류 5종, 녹조류 2종을 대상으로 돌연변이 유발물질 PhIP와 MeIQx에 대한 돌연변이 원성 억제를 조사한 결과, 갈조류가 녹조류와 홍조류보다 우수하였고, 특히 갈조류 감태, 곰피, 다시마, 미야베모자반이 우수하였다. 그중 곰피의 ET_2O, $CHCl_3$ EtOAc및 수용성 획분 중 비극성 획분의 억제가 강하였고, 특히 EtOAc 획분이 가장 강하였다.

곰피의 EtOAc 획분을 sephadex LH 20으로 분리한 결과, 활성 획분 A-7은 PhIP에 90%/㎎ 이상, MeIQx에 80%/㎎의 억제를 보였고, 207.7 및 232nm에서 흡수파장을 보였다.

HT-29 대장암 세포 증식 억제 효과③ : 식용 가능한 28종의 해조류 MeOH ex 중 보라우무가 HT-29(대장암 세포)세포 증식 억제가 가장 강하여, 이기전을 밝히고자 보라우무 MeOH ex을 HT-29 세포에 실험한 결과, 농도 의존적으로 억제 활성이 증가하였고, apoptotic cell수는 현저히 증가하였다. Apoptosis(AP) 조절 인자 Bcl-2 family 단백질 중 Bcl-2는 보라우무 MeOH ex에 변화가 없었으나, t-Bid 단백질은 시료에 현저히 증가하였다. Bcl-2 family 단백질과 같이 AP조절에 주요역할자 caspase 단백질은 시료 처리로 cleaved caspase-8, -9, -7, -3 단백질이 현저히 증가하였다. 이 결과로 보라우무 MeOH ex은 caspase-8의 활성 증가로 mitochondria 막투과성 변화와 caspase -7/-3 활성 증가는 AP를 유도, 암세포 증식 억제를 알 수 있어 기능성 식품으로의 개발이 기대되었다. 보라우무 MeOH ex는 48.9%, 모자반 MeOH ex는 HT-29(대장암)에 75.3%, 톳은 78.3%, 잎파래 86.4%, 지충이 87.1%, 곤포 88.4%억제 효과가 있었다.

ACE 활성 저해 : 갈조류 중 *Ecklonia cava* (감태), *Sargassum fulvellum*(모자반), *S. thunbergii* (지충이), *S. horneri* (괭생이 모자반), *S. coreanum*, *Scytosiphon lomentaria* (고리매), *Ishige okamurae* (패)를 protamex, kojizyme, nuetrase, flavourzyme(F), alcalase 등 5종의 효소로 가수 분해시켜 ACE 활성을 검색한 결과, 대부분 양호한 활성을 보였으며, 특히 감태가 가장 강하였다. flavourzyme으로 감태를 가수 분해 한 것이 0.3 ㎍/㎖에서 ACE IC_{50}을 보였고, captopril은 ~0.05㎍/㎖에서 IC_{50}을 보였다. F 가수 분해물을 5, 10, 30KDa MWCO로 초 원심 분리하여 분자량에 따라 3분획을 얻었고, 〉30KD분획에 가장 많은 단백질(27%)과 phenol성 물질(261㎍/100㎖)이 다른 소 분자량 분획보다 많았다. 이 분획이 활성 물질이 포함된 protein(glycoprotein)과 polyphenol 분획이며, 감태의 항

고혈압 물질이 포함된 분획이었다.

조류와 생약성분의 비만 억제 비교① : 해조류의 알긴산, 담수 록조 chlorella, 생약 인삼 saponin, 마늘 alliin과 scordinin 첨가, 비만 억제 효과를 검토한 결과, Na-alginate(71%)가 크고, 다음 scordinin(76%), chlorella(76%), alliin(86%) 순으로 체중 증가가 있었다. 사료 효율과 비교, 체중 증가량은 Na-alginate(68%)가 가장 효과적이고, alliin(79%)도 인정되었다. 간의 지방 축적 억제 효과는 Na-alginate(84%)가 가장 효과적, 부고환 및 난소 주변의 지방 축적 억제 효과는 Na-alginate(54%)가 가장 효과적이며, 다음 alliin(64%), saponin(66%) 순이었다. 또 Lee index 비만 억제 효과를 비교하면 Na-alginate(91%)에서만 인정되었다. 간 중 지방 축적 억제 효과는 alliin(40%)〉saponin(58%)〉Na-alginate(62%)〉chlorella(64%)〉scordinin(74%) 순. 혈청 glucose 감소 효과는 Na-alginate(67%)가 가장 크고, 다음 saponin(73%), scordinin(74%), alliin(83%) 순. 혈청 cholesterol 저하 작용은 Na-alginate(82%)가 가장 크고, 다음 alliin(84%), chlorella(86%), saponin(87%) 순이었다. 또한 혈청 lipase 활성 증가에 의한 비만 억제 작용은 Na-alginate(109%)와 saponin(104%)의 첨가가 효과적. 따라서 갈조류 성분 알긴산이 chlorella, 인삼 saponin, 마늘 alliin 및 scordinin 보다 비만 예방과 치료에 효과적이었다.

알긴산의 비만 억제 효과② : 미역, 다시마 등 갈조류에 20~30% 함유되어 있는 알긴산을 agar, cellulose, CMC, chitin, lignin 등의 식이 섬유의 비만 억제 작용을 magarine 유도 비만 쥐에 비교 검토하였다. 사료에 식이 섬유 10%를 가하여 비만 억제 효과를 보면, lignin이 가장 크고, 다음 Na-alginate, cellulose, CMC 순이었다. 간장과 부고환 및 난소 주위의 지방조직의 비만 억제 효과는 lignin이 가장 크고, Na-alginate, cellulose, CMC 순. 또 Lee index의 비만 억제는 Na-alginate〉lignin〉CMC〉chitin〉cellulose 순. 간의 지질분석에서 지방 축적 억제 효과는 agar〉CMC〉cellulose〉Na-alginate〉chitin〉lignin 순이었다. 혈청 glucose 감소 효과는 CMC가 가장 컸으며, 다음 Na-alginate, lignin 순. 혈청 cholesterol 저하 효과는

Na-alginate가 가장 크고, 다음이 lignin, cellulose 순. 그밖에 chitin을 제외한 대부분이 효과가 있었다. 또 lipase 활성의 상승 작용은 Na-alginate가 가장 효과적이며 다음 chitin이었다. 이상으로 갈조류 중 알긴산 20~30%가 있는 미역, 다시마 등은 비만 예방과 치료에 가장 효과적인 것으로 생각된다.

알긴산과 3T3-L1 세포의 분화③ : 3T3-L1 세포가 지방세포로 분화되는 과정 중 혈청 중 분화 촉진인자(insulin, prostaglandin F2α 등) 첨가로 분화가 촉진되고, 분화억제인자(actinomycin D, tumor necrosis factor α 등)로 억제될 수도 있다. 3T3-L1 세포는 세포 내 지방 축적으로 지방세포 형태를 나타낸다. 3T3-L1 세포의 특성을 이용, 해조류에 많은 알긴산이 지방세포로의 분화 과정에 어떤 영향을 주는지 실험한 결과, 3T3-L1 세포 분화를 억제하였다. 또 분화 촉진 물질 IGF-1(insulin-like growthfactor-1)과 insulin을 이용, 알긴산 분화에 미치는 영향을 검토한 결과, 알긴산은 insulin의 분화 촉진 작용을 특이적으로 억제하였다. 본 연구는 알긴산을 이용, 알긴산의 지질 감소 효과를 세포 수준에서 검증하였다.

Fucoidan의 활성과 활용 : 미역, 다시마, 톳 등 갈조류에 많은 fucoidan은 90여 년 전에 추출 확인되었으며 항혈액 응고, 항혈전, 항암, 면역 조절, 항virus, 줄기세포의 활성화 등의 생리 활성이 연구되어, 이와 관련된 각종 질병의 완화 및 치료제로 활용 가능성이 인식되고 있다. 갈조류의 양식은 잘 발달되었고, 전남 완도지역은 청정 지역으로 수질오염이 낮아 다시마, 미역 포자엽의 수확량이 풍부, Fucoidan 추출 원료 수급이 용이하다.

CCl_4- 유도 간손상과 Fucoidan 효과 : CCl_4–산화 stress 손상 간에 fucoidan extracts(FE)의 항산화성을 GOT, GPT, ALP, LDH, MDA, SOD, CAT, GPx수준으로 알 수 있는 지 실험 하였다. SD계 rat(♀)에 Fe 100㎎/㎏을 14일간 투여하고 15일째 CCl_4를 준 후 희생시켰다. rat 혈청 중 GDT, GPT, ALP 및 LDH를 총 간의 균질액에서 MDA, SOD, CAT 및 GPx와 같이 측정한 결과, CCl_4처리에서는 GDT, GPT, ALP, LDH, 및 MDA가 증가하였고, SOD, CAT 및 GPx는 현저히 감소하였으나, FE로 전 처리한

rat은 CCl_4 처리 rat에서 SOD, CAT 및 GPx양이 회복되는 것과 같이 GOT, GPT, ALP, LDH 및 MDA의 증가가 억제되었다. 더구나 FE처리 rat의 간에서는 괴저나 경화 발생이 현저히 감소하였다. 이러한 결과로 FE의 항산화성이 CCl_4-유도 산화적 stress에 효과 있음을 알게 되었다.

AAPH-손상 LLC-PK1세포와 Fucoidan : AAPH-손상 LLC-PK1 세포 산화적 stress에 fucoidan의 보호 효과여부를 실험하였다. LLC-PK1세포를 1mM 2,2'-azo-bis(2-aminopropane) dihydrochloride(AAPH)에 24시간 노출시켜 산화적 stress에 생활력이 현저히 감소하였으나, fucoidan은 용량의존적으로 이를 보호하였다. 이러한 fucoidan의 작용은 superoxide anion radical과 hydroxyl radical의 작용을 제거하는 것과 같이 fucoidan이 지질 과산화와 항산화 효소의 작용과 같은 양상이다. fucoidan의 AAPH-유도 LLC-PK1 손상에 보호효과는 특히 superoxide radical을 강하게 제거함을 보였다. fucoidan의 IC_{50}은 48.37±1.54㎍/㎖ superoxide anion radical 제거능과 hydoxyl radical 제거 능력은 IC_{50} 32.03㎍/㎖로 강하였다. 그러므로 fucoidan의 AAPH-손상 LLC-PK1 세포 보호는 지질 과산화를 방해하고, 항산화 효소 작용을 증가시켜 과산화 radical을 제거함에 있다(LLC-PK1 cell: Procine kidney epitheial cell).

Fucoidan의 항혈액 응고 활성 : 국내 연안의 갈조류인 미역포자엽, 다시마, 톳, 모자반을 묽은 염산(pH 2.0)으로 65℃에서 추출 crude fucoidan을 CPC 처리로 침전시킨 후 $CaCl_2$(1.0M, 1.5M, 3.0M)를 증가시켜 분리하였다. APTT 활성으로 비교한 결과, 분획물의 항혈액 응고 활성은 황산기 함량의 증가에 따라 증가하였으며, 분획물 시료중 미역포자엽을 3.0M $CaCl_2$로 분획한 것이 가장 활성이 우수하였다. 이 분획을 다시 pronase와 laminase로 수식한 결과, 각각 단백질과 glucose가 감소하였으나 수식 전에 비해 APTT 활성이 증가하였다. pronase와 laminase로 수식한 fucoidan의 fucose : galactose : mannose : sulfate : uronic acid의 mole%는 1 : 1.3 : 0.03 : 2.7 : 0.08이었으며, 효소 처리에 따른 미역포자엽의 결합구조는 변화가 없었다.

산화적 Stress에 대한 Fucoidan과 Alginic acid의 보호효과 : Peroxyl radical - 유도 산화적 stress에 대한 fucoidan과 alginic acid(갈조류 함유활성 다당류)의 보호 작용을 in vitro에서 실험한 결과, fucoidan은 NO와 O_2 (superoxide)제거능이 강력하였으나, alginic acid는 이러한 작용이 없었다. 그러나 alginic acid는 fucoidan보다 -OH 제거능은 높았다. fucoidan과 alginic acid는 AAPH 유도 산화적 stress에 대하여 세포의 활성을 향상시켰다. fucoidan과 alginic acid 1,000㎎/㎖에서 세포의 활성은 각각 16.4%에서 85.9%와 67.7%로 증가하였다. 또한 fucoidan과 alginic acid는 AAPH에 의해 용량 의존적으로 LLC-PKI 세포에서 지질 과산화를 개선시켰다. 이 결과로 fucoidan과 alginic acid는 free radical로 인한 산화적 stress에 대해 항산화제로 작용하는 것으로 생각되었다.

알긴산의 에스테르화의 적정 조건 : 알긴산에 propyleneoxide(Pox)를 가하여 PGA 제조 시 에스테르화 조건을 구하고 이때 만든 제품의 이화학적 특성을 조사하였다. 알긴산에 Pox(1:4) mol을 가할 때까지 에스테르화가 증가하였으나 그 후에는 큰 변화가 없었고, 에스테르화가 잘 일어나는 알긴산의 함수량은 30% 이상이었으며, 수분 함량이 70% 이상에서는 제품의 탈수가 잘 되지 않아 수분은 30~70%가 적당하였다. 수분 44.15%의 알긴산에 Pox를 4 mol 가해 1시간 반응 시 반응이 최대인 온도는 70℃이었다. 수분 50.5%의 알긴산에 Pox 4 mol을 가해 70℃에서 반응, 1시간까지 에스테르화가 급격히 증가, 그 후 차이가 없었다. 2%와 3% propylene glycol alginate(PGA) 용액의 pH 안정성은 pH 3.0까지 점도가 거의 없었으나 그 이하에서는 감소하였으며, 1, 2, 3 및 5% PGA 용액은 의가소성 유체의 특성을 보였고, pH를 변화시켰으나 의가소성은 유지되었다.

오동도 해조 군락 : 1982년 6월~1983년 5월까지 오동도 해조 군락 특성을 5개의 line transect를 설치, 연간 계절별로 조사 분석한 결과, 수직분포의 상부 군에서 *Gelidium divaricatum, Enteromorpha linza, Porphyra yezoensis, Scytosiphon lomentaria, Blidingia nana, Ectocarpus con-*

fervoides, 중부 군에서 *Ulva pertusa*, *Chondria crassicaulis*, 하부 군은 *Sargassum sagamianum*, *Undaria pinnatifida*, *Sargassum thunbergii* 및 *Gelidium amansii* 등의 홍조류로 대표되었다. 출현 해조 종 수는 4월에 최대, 8월에 최소였다.

연화도의 해조 군집 및 변동의 정량적 분석 : 1984년 12월~ 1986년 1월 사이 연화도 해조군을 조사한 결과, 남조류 2종(1.8%), 녹조류 18종(15.8%), 갈조류 25종(21.9%), 홍조류 69종(60.5%), 모두 114종이었다. 해조류의 기능형 군별 구성비는 봄·겨울에는 사상형과 막상형이 우세, 여름과 가을에는 직립 분기형과 다육질형이 우세하였으며, 파도가 적은 내만에는 막상형과 각상형이, 파도가 강한 곳은 직립 분기형과 다육질형이 우세하였다. 전 조사기간 중 각 지점에서 중요도 10 이상인 종은 *Porphyra suborbiculata*(30.1), *Corallina pilulifera*(27.8), *Hizikia fusiforme*(27.7), *Sargassum thurnbergii*(27.5), *Undaria pinnatifida*(22), *Ishige okamurai* (20.6), *Chondria crassicaulis*(20), *Ulva pertusa*(16), *Pseudulvella consociata*(15.7), *Urospora penicilliformis*(15), *Sargassum sagamianum* (14.9), *Caulacanthus okamurai*(12.8), *Gloiopeltis furcata*(12.7), *Sargassum microcanthum*(11.7), *Myelophycus simplex*(11.2)이었고, Melobesioideae가 25.7이었다.

건강 기능성 식품과 해조류 소비 : 경북대 학생 281명을 대상으로 해조류 건강 기능 식품의 구매 의도와 소비 가치를 조사한 결과, 구매 장소는 24시간 편의점이고, 낱개 포장으로, 구매 목적은 영양 보충, 체중 조절이며, 구매의도가 높은군과 낮은군의 차이가 현저하였고, 식품, 영양 및 건강 관련 과목 수강 경험자 중 기능가치와 인식가치가 높았다.

✻ 효능과 이용

1) 식용 : 식재료, 사료

3) 약용: 구충제

참고문헌

1) 구재근, 최용석, 곽중기, **수산학회지,** 2001, 34(5), 515 (국내산 미역포자엽, 다시마, 톳, 모자반 Fucoidan의 항혈액 응고 특성)
2) 권대중, 임승택, 정용준, 박상후, 권동권, **식품과학과 산업,** 2006, 39(3), 73 (갈조류에서 추출한 푸코이단의 이해와 활용)
3) 김영옥, 김구택, 김현국, 김대경, 허성희, 공인수, **수산학회지,** 1996, 29(5), 637 (해양 미생물 *Pseudomonas* sp. 의 유전자 재조합 Alginate Lyase 의 특성)
4) 김은지, 박소영, 홍지은, 신민정, 임순성, 신현경, 윤정한, **식품영양과학회지,** 2007, 36(4), 431 (보라우무 메탄올 추출물의 HT-29 대장암 세포 증식 억제 효과 – 모자반 75.3%, 톳 78.3%, 잎파래 86.4%, 지충이 87.1%)
5) 박남희, 홍용기, 조지영, **수산학회지,** 2006, 39(4), 33 (해조류 및 해양저질에서 항염증성의 방선균 선발 – 지충이, 미역)
6) 박영범, 김인수, 유승재, 인종관, 이태기, 박덕천, 김선봉, **수산학회지,** 1998, 31(4), 581 (해조류 중의 anti-tumor initiator 및 promoter의 해석 -2: PhIP와 MeIQx의 돌연변이 원성을 억제하는 해조 추출물 소재 연구 – 미역, 곰피, 감태, 다시마, 모자반, 괭생이모자반, 미야베모자반, 지충이, 납작파래, 청각, 갈파래, 구멍쇠미역, 톳, 방사무늬김, 참도박, 마디잘록이, 참곱슬이, 꼬시래기)
7) 박영호, 변재형, 오후규, 강영주, **수산학회지,** 1976, 9(3), 155 (미이용 해조류의 이용화에 관한 연구 –1. 미이용 해조류의 성분 조성과 조류 단백질 추출 – 지충이, 도박, 모자반, 지누아리, 구멍갈파래 등)
8) 박종철, 최재수, 송상호, 최명락, 김광용, 최종원, **생약학회지,** 1997, 28(4), 239 (해조류 추출물과 페놀성 화합물의 in vitro 및 in vivo 간 보호활성 – 매생이, 톳, 우뭇가사리, 알쏭이모자반, 꽈배기모자반, 지충이, 구멍갈파래, 납작파래, 주름진두발, 개그물바탕말, 마디잘록이, 바위수염)
9) 서근학, 이학성, 서정호, **수산학회지,** 2000, 33(1), 60 (해조류, 지충이(*Sargassum thunbergii*)를 이용한 중금속의 바이오 흡착제의 개발)

10) 손철현, **수산학회지,** 1983, 16(4), 368 (오동도 해조 군락에 관한 연구 – 참김, 잎파래, 고리매, 미역, 서실, 모자반, 지층이, 우뭇가사리)
11) 손철현, 이인규, 강제원, **수산학회지,** 1986, 19(3), 265 (한국 남해안 동부 해역 해조 군집 구조 및 변동의 정량적 분석 – 1. 연화도)
12) 윤승제, 조연숙, 남주현, 이형호, Kim Eliya, 홍용기, **수산학회지,** 2008, 41(1), 68 (각종 해조류 추출물들의 인간 피부세포주 HaCaT에 대한 활력 영향 – 비틀대모자반, 돌가사리, 참그물바탕말, 참도박, 구멍파래, 잎파래, 청각, 납작파래, 딕티오타, 감태, 곰피, 톳, 패, 다시마, 모자반류, 고리매, 미역, 진두발, 꼬시래기, 부챗살)
13) 이소영, 송유진, 김꽃봉우리, 김서진, 이소정, 홍용기, 임성미, 안동현, **식품영양과학회지,** 2009, 38(4), 502 〔지충이(*Sargassum thumbergii*) 에탄올 추출물의 항균 활성〕
14) 이현진, 김진희, 이주현, 김종식, 곽상태, 이경복, 송경식, 최병욱, 이봉호, **생약학회지,** 1999, 30(3), 231 (해조류 메탄올 추출물의 Prolyl Endopeptidase, Tyrosinase 저해 및 항응고 활성 스크리닝 – 모자반, 지충이, 감태, 서실, 톳, 잘록이)
15) 조문철, 안삽환, 시근학, **수산학회지,** 2005, 38(3), 153 〔지충이(*Sargassum thunbergii*)을 이용한 Pb 와 Cr 제거〕
16) 차명화, 김유경, **식생활문화학회지,** 2008, 23(4), 462 (해조류 건강기능성 식품에 대한 소비가치 분석)
17) 최선영, 김순영, 허종문, 최한길, 성낙주, **식품영양과학회지,** 2006, 35(2), 139 (지충이 용매 추출물의 항산화 활성)
18) 최진호, 임채환, 김재연, 양종순, 최재수, 변대석, **수산학회지,** 1986, 19(4), 303 (비만 치료식 개발을 위한 기초연구 –1. 식이섬유로서의 알긴산의 비만 억제 효과)
19) 최진호, 최재수, 변대석, 양달선, **수산학회지,** 1986, 19(5), 485 (비만 치료식 개발을 위한 기초연구 -2. 조류와 생약성분의 비만 억제 작용 비교)
20) 최창근, **수산학회지,** 2008, 41(5), 371 (한려 해상 국립 공원의 해조상 – 파래류, 청각, 패, 고리메, 곰피, 감태, 부챗말, 참그물바탕말, 톳, 모

자반류, 지충이, 김, 시나이아 등)

21) 하재호, 허우덕, 신동화, **수산학회지**, 1987, 20(3), 202 (알긴산의 적정 에스테르화의 조건)

22) 황혜정, 변재형, 남택정, **수산학회지**, 2000, 33(6), 541 (알긴산이 3T3-L1 세포의 분화에 미치는 영향)

23) Abdel-Fattah, A. F., Hussein, M. M. D., Salem, H. M., **Carbohyd. Res.**, 1974, 33, 19 (Some Structural Feature of sargassan, A sulfated Heteropolysaccharide from *Sargassum linifolium*)

24) Cho, M. C., Ahn, K. H., Suh, K. H., **J. Kor. Fish. Soc.**, 2005, 38, 153 (Biosorption of Pb and Cr by using *Sargassum thunbergii*)

25) Davidson, I. W., Sutherland, I. W., Lawson, C. J., **J. Biochem.**, 1976, 159, 707 (Purification and properties of an alginate lyase from marine bacterium)

26) Dias, P. F., Siqueira, J. M. Jr., Vendruscolo, L. F., de Jesus Neiva, T., Gagliardi, A. R., Maraschin, M., Riberiodo-Valle, R. M., **Cancer Chemother. Pharmacol.**, 2005, 56, 436 (Antiangiogenic and antitumoral properties of a polysaccharide isolated from the seaweed *Sargassum stenophyllum*)

27) Durate, MER., Cardoso, M. A., Noseda, M. D., Cerezo, A. S., **Carbohydr. Res.**, 2001, 333, 281 (Structural studies on fucoidans from the brown seaweed *Sargassum stenophyllum*)

28) Fourest, E., Volesky, B., **Environ. Sci. Technol.**, 1996, 30(1), 277 (Contribution of sulfonate groups and alginate to heavy metal biosorption by dry biomass of *S. fluitans*)

29) Fujikawa, T., Nakashima, K., **Nippon Nogeikagaku Kaishi**, 1975, 49, 455 (Occurence of fucoidan analogues in brown seaweed)

30) Gacesa, P., **Carbohydr. Polymers**, 1988, 8, 161 (Alginates)

31) Gacesa, P., Wusteman, F. S., **Appl. Environ. Microbiol.**, 1990, 56, 2265 (Plate assay for simultaneous detection of alginate lyase and

determination of substrate specificity)

32) Goedheer, J. C., **Photosynthetica**, 1970, 4, 97 (On the pigment system of brown algae)

33) Heo, S. J., Lee, K. W., Song, C. B., Jeon, Y. J., **Algae**, 2003, 18(1), 71 (Antioxidant Activity of Enzymatic Extract from Brown Seaweeds)

34) Ito, H., Sugiura, M., **Chem. Pharm. Bull.**, 1976, 24, 114 (Antitumor polysaccharide fraction from *Sargassum thunbergii*)

35) Itoh, H., Noda, H., Amano, H., Zhuang, C., Mizuno, T., **Anticancer Res.**, 1993, 13(6A), 2045 (Antitumor activity and immunological properties of marine algal polysaccharides especially fucoidan, prepared from *Sargassum thunbergii* of phaeophyceae)

36) Iwhashima, M., Mori, J., Ting, X., Matsunaga, T., Hayashi, K., Shinoda, D., Saito, H., Samkawa, U., Hayashi, T., **Bio. Pharm. Bull.**, 2005, 28, 374 (Antioxidant and antiviral activities of plastoquinones from the brown alga *Sargasum micracanthum*, and new chromene derivative converted from the plastoquinones)

37) Kang, K. S., Kim, I. D., Kwon, R. H., Lee, J. Y., Kang, J. S., Ha, B. J., **Arch. Pharm. Res.**, 2008, 31(5), 622 (The effect of Fucoidan Extracts on CCl_4-Induced Liver Injury)

38) Khuang, C., Itoh, H., Mizuno, T., Ito, H., **Biosci. Biotechnol. Biochem.**, 1995, 59, 563 [Antitumor active fucoidan from brown seaweeds, Umitoranoo (*Sargassum thunbergii*)]

39) Kim, Y. H., Kim, E. H., Lee, C. H., Kim, M. H., Rho, J. R., **Lipids**, 2007, 42, 395 (Two new monogalactosyl diacylglycerols from brown alga *Sargassum thunbergii*)

40) Kinoshita, S. K., Yasushi, O., Atsumi, T., Yoshida, T., Kasai, N., **J. Ferment. Bioeng.**, 1991, 72(2), 74 (Isolation of alginate-degrading organism and purification of its alginate lyase)

41) Kratochvil, D., Fourest, E., Volesky, B., **Biotechnol. Lett.**, 1995, 17,

777 (Biosorption of copper by *Sargassum fluitan* biomass in fixed-bed column)

42) Lee, S. Y., Kim, J. H., Song, E. J., Kim, K. B. W. R., Hong, Y. K., Lim, S. M., Ahn, D. H., **Food Sci. Biotechnol.**, 2009, 18(2), 506 (Investigation of Antimicrobial Activity of Brown Algae Extracts and the thermal and pH effects on their activity; 패, 곰피, 모자반, 지충이, 긴볼레기말, 감태)

43) Nakayama, N. et al, **Chem. Lett.**, 1980, 1243 〔isol, Gram(+) antibacterial〕

44) Okamura, K., **Bot. Mar.(Tokyo),** 1989 (Contribution to the knowledge of marine alage of Japan)

45) Park, M. J., Han, J. S., **J. Food Sci. Nutr.**, 2008, 13(4), 259 (Fucoidan protects LLC-PK1 cells against AAPH-induced Damage)

46) Park, Y. B., Kim, I. S., Yoo, S. J., Lee, J. H., Park, D. C., Yeum, D. M., Lee, T. G., Kim, S. B., **J. Kor. Fish. Soc.**, 1996, 29(6), 917 (Elucidation of Anti-tumor Initiator and Promoter Drived from Seaweed-1: Antitumor Promoting Activity of seaweed Extracts − 지충이, 미역, 다시마, 괭생이모자반)

47) Romeo, T., Peston, F., **Biochem.**, 1986, 25, 8285 〔Purification and structural properties of an extracellulra(1→4)-β-D-mannuronan-Specific alginate lyase from a marine bacterium〕

48) Saga, N., **Bull. Hokkaido Reg. Fish Res. Lab.**, 1989, 53, 43 (Further study on determining cell viability in marine red and brown algae by using staining dyes)

49) Segawa, M. et al, **Chem. Lett.**, 1987, 1365 (yezoquinolide)

50) Seo, Y. W., Park, K. E., Nam, T. J., **Bull. Kor. Chem. Soc.**, 2007, 28, 1831 (Isolation of a new chromene from the brown alga *Sargassum thunbergii*)

51) Seo, Y., Lee, H. J., Park, K. E., Kim, Y. A., Ahn, J. W., Yoo, J.

S., Lee, B. J., **Biosci. Biotech. Eng.**, 2004, 9, 214

52) Shiraiwa, Y., Abe, K., Sasaki, S. F., Ikawa, J., Nishizawa, K., **Bot. Mar.**, 1975, 18, 97 (Alginate lyase activities in the extracts from several brown algae)

53) So, M. J., Kim, B. K., Choi, M. J., Park, K. Y., Rhee, S. H., Cho, E. J., **J. Food Sci. Nutr.**, 2007, 12, 191 (Protective Activity of Fucoidan and Alginic Acid against Free Radical-Induced Oxidative Stress under in Vitro and Cellular System)

54) Suh, K. H., Ahn, K H., Kim, B. J., Cho, J. K., Jin, H. J., Hong, Y. K., **J. Kor. Fish. Soc.**, 1999, 32, 333 (Biosorption and desorption of Pb by using *Sargassum horneri*)

55) Yang, F., Wnag Lin, Hu Qiuhui, **Food Sci.**, 2005, 26, 224 (Preparation of polysaccharide derived from *Sargassum thunbergii* and its antioxidant activity)

56) Zhuang, C., Itoh, H., Mizuno, T., Ito, H., **Biosci. Biotech. Biochem.**, 1995, 59, 563 [Antitumor active fucoidan from the brown seaweed, Umitoranoo(*Sargassum thunbergii*)]

Chondrus ocellatus Holmes

진두발 9

홍조류 · Gigartinaceae (돌가사리과)

• 영명 | Curly moss, Jelly moss, Carrageenan, Rock moss, Irish moss

• 일명 | Tsunomata

• 분포 | 한국 전연안, 일본

• 용도 | 호료(糊料), Carrageenin 원료

✲ 식물학적 특성

홍조류로 돌가사리과에 속하며, 몸은 뿌리에 모여나고, 다소 납작하고 가느다란 쐐기꼴의 줄기가 있고, 상부는 수회 접근하며 교차하여 나고, 부채꼴이나, 체형은 여러 형태, 크기도 다양하다. 가지끝은 어긋나며, 더러는 2열이며, 좁은 것은 다소 홈 모양, 한 면으로 말린다. 질은 연질, 째지고, 농 감자색이며, 얕은 곳의 밝은 곳에 서식하는 것은 녹색을 띠기도 한다.

동속 해조류에는 깃꼴진두발(*Ch. pinnulatus*)과, 주름진두발(*Ch. crispus*) 등이 있다.

Carrageenan : Carrageenan은 진두발, 풀가사리, 지누아리등의 홍조류를 가열하여 얻어지는 열수 추출물로 구미에서는 약 600년 전부터, 맥주, 포도주 등의 청증제나 약용 등으로 이용하여 왔으며, 근래 식품 안정제, 증점제, 이수 방지제, 침전 방지제등으로 광범하게 이용되고 있다. carrageenan의 의화학적 연구는 비교적 근래로 D-galactose와 3,6-anhydro-D-galactose의 고분자 다당류에 황산기가 결합된 산성 다당류로 1950년대에 밝혀졌다. carrageenan 수용액에 KCl 0.125~0.25M을 가해 침전하는 것은 *k*-carrageenan, 용존하는 것은 *λ*-carrageenan이라 분리하나, 그 후 더 많은 종류의 혼합물로 알려졌고, 해조의 종류, 생육 장소 및 계절에 따라 다름도 밝혀졌다.

✻ 성분

1) 영양성분

① **진두발(말린 것**, 12050) : 가식부 100g중 수분 3.70%, 열량 256.0kcal, 단백질 21.5g, 지질 1.5g, 당질 51.5g, 조섬유 2.0g, Ca 535㎎, P 144㎎, Fe 320㎎, K 3628㎎, vitamin A 2860 RE, B_1 0.06㎎, B_2 0.30㎎, B_6 0.17㎎, Niacin 8.0㎎, C 1㎎, 엽산 4715.7㎍, E 4.3㎎

2) 특수성분

진두발(*C. ocellatus*)에서 2-Amino-4-(hydroxy methylthio) butanoic acid(S, A-01417), Rhodoic acid(R, S-01538)가, *C. crispus*에서 Carrabiose(C-00472), Carrageenan(*k*, C-00473),(*λ*, C-00473) 등이, *C. yendoi*에서 Palythine(P-00089), Shinorine(S-00699)등이 분리되었다.

✻ 생리 활성

Phenol성 물질의 간 보호 활성 : 16종의 해조류 MeOH 추출물을 대상으로 시험관 내에서 bromobenzene 유도 흰쥐의 지질 과산화에 대해 관찰한 결과, *Enteromorpha compressa, Capsosiphon fulvescens, Gelidium amansii, Hizikia fusiformis, Sargassum siliquastrum, S. thunbergii* 추출물이 10^{-1}mg/㎖에서 각각 22%, 32%, 21%, 41%, 54%, 40%, 1mg/㎖에서 26%, 45%, 26%, 66%, 79%, 59% 지질 과산화 생성이 감소되었다. 이 중 *S. siliquastrum* 추출물 중 n-BuOH 분획의 억제율이 가장 컸다. bromobenzene 유도 xanthine oxidase와 aldehyde oxidase 활성은 추출물 1㎎

/㎖에서 모두 억제되었다. *Ecklonia stolonifera*에서 분리된 phloroglucinol의 경구 투여도 bromobenzene 유도 과산화 지질이 감소되었으나, glutathion S-transferase, aminopyrine N-demethylase, aniline hydroxylase 의 활성 변화는 없었고, epoxide hydrolase 농도를 대조군의 76%로 회복시켰다. 따라서 phloroglucinol에 의한 bromobenzene 유도 흰쥐의 지질 과산화 억제 활성은 epoxide hydroxylase가 관여하는 것으로 사료되었다.

홍조류의 암세포에 대한 세포독성 : 제주도 해안에서 수집한 26종의 홍조류(서실, 시나미아, 진두발, 폴리시폰니아)의 MeOH와 수침 물질을 20℃와 70℃에서 4종의 암세포: U-937(human monoblastoid leukemia cell lines), HL-60(human promyelocytic leukemia cell line), B-16(murine melanoma cell line)과 HeLa(woman cervical carcinoma cell line)에 대하여 세포 독성을 조사한 결과, *Polysiphonia japonica*(떨기나무폴리시포니아) MeOH 추출물은 U-937과 B-16세포에 50%이상의 세포 독성을 보였고, *Scinaia okamura*의 20℃ 수침 물질과 *Chondrus crispus*의 70℃ 수침물질은 HL-60과 H-16세포에 대해 50% 이상의 세포 성장을 억제하였다. *Scinaia okamura*의 20℃ 수침 물질에서 B-16 cell에 대해 80.55%의 세포독성을 보여 가장 강력하였다.

피부세포주 HaCaT에 대한 해조류의 영향 : 한국 연안 해조류를 채집, 이들 중 녹조류 4종, 갈조류 18종, 홍조류 14종을 수세, 음건하여 80% MeOH로 4회 추출, 37℃에 건조한 시료를 인체 피부세포 HaCaT와 24시간 배양후 조사한 결과, 36종의 해조시료 중 비틀대모자반과 돌가사리가 대조구 보다 1.6배 활력이 증가되었고, 참그물바탕말(*Dictyota dichotoma*), 참도박(*Pachymeniopsis elliptica*) 및 잎파래(*Enteromorpha linza*)의 추출물은 대조구보다 각각 0.2, 0.4, 0.4배 정도 활력을 억제시켰다.

충치균에 대한 항균 활성 : 우리나라 연안에서 채취한 해조류 27종의 80% EtOH 추출물이 충치균 *Streptococcus mutans* KCTC 3300의 증식에 미치는 영향을 조사한 결과, 해조류 중 다시마가 가장 강하였고, 갈파래,

청각, 감태, 곰피, 미역도 비교적 활성이 높았으며, 홍조류보다 갈조류와 녹조류가 대체로 강하였다. 다시마의 항균 활성은 용매에 따른 추출물의 차이는 나타나지 않았다. *S. mutans* KCTC 3300과 *S. sobrinus* KCTC 3307에 대한 해조류의 80% EtOH 추출물의 MIC는 해조류 종뿐 아니라, 동일 해조류 추출물에서도 균종에 따라 차이가 있었다. 다시마의 80% EtOH의 Et_2O 분획에서 MIC는 105㎍/㎖, 수용성 분획은 약 5,500㎍/㎖에서 균의 증식이 억제되지 않았다. 진두발은 효과가 없었다.

초음파와 Carrageenan 저분자화 : λ-carrageenan(CAR)고유 특성을 유지하면서, 용해성을 높인 저분자 CAR을 제조하기 위해 초음파를 이용한 결과, CAR 농도와 초음파 강도 최적 조건은 10℃, 초음파 121.64w/㎠, 시료 CAR 농도 2%, 초음파 처리 시간 40분이었다. CAR과 저분자 CAR의 분자량을 측정한 결과, CAR의 분자량은 약 250,000, 초음파 처리 저분자 CAR의 분자량은 각각 P-1은 약 200,000, P는 약 60,000이었다.

저분자 λ-Carrageenan의 특성 : 초음파 처리로 만든 저분자 λ-carrageenan (m CAR)의 특성을 조사한 결과, 대조구 CAR 은 3%에서 가용 한계 농도를 보였고, m-CAR은 저분자일수록 한계 농도가 더 높았다. alcohol 침전도는 m-CAR이 낮았고, 유화능은 대조구에 비해 m-CAR도 낮았으며, 분자량이 적을수록 유화능은 낮았다. m-CAR(P-1, P-2)의 점도는 대조구보다 낮았으며, 저분자일수록 점도가 낮았다. CAR은 갈변 반응에 억제 효과를 보였으나, m-CAR은 분자량이 적을수록 억제 효과가 떨어졌다. 전기 영동에 의한 분자량 측정에서 대조구 CAR은 약 250,000, m-CAR P-1은 184,000, P-2는 67,000이었다.

유기산 가수 분해 : 카라기난의 유기산 분해 조건을 검색한 결과, 100℃ 이하에서는 oligo당 형태로 분해되지 않았고, 110℃ 와 120℃에서 유기산의 종류에 따라 oligo당화 할 수 있으나 분해율이 알긴산이나 한천에 비해 낮았다. 또한 마이크로파 처리나 초음파 처리는 카라기난 분해에 유효한 방법이 아니었다. 유기산의 종류 및 농도, 처리 시간에 따라 분해율에 차이를 보였으나, 전체적으로 유기산의 농도가 높고 처리 시간이 길

수록 분해율이 높았다. 120℃, 90분 이후로는 유기산의 농도 0.5%와 0.7%는 별차이 없었으며, citrate나 malate가 적절한 유기산으로 판단되었고, 분해율과 oligo당의 생성을 고려할 때 유기산의 농도는 0.5%가 적절하였다. 110℃이상 온도에서 얻어진 분해물의 TLC상의 형태는 유기산의 종류에 따라 다소 차이가 있었으며 분해온도가 높을 수 록 이동도가 큰 저분자 획분이 많이 나타났다. TLC상 획분의 평균 중합도는 5~7점인 것으로 보아 oligo당류로 판단되었다.

광량 증감에 따른 진두발의 지질 산화 : 김, 미역, 다시마, 톳 등의 해조류는 chlorophyll을 다량 함유, 굴은 소화관에 미분해 chlorophyll을 축적한다. chlorophyll은 광량 증감에 따라 산소에 의해 산화한다. 진두발과 김은 천일 건조나 굴의 자외선 조사로 지질 산화가 광량에 따라 다르므로 조사하였다. 굴의 지질은 2.7%, 진두발과 김은 각각 0.1%이다. 굴의 과산화 물가는 56.7meg/㎏이 4시간 자외선 조사 후 100.9meg/㎏으로 증가, 진두발은 140.2meg/㎏이 3일 천일 건조 후 213.4meg/㎏으로, 김은 63.3meg/㎏이 3일 천일 건조 후 118.8meg/㎏로 산화가 증가되었다. 각 시료의 광산화에 따른 과산화물의 위치 이성체 조성을 GC-MS로 측정한 결과, 18:1(n-9)와 18:2(n-6)에서 생성된 것으로 추정된 위치 이성체를 분리, 또 9-OOH와 13-OOH의 비율이 높았으나, 18:1(n-9)과 18:2(n-6) 이외의 지방산에서 생성된 것으로 추정되는 위치 이성체는 확인되지 않았다.

Marine carotenoid의 생물학적 기능 : 자연계에서 생성되는 색소 중 carotenoid (CA)는 가장 중요하며 인체건강에 유용한 효과를 갖고 있어 관심이 증가되고 있다. 해산 CA는 그들이 주는 화학적, 생물학적 이익의 영향은 중요하다. 해산 CA 중 astaxanthin과 fucoxanthin은 해양 동물이나 해양 식물 중에서 비교적 강력한 생물학적 활성이 있다. 즉 이둘 CA는 quenching siglet oxygen과 scavenging free radical의 강한 항산화 작용이 있기 때문이며, 식이성 항산화 작용이 있는 이들 강력한 작용의 CA는 항암작용과 항염 작용이 있다. 특히 fucoxanthin이 근래 항비만과 항당뇨 효과가 인정되면서부터 주목받게 되었다. 이러한 작용은 mitochondria의 백색지방(WAT)에서 uncoupling protein(UCP1)을 만들어 WAT에서 지방산을 산화시켜 WAT에서 열을 생산하기 때문이다. fucoxanthin은 insulin 저항을 개선하여 혈당을 낮추며, 동물의 WAT에서 종양괴사 인자 α(TNFα)를 감소시키기 때문이다.

홍조류의 성분 : 국내 연안에 서식하는 13종의 홍조류를 채취, 구성 성분을 분석한 결과, 채취 장소에 따라 차이가 있었고, 우뭇가사리의 회분은 9.02~13.30%, 단백질 19.99~20.47%, 지방 0.31~0.11%, 탄수화물 66.02~69.88%, sulfate는 2.35~1.62%, 돌가사리의 회분은 29.48, 단백질 27.42, 지방 0.90, 탄수화물 42.20, sulfate 19.48%, 부챗살의 회분 17.32, 단백질 31.15, 지방 0.24, 탄수화물 48.71, sulfate 1.92%, 깃꼴진두발의 회분 12.91, 단백질 22.47, 지방 0.22, 탄수화물 64.40, sulfate 17.96%, 풀가사리의 회분 19.20, 단백질 18.11, 지방 0.64, 탄수화물 62.05, sulfate 18.23%, 석묵의 회분은 11.41, 단백질 31.69, 지방 0.53, 탄수화물 60.71, sulfate 4.43%였으며, 수용성 구성당은 3,6-anhydrogalactose, galactose, 6-methylgalactose, rhamnose, fucose, ribose, arabinose, xylose, mannose, glucose였고, 가장 많은 당은 galactose, 다음 3, 6-anhydrogalactose, glucose, xylose 순이었다.

미이용 해조류의 성분과 단백질 추출 : 갈조류 14종(18시료), 녹조류 3종(3시료), 홍조류 15종(19시료)를 분석한 결과, 홍조류의 조단백이 높고, 조지방이 낮았으며, 갈조류와 녹조류는 조단백은 낮고, 조지방이 높았다. 단백질 자원으로는 지충이, 부채꼴아크로소리움, 꿩꼬리, 오카므라서실, 검은서실, 지누아리, 진두발, 불등가사리, 돌가사리, 딕티오타, 고리매 등이나, 큰딕티오타, 코르다리아, 비틀대모자반, 알쏭이모자반, 외톨개모자반, 도박, 털도박, 미끌도박, 납작파래, 구멍갈파래, 거머리말은 단백질이 극히 적었다. 추출액 중 단백질 침전법은 MeOH 처리법이 가장 양호하였으며, 알쏭이모자반이 가장 좋았고, 다음이 지누아리, 거머리말 순이었다.

홍조류의 Carrageenan량과 특성 : 1975년 6월 23일 부산 해운대에서 채취한 진두발, 지누아리 및 돌가사리의 홍조류에서 carrageenan(CA)을 추출, SO_4은 지누아리〉진두발〉돌가사리 순으로, 3, 6-anhydrogalactose 함량은 돌가사리〉진두발〉지누아리 순으로 많았다. 0.125 M-KCl에서 침전은 진두발, 지누아리, 돌가사리의 CA 순으로 높았고, 0.125~2.0 M-KCl에서 침전은 돌가사리, 지누아리, 진두발의 CA 순으로, 0.2 M이상의 KCl농도에서 침전은 지누아리, 돌가사리, 진두발 순이었다. CA을 0.0625 M과 0.25 M-KCl농도에서 3분획 하였을 때 각 분획의 수율은 진두발, 돌가사리 CA는 비슷하였으나, 지누아리 CA는 가용 분획이 가장 높았다. 각 분획의 SO_4 및 3, 6-anhydrogalactose 함량은 역 상관 관계를, KCl에 대한 용해도가 큰 획분은 SO_4함량이 많았고 3, 6-anhydrogalactose 함량은 낮았다.

알긴산과 카라기난에 감마선 조사 : 알긴산과 카라기난에 감마선 조사로 물리적 변화를 관찰하였다. 이들의 수용액에 C^{60} γ-ray 3~100KGy를 조사한 결과, 분자량은 모두 γ-ray 조량 증가에 따라 감소하였고, 점도(viscosity)도 감소하였다. 색상은 γ-ray 증량에 따라 황변하였다. 이러한 결과로 3~20KGy γ-ray량에서는 알긴산과 카라기난의 저분자 생산에 대단히 효과적이라 생각되었다.

저지방 돈육 Patty 특성 : 지방대체로 hydrocolloid류 carrageenan(CA)과 pectin(PE) 및 potato(PO) starch를 단독 또는 복합으로 첨가, 일반 20% 지방 patty(대조군)DHK 비교하였다. 일반 성분중 조지방은 생육 및 가열육 patty 지방 대체구가 낮았고, 수분은 높았다. 조리 수율은 oven-roasting법과 pom-frying법 모두 대조구보다 높았고 직격수축률은 대조구가 높아 손실이 컸다. 지방 보유율과 보수력은 첨가구가 높았었고, b값(황색도)은 첨가구가 높았고, 조리법에서도 같은 경향을 보였다. patty의 hardness는 첨가구가 높았고, cohesiveness와 springiness는 시료간 차이는 없었으며, gumminess와 brittleness는 첨가구가 높았다.(유의성이 없음). 관능 검사 결과, 시료첨가 patty의 향미, 다즙성과 맛이 개선되었고 조직이 부드러워졌다. 시료 CA+PE 첨가구 〉 CA+PO 첨가구 〉 CA 첨가구 순으로 기호성이 나타나 CA 단독 첨가보다는 pectin이나 potato등과 혼합 첨가 patty가 우수하였다.

가수 분해물의 기능 특성–항균 활성, 항혈액 응고, Tyrosinase 저해 : 유기산 가수 분해 카라기난의 생리활성을 실험한 결과, citrate와 malate를 가수 분해 매체로 이용할 경우, 100, 110, 120℃ 가수 분해물은 *B. cereus*와 *B. subtilis*에 강한 항균 활성을 보였고, 120℃에서 180분 가수 분해한 것이 *B. subtilis*에 대해 특별히 강하였으나, 충치균 *St. mutans*에 항균성이 없었다. tyrosinase 활성저해는 100, 120℃ 처리 시료중 citrate와 malate 처리구가 97% 이상의 tyrosinase 저해 활성이 있었다. citrate로 100℃, 90분 처리에서 97.1%, 180분 처리는 99.4% 저해성을, 120℃, 90분처리에서 98.2% 저해하였다. 또한 malate 처리에서도 처리 온도와 시간에서 비슷한 98~99.5% 저해하였다. 당질 농도에 따라 저해 활성이 높아 환원당과 전당의 농도에 비례하였다. 항응고 활성은 유기산의 종류에 따라 차이가 있었고, 0.3% malate 용액, 80℃, 180분동안 처리에서 APTT가 2,451±15(sec)로 항혈액 응고 활성이 높았고, 동일조건에서 얻어진 0.3% citrate 가수 분해물이 1,617±15(sec)였으며, lactate, succinate, acetate 가수 분해물 순으로 높았다. 가수 분해 진행에 따라 분자량이 적어지고, 황산기 함량도 낮아져서, 항혈액 응고 활성이 낮아지는 것으로 보였다.

Nitrite 제거 해조류 검색과 활성 : 녹조류, (파래–*Enteromorpha, Ulva*), 갈조류(톳, 미역, 모자반류, 곰피), 홍조류(우뭇가사리, 진두발, 도박, 서실, 보라우무, 지누아리, 꼬시래기, 돌가사리)등에 대하여 NO 제거 활성을 검색한 결과, 곰피의 MeOH ex가 가장 강하였고, 추출 정제한 활성 물질은 phlorotannin A이었다. phloroglucinol(IC_{50}=3.9㎎/㎖)의 활성은 ascorbic acid(IC_{50}=65.0㎎/㎖)보다 강하였다. 이상의 결과로 곰피에서 추출한 활성 물질 phlorotannin A과 phloroglucinol은 발암성 N-nitroso 화합물의 전구물질 nitrite제거제로 응용될 수 있을 것으로 생각되었다.

Carrageenan(CAR) 계절 변화와 함량 : 부산 해운대 동백섬 연안 1975년 3월~1976년 2월까지 진두발의 CAR 함량을 조사한 결과, 연평균 46.2%, 2월 40%가 최저, 9월 50.4%가 최고량이었다. CAR의 SO_3와 3,6-anhydro-

D-galactose(3,6-AG) 함량은 5~7월에 최고, SO_3 함량은 11~1월로 역 상관성을 보였다. CAR을 0.0625 M KCl에 침전한 분획 1이 연평균 50.0%(최고), 0.25 M에서 용존한 분획 3은 35.3%, 0.0625 M~0.25 M KCl에서 침전하는 분획 2는 11.9%(최저)였다. SO_3와 3,6-AG 함량은 SO_3는 2~6월에 적었고, 3,6-AG는 많았다. 분획 3에 SO_2함량이 가장 많았고, 분획 2, 1순이었으나, 3,6-AG는 분획 1이 가장 많았고, 다음 분획 2, 3순이었다. SO_3와 3, 6-AG함량은 봄에 채취한 것의 CAR의 KCl에 용해도가 적었고, 가을에 채취한 CAR은 용해도가 컸다. 이상으로 보아 진두발 중 *k*-CAR은 봄에 함량이 많았고, λ-CAR은 가을에 함량이 많았다.

해조 다당류 첨가유과의 품질 : 유과 바탕에 한천, Na-alginate, Carrageenan(CAR)를 각각 0.0, 0.1, 0.5, 1.0, 3.0%(w/w)를 첨가 부피, 모양, 경도, 색도, 유지 함량, 관능 검사등을 조사한 결과, 부피는 Na-alginate 첨가가 가장 컸고, 행태는 대조구와 비슷하였다. 경도와 조지방 함량은 해조 다당류 첨가량과 반비례로 감소하였고, L값은 증가, 황색도와 적색도는 감소하였다. 관능 평가에서 맛과 바삭김은 Na-alginate 0.1~1.0%(w/w)첨가에서 대조구 보다 높았으나, 한천과 CAR 첨가에서는 반대로 낮았다.

떡응고 방지 : 친수성 colloid가 떡의 응고 억제가 있어 carrageenan, arabic gum, gelatin, locust bean gum등을 첨가하여 만든 떡의 특성을 조사한 결과, arabic gum과 carrageenan이 떡의 응고억제 효과가 큰 것으로 나타났고, 관능 검사에서도 대조구보다 친수성 colloid 첨가 떡이 떡 표면색의 변화가 적었다. 호화 개시온도는 arabic gum이 다소 낮았고, 다음 carrageenan, guar gum, gelatin, locust bean gum 순이었다. 떡의 용융 엔탈피(△H)변화는 대조구보다 모두 낮았으며 그 범위는 12.8~13.7J/g 이었고 arabic gum과 carrageenan은 열에 대한 용융 퍼짐성이 우수 하였고 Avrami equation 지수 n은 0.97~1.12 범위였다. 즉 arabic gum과 carrageenan 첨가 떡의 노화가 억제되는 것으로 나타났다.

건강기능성 식품과 해조류 소비 : 경북대 학생 281명을 대상으로 해조류 건강기능 식품의 구매 의도와 소비 가치를 조사한 결과, 구매 장소는 24시간 편의점이고, 낱개 포장으로, 구매 목적은 영양 보충, 체중 조절이며, 구매 의도가 높은군과 낮은군의 차이가 현저하였고, 식품, 영양 및 건강 관련 과목 수강 경험자 중 기능가치와 인식가치가 높았다.

남해 조간대 해조 군집 : 남해 10개 도서 조간대의 해조 군집의 구조와 특성을 조사한 결과, 군집의 구조는 상, 중, 하부의 뚜렷한 층위 구조로 구성되고, 상부와 중부의 중요 종은 조사기간 매우 유사하였으나, 지역간에는 차이가 있었다. 상부의 대표 종은 막상 혹은 사상형의 *Gloiopeltis* spp., *Gelidium divaricatum*, *Prophyra suborbiculata*, *Nemalion vermiculare* 이었고, 중부의 대표 종은 *Corallina pilulifera*, *Chondria crassicaulis*, *Hizikia fusiformis* 이었으며, 조사기간 중 공통으로 중요 종으로는 *Sargassum sagamianum*, *Laurencia* spp., *Symphyocladia latiuscula*, *Chondrus* spp., *Pachymeniopsis lanceolata*, *Gigartina* spp. 등이었다.

동해 영일만 중심 해조류의 해조상, 분포, 군집 구조 : 1995년 7월~1996년 6월까지 계절별, 남조류 5종(3.5%), 녹조류 18종(12.5%), 갈조류 20종(13.9%), 홍조류 101종(70.1%)로 144종이었고, 봄 77종, 여름 78종, 가을 92종, 겨울 81종이 출현하였다. 연중 4계절 출현하는 것은 구멍파래, 참그물바탕말, 우뭇가사리, 진두발, 돌가사리, 폴리시포니아, 보라색우무, 단박, 서실 등 29종이 출현, 연중 비교적 높은 빈도 출현은 구멍파래, 우뭇가사리, 보라색우무이며, 중요한 것은 지충이, 클라도포라, 모자반, 납작파래 등이 있었다.

미량 금속 함량 : 한국 연안의 진두발중 미량 금속은 Hg ND~0.06, Cd 0.08~1.03, Cr 0.37~4.33, Cu 4.03~20.75, Mn 9.96~176.10, Ni 2.22~11.19, Pb 0.07~3.67, Zn 19.64~104.56㎍/g(dry weight)이었다.

✻ 효능과 이용

1) 효능 : agglutinin, carrageenan, intestine disorders, antimicrobial.

2) 식용 : 떡의 응고방지, 식재료, 맥주, 포도주의 청증제 등 식품안정제

참고문헌

1) 강태선, 제종길, 홍재상, **수산학회지,** 1993, 26(1), 49 (남해의 하계 해조 군집 – 1. 조간대. 도박, 톳, 불등가사리, 서실, 진두발, 돌가사리, 우뭇가사리, 보라우무, 비틀대모자반 등)

2) 김귀식, 小泉千秋, 배태진, **수산학회지,** 1997, 30(3), 355 (진두발, 김 및 굴의 지질에 있어서 광 증감 산화에 관한 연구)

3) 김상무, 박성민, 최현미, 이근태, **수산학회지,** 1999, 32(4), 495 (초음파에 의한 Carrageenan 저분자화의 최적 조건)

4) 김상무, 박성민, 최현미, 이근태, **수산학회지,** 1999, 32(5), 607 (초음파에 의해 제조된 저분자 λ-Carrageenan 의 특성)

5) 김순선, 박용호, **수산학회지,** 1978, 11(2), 55 (진두발의 Carrageenan 함량과 성분 조성의 계절적인 변화)

6) 김중만, 전예정, 박효숙, 송영애, 백승화, 김명곤, **식생활문화학회지,** 2005, 20(1), 96 〔한천, Sodium alginate 및 Carrageenan 첨가가 유과(부수게) 바탕의 품질에 미치는 영향〕

7) 김지희, 임치원, 박희연, 이두석, 박정흠, **수산학회지,** 2002, 35(2), 191 〔충치균(*Streptococcus mutans*)에 대한 다시마 추출물의 항균 활성 - 갈파래, 청각, 감태, 곰피, 미역, 다시마 등〕

8) 남기완, 김영식, 김영환, 손철현, **수산학회지,** 1996, 29(5), 727 (한국 동해안 연안 지역의 저서 해조류 – 해조상, 분포 및 군집 구조)

9) 도정룡, 남윤주, 박진희, 조진호, **수산학회지,** 1997, 30(3), 428 (국내산 홍조류의 구성 성분에 관한 연구 – 우뭇가사리, 꼬시래기, 돌가사리, 붉

은까막살, 애기곱슬이, 붉은잎, 애기마디잘록이, 부챗살, 진두발, 풀가사리, 석묵)

10) 박영호, 변재형, 오후규, 강영주, **수산학회지,** 1976, 9(3), 155 (미이용 해조류의 이용화에 관한 연구 −1. 미이용 해조류의 성분 조성과 조류 단백질 추출)

11) 박영호, 변재형, 오후규, 강영주, **수산학회지,** 1976, 9(3), 163 (미이용 해조류의 이용화에 관한 연구 −2. 홍조류의 Carrageenan 함량과 그 화학적 성상)

12) 박종철, 최재수, 송상호, 최명락, 김광용, 최종원, **생약학회지,** 1997, 28(4), 239 (해조류 추출물과 페놀성 화합물의 in vitro 및 in vivo 간 보호 활성 − 매생이, 톳, 우뭇가사리, 앞쏭이모자반, 괴배기 모자반, 지충이, 구멍갈파래, 납작파래, 주름진두발, 개그물바탕말, 마디잘록이, 바위수염)

13) 송유진, 이소영, 김꽃봉우리, 박진규, 김재훈, 이주운, 변명우, 안동현, **식품영양과학회지,** 2007, 36(7), 902 (감마선 조사가 알긴산과 카라기난의 물리석 특성에 미치는 영향)

14) 송재철, 박현정, **식품영양과학회지,** 2003, 32(8), 1258 (친수성 콜로이드류의 떡 응고 방지에 관한 연구 −carrageenan, arabic gum, gelatin, locust bean gum)

15) 양승택, 주동식, 박중제, 이정석, 김명식, 이웅호, **산업미생물학회지,** 1996, 24(6) (카라기난 분해 효소 생산균의 분리, 동정 및 효소 생산 최적 조건)

16) 윤승제, 조연숙, 남주현, 이형호, Kim Eliya, 홍용기, **수산학회지,** 2008, 41(1), 68 (각종 해조류 추출물들의 인간 피부세포주 HaCaT에 대한 활력 영향 − 비틀대모자반, 돌가사리, 참그물바탕말, 참도박, 구멍파래, 잎파래, 청각, 납작파래, 딕티오타, 감태, 곰피, 톳, 패, 다시마, 모자반류, 고리매, 미역, 진두발, 꼬시래기, 부챗살)

17) 주동식, 조순영, **식품영양과학회지,** 2003, 23(1), 42 (유기산 처리에 의한 카라기난 가수 분해물의 제조)

18) 주동식, 조순영, **식품영양과학회지,** 2007, 36(3), 262 (카라기난의 유기산 가수 분해물의 기능 특성)

19) 주신윤, 정해정, **식생활문화학회지,** 2005, 20(3), 360 (Carrageenan에 Pectin 및 Potato starch를 혼합 첨가하여 제조한 저지방 돈육 patty의 특성 연구)

20) 차명화, 김유경, **식생활문화학회지,** 2008, 23(4), 462 (해조류 건강기능성 식품에 대한 소비 가치 분석)

21) 한윤정, 김석신, **식품과학회지,** 2008, 40(1), 42 (Carrageenan 혼합 필름의 물성)

22) Bandaru, S. R., **J. Nutr.**, 1979, 109, 1028 (Effect of dietary wheat bran, alfalfa, pectin and carragreenan of plasma cholesterol and fecal bile acid and neutral sterol excretion in rats)

23) Bater, B., Descamps. O., Maurer, A. J., **J. Food Sci.**, 1992, 57(4), 845 (*k*-Carrageenan Effects on the Gelatin Properties of stimulated Oven-roasted Turkey Breast juice)

24) Bates, S. S., Craigie, J. S., **Mar. Biol.**, 1988, 98, 457 〔Fluorescence induction in the macroalgae *Chondrus crispus*(Rhodophyceae) and *Ulva* sp.(Chlorophyceae)〕

25) Bidwell, R. G. S., Melachlan, J., Lloyd, N. D. H., **Bot. Mar.**, 1985, 28, 87 (Tank cultivation of Irish moss *Chondrus crispus* Stack.)

26) Black, W, A. P., Blackemore, W. R., Colguhoun, J. A., Dewar, E. T., **J. Sci. Food Agr.**, 1965, 19, 573 (The evaluation of some red algae as a source of carrageenan and it's *k* and *λ*-components)

27) Black, W, A. P., **Soc. Chem. Ind. London Monogr.**, 1966, 24, 33 (Preparation and some of the properties and uses of the *k* and *λ*-carrageenans)

28) Burns, R. L., Mathieson, A. C., **J. Exp. Mar. Biol. Ecol.**, 1972, 8, 1 (Ecological studies of economic red algae, 2. Culture studies of *Chondrus crispus* and *Gigartina stellata*)

29) Candogan, K., Kolsarici, N., **Meat Sci.**, 2003, 64, 207 (Storage stability of low-fat beef frankfurters formulated with Carrageenan or Carrageenan with pectin)

30) Choi, J. S., Lee, J. H., Jung, J. H., **J. Kor. Fish. Soc.**, 1997, 30(6), 909 (The screening of Nitrite scavenging Effect of marine Algae and Active principles of *Eklonia stolonifera*)

31) De Ruiter, G. A., Rudolph, B., **Trends Food Sci. Technol.**, 1997, 8, 389 (Carrageenan biotechnology)

32) Fernandes, P. B., Gonalves, M. P., Doublier, J. -L., **J. Texture Studies**, 1994, 25, 267 (Rheological behaviour of *k*-carrageenan/galactomannan mixtures at a very low level of *k*-carrageenan)

33) Guven, K. C., Ozsoy, Y., Ulutin, O. N., **Botanica Marina**, 1991, 34, 429 (Anticoagulant, fibrinotic and antiaggregant activity of Carrageenans and alginic acid)

34) Haug, I. J., Draget, K. I., Smidsard, O., **Carbohybr. Polym.**, 2004, 56, 11 (Physical behavior of fish gelatin -*k*- Carrageenan mixtures)

35) Hendrickx, M., Oombs, C., Engels, C., Van Pottelbergh, E., Tobback, P., **J. Food Sci.**, 1987, 52, 1113 (Obstruction effect of Carrageenan and gelatin on the diffusion of glucose)

36) Hosokawa, M., Okada, T., Mikami, N., Konishi, I., Miyashita, K., **Food Sci. Biotechnol.**, 2009, 18(1), 1 (Bio-function of Marine Carotenoids)

37) Joo, D. S., Cho, S. Y., **J. Kor. Soc. Food Sci. Nutr.**, 2003, 35, 67 (Preparation of carageenan hydrolysates from carrageenan with organic acid)

38) Joo, D. S., Cho, S. Y., Lee, E. H., Yang, S. T., **Kor. J. Life Sci.**, 1999, 9, 423 (Preparation of carrageenan oligosaccharide using carrageenase from *Pseudomonas alcaligenes* JCL-43 and its functional properties)

39) Juanes, J. A., McLachlan, J. L., **Bot. Mar.**, 1992, 35, 399 〔Productivity of *Chondrus crispus* Stackhous (Rhodophyta, Gigartinales) in sub-littoral prince Edward Island, Canada. II. Influence of temperature and nitrogen reserves〕
40) Kim, K. -N., Lee, K. -W., Song, C. B., Ahn, C. -B., Jeon, Y. -J., **J. Food Sci. Nutr.**, 2006, 11, 177 (Cytotoxic Activities of Red Algae collected from Jeju Island Against Four Tumor cell lines)
41) Kim, S. M., Park, S. M., Choi, H. M., Lee, K. T., **J. Kor. Fish. Soc.**, 1999, 32, 495 (Optimal processing parameters of low molecular weigt carrageenan by ultrasound)
42) Kindness, G., Long, W. F., WIlliamson, F. B., **Thromb. Res.**, 1979, 15(1/2), 49 (Enhencement of antithrombin III activity by Carrageenans)
43) Kuriyama, M., **Nature (London)**, 1961, 192, 969 (isol, Rhodoic acid)
44) Lee, S. J., Kim, Y. H., Hwang, J. K., **Food Sci. Biotechnol.**, 2007, 16(2), 183 (Rheological Approches to classify the mixed Gel Network of *k*-Carrageenan/Agar)
45) Nakashima, H., Kido, Y., Kobayashi, N., Motoki, Y., Neushul, M., Yamamoto, N., **J. Cancer Res. Clin. Oncol.**, 1987a, 113, 413 (Anti-bacterial activity in a marine red alga, Reverse transcriptase inhibition by an aqueous extract of *Schizymenia pacifica*)
46) Nishino, T., Nagumo, T., **Carbohydr. Res.**, 1992, 229, 355 (Anticoagulant and antithrombin activities of oversulfated fucans)
47) Painter, T. J., **J. Chem. Soc.**, 1964, 136 (isol, Carrabiose)
48) Parish, C. R., Coombe, D. R., Jakobson, K. B., Bennett, F. A., Underwood, P. A., **Intl. J. Cancer**, 1987, 40, 511 (Evidence that sulphated polysaccharides inhibit tumor metastasis by blocking tumor-cell derived heparanases)
49) Parish, C. R., Snowden, J. M., **PCT Application No. WO 88/0531**,

1988 (Sulfated polysaccharides having metastasis and/or anti-inflammatory activity)

50) Pernas, A. J., Smidsord, O., Larren, B., Haung, A., **Acta Chem. Scand.**, 1967, 21, 98 (Chemical heterogenicity of carrageenans as shown by fractionational precipitation with potassium chloride)

51) Pintauro, S. J., Gilbert, S. W., **Food Chem. Toxicol.**, 1990, 28(12), 807 (The effects of carrageenan on drug metabolizing enzyme system activities in the guinea-pig)

52) Potin, P., Saneau, A. L., Gall, Y., Rohas, C., Kloareg, B., **Eur. J. Biochem.**, 1991, 201, 241 (Purification and characterization of New kappa-carrageenase from marine *Cytophaga*-like bacterium)

53) Rees, D. A., **Adv. Carbohydr. Chem.**, 1969, 24, 267 (rev, Carrageenan)

54) Rivera-Carro, H., Craigie, J. S., Shacklok, P. F., **Hydrobiologia**, 1990, 204/205 533 [Influence of tissue source and growth rates on dry weight and carageenan composition of *Chondrus crispus* (Gigartinales, Rhodophyta)]

55) Robert, M., Neeman, I., Nussinovitch, I., Kopelman, J., **J. Food Sci. Technol.**, 1988, 23, 597 (The extraction of carrageenan and its effect on the gel texture)

56) Rochasm, C., Rinaudo, M., Handry, S., **Carbohydr. Polym.**, 1990, 12, 225 (Relation between the molecular structure and mechanical properties of carrageenan gels)

57) Satari, R., **Algae**, 1993, 8(2), 245 [Special Issue for Asia-pacific phycological Forum: Some chemical characteristics of carrageenan from cultivated *Kappaphycus alvarezii* (Doty) Doty in Indonesia]

58) Schwarz, H. J., Kellenemyer, R. W., **Proc. Soc. Exp. Biol. Med.**, 1969, 132, 1021 (Carrageenan and delayed hypersensitivity II. Activation of HAGEMAN factor by carrageenan and its possible

significance)

59) Son, M. -J., Kwon, O. -S., Lee, S. -P., **J. Food Sci. Nutr.**, 2004, 9(3), 206 (Effects of Food polysaccharides and seaweed calcium on the physicochemical properties of prickly pear Extract Fermented by *Lactobacillus rhamnosus* L. S., -Carrageenan)

60) Song, E. J., Lee, S. Y., Kim, B. W. R., Park, J. K., Kim, J.H., Lee, J. W., Byun, M. W., Ahn, D. H., **J. Kor. Soc. Food Sci. Nutr.**, 2007, 36, 902 (Effect of γ-irradiation on the physical properties of alginic acid and λ-carrageenen)

61) Takano, S. et al, **Tetrahedron Lett.**, 1978, 4909 (Palythine)

62) Tsuji, R. F., Hoshino, K., Noro, Y., Tsuji, N. M., Kurokawa, T., Masuda, T., Akira, S., Kowak, B., **Clin. Exp. Allergy**, 2003, 33, 249 (Suppression of allergic reaction by carrageenan: toll-like receptor 4/My D_{88}-dependent and-independent modulation immunity)

63) Yabe, K. et al, **CA**, 1981, 95, 21251j (isol, Shinorine)

64) Yamamoto, I., Maruyama, H., **Cancer Lett.**, 1985, 26, 241 (Effect of dietary seaweed preparation on 1, 2-dimethylhydrazine-induced intestinal carcinogenesis in rats)

65) Yaphe, W., Arsenault, G. P., **Anal. Biochem.**, 1965, 13, 143 (Improved resorcinol reagent for the determination of fructose, and 3,6-anhydrogalactose in polysaccharides)

66) Zhang, W., Pieulell, L., Nilsson, S., **Macromolecules**, 1992, 25, 6165 (Effects of specific anion binding on the helix-coil transition of lower charged carrageenans)

67) Zhou, G., Sheng, W., Yao, W., Wang, C., **Pharmacol. Res.**, 2006, 59, 129 (Effect of low molecular λ-carrageenan from *Chondrus ocellatus* on antitumor H-22 activity of 5-Fu)

68) Zhou, G., Sun, Y., Xin, H., Zhang, Y., Li, Z., Xu, Z., **Pharmacol. Res.**, 2004, 50, 47 〔In Vivo antitumor and immunomodulation

activities of different molecular weight lambda-carrageenans from *Chondrus ocellatus* (Lipids of the marine red algae, *Chondrus crispus* and *Polysiphonia lanosa*)]

Dictyota dichotoma (Hudson) Lam.

참그물바탕말 10

갈조류 · Dictyotaceae (딕티오타과)

- 영명 | Dictyota
- 일명 | Amijigusa
- 별명 | 딕티오타
- 분포 | 한국, 일본, 동지나해, 인도네시아, 폴리네시아, 호주, 인도양

✻ 식물학적 특성

갈조류로 딕티오타과에 속하며, 몸의 기부에는 털이 있고, 뭉쳐서 나며, 반상근으로 부착. 좁거나 넓은 실모양, 편평하고, 어긋나기로 가지가 갈라진다. 양 가장자리는 평탄하다. 꼭대기는 넓게 열리거나 혹은 얕게 둘로 나뉘고 둔한 원형이다. 내부층은 무색의 큰 장방형의 세포가 1층 있고, 겉층은 장방형 또는 정방형의 색소가 있는 한층의 세포로 되어 있으며 성장점은 가지 끝에 1개 있다. 생식 세포는 무리지어 있고, 몸의 양면에 흩어져 있다. 자낭은 4개로 나뉘어 있고, 처음에는 타원형, 후에는 서로 합한다. 색은 황록색 또는 갈색, 질은 막질, 암석에 붙어 있다.

동속 식물에는 큰딕티오타(*D. maxima*)와 실딕티오타(*D. linearis*)가 있다.

✻ 성분

1) 특수성분

*D. dichotoma*에서 3-Acetoxy acetyldilophol(D-02935), 4-Acetoxy dictyolactone(X-00061), 9-Acetoxy-3,7-dolabelladien-12-ol(D-03591), 9-Acetoxy-3,7,12-dolabelladien-16-al(H-01617), 9-Acetoxy-3,7,12-dolabelladien-16-oic acid(H-01617), 9-Acetoxy-7, 8-epoxy-3-dolabellen-12-ol (D-03591), 2-Acetoxy-12-hydroxy-3,7-dolabelladien-9-one(D-01765), Acetyl dictyolal(H-03180), Acetyl dictyol B(D-00850), Crenulacetal A, C, D (C-1980), Dictymal(D-00843), Dictyofuran C, T(E-01316), Dictyol A(D-00849), B(D-00850), C(D-00851), F(D-00855), I, i8-Ac(D-00858), Dictyone(D-00860), Dictyotalide A, B(D-00862), Dictyotin A(D-00864), B, C(D-00865), Dictyoxetone(D-00870), Dictyoxide(D-00871), Dictyriol (D-00873), Dictyotriene A, B(D-00875), 4, 12-Dihydroxy-2, 7-dolabelladien-9-one(2E, 4β, 7E, D-01767), Didophol(D-02935), 3,7-Dolabelladiene-9, 12-diol(3E, 7Z, 8ε), 9-Ketone(D-03591), 2, 7-Dolabelladien-18-ol(D-03595), 3,7-Dolabelladien-18-ol(3E, 7E, D-03595), 3,7, 18-Dolabellatrien-14-one(3E, 7E, D-03606), Epidictyol F(D-00855), Epoxydictymene(E-00692), 3,4-Epoxy-7,18-dolabelladien-14β-ol(D-03606), 3,4-Epoxy-7,18-dolabelladien-14-one(D-03606), 3,4-Epoxy-12-hydroxy- 7-dollabellen-9one(D-03591), 7,8-Epoxy-12-hydroxy-7-dollabellen-9-one(D-03591), Epoxy pachydictyol A(P-00007), Fukurinolal(D-02915), 7-Hydroxy-2, 6-cyclo-9, 13-xenicadiene-18, 19-dial(H-01454), 9-Hydroxy-2, 14-dichotomadiene-19, 20-diol (9R, H-01492), 12-Hydroxy-3, 6-dolabelladien-9-one(3E, 6Z, 8 ε, H-01615), 9-Hydroxy-1, 3-dolastadien-6-one(8α, 9β, 14α, H-01620), Isodictyoohemiacetal(E-01316), Isodictyriol(D-00873), Methoxydictydiene (D-00865), Nordictyotalide(N-00703), Pachytriol(P-00025), Tricyclodicyofuran A, B, C(T-01776) 등이 있다.

✲ 생리 활성

화학적 암 예방 효과① : 동해와 남해안에서 미역, 다시마, 감태 등 30종의 해조류에 대하여 phase II 해독 효소 유도 및 염증 반응 방지 효과로 화학적 암 예방 효과를 시험한 결과, *Dictyota coriacea*(그물바탕말) *Cutleria cylindrica*(채찍말)에서 4.36과 4.66의 강한 암 예방수치를 얻었고, 이 추출액 100㎎/㎖에서 3배의 항산화 효과를 얻었다. 패(*Ishige okamurae*), 산말류(*Desmarestia ligulata, D. viridis*), 딕티오프레티스(*Dictyopretis divaricata, D. coriacea*), 모자반류(*Sargassum horneri, S. yezoense*)등에서 NO에 대해 현저한 방해와 5~20㎍/㎖에서 농도 의존적 prostaglandin E_2 생산을 억제하였다. 이들 해조류들은 화학적 암 예방효과가 있는 식품으로 이용될 수 있다. 특히 *Dictyota coriacea*는 ARE의존 기작으로 gene을 조절 할 뿐 아니라 NO와 PGE_2 생산을 방해하여 염증을 예방하는 강력한 화학적 암 예방 물질을 함유하고 있을 것으로 생각되었다.

항암작용② : 제주산 갈조류 27종. 녹조류 10종 총 37종의 해조류 MeOH와 H_2O로 20℃와 70℃에서 추출하여 4종의 암세포 U937(human monoblastoid leukemia cell line), HL60(human promyelocytic leukemia cell line), HeLa(woman cervical carcinoma cell line) 및 CT26(mouse colon carcinoma line)에 대해 세포독성을 실험한 결과, 담배 산말(*Desmrestia tabacoides*)과 *Dictyota dichotoma* MeOH ex에서 모든 암세포에 강력한 세포 독성을 보였으나, H_2O ex에서는 없었으며, 감태(*Ecklonia cava*)의 20℃ H_2O ex는 HeLa cell을 제외한 3종 암세포에 강력한 세포독성을 보였다. *Sargassum coreanum*과 *S. siliquastrum*의 20℃ H_2O ex에서 U937, HL60, HeLa cell에 대해 강력한 세포독성을 보였다. 녹조류인 청각(*Codium fragile*)과 *C. contractum*의 20℃ H_2O ex에서 HL60과 CT26 cell에 대해 강력한 세포 독성을 보였다. 갈조류보다는 녹조류가 비교적 약한 세포 독성을 보였다.

피부세포주 HaCaT에 대한 해조류의 영향 : 한국 연안 해조류를 채집, 이들 중 녹조류 4종, 갈조류 18종, 홍조류 14종을 수세, 음건하여 80% MeOH로 4회 추출, 37℃에 건조한 시료를 인체 피부세포 HaCaT와 24시간 배양후 조사한 결과, 36종의 해조시료 중 비틀대모자반과 돌가사리가 대조구보다 1.6배 활력이 증가되었고, 참그물바탕말(*Dictyota dichotoma*), 참도박(*Pachymeniopsis elliptica*) 및 잎파래(*Enteromorpha linza*)의 추출물은 대조구보다 각각 0.2, 0.4, 0.4배 정도 활력을 억제시켰다.

해조류 항염증기전 : 해조류 *Desmarestia viride*(Dv), *Dictyopretis divaricata*(Db), 모자반, 고리매, 패 추출물로 자극된 Raw 264.7cell에서(NF)kβ인 pro-inflammatory mediator에 대하여 실험한 결과, 이 추출물들은 전사단계에서 iNOS와 interleukin(IL)-1β-expression을 감소시켰다. Dd, 고리매, 패의 3종 추출물은 translation level에서 COX-2 expression을 저해하였고, Dd와 고리매 추출물은 Ik$\beta_{-\alpha}$변화를 저해하였다. Dd와 고리매의 항염증 효과는 NF-kβ 활성화를 차단하여 murine macrophage의 활성이 방해될 수 있음을 알 수 있었다.

Fucoidan의 활성과 활용 : 미역, 다시마, 톳 등 갈조류에 많은 fucoidan은 90여 년 전에 추출, 확인되었으며 항혈액 응고, 항혈전, 항암, 면역조절, 항virus, 줄기세포의 활성화 등의 생리 활성이 연구되어, 이와 관련된 각종 질병의 완화 및 치료제로 활용 가능성이 인식되고 있다. 갈조류의 양식은 잘 발달되었고, 전남 완도지역은 청정지역으로 수질오염이 낮아 다시마, 미역 포자엽의 수확량이 풍부, fucoidan 추출원료 수급이 용이하다.

산화적 Stress에 대한 Fucoidan과 Alginic acid의 보호효과 : Peroxyl radical - 유도 산화적 stress에 대한 fucoidan과 alginic acid(갈조류 함유활성 다당류)의 보호 작용을 in vitro에서 실험한 결과, fucoidan은 NO와 O_2(superoxide)제거능이 강력하였으나, alginic acid는 이러한 작용이 없었다. 그러나 alginic acid는 fucoidan보다 -OH 제거능은 높았다. fucoidan과 alginic acid는 AAPH 유도 산화적 stress에 대하여 세포의 활성을 향상시켰다. 갈조류에 많은 fucoidan과 alginic acid 1,000㎎/㎖에서 세포의 활성은 각각 16.4%에서 85.9%와 67.7%로 증가하였다. 또한 fucoidan

과 alginic acid는 AAPH에 의해 용량 의존적으로 LLC-PKI 세포에서 지질 과산화를 개선시켰다. 이 결과로 fucoidan과 alginic acid는 free radical로 인한 산화적 stress에 대해 항산화제로 작용하는 것으로 생각되었다.

Marine carotenoid의 생물학적 기능 : 자연계에서 생성되는 색소 중 carotenoid (CA)는 가장 중요하며 인체 건강에 유용한 효과를 갖고 있어 관심이 증가되고 있다. 해산 CA는 그들이 주는 화학적, 생물학적 이익의 영향은 중요하다. 해산 CA 중 astaxanthin과 fucoxanthin은 해양 동물이나 해양 식물 중에서 비교적 강력한 생물학적 활성이 있다. 즉 이들 CA는 quenching siglet oxygen과 scavenging free radical의 강한 항산화 작용이 있기 때문이며, 식이성 항산화 작용이 있는 이들 강력한 작용의 CA는 항암 작용과 항염 작용이 있다. 특히 fucoxanthin이 근래 항비만과 항당뇨 효과가 인정되면서부터 주목받게 되었다. 이러한 작용은 mitochondria의 백색지방(WAT)에서 uncoupling protein(UCP1)을 만들어 WAT에서 지방산을 산화시켜 WAT에서 열을 생산하기 때문이다. fucoxanthin은 insulin 저항을 개선하여 혈당을 낮추며, 동물의 WAT에서 종양괴사인자 α(TNFα)를 감소시키기 때문이다.

알긴산과 3T3-L1 세포의 분화① : 3T3-L1 세포가 지방세포로 분화되는 과정에서 혈청 중 분화 촉진 인자(insulin, prostaglandin F2α 등) 첨가로 분화가 촉진되고, 분화 억제 인자(actinomycin D, tumor necrosis factor α 등)로 억제될 수도 있다. 3T3-L1 세포는 세포내 지방 축적으로 지방세포 형태를 나타낸다. 3T3-L1 세포의 특성을 이용, 해조류에 많은 알긴산이 지방세포로의 분화 과정에 어떤 영향을 주는지 실험한 결과, 3T3-L1 세포 분화를 억제하였다. 또 분화 촉진 물질 IGF-1(insulin-like growth factor-1)과 insulin을 이용, 알긴산 분화에 미치는 영향을 검토한 결과, 알긴산은 insulin의 분화 촉진 작용을 특이적으로 억제하였다. 본 연구는 알긴산을 이용, 알긴산의 지질 감소 효과를 세포 수준에서 검증하였다.

알긴산의 비만 억제 효과② : 미역, 다시마 등 갈조류에 20~30% 함유되어 있는 알긴산을 agar, cellulose, CMC, chitin, lignin 등의 식이섬유의 비만 억제 작용을 magarine 유도 비만 쥐에 비교 검토하였다. 사료에 식이섬유 10%를 가하여 비만 억제 효과를 보면, lignin이 가장 크고, 다음 Na-alginate, cellulose, CMC 순이었다. 간장과 부고환 및 난소주위의 지방조직의 비만 억제 효과는 lignin이 가장 크고, Na-alginate, cellulose, CMC 순. 또 Lee index의 비만 억제는 Na-alginate〉lignin〉CMC〉chitin〉cellulose 순. 간의 지질 분석에서 지방 축적 억제 효과는 agar〉CMC〉cellulose〉Na-alginate〉chitin〉lignin순이었다. 혈청 glucose 감소 효과는 CMC가 가장 크고, 다음 Na-alginate, lignin순. 혈청 cholesterol 저하효과는 Na-alginate가 가장 크고, 다음이 lignin, cellulose순. 그 밖에 chitin을 제외한 대부분이 효과가 있었다. 또 lipase 활성의 상승 작용은 Na-alginate가 가장 효과적이며 다음 chitin이었다. 이상으로 갈조류 중 알긴산 20~30%가 있는 미역, 다시마 등은 비만 예방과 치료에 가장 효과적인 것으로 생각되었다.

조류와 생약성분의 비만 억제 비교③ : 해조류의 알긴산, 담수 록조 chlorella, 생약 인삼 saponin, 마늘 alliin과 scordinin 첨가, 비만 억제 효과를 검토한 결과, Na-alginate(71%)가 크고, 다음 scordinin(76%), chlorella(76%), alliin(86%) 순으로 체중 증가가 있었다. 사료 효율과 비교, 체중 증가량은 Na-alginate(68%)가 가장 효과적이고, alliin(79%)도 인정되었다. 간의 지방 축적 억제 효과는 Na-alginate(84%)가 가장 효과적, 부고환 및 난소 주변의 지방 축적 억제 효과는 Na-alginate(54%)가 가장 효과적, 다음 alliin(64%), saponin(66%) 순이었다. 또 Lee index 비만 억제 효과를 비교하면 Na-alginate(91%)에서만 인정되었다. 간에서 지방 축적 억제 효과는 alliin(40%)〉saponin(58%)〉Na-alginate(62%)〉chlorella(64%)〉scordinin(74%) 순. 혈청 glucose 감소 효과는 Na-alginate(67%)가 가장 크고, 다음 saponin(73%), scordinin(74%), alliin(83%) 순. 혈청 cholesterol 저하 작용은 Na-alginate(82%)가 가장 크고, 다음 alliin(84%), chlorella(86%), saponin(87%) 순이었다. 또한 혈청 lipase 활성 증가에 의한 비만 억제 작용은 Na-alginate(109%)와 saponin(104%)의 첨가가 효과적. 따라서

미역, 다시마, 톳 등 갈조류 성분 알긴산이 chlorella, 인삼 saponin, 마늘 alliin 및 scordinin보다 비만 예방과 치료에 효과적이었다.

미이용해조류의 성분과 단백질추출 : 갈조류 14종(18시료), 녹조류 3종(3시료), 홍조류 15종(19시료)을 분석한 결과, 홍조류의 조단백이 높고, 조지방이 낮았으며, 갈조류와 녹조류는 조단백은 낮고, 조지방이 높았다. 단백질 자원으로는 지충이, 부채꼴아크로소리움, 꿩꼬리, 오카므라서실, 검은서실, 지누아리, 진두발, 불등가사리, 돌가사리, 딕티오타, 고리매 등이나, 큰딕티오타, 코르다리아, 비틀대모자반, 알쏭이모자반, 외톨개모자반, 도박, 털도박, 미끌도박, 납작파래, 구멍갈파래, 거머리말은 단백질이 극히 적었다. 추출액 중 단백질 침전법은 MeOH 처리법이 가장 양호하였으며, 알쏭이모자반이 가장 좋았고, 다음이 지누아리, 거머리말 순이었다.

✻ 효능과 이용

1) 효능 : antibacterial

참고문헌

1) 권대중, 임승택, 정용준, 박상후, 권동권, **식품과학과 산업**, 2006, 39(3), 73 (갈조류에서 추출한 푸코이단의 이해와 활용)

2) 김영동, 김영명, 강통삼, **한국식품연구소 연구보고**, 1981, 163 (해조류의 다각적 이용에 관한 연구)

3) 박영호, 변재형, 오후규, 강영주, **수산학회지**, 1976, 9(3), 155 (미이용 해조류의 이용화에 관한 연구 – 1. 미이용 해조류의 성분 조성과 조류 단백질 추출)

4) 박종철, 최재수, 송상호, 최명락, 김광용, 최종원, **생약학회지**, 1997, 28(4), 239 (해조류 추출물과 페놀성 화합물의 in vitro 및 in vivo 간 보호활성 – 매생이, 톳, 우뭇가사리, 알쏭이모자반, 꽈배기모자반, 지충이,

구멍갈파래, 납작파래, 주름진두발, 개그물바탕말, 마디잘록이, 바위수염)
5) 오윤식, 이인규, 부성민, **Algae,** 1990, 5(1), 57 (한국산 유용해조 특히 식용, 약용 및 공업용 해조에 대한 주해)
6) 윤승제, 조연숙, 남주현, 이형호, Kim Eliya, 홍용기, **수산학회지,** 2008, 41(1), 68 (각종 해조류 추출물들의 인간 피부 세포주 HaCaT에 대한 활력 영향)
7) 이용필, 강서영, **Algae,** 2002, 17(1), 69 (한국산 해조류의 목록)
8) 이욱재, 김광용, **Algae,** 1997,12(2), 83 〔지역 개체군의 형태 변이에 의한 한국산 갈조식물 참그물바탕말(*Dityota dichotoma*) 의 분류학적 연구〕
9) 이인규, 강제원, **조류학회지,** 1986, 1, 311 (한국산 해조류의 목록)
10) 최진호, 임채환, 김재연, 양종순, 최재수, 변대석, **수산학회지,** 1986, 19(4), 303(비만 치료식 개발을 위한 기초연구 －1. 식이섬유로서의 알긴산의 비만 억제 효과)
11) 최진호, 최재수, 변대석, 양달선, **수산학회지,** 1986, 19(5), 485 (비만 치료식 개발을 위한 기초연구 －2. 조류와 생약성분의 비만 억제 작용 비교)
12) 최창근, **수산학회지,** 2008, 41(5), 371 (한려 해상 국립공원의 해조상 － 파래류, 청각, 패, 고리매, 곰피, 감태, 부챗말, 참그물바탕말, 톳, 모자반류, 지충이, 김, 시나이아 등)
13) 황일기, **석사학위 논문,** 강릉대학교, 1995 (한국산 갈조 참그물바탕말에 대한 분류학적 연구)
14) 황혜정, 변재형, 남택정, **수산학회지**, 2000, 33(6), 541 (알긴산이 3T3-L1 세포의 분화에 미치는 영향)
15) Abdel-Fattah, A. F., Hussein, M. D., Fuad, S. T., **Phytochemistry,** 1978 17(6), 741(Carbohydrates of brown seaweed *Dictyota dichotoma*)
16) Ali, M. S., Pervez, M. K., Ahmed, F., Saleem, M., **Nat. Prod. Res.,** 2004, 18, 543 〔Dichotenol-A, B and C : The C-16 oxidized secodolastanes from the marine brown alga *Dictyota dichotoma* (Huds.)〕
17) Ali, M. S., Pervez, M. K., **Nat. Prod. Res.,** 2003, 17, 281 〔Ring-A hydroxylated dolastanes from the marine brown alga *Dictyota*

dichotoma (Huds.)]

18) Amano, H., **Marine Biochemistry,** Yamaguchi, K. ed., Tokyo University Press, Japan, 1999, pp.170~171 (Biochemistry and biotechnology of seaweed)

19) Amico, G., Oriente, G., Piatelli, M., Tringali, C., Fattorusso, E., Magno, S., Mayol, L., **Tetrahedron,** 1980, 36, 1406 (Diterpenes based on the dolabellane skeleton from *Dictyoya dichotoma*)

20) Amico, V. et al, **Phytochemistry,** 1979, 18, 1895 (isol. struct. Dictoxide)

21) Amico, V. et al, **Tetrahedron,** 1980, 36, 1409 (3,7,18-Dolabellatrien-14-one, 3,4-Epoxy-7,18-dolabelladien-14β-ol, 3,4-Epoxy-7,18- dolabelladien-14-one)

22) Baker, J. T., **Proc. Intl. Seaweed Symp.,** 1984, 11, 29 (Seaweeds in pharmaceutical studies and applications)

23) Blount, J. F., et al, **Aust. J. Chem.,** 1982, 35, 145 (oil, 7-Hydroxy-2, 6-cyclo-9, 13-xenicadiene-18, 19-dial, 9-Hydroxy-2, 14-dichotomadiene-19, 20-diol)

24) Bonotto, S., **Marine Ecology,** Kinne, O. ed, Wiley, London, U. K., 1976 vol. Ⅲ, 468-529 (Cultivation of plants : Multicellular plants)

25) Chapman, V. J., Chapman, D. J., **Seaweeds and Their Uses,** Chapman and Hall, London, 1980, 334

26) Chengkui, Z., Junfu, Z., **Proc. Intl. Seaweed Symp.,** 1984, 11, 151 (Chinese seaweeds in herbal medicine)

27) De Nys, R. et al, **Phytochemistry,** 1993, 32, 463 (Epoxypachydictyol A)

28) De Rosa, S. et al, **Phytochemistry,** 1986, 25, 2179 (Dictyol I)

29) Enoki, N. et al, **Chem. Lett.,** 1983, 1627 (deriv. Epoxypachydictyol A)

30) Enoki, N. et al, **Chem, Lett.,** 1983, 1399 (Dictyofuran C, T, Isodictyoohemiacetal)

31) Enoki, N. et al, **Chem. Lett.,** 1982, 1837 (isol, struct, Dictyriol,

Dictyriene A, B)

32) Enoki, N. et al, **Chem. Lett.**, 1983, 1627 (Antimicrobial, Dictyone, Dictyol F)

33) Enoki, N. et al, **Tetrahedron Lett.**, 1985, 26, 1731 (oil, Tricyclo-dicyofuran A, B, C)

34) Enoki, N., et al, **Tetrahedron Lett.**, 1983, 24, 4341 (oil, Epoxydic-tymene)

35) Enoki, N., Ishida, R., Matsumoto, T., **Chem. Lett.**, 1982, 11, 1749 (Structure and conformation of new nine-membered ring diterpenoids from the marine alga *Dictyota dichotoma*)

36) Evans, L. V., Holligan, M. S., **New Phytol.**, 1972, 71, 1161 (Co-rrelated light and electron microscope studies on brown algae. -1. Localization of alginic acid and sulphated polysaccharides in *Dictyota*)

37) Fattorusso, E. et al, **J. Chem. Soc. Commun.**, 1976. 575 (isol, Dictyol A)

38) Faulkner, D. J., et al, **Phytochemistry**, 1977, 16, 991 (isol, Dictyol B, C, Acetyldictyol B)

39) Fenical, W., Sims, J. J., **J. Organomet. Chem.**, 1973, 38, 2383 (Zonarol and isozonarol, fungitoxic hydroquinones from brown seaweed *Dictypteris zonariodes*)

40) Fujihara, M., Nagumo, T., **Carbohydr. Res.**, 1993b, 224, 343 (The effect of the content of D-mannuronic acid and L-guluronic acid blocks in alginates on antitumor activity)

41) Gonzalez, A. G. et al, **J. Nat. Prod.(Lloydia)**, 1987, 50, 500 (Pach-ytriol)

42) Hiroyuki, N., Hideomi, A., Koichi, A., Kazutosi, N., **Hydrobiologia**, 1990, 204/205, 577 (Antitumor activity of marine algae)

43) Hosokawa, M., Okada, T., Mikami, N., Konishi, I., Miyashita, K., **Food Sci. Biotechnol.**, 2009, 18(1), 1 (Bio-function of Marine Carotenoids)

44) Hussein, M. M., Fouad, S. T., Abdel-Fattah, A. F., **Carboleydr. Res.**, 1979, 72, 177 (Structural of a sulfated, Fucose-containing polysaccharide from the brown Seaweed *Dictioyota dichotoma)*

45) Ireland, C. et al **J. Org. Chem.**, 1977, 42, 3157 (isol, 2, 7-Dolabelladien-18-ol, 3,7-Dolabelladien-18-ol)

46) Ishistuka, M. O. et al, **J. Org. Chem.**, 1988, 53, 5010 (4β-Acetoxy 4-Acetoxydictyolactone), (isol, Dictyotalide A, B)

47) Ishisuka, M. O. et al, **Phytochemistry,** 1990, 29, 2605 (Dictyotin A, B, C)

48) Ishitsuka, M. et al, **Tetrahedron Lett.**, 1986, 27, 2639 (isol, 3-Acetoxy acetyldilophol, Dilophol)

49) Ishitsuki, M. O., et al, **J. Org. Chem.**, 1988, 53, 5010 (isol, Nordictyotalide)

50) Kim, K. -N., Lee, K. -W., Song, C. -B., Jeon, Y. -J., **J. Food Sci. Nutr.**, 2006, 11, 17 (Cytotoxic Activities of Green and Brown Seaweeds collected from Jeju Island against Four tumor cell Lines: *E. cava, Dictyota, Sagrassum*)

51) Kirkup, M. P. et al, **Phytochemistry,** 1983, 22, 2539 (isol, Acetyldictyolal)

52) Kusumi, T. et al, **J. Org. Chem.**, 1986, 51, 384 (Crenulacetal A, C, D)

53) Lee, S. B., Lee, J. Y., Song, D. G., Pan, C. H., Nho, C. W., Kim, M. C., Lee E. H., Jung, S. H., Kim, H. S., Kim. Y. S., Um, B. H., **Food Sci. Biotechnol.**, 2008. 17(3), 613 (Cancer chemopreventive Effects of Korean seaweed Extracts)

54) Mabeau, S., Fleurence, J., **Trends Food Sci. Technol.**, 1993, 4, 103 (Seaweed in the food products : Biochemical and nutritional aspects)

55) Mizuno, H., Saito, T., Isio, N., Onda, N., Noda, K., Takada, K., **Bull. Jpn. Soc. Sci. Fish.**, 1983, 49, 1591 (Mannuronic to guluronic acid ratios of alginic acids prepared from various brown seaweeds)

56) Müller, S., Clauss, H., **Z. Pflanzenphysiol.,** 1976, 78, 461 (Aspects of photomorphogenesis in the brown alga *Dictyota dichotoma*)

57) Nakazawa, S., Abe, F., Kuroda, H., Kohno, K., Hiashi, T., Umexaki, I., **Chemotheraphy,** 1976, 22, 1435 [Antitumor effect of water extracts from marine algae(1)]

58) Nishizawa, K., Murasugi, S., **The Sea Vegetable Book,** Kensei Press, Tokyo, 1988, 57 (in Japanese)

59) Nultsch, W., Pfau, J., Materna-weide, M., **Mar. Ecol. Prog. Ser.,** 1987, 41, 93 (Fluence and wavelength dependence of photoinhibition in the brown algae *D. dichotoma*)

60) Ochi, M., et al, **Chem. Lett.,** 1982, 1927 (isol, Fukurinolal)

61) Ohta, K., **Proc. Intl. Seaweed Symp.,** 1979, 9, 401 (Chemical studies on biologically active substances in seaweeds)

62) Pan, C. H., Kim, E. S., Um, B. H., Lee, J. K., **Food Sci. Biotechnol.,** 2009, 18(3), 813 (Anti-inflammatory Mechanism of seaweeds in Murine Macrophage – 고리매, 패, 그늘바탕말, 모자반)

63) Pullaiah, K. C. et al, **J. Org. Chem.,** 1985, 50, 3665 (isol, Dictyoxetane)

64) Rao, C. B. et al, **J. Org. Chem.,** 1986, 51, 2736 (Cryst. 9-Acetoxy-3,7,12-dolabelladien-16-al, 9-Acetoxy-3,7, 12-dolabelladien- 16-oic acid, 12-Hydroxy-3, 6-dolabelladien-9-one, 9-Hydroxy-1, 3-dolastadien-6-one)

65) Rao, C. B. et al, **J. Org. Chem.,** 1986, 51, 2736 (3,4-Epoxy-12-hydroxy-7-dollabellen-9one)

66) Rao, C. B. et al, **J. Org. Chem.,** 1986, 51, 2736 (9-Acetoxy-3,7-dolabelladien-12-ol, 9-Acetoxy-7, 8-epoxy-3-dolabellen-12-ol, 2-Acetoxy- 12-hydroxy-3,7-dolabelladien-9-one)

67) Rao, C. B. et al, **J. Org. Chem.,** 1986, 51, 2736 (isol, 4, 12-Dihydroxy-2,7-dolabelladien-9-one)

68) Rao, C. B., **J. Org. Chem.,** 1986, 51, 2736 (3,4-Epoxy-12-hydr-

oxy-7-dollabellen-9one, 7,8-Epoxy-12-hydroxy-7-dollabellen-9-one)

69) Sakagami, Y., Watanabe, T., Hisamitsu, A., Kamibayashi, T., Honma, K., Manabe, H., Hoppe, A., Levring T.,(eds.). **Marine Algae in Pharmaceutical Science,** Walter de Gruyter, Berlin., 1982, pp.99-108 (Antiulcer substances from marine algae.)

70) Schnetter, R., Hrnig, I., Weber-Peukert G., **Hydrobiologia,** 1987, 151/152, 193 〔Taxanomy of some North Atlantic *Dictyota* Species (Phaeophyta)〕

71) Segawa, M. et al, **Tetrahedron Lett.,** 1987, 28, 3703 (Dictymal)

72) So, M. J., Kim, B. K., Choi, M. J., Park, K. Y., Rhee, S. H., Cho, E. J., **J. Food Sci. Nutr.,** 2007, 12, 191 (Protective Activity of Fucoidan and Alginic Acid against Free Radical-Induced Oxidative Stress under in Vitro and Cellular System)

73) Torsdottir, I., Alpsten, M., Holm, G., Sandberg, A. S., Tolli, J., **J. Nutr.,** 1991, 121, 795 (A small dose of soluble alginate-fiber effects postprandial glycemia and gastric emptying in humans with diabetes)

74) Tseng, C. K., Zhang, J. F., **Proc. Intl. Seaweed Symp.,** 1984, 11, 152 (Chinese seaweeds in herbal medicine)

75) Zaneveld, J. S., **Ind. Pac. Fish Counc. Spec. Publ. 3,** 1955 (Economic marine algae of tropical south and east Asia and their utilization)

Porphyra tenera Kjellman

참김 11

홍조류 · Bangiaceae (보라털과)

- 영명 | Purple laver, Laver
- 일명 | Asakusanori
- 중국명 | 紫菜, 甘海苔
- 한명 | 海苔, 甘苔, 紫苔
- 분포 | 한국(서해, 남해안), 일본, 중국

✻ 식물학적 특성

홍조류로 보라털과에 속하며, 태평양 연안의 조간대 상부에서 높이 7~24㎝, 폭 2~5㎝로 자라며, 일반적인 김류라고 말한다. 최근에는 자연산은 거의 없고, 멸종 위기에 있으며, 이 종의 품종, 큰잎참김은 수확량이 많아 각지에서 양식하고 있다. 마른 김의 총칭이다.

동속에는 방사무늬김(*Porphya yezoensis*), 잇바디돌김(*P. dentata*), 긴잎돌김(*P. pseudolinearis*), 둥근돌김(*P. suborbiculata*) 등이 있다.

✻ 성분

1) 영양성분

① **김(참김, 생것, 12004)** : 가식부 100g 중 수분 90.50g, 열량 19.0kcal, 단백질 3.3g, 지질 0.4g, 당질 1.7g, 조섬유 0.30g, Ca 490.0㎎, P 474.0㎎, Fe 4.50㎎, Zn(2.52)㎎, vitamin A 336.0 RE, β-carotene(0.0㎍), B_1(0.08

mg), B_2(0.38mg), B_6(0.14mg), niacin(0.4mg), C(34.0mg), 엽산(146.3㎍), E(1.00mg).

② **김(참김, 마른김, 12005)** : 가식부 100g 중 수분 11.40g, 열량 252.0kcal, 단백질 38.6g, 지질 1.7g, 당질 38.6g, 조섬유 1.70g, Ca 325.0mg, P 762.0mg, Fe 17.60mg, Zn(5.10)mg, vitamin A 3750.0 RE, β-carotene 22500.0㎍, B_1 1.200mg, B_2 2.950mg, B_6(0.07mg), niacin 10.4mg, C 93.0 mg, 엽산(1364.0㎍), E(4.30mg).

③ **김(참김, 구운것, 12009)** : 가식부 100g 중 수분 6.20g, 열량 272.0kcal, 단백질 40.9g, 지질 2.0g, 당질 41.7g, 조섬유 1.90g, Ca 410.0mg, P 610.0mg, Fe 12.70mg, Zn(0.66mg), vitamin A 4000.0 RE, β-carotene 24000.0㎍, B_1 1.100mg, B_2 3.200mg, B_6(1.38mg), niacin(9.0mg), C(95.0 mg), 엽산(1444.0㎍), E(4.60mg).

④ **김(참김, 맛김, 12011)** : 가식부 100g 중 수분 5.50g, 열량 265.0kcal, 단백질 37.8g, 지질 2.3g, 당질 41.1g, 조섬유 1.80g, Ca 230.0mg, P 705.0 mg, Fe 18.00mg, Zn(0.66)mg, vitamin A 3450.0 RE, β-carotene 20700.0 ㎍, B_1 0.960mg, B_2 2.800mg, B_6(0.07mg), niacin 8.3mg, C 70.0mg, 엽산 1364.0㎍, E(4.30mg).

⑤ **청태(말린것, 12053)** : 가식부 100 중 수분 3.70g, 열량 298.0kcal, 단백질 20.7g, 당질 61.5g 조섬유7.20g, ca 535.0mg, Fe 320.00mg, Zn1.70mg, vitamin A 3,200 RE, β-carotene 22,880.0mg, B_1 0.060mg, B_2 0.300mg, B_6 0.17mg, niacin 8.0mg, C 1.0mg, 엽산 4,715.7㎍, E 4.30mg

2) 특수성분

*P. tenera*에서 2-[[3-[(Carboxymethyl)amino]-5-hydroxy-5-(hydroxy methyl) -2-methoxy 2-cyclohexen-1-ylidene] amino]-3-hydroxybutanoic acid (C-00383), 2, 6-Piperidinedicarboxylic acid(P-01372), *P. umbilicalis*에서 Galactose 6-sulfate(G-00056), N, N, N-Trimethyl-2-(sulfo-oxy) ethanamonium hydroxide inner salt(C-01219) 등이 분리되었다.

✻ 생리 활성

김의 일반성분 : 마른김의 계절별 성분은 수분이 9.2~10.0%, 탄수화물 37.7~44.7%, 조단백 32.1~40.9%, 조지방 0.4~0.6%, 회분 11.0~13.4%, 12월(초기산)이 탄수화물 37.7%, 3월(말기산)이 44.7%, 단백질은 12월(초기산) 40.9%, 3월(만기산) 32.1%, 지방은 0.4~0.6%, 회분 11.0~13.4%, porphyran 은 만기산에 많았고, 이를 시료로 사용, 무기성분은 채집 시기와 환경에 따라 다르며, 상등품일수록 단백질과 P, Zn이 많고, 하등품일수록 탄수화물과 Fe이 많다. 양식 김(일본산. *P. yezoensis*)은 12월에 고단백이고, 만기산(2월)에 조섬유와 탄수화물이 많다.

고 지혈증과 김 유래 Porphyran : 양식 김 중 porphyran(Pp)의 무기성분은 Ca 2.23ppm, Mg 27.68ppm, K 64.01ppm이었으며, porphyran 1, 5, 10%을 흰쥐에 투여한 결과, 혈청 중 Ca이 대조군과 1%군에서 정상군에 비해 높았고, Mg은 정상군이 porphyran 군에 비해 대조군이 낮았고, porphyran양 증가에 따라 Mg양이 증가하였다. K양은 정상군과 대조군(고지혈증)보다 porphyran 군이 많았다. 조직 중 Ca, Mg, K의 함량은 간에서는 Ca, Mg, K 모두 정상군에서 높았고, Ca은 1% Pp군(16, 91 ppm) Mg은 10% Pp군(260.60ppm), K도 10% Pp군(338.00 ppm)으로 높았으며, 신장에서는 1%군에서 모두 높았고, 비장에서는 Ca은 10%(51.89ppm), Mg은 5%군(252.05ppm), K은 1%군(198.41 ppm)이 높았다. 즉 혈청 중 Ca은 정상군과 대조군보다 1%군이 가장 높았고, Mg은 정산군이, K는 10%군이, 간 중 Ca은 대조군보다 Pp군들이, Mg와 K는 대조군보다 10% Pp군이 높았다. 신장의 Ca과 Mg은 대조군보다 Pp군들이, K는 대조군보다 1% Pp군만이 높았고, 비장의 Ca은 대조군이 Pp보다 많았으나, K는 1%군이 대조군보다 많았고, Pp 증가에 따라 감소하였으며, Mg는 별 변화가 없었다.

Porphyran과 지질대사 : 김(*Porphyra yezoensis*)에서 prophyran을 추출, SD계 흰쥐에 4주간 급여한 후, 혈액과 간의 조직학적 변화를 관찰한 결과, 혈청 중성지질, 총 cholesterol 및 LDL-cholesterol은 정상군에 비해 대조군에서 중성지질, 총 cholesterol 및 LDL-cholesterol이 높게 나타났고, porphyran 1, 5, 10% 급여에서 첨가량이 증가할수록 혈청 중성지질, 총 cholesterol, LDL-cholesterol은 감소한 반면 HDL-cholesterol량은 증가하였다. 간조직의 현미경 관찰에서 정상군에 비해 대조군에서 많은 지방입자가 세포에 침착되었으며, porphyran 1%군에서 유사하였으나 5%군과 10%군에서 점차 지방 입자가 감소하였고, 특히 10% porphyran군에서 정상군과 유사하여 porphyran 급여량 증가에 따라 간의 지방침착이 감소됨을 나타내었다.

Porphyran과 효소활성 및 면역 : 고지혈증 및 고 cholesterol증 유발 흰쥐에 porphyran을 4주간 투여(1, 5, 10% porphyran)한 결과, 혈청 중 ALT, AST, ALT 및 LDH 활성은 대조군에 비해 porphyran 급여군들이 낮았으며, porphyran급여량 증가에 따라 낮아졌다. 간장의 SOD와 catalase 활성은 정상군에 비해 대조군이 높았으나, 대조군에 비해 porphyran군이 낮았으며, 특히 10%의 porphyran군이 정상군 수준으로 감소되었다. TBARS도 대조군에 비해 porphyran군이 모두 감소하였으며, 정상군 이하로 감소되었다. interleukin-1은 porphyran 2%, 5% 흰쥐의 혈청에서 정상군보다 각각 26.81%, 77.95% 증가하였으나, interleukin-2는 감소하였다. 이로써 porphyran 급여는 고지혈증 유도 흰쥐에서 과산화물을 저하시켜 항산화 효소 활성을 낮추었으나, 면역능에는 일정한 효과는 없었다(대조군 : 고지혈증 유도군).

변색 김과 Porphyran : 건조 김과 변색 김의 탄수화물, 지방 및 회분 함량이 비슷하였으나, 단백질은 건조 김이 많았다. 김의 chlorophyll 과 carotenoids 색소는 95% EtOH 추출 결과, 변색 김보다 건조 김에서 그 함량이 총 chlorophyll 은 1.5배, 총 carotenoids는 10배 많았으며, vitamin C는 건조 김에 35.9㎎%, 변색 김은 21.4㎎%로 건조 김에 많았고, 총 당은 건조 김 15.6%, 변색 김 15.2%로 비슷하였다. crude porphyran은 건조 김이 12.5%, 변색 김이 12.3%로 비슷하였고, crude porphyran 중 총 당 함량은 건조 김 porphyran은 64.5%, 변색 김 porphyran은 63.7%로 비슷, 황산기량은 건조 김 porphyran 17.6%, 변색 김 16.9%, 3, 6-anhydrogalactose는 건조 김 porphyran 이 18.8%, 변색 김 porphyran 18.1%로 비슷하였다.

추출 조건과 Crude Porphyran 의 특성 : Crude porphyran의 화학 조성은 추출 온도와 pH에 따라 차이가 있어 산성에서 추출한 porphyran 은 중성에서 추출한 것에 비해 수율 및 황산기 함량은 더 많으면서 단백질을 더 적게 함유하며 분자량도 작아지는 것으로 나타났고, 알칼리에서 추출한 것은 황산기가 떨어져 나가고, 단백질의 혼입 량이 많아지는 것으로 나타났다. 따라서 실험 목적에 따라 추출 조건을 달리해야 하며, 수율의 증가 및 저 분자화를 위해 pH 3~4 조건이, 또 시료 내 존재하는 porphyran 분자량 변화 없이 추출은 중성에서 행함이 적절하다고 생각되었다. 〔김, 서실, 김파래(*Bangia fus-co-purprea*)〕

Porphyran의 이화학적 특성 : 국내산 양식 김의 겔 제조를 위한 연구로, 채취 장소 및 시기에 따라 crude porphyran, porphyran을 제조, 알칼리 처리한 후 gel의 특성을 조사한 결과, 각각의 수율은 4.9~10.9%와 4.0~6.7%, 채취 시기는 부안 김 2월산과, 위도 1월산이 수율이 가장 높았다. gel 강도는 알칼리 처리 crude porphyran은 부안 김 2월산이 790g/㎠, 위도 김 740g/㎠로 가장 높았다. 알칼리 처리로 총당은 증가, 단백질과 황산기는 감소, 알칼리 처리 crude porphyran과 알칼리 처리 porphyran의 3,6-anhydrogalactose의 mol 비가 1.0 : 0.8~1.1, GC 와 FT-IR 분석 결과, 알칼리 처리에 따라 3,6-anhydrogalactose peak(932cm^{-1})가 증가, 6-sulfate galactose(815cm^{-1})와 총 황산기 peak(1250cm^{-1})가 감소, 황산기의 대부분 3,6-anhydrogalactose의 전구 물질인 6-sulfate galactose로 존재함을 알 수 있었다.

제단백 Porphyran의 성분 유동 특성 : 건조 김의 약 40%가 단백질, 25%가 탄수화물이며, porphyran은 세포 사이에 있는 산성 수용성 다당으로 김에 10%가 있으며, 3,6-anhydro-L-galactose, 6-*O*-methy1-D-galactose, D, L

-galactose 및 ester sulfate로 한천의 조성과 유사하나 methoxy기 함량의 차이가 있다. porphyran의 생리 활성 즉 항종양, 항산화 활성의 우수성이 연구되어 기능성 식이섬유 소재로 알려지고 있고, 특히 물성적 특성과 생리활성의 상관성이 밀접하였다. 김을 pH 4.0, 80℃에서 4시간 0.5% alcalase와 0.5% flavourzyme으로 가수 분해하여 제단백 porphyran을 제조하였다. 건조 김의 10.7%의 porphyran을 함유, 이는 0.6%단백질, 14.8% estersulfate, 3.2% 6-*O*-methy1 galactose, 16.0% 3, 6-anhydro-L-galactose 및 67.3% galactose를 함유하였다. 점도는 농도나 온도와 깊은 관계가 있고 porphyran용액은 농도 증가에 따라 신축성 액상으로 유동성이 감소하였다. 1,000 *l* /s에서 제단백 porphyran 용액의 활성화 energy는 농도 증가에 따라 $1.4954x10^4$에서 $1.9544x10^4$J/kg mol로 증가되었다.

Porphyran의 정제와 화학적 특성 : 방사무늬김에서 얻은 porphyran의 신속한 정제로 생리활성이 있는 식품 재료를 개발하고자 하였다. 건조 김은 3시간 물에 끓여 crude porphyran을 얻어 cetylpridinium chloride로 산성 분획(Cp-F1)과 중성 분획(Cp-F2)으로 분리하였다. Cp-F1은 더욱 EtOH 침전 분획하였고, 처음 Cp-F1분획에서 61~70% EtOH로 침전시켜 Cp-F1-70을 얻었고, Cp-F1-70분획은 다당류인 550kDa분자량의 sepharose Ch-4B의 단일 band이었다. galactose, 3,6-anhydro-L-galactose, 6-*O*-methy1-D-galactose, Cp-F1-70 sulfate ester 분자 비율은 1: 0.32: 0.07: 0.53이었다. 이러한 방법은 정제 porphyran 대량 제조에 대단히 신속하고 유용한 방법이다.

ACE 저해 물질 분리 및 특성 : 국내산 해조류 70여 종 중 ACE 저해 활성이 가장 강한 김(*Porphyra yezoensis*, 서천)의 산 가수 분해물에서 ACE 저해 활성 peptide를 분리하여 특성을 조사하였다. 김을 균일하게 파쇄, 0.25N -HCl로 가수 분해 후, 중화하고, 한외 여과로 분자 크기 3KDa 이하를 분리, Amberlite XAD 8, DEAE-Toyopearl, Sepadex LH-20와 reverse phase HPLC(C_{18})를 순차적으로 수행, ACE 저해 물질 PY30-Ⅱ-b-h5을 분리. 이러한 분자 크기는 약 580 dalton으로 glycine(24.5%), arginine(56.8%), proline(18.8%)의 저분자 peptide로 ACE 저해 양상은 경쟁적 저해 작용을 보였고, IC_{50}은 10.6㎍/㎖이었다.

김 가수 분해물 중 ACE 저해 물질 분리 : 김의 Maxazyme NNP 가수 분해물을 여러 단계로 ACE 저해 peptide를 분리, ACE 저해 효과는 37.2%, 색소, 다당류 및 고 분자 단백질을 제거한 후의 활성 물질은 분자량 3,000이하, ACE 저해 효과는 69.4%, 다시 gel filtration, reserve-phase HPLC 및 여러 chromatography로 정제, 단일 peak를 얻었고, 이들의 분자량은 각각 413.48, 346.8, 320.32 dalton, 이들의 amino acid sequence 는 N-말단으로부터 아미노산 잔기 분석 결과, 각각 Val-Gln-Gly-Asn, Thr-Glu-Thu, Phe-Arg로 확인되었다.

갱년기 Collagen가교형성 : 난소절제로 폐경 유도 흰쥐에 김 추출물(Ptex)을 투여하여 estrogen 감소로 인한 골손실을 collagen 함량과 collagen 성숙 가교인 pyridinoline함량을 측정하고, 난소절제 않은 Sham대조군과 비교한 결과, Ptex투여 실험군에서 collagen과 pyridinoline 함량이 대조군과 유사하여 Ptex가 폐경으로 인한 골 손실을 감소시킨 것으로 사료되었다.

방사무늬김의 함질소 엑스 성분① : *Porphyra yezoensis* 을 매월 1회 채취, 건조 후, 함 질소 성분인 엑스분 질소, 유리 아미노산, 결합 아미노산, ATP 관련 물질, 4급 암모니움 염기를 분석한 결과, 엑스 질소는 976~1,196㎎/100g(건물), 유리 아미노산은 28~31종이며, 총 함량은 5,648~ 6,845㎎/100g(건물), 유리 아미노산은 alanine, glutamic acid, taurine, phosphoserine, aspartic acid 등이며, 결합 아미노산은 가수 분해 후 18~22종, 그 총량은 1,194~1,406㎎/100g로 유리 아미노산 총량의 19.6~22.9%이었다. ATP 관련 물질 총량은 111.6~195.5㎎/100g(3.30~6.00 ㎛ol/g), betaine은 마른 김에서 homarine은 모든 시료에서, trigonelline은 1월 시료에서만 확인되었다. glycine betaine, β-alanine betaine 및 γ-butyrobetaine은 가공 과정 중 소실되었다. TMAO는 모든 시료에서, TMA는 일

부 시료에서만 확인 되었고, 방사무늬김 생엽을 건제품으로 가공함으로써 유리 아미노산은 증가하였으며, 결합 아미노산은 감소되었다. ATP 관련 물질은 증가 하는 반면 TMAO와 TMA, betaine 류는 전반적으로 감소하였다. 〔TMA(O): Trimethylamine(oxide)〕

잇바디 돌김의 함 질소 엑스 성분과 월별 변동② : 전남 장흥군에서 양식된 *Porphyra dentata*를 매월 1회 채취, 건조, 맛과 관계 깊은 함 질소 성분인 엑스분 질소, 유리 아미노산, ATP 관련 물질, 4급 암모늄 염기를 분석한 결과, 엑스분 질소는 670~1,304㎎/100g, 유리 아미노산은 28~29종, 그 총 함량은 2,796~6,277㎎/100g, 주요 아미노산은 alanine, taurine, glutamic acid, glutamine, phosphoserine 등이며, 결합 아미노산은 가수 분해 후 18~21종, 그 총량은 1,406~2,142㎎/100g, 유리 아미노산 총량의 26.4~55.7%로 중요 함질소 성분으로 나타났다. betaine류는 homarine이 모든 시료에 있었고, β-alanine, γ-butyrobetaine, trigonelline은 가공 중 소실되었다. TMAO 와 TMA는 모든 시료에 있었다. 잇바디돌김 생엽을 건제품으로 가공 중 유리 아미노산, TMAO와 TMA는 증가, 결합 아미노산, ATP 관련 화합물, betaine류는 감소되었다. 〔TMA(O): trimethylamine(oxide)〕

핵의 18S rDNA 염기서열 분석 : 한국산 방사무늬 김(*Porphyra yezoensis*)의 핵 18S rDNA 염기서열 분석 결과, exon 영역의 크기는 1,823bp 로 일본산보다 3개 염기가 많았고, intron 염기수는 514개로 3개의 염기가 적어 전체 2,337개의 염기 크기는 동일, exon은 일본산과 염기 9개 차이가 있어, 99.5%의 상동성을 보였으나, intron은 결손 변이 및 단일 염기 변이가 있다.

항 Cholesterol 효과 : Triton WR-1339(600㎍/g) 유도(복강 주사) 고 cholesterol 흰쥐에 김 추출물을 주사한 결과(30㎍/g), 총 cholesterol과 LDL은 Triton만 주사한 경우에 비해 37%와 24% 감소되었고, Triton 과 김 추출물 주사 후 40시간에 fromol-calcium 용액에 고정시켜 간 조직 변화를 관찰한 결과, 간의 형태 변화는 그물 구조의 세포질을 가진 간 세포가 간엽 전체에서 나타났고, 간 세포관은 손상되었으나, 김 추출물 투여군에서는 그물 구조의 세포질을 가진 간세포가 간엽 전체에서 나타났고, 간 세포관은 손상되었으나, 김 추출물 투여군에서는 그물 구조 간세포가 줄었으며, 간 세포내 침착 지방과 cholesterol의 입자 수와 크기가 감소하였다.

Porphyran과 혈청 및 간중 Cholesterol : SD계 흰쥐를 정상식이에 물(NW), 고 cholesterol 식이에 물(HCHW), 고cholesterol 식이에 1, 2, 3% porphyran 음료(HCH-Pp)를 4주간 급여, 혈액과 간 중의 지방과 cholesterol 함량을 측정한 결과, 혈청 중 TG와 총 CH함량은 정상군에 비해 대조군에서 높았으며, Pp군들은 대조군보다 낮았다. 혈청 중 HDL-cholesterol은 대조군에서 가장 낮았으나, Pp군들은 Pp양의 증가에따라 높아지는 경향이었다. 간 중 TG와 총 CH는 대조군에 비해 Pp군들은 Pp양 증가에 따라 낮아졌다. 이들 결과로 HCH섭취 흰쥐에서 김에서 추출한 porphyran을 음료 형태로의 섭취가 체내 중성지방과 choleterol을 낮추는 지방 개선 효과가 있었다.

항돌연변이 및 항균 효과 : 미역과 다시마 EtOH 농도별 추출물의 NDMA 에 대한 항돌연변이 효과 및 *E. coli, B. subtilis, S. cerevisiae* 에 대한 항균 효과를 검색한 결과, 다시마의 EtOH ex 의 항돌연변이 효과는 전반적으로 미역 추출물보다 높았다. 다시마의 70%와 90% EtOH ex는 TA100과 TA102에서 NDMA에 높은 항돌연변이 활성을 보였고, 특히 TA100에서 97% 이상의 높은 돌연변이 효과를 보였다. 항균 효과는 미역의 50% EtOH ex에서 *S. cerevisiae*에 높은 반면, 다시마의 70%와 90% EtOH ex는 *B. subtilis*와 *E. coli*에 대해 높은 항균성을 보였다.

항산화 효과 : 상용되는 해조류 5종 – 미역, 다시마, 톳, 파래, 김의 항산화 활성과 총 flavonoid 및 polyphenol 함량을 알고자, 해조 EtOH ex를 Fe 유도 지방 과산화 억제율, DPPH 라디칼 소거율 및 MDA-BSA 결합 저해율을 3가지 방법으로 측정하였다. 녹조류인 파래의 항산화 효과가 가장 우수하였고, 미역과 톳은 거의 없었다. 총 flavonoid 는 미역 11.63

mg/g로 높았고, 총 polyphenol은 파래가 8.97mg/g으로 가장 높았다. 3가지 방법의 항산화 효과는 총 phenol량과 관계가 깊었으며, 지질 과산화 억제율과 매우 높은 상관성을 보였다. 해조류의 항산화 효과에 polypenol 성분의 기여도가 큰 것으로 나타났다.

Angiotensin-1 전환 효소 저해 : 해조류(김, 파래, 미역, 우뭇가사리, 청각, 톳, 다시마) 추출물과 가수 분해물의 성분과 ACE 저해 효과를 조사하였다. 단백질의 함량은 김 39.6%, 파래 22.1%, 미역 21.1%, 우뭇가사리 18.3%, 청각 15.7%, 톳 12.4%, 다시마 8.2% 순이었고, 추출물의 ACE저해 효과는 50, 70, 98℃에서 추출한 결과, 70℃ 추출 시료 모두에서 가장 높았으며, 70℃를 기준 ACE 저해율은 우뭇가사리 10.9%, 김 9.3%, 파래 8.9%, 미역 8.2%, 톳 7.5%, 다시마 7.1% 및 청각 7.0% 순이었다. maxayme과 papain 가수 분해 물의 ACE 저해 효과는 김이 파래, 미역, 우뭇가사리보다 현저히 높았고, peptide-nitrogen 함량 역시 높았다. 김 8시간 가수 분해 후 ACE 저해 효과가 maxazyme 31.3%, papain 27.9%로 가장 높았고, peptide-nitrogen 함량도 가장 높았다. 파래의 ACE 저해 효과 역시 8시간에서 maxazyme 9.6%, papain 8.5%로 다른 시간대보다 높았으며, peptide-nitrogen 함량이 16시간까지 완만히 증가하였다.

식이 섬유 : 채소류, 버섯류, 과일류, 및 해조류의 식이 섬유를 조사한 결과, 총 식이 섬유의 평균은 과일류와 가공품〈녹황색 채소류〈담색 채소류〈해조류 및 가공품〈버섯류 순이며, 녹황색 채소류 3.62±12.68%이었고, 버섯류 중 건조 석이버섯이 52.87%로 가장 많았으며, 느타리버섯 3.88%, 양송이 1.42%이었고, 버섯류 중 건조 석이버섯이 52.87%로 가장 많았으며, 느타리버섯 3.88%, 양송이 1.42%이었다. 과실류에서 사과는 1.50%, 딸기가 1.55%이었고, 해조류는 미역과 김이 각각 37.77%, 31.36%이었다.

해조류와 당뇨쥐의 장기능[①] : 상용하는 해조류 4종(김파래, 다시마, 미역, 한천)을 당뇨환자 치료식의 고식이 섬유 보충을, STZ유도 당뇨쥐에 분말 시료 7%(에너지 밀도 동일)실험식을 6주간 투여한 결과, 체중, 장기능 및 증세 호전도에서, 정상군보다 체중 증가는 낮았으나, pectin 투여군보다 시료 효율과 체중 유지는 호전되었고, 해조류 중 다시마는 pectin보다 약하나 당뇨 동물에서 전형적 당뇨 증세는 호전 경향을 보였다. 해조류의 투여는 pectin 투여와 같이 장 통과 시간의 유의적 단축, 분변 배설량의 증가, 장 길이 증가 등 당뇨 동물의 소화 흡수 장 기능의 변화를 보였다.

해조류와 당뇨쥐의 당, 지질대사[②] : STZ유도 당뇨쥐에 각 해조류(미역, 김파래, 다시마, 한천) 분말 시료 7% 포함 식이를 6주간 투여한 결과, 다시마, 미역, 한천군은 경구 내당능 검사에서 당뇨군보다 공복시 혈당 수준의 감소와 내당능 개선 효과를 보였다(pectin군보다는 낮았다). 김 파래는 당뇨군의 혈중 cholesterol을 현저히 낮추었다(pectin과 비슷). 해조류는 변중 steroid 물질의 배설을 증가, 특히 김파래와 미역은 변중 cholesterol 배설을 pectin과 같이 증가, 담즙산의 배설량은 pectin보나 높았다.

산지, 채취 시기와 섬유질 함량 : 식용해조(녹조류 – 참홑파래, 청각; 갈조류 – 미역, 톳, 모자반, 다시마; 홍조류 – 얼룩도박, 참김, 북등풀가사리) 9종의 가용성과 불용성 식이 섬유질 및 총 식이 섬유질을 산지(기장, 충무, 여수)와 채취 시기별로 측정한 결과, 녹조류 가운데 참홑파래가 25.4~38.1%(건물), 청각 35.4~43.8%, 갈조류 중 미역 34.2~48.8%, 톳은 37.5~43.8%, 모자반 42.9~71.8%, 다시마 37.1~45.1%, 홍조류 중 참김 31.3~40.5%, 얼룩도박 51.5~60.4%, 불등풀가사리 57.1~65.8% 이었고, 가용성, 불용성은 참홑파래(43.7~64.8%), 갈조류 중 미역(17.5~31.3%), 홍조류 중 불등풀가사리(44.7~63.2%)가 높은 값을 보였다. 다당류의 분포 특성은 갈조류에 알칼리 가용성 알긴산을 많이 함유하고 있으며(9.0~15.1%), 홍조류 중 참김은 porphyran(5.8%), 불등풀가사리와 얼룩도박은 한천(20.0%)과 카라기난(23.8%)을 각각 많이 함유하는 차이를 보였다.

김색소 고정과 탄닌산 처리 : 마른김의 색택 향상을 위한 방안을 실험하였다. 생김은 냉암소에 저장하여도 김의 색소인 chlorophyll과 phycoerythrine의 함량이 감소하였다. phycoerythrine의 용출방지에 0.02% 및 0.004% 탄닌산 용액이 가장 효과적이었다.

발암성 Nitrosamine 의 생성 억제 : 천연식품 중 발암성 nitrosoamine 생성 억제 작용을 알기 위해 야채류(고추, 마늘, 파, 산초, 양차, 생강, 당근)와 해조류(김, 파래, 미역, 청각)에 대하여 NDMA로 실험한 결과, 야채류에서는 마늘, 생강, 파 등이 pH 1.2에서 30~40%, 김, 파래 등이 40~50%. 미역과 청각은 25% 생성 억제 효과가 있었고, 야채류와 해조류 첨가량 증가에 따라 억제 효과도 컸다. pH 6.0에서 nitrosoamine 생성 억제가 가장 컸고, pH 1.2와 4.2 에서는 비슷하였다. NDMA(nitrosamine의 일종)의 생성 억제는 pH 1.2에서 가장 컸다. ascorbic acid의 nitrosamine 생성 억제와 야채류, 해조류를 비교한 결과, 마늘, 파, 생강은 pH 1.2에서 ascorbic acid와 비슷하였고, 해조류 중 김, 파래는 ascorbic acid보다 높았다. 야채와 해조류 추출물은 $NaBH_4$ 처리로 nitrosamine 생성 억제 작용이 감소하였다.

아질산염 소거활성 : Nitrosamine의 직접 생성 인자인 아질산염 소거작용을 검토한 결과, 갈조류가 녹조류 및 홍조류에 비해 우수한 분해 효과를 보였으며, 갈조류 중 감태, 곰피, 구멍쇠미역이 뛰어났고, 모두 pH의 조성이 커, pH 4.2 및 6.0보다 pH 1.2에서 아질산염 분해 효과가 컸다.

항 발암효과 : 김의 MeOH ex를 용매 별로 분획하여 각 분획에 대해 C_6, $HepG_2$, MCF-7 및 HT-29 암세포주에 대하여 실험한 결과, 시료의 농도 의존적으로 증식 저지효과가 나타났고, hexane 분획물이 항암효과가 가장 강하였다. 본 시료는 신경종양, 간암 및 유방암의 성장 억제 효과가 탁월하였다. 4종의 암세포 중 quinone reductase(QR)가 있는 $HepG_2$에서 QR 유도 활성을 측정한 결과, 분획물 농도가 50, 100, 150㎍/㎖ 첨가시 PTMH 첨가 농도를 50㎍/㎖에서 대조군에 비해 약 1.5배 이상의 QR 유도효과를 보였고, 최종 농도 150㎍/㎖에서 약 6.6배의 높은 암예방 QR 유도 효과를 보였다.

지방산 조성 : 김(purple laver)의 지방산 조성을 분석한 결과, C_{12}(0.24%), $C_{12:1}$(1.10%), $C_{13:1}$(0.34%), C_{15} iso(0.07%), C_{15}(0.24%), C_{16}(0.75%), $C_{16:1}$(3.56%), C_{17}(0.50%), $C_{17:2}$(0.36%), C_{18}(7.44%), $C_{18:1}$(9.03%),

$C_{19:1}$(1.90%), $C_{19:2}$(1.03%), $C_{20:1}$(2.70%), $C_{20:2}$(0.63%), $C_{21:1}$(1.43%), $C_{21:2}$(4.37%), $C_{22:1}$(28.12%), C_{26}(17.42%) 등이 분리되었다.

방사선 저항성 세균 검색 : 김에서 방사선 저항성 세균을 분리하여, γ-선 감수성을 시험한 결과, 특징적으로 20kGy까지 Shoulder line 을 형성하였으며, Semi-log의 감소를 보이는 구간에서의 D_{10}값은 11.27kGy이었다. 분리 균주는 gram(+)의 비운동성 구균으로 2~4개 혹은 다발 모양의 형태를 이루며, catalase test에서 강한 양성 반응을 보였다. 배양 시 특징적으로 붉은색 색소를 생산하며 smooth colony를 형성하였고, API system에 의한 생화학적 특성 시험 결과, glucose와 fructose를 기질로 이용하였으며, 다른 시험에서는 음성 반응을 나타내었다. 따라서 김에서 분리된 방사선 저항성 세균은 *Micrococcus roseus* sp. 로 잠정 동정하였다.

산에 민감한 유전자의 분리 : 방사무늬 김 염색체를 산처리로 유전형질의 표현 변화를 differential display기법으로 비교한 결과, 방사무늬김 엽체를 0.05% HCl를 첨가 해수(pH 3.0)에서 5분처리 후, 각각 10분, 30분, 60분, 4시간 동안 멸균 해수에서 정치 배양시키면서 RNA를 추출 DNA 합성, PCR 증폭, agarose gel 전기 영동 및 DNA 염기배열을 조사한 결과, arbitary primer OPA1(AGGCCCTTC)를 사용, differential display한 경우, 산처리 후 30분간 멸균해수에서 정치 배양한 엽체에서 특이적으로 RNA 합성이 되지 않은 유전자를 분리하였고, 염기 서열을 비교한 결과, 이 유전자 fragment(605bp)는 dithiobiotin synthetase 유전자와 93%의 높은 상동성을 갖고 있었다.

인체암 증식 억제 : 김에서 정제한 prophyran이 항 증식작용이 있었다. 음ion 교환과 gel-여과크로마토그라피로 3종의 분자량이 다른 porphyran을 정제한 결과, 50㎍/㎖ 이상의 단백질과 10㎍/㎖ porphyran을 함유하였으며, crude porphyran 용량 의존적으로(0~5㎍/㎖) 세포성장을 억제하였다. HT-29 결장 암세포와 AGS 위암세포를 정제 porphyran을 여러 농도로 배양한 결과, 저농도(5와 10㎍/㎖)에서 50%성장 억제 효과를 보였다. 더구나, porphyran의 다당류가 단백질 부분이 caspase-3활성을 증

가시켜 암세포 증식을 가장 효과적으로 억제시켰다. 이 결과로, 정제된 porphyran이 암세포 항증식 작용이 현저함을 알수있었다(P<0.05).

저분자 Peptide 의 기능성 : ACE저해 활성, 항암 활성, 항갈변 활성 해조류의 이용성을 높이고자 pepsin으로 가수 분해한 peptide를 정제, 쇠미역, 파래, 지누아리는 3개의 peptide, 김은 2개의 peptide를 얻어 항산화 활성을 검사한 결과, 김은 peak 1이 높았고, 다음 peak 2가 높았다. ACE저해 활성은 김 peak 1, 파래 peak 3, peak 2 순으로 높았으며, 항갈변 활성은 김 peak 1과 2, 파래 peak 2가, 파래 peak 3이 높았다. 항암 활성은 파래 peak 1>쇠미역 peak 2> 파래 peak 3> 지누아리 peak 3 순이었다. 전반적으로 김의 기능성이 높았고, 또한 단백질 함량도 높았다.

Porphyran 추출과 품질 : 시판 김, 변색 김, 폐기용 김을 분석한 결과, 수분 12.1%, 14.2%, 12.3%, 탄수화물은 35.7%, 31.7%, 35.2%, 단백질은 32.1%, 33.4%, 32.5%, 지방은 4.2%, 5.4%, 4.3%, 회분은 15.9%, 15.1%, 15.7% 이었고, vitamin C는 35.9mg%, 21.4mg%, 34.4mg%, 총당은 15.6%, 13.4%, 15.7% 이었다. porphyran은 시판 김, 변색 김, 폐기용 김이 각각 54.5%, 45.7%, 56.2% 이었다. 총 당 중 황산기로 표현하면 시판 김, 변색 김, 폐기용 김이 각각 17.6%, 13.9%, 17.3%이었고, 단백질 함량은 각각 12.3%, 12.4%, 12.1%로 동일하였다. 김 제품에서 추출된 3,6-anhydro-galactose는 시판 김 porphyran 13.8%, 변색 김 porphyran 9.1%, 폐기용 김 porphyran은 13.9%로 시판 김과 폐기용 김 중 porphyran의 3,6-anhydro-galactose는 거의 같았고, 시판 김과 폐기용 김 porphyran의 화학조성과 함량은 동일하였다.

양식 김의 광합성과 수온, 염 및 해수중 현탁 부니 : 김 광합성율은 실험수온 8~16℃까지 수온증가에 따라 증가하였으나, 18℃ 이상에서는 감소되었고, 염분 21.5~33.5%에서 김의 광합성율이 29.5% 증가, 21.5%에서는 감소하였으나, 해수의 부니 농도 증가에 따라 현저히 감소하였다. 김의 생체량은 부니 농도 증가에 따라 현저히 감소하였다.

양식 김과 자연김의 지방질 조성 : 천연산과 양식 김의 지방질을 TLC와 GLC

로 분석한 결과, 천연산의 중성지질, 당지질, 및 인지질의 중량비는 21.4, 53.4, 25.2%, 양식산은 30.5, 50.3, 19.2%로 모두 당지질이 많았고, 천연 및 양식 김 모두에서 유리 지방산이 41.3, 39.0%, 트리글리세리트(TG) 25.6%, 28.8%, 유리 스테롤 22.1% 16.7%이었다. 당지질 조성은 천연산과 양식산 모두 digalactosyl diglyceride와 monogalactosyl diglyceride가 주성분이며, 양식산에만 sulfoquinovosyl diglyceride가 4.2% 함유, 인지질 조성은 천연산과 양식산에 phosphatidyl(p) ethamolamine과 p-choline이 주요 구성 성분. 다음 p-serine 및 p-inositol이었다. 천연산 김의 주요 구성 지방산은 20:5(29.4%), 16:0(23.4%) 및 20:4산(13.0%), 양식산 20:5(36.7%), 16:0(16.2%), 16:1(10.7%) 및 18:1산(9.7%), 중성지질의 지방산 조성은 총 지방질의 조성과 비슷하였다. 천연산과 양식 김의 인지질 지방산 조성은 20:5, 16:0 및 18:1산 등이 조성비가 높았고, 당지질은 천연산 김은 16:0, 20:5, 18:1 및 20:4산, 양식산은 20:5, 16:0 및 18:1산이었다. 전체적으로 천연산과 양식산 김의 주요 구성 지방산은 16:0, 16:1, 18:1, 20:4 및 20:5산이었다. 양식 김이 천연산 김보다 20:5와 16:1산의 함량이 높은 반면, 20:4와 16:0산의 함량이 낮은 경향이었다.

NaOH 가용성 해조 단백질 추출 : 둥근돌김, 잎파래, 구멍갈파래, 미역, 모자반, 청각 등의 NaOH 가용성 단백질을 추출한 결과, 0.05M NaOH에 전 시료의 추출율은 좋으나, TCAA 불용성 단백질은 0.01~0.025M에서도 양호하였고, 추출시료는 건조시료 1g에 대하여 NaOH용액 100*ml*가, 추출 시간은 녹조류(파래류, 청각)는 1시간, 양식 미역 2시간, 자연산 미역, 모자반은 3시간이 추출 성적이 최고였으며, 추출 온도는 60℃가 가장 추출 성적이 좋았다.

김 분말 제조와 특성 : 돌김과 참김을 천일 건조, 열풍 건조(60, 150℃), 진공건조 및 동결 건조법으로 건조하여 김의 ascorbic acid, chlorophyll, carotenoid, phycobilin 변화를 조사하였다. 김의 색소 chlorophyll, carotenoid, phycobilin은 세척, 건조 방법에 따라 손실의 양이 차이가 있고, 특히 고온 열풍 건조는 색소 손실이 많았으나 동결 건조법이 가장 우수하였다.

vitamin C는 건조법에 따라 95~99% 손실이 되었다. BET식 결정 단분자층 수분 함량은 돌김과 참김 분말 모두 6.3%(dry basis)이었다. 50, 80, 100 mesh로 사별한 돌김 분말은 각각 80, 100~110 및 110~120㎛ 중심으로 단일한 입도 분포로 김분말 입자가 균일함을 알 수 있었다.

마른 김 열처리 효과와 제조공정개선 : 시중 유통 김의 세균학적 위생 안전 확보를 위해 열처리를 한다. 마른김을 gas불로 직접 또는 간접 가열처리로 세균수가 10^8cfu/g으로 감소하였다. 조미 열처리 가공김 제조 중 열처리로 생균수 2.2×10^5~5.2×10^7cfu/g에서 7.0×10^2~5.0×10^5cfu/g로 감소, 또 마른김 표면에 20w 자외선을 단면과 양면에 20분간 조사한 경우, 생균수 2.2×10^6cfu/g에서 8.0×10^5cfu/g, 2.0×10^5cfu/g으로 각각 감소하였다. 외부 오염 방지용 정치형 건조기로 제조한 김은 생균수 10^3cfu/g으로 유통되고 있는 김보다 생균수가 4~5 log cycle 낮아졌다.

산지별, 등급별, 품질평가 및 저장 중의 변화 : 마른 김의 등급이 높을수록 단백질과 chlorophyll a, carotenoid, biliprotein 등 색소 함량이 높았고, 지방산은 고도 불포화 지방산이 많아 $C_{20:5}$산이 50%, $C_{20:5}$와 $C_{16:0}$산이 전지질의 70%이었으나, 산지 별 지방산 조성에는 큰 차이가 없었다. 등급이 높을수록 $C_{20:5}$산이 많았다. 아미노산 조성에서 시료간의 차이는 없었으나, Asp, Glu, Ala가 많았다. 마른김의 저장 중 변화는 chlorophyll a, carotenoid, biliprotein 및 asorbic acid는 저 수분 활성(aw 0.1~0.3)에서 변화가 적었으며, biliprotein은 가장 안정하였으나, carotenoid 저 수분 활성에서 억제되었다. 저장 중 지방산 조성은 aw 0.2에서 안정하였으나, 0.1에서는 Gly, Ala이 전체의 47.4%, 저장 중 유리 아미노산은 aw 0.2에서 100일 후 Ser, Ala, Val, Pro, Lys.가 80% 이상, Glu는 25%만 잔존하였다. aw 0.6에서 Ala만 80% 이상 잔존, Met는 13.8% 잔존으로 변화가 컸다.

구운김의 가공 및 저장 중 품질 안정성 : 김의 열처리 조건에 따른 성분의 변화와 저장 중 색소, 지방산, 유리 아미노산, 색도, 갈변의 변화와 품질 안정성을 검토한 결과, 열처리 중에 biliprotein 색소는 극히 불안정, chlorophyll a보다 cartenoid가 안정하였고, 색소의 안정도는 열처리 온도와 시간에 따라 다르나 chlorophyll과 carotenoid는 60℃, 90분; 80℃, 60분; 100℃, 10분; 150℃, 5분; 200℃, 3분 열처리에서 90%이상 잔존하였다. 또 열처리에 따라 L값과 a값은 증가, b값은 감소하였고, 지방산은 위의 열처리에 영향이 없었다. 배소 김의 저장 중 열처리에 의한 안정화 효과, 조미액의 항산화성과 바른 기름의 보호 역할도 chlorophyll a, carotenoid는 안정하였고, 지방산은 조미 배소 김은 aw 0.2, 50일 이상 저장에서도 극히 안정하였으나, 장기 저장 시에는 지질의 변화가 있었다. 유리 아미노산은 열처리 중에 Thr, Gly 등은 80% 이상 손실을 보였고, 기름 바른 김은 aw 0.2, 100일간 저장 후 80% 이상 잔존하였다. 그 중 Glu의 손실이 가장 심하였다. 기름 살포는 유리 아미노산의 안정화에 유효한 것으로 보였다.

배소 및 저장 중 색소, Trypsin 저해물질(TIS) 및 식이섬유 : 성분의 변화를 측정하고, 색소 단백 TIS 및 소화율을 조사한 결과, 마른 김 50, 70, 90, 100, 120℃에서 각각 1시간 가열 처리 시 chlorophyll a와 carotenoid는 120℃에서 85% 잔존, 비교적 안정하였으나, bililprotein은 매우 불안정하여 70℃에서 60%, 100~120℃에서 20~10% 잔존하였다. chlorophyll a는 carotenoid보다 다소 안정, biliprotein 색소 중에 phycoerythrine보다 phycocyanin이 더 불안정하였다. TIS는 열에 안정하여 100℃에서 10% 감소, 소화율은 대조구가 80%, 100℃에서 85%로 증가, TIS 감소와 소화율의 증가는 색소 단백의 감소와 상관성을 보였다. 열처리 중 불용성 식이 섬유(IDF)가 감소, 온도에 별 변화가 없었으나, 수용성 식이섬유(SDF)는 온도 증가에 따라 증가하였다. 실온에서 배소김을 20주간 저장 시 chlorophyll a는 aw 0.65에서 약 20%가, aw 0.1에서 75% 이상, carotenoid는 aw 0.1에서 40%, aw 0.65에서 2% 잔존, 크게 감소하였으나, biliprotein은 안정하였다. 저장 중 TIS는 aw 0.65일때 15% 감소, 이때 소화율은 92%로 증가, TIS와 소화율은 상관성이 있었으며, SDF는 점차 증가, 12주부터는 상당한 변화를 보였다.

해조류의 콜린 함량 : 김, 다시마, 미역, 파래의 가식부 100g당 choline 함량은 각각 179.47, 76.70, 11.53, 112.74, 2.46 mg%로 미역〉김〉다시마〉파래 순이었다.

발효식품과 해조류의 비타민 B_{12} : 전통법으로 제조한 된장의 비타민 B_{12}함량은 1.85㎍%, 공장 된장은 0.04~0.86㎍%, 전통 청국장은 0.69㎍%, 공장 청국장은 0.06~0.15㎍%이었고, 전통식 고추장은 0.11㎍%, 국 간장은 0.04㎍%이었으나 진 간장에서는 검출되지 않았다. 시판 배추김치의 B_{12}는 0.02~0.03㎍%, 열무김치 0.013㎍%, 갓김치 0.02㎍%, 깍두기는 0.004㎍%이었고 새우젓 0.78㎍%, 멸치액젓 1.52㎍%이었다. 김의 B_{12}함량은 66.76㎍%, 파래 84.74㎍%, 다시마 0.36㎍%, 미역 1.90㎍%이었다.

김엽체와 성장 호르몬 : 식물 호르몬 gibberellin(Gb), IAA, kinetin(Kn), NAA 및 2.4-D등을 농도별로 김엽편을 32일 배양 후, Kn 농도별로 5℃와 10℃ 수온에서 18일 배양한 결과, Gb 10.0mg/L와 기타는 0.5mg/L에서 최고 생장효과를 보여 건 중량으로 Kn 312.5%, 2,4-D 287.5% Gb 247.9%, IAA 166.7%, NAA 14.7% 순이었다. 특히 Kn 5.0mg/L 배양엽편은 색채가 진한 흑갈색, 5℃와 10℃에서 Kn 5.0mg/ l 에서 5℃에서 366.7%, 10℃에서 318.8% 최대로 생장하였다.

양잠산물분말-조미김의 영양 : 김 1장에 옥배유 5㎖를 바르고 0.2g 소금을 뿌리고, 250℃ oven에서 15sec 애벌구이한 후, 뽕잎, 누에, silk peptide를 각각 1g씩 김에 분사한 다음 다시 250℃, 15sec 구이한 시료의 조단백질 함량은 누에분말-김〉silk peptide-김〉뽕잎 분말-김〉무첨가김 순으로 많았으며, 조지방, 수분함량은 별차이 없었다. Zn은 누에분말-김〉 silk peptide-김〉뽕잎분말-김 순으로, Mn은 뽕잎분말-김〉silk peptide-김〉누에분말-김 순이었다. 관능평가 결과, 무첨가〉뽕잎분말〉누에분말〉silk peptide 순이었다.

녹차 김부각의 특성 : 녹차 추출물 첨가 김부각을 제조, 60℃ 항온기에서 40일간 관찰한 결과, 산화 안정성은 AGT군보다 낮았고, 녹차 김부각을 튀겼을 때 linoleic acid(C18:2), oleic acid(C18:1), palmitic aicd(C16:0)의 순으로 많았다. control은 녹차 김부각보다 포화 지방산이 증가하였으며,

불포화지방산 중 monoene은 다소 감소하였으나, polyene은 현저히 감소하였다. carotenoid와 chloroplyll a 모두 녹차 김부각이 대조군보다, 튀기지 않은 김부각이 튀긴 것보다 많았다. 녹차량이 많을수록 chloroplyll a량이 많았으나 carotenoid는 별 차이 없었다. 관능평가에서 김 특유의 냄새와 후미는 튀긴 부각과 튀기지 않은 부각 모두 5% 녹차 첨가가 높았고, 전체적인 기호도는 튀긴 것과 튀기지 않은 부각 모두 녹차 김부각이 control보다 높았다.

김 Sponge cake의 특성 : 김 분말을 첨가, 기능성 sponge cake를 만들어 특성을 조사한 결과, 수분은 대조구와 김 분말 2, 4, 6% 첨가 시에는 차이가 없었으나, 8, 10% 첨가 시 증가하였으며, 단백질과 회분량은 첨가량 증가에 따라 증가하였으나, 10% 첨가 시 0.674로 cake의 부피가 감소하였다. 무기질 Ca과 Na가 가장 많았고, L, a, b 값은 대조구보다 감소, crumb의 L, b값도 감소하였다. 유리 아미노산은 김 첨가량 증가에 따라 증가, L-glutamic acid, L-alanine, L-aspartic acid 및 L-leucine 순으로 검출되었다. 경도, 탄력성, 응집성, 점성, 씹힘성, 복원성은 김 첨가량 의존적으로 증가하였고, cake외관은 작아졌으며, 주사현미경 관찰결과, 기공이 작아지고, 큰 입자의 air cell이 나타났다. 또한 부착성, 냄새, 입에서의 느낌, 촉촉함 및 종합적인 관능 검사 항목으로 김 첨가량 2% sponge cake가 가장 좋았다.

일반 김과 기능성 김의 비교 : 일반 김, 목초액 김, 함초 김, 퉁퉁마디 참숯돌김을 제조, 이들의 일반성분을 비교한 결과, 탄수화물, 조섬유는 별 차이 없었으나, 그 외 성분은 기능성 김이 많았다. Ca, K, Cu, Na은 함초 김, 철분은 퉁퉁마디 김이 가장 높았고, 중금속 함량은 Cr, Cd, Pb는 일반 김에 많았다. 구성 아미노산은 일반 김과 기능성 김에서 대부분 glutamic acid, glycine, isoleucine, phenylalanine이 가장 많았고, 특히 일반 김에 비하여 약 3배가 많은 아미노산은 alanine, phenylalanine이, 함초 김과 퉁퉁마디 참숯돌 김은 serine, lysine이 많았다. 굽기 전에는 일반 김과 기능성 김의 영양 차이가 없었으나, 구운 후에는 기능성 김이 일반 김에 비하여 높았고, 목초액 김보다 함초 김의 선호도가 높았다.

✻ 효능과 이용

① **참김**(*P. tenera* Kjellman)

1) 효능 : 동맥경화

2) 식용 : 구워먹거나 무쳐먹는다.

② **잇바디돌김**(*P. dentata* Kjellman)

1) 효능 : goiter, cough, bronchitis, edema, measles, seurvy prevention

2) 식용 : 식재료

③ **둥근돌김**(*P. subrobiculata* Kjellman)

1) 효능 : clearing lungs, relieve tension and anxiety, pulmonary and lymphatic tuberculosis, goiter, toothache, high blood pressur, kidney-urimary problems

2) 식용 : 식재료

참고문헌

1) 강세은, 최재석, 박선미, 박중연, 진덕희, 홍용기, 진용규, **수산학회지,** 2004, 37(4), 269 〔해조류 방사무늬김(*P. yezoensis*) 엽체로부터 산유도 유전자의 분리〕

2) 강제원, **수산학회지,** 1970, 3, 77 (한국산 양식 김의 종류)

3) 고남표, 최규성, 노섬, 고창순, **수산진흥원연보,** 1980, 24, 47 (김의 품종 개량에 관한 연구, 우량 품종 특성에 관하여)

4) 곽충실, 김성애, 이미숙, **식품영양과학회지,** 2005, 34(8), 1143 (한국산 5 종 해조류의 항산화 효과와 총 폴리페놀 함량의 관련성 – 미역, 다시마,

톳, 파래, 김)
5) 곽충실, 황진용, 와다나베 후미오, 박상철, **영양학회지,** 2008, 41(5), 439 (한국 장류, 김치 및 식용 해조류를 중심으로 하는 일부 상용 식품의 비타민 B_{12} 함량 분석 연구 – 파래, 다시마, 미역)
6) 구재근, 도정룡, 박진희, 양차범, 우상규, **수산학회지,** 1998, 3(1), 127 (추출 온도 및 pH가 김에서 추출한 Crude porphyran 의 화학 특성에 미치는 영향)
7) 구재근, 박병춘, 김병기, 김현애, 유정희, 김선영, **수산학회지,** 2007, 40(1), 1 (제단백 Porphyran의 성분 및 유동특성)
8) 구재근, 박진희, **수산학회지,** 1999, 32(3), 271 (알칼리 처리 Porphyran의 이화학적 특성)
9) 권병민, 전성운, 김동수, **식품영양과학회지,** 2003, 32(8), 1278 (김 분말을 첨가한 Sponge cake의 품질 특성)
10) 김귀식, Koizumi, Chiaki, 배태진, **수산학회지,** 1997, 30(3), 355 (진두발, 김 및 굴의 지질에 있어서 광 증감 산화에 관한 연구)
11) 김두상, 이동수, 조느분, 김형락, 변재형, **수산학회지,** 1995, 28(10), 270 (식용 해조류 중의 미량 요소와 특수 기능성 당질 2. 산지와 채취 시기별 식이성 섬유질 함량 변화와 해조 다당류의 분포)
12) 김명숙, 최재석, 조지영, 진덕희, 홍용기, 진용규, **수산학회지,** 2003, 36(1), 35 〔한국산 참김(*Porphyra tenera*)의 핵 18S rDNA 염기 서열 분석〕
13) 김명숙, 최재석, 조지영, 진형주, 홍용기, 진용규, **수산학회지,** 2002, 35(6), 633 〔한국산 방사무늬김(*Porphyra yezoensis*)의 핵 18S rDNA 염기 서열 분석〕
14) 김선봉, 안방원, 염동민, 이동호, 박영호, 김동수, **수산학회지,** 1987, 20(5), 469 (천연식품성분에 의한 발암성 니트로사민 생성인자 분해 작용 – 2. 해조류 추출물의 아질산염 분해작용 : 김, 납작파래, 미역, 청각)
15) 김선재, 마승진, 장윤선, **식생활문화학회지,** 2005, 20(4), 446 (김 부산물로부터 Porphyran의 추출 및 품질 특성)

16) 김선재, 문지숙, 강성국, 정순택, **식품과학회지**, 2003, 35(6), 1017 (변색 김으로부터 Porphyran 의 추출)

17) 김순옥, 이강호, 이종우, **부산수대연보,** 1975, 14(2), 51 (김 저장중의 갈변 반응)

18) 김애정, 여정숙, 우경자, 강영림, 임영희, 김미원, 김명희, **식생활문화학회지,** 2005, 20(4), 416 (양잠 산물 분말을 첨가한 조미 김의 영양성분 분석에 관한 연구)

19) 김영대, **박사학위논문,** 부경대학교, 2001 〔해조류 긴잎돌김(*Porphyra pseduolinearis* Ueda)의 세포 및 분자 생물학적 연구〕

20) 김정희, 이건형, 신윤근, 김중래, **수산학회지,** 1992, 25(4), 307 (서해안 김 엽체상의 미소 생물과 김의 병해와의 관계 연구 – II. 목포 인근 김 양식장 주변 해수에서의 종속 영양 세균의 계절적 변화)

21) 김정희, 이건형, 신윤근, 김중래, **수산학회지,** 1992, 25(4), 314 (서해안 김 엽체상의 미소 생물과 김의 병해와의 관계 연구 – III. 김 엽체상에 부착된 종속 영양 세균의 계절적 변화)

22) 김중래, 신윤근, 이건형, 이원호, **수산학회지,** 1991, 24(1), 79 (서해산 김 엽체상의 미소 생물과 김의 병해와의 관계에 대한 연구)

23) 김중래, 조영원, 한창열, 이만상, **수산학회지,** 1981, 14(2), 79(해조의 육종을 위한 기초적인 연구 – 2. 김 엽체에 미치는 식물 호르몬의 생장효과)

24) 박복희, 이희경, 조희숙, **식품영양과학회지,** 2001, 30(3), 557 (녹차 수용성 추출물을 이용한 김 부각의 산화 안정성 및 품질 특성에 관한 연구)

25) 박영범, **식품영양과학회지,** 2005, 34(8), 1293 (해조류에 의한 아질산염 소거 활성 분석 – 곰피, 감태, 미역, 구멍쇠미역, 다시마, 모자반, 김, 꼬시래기, 청각, 갈파래)

26) 박영호, **식품과학회지,** 1973, 5, 231 (마른 김의 유기산 조성과 저장 중의 변화)

27) 박진희, 구재근, 도정룡, 양차범, 우상규, **수산학회지,** 1998, 3(1), 127 (추출 온도 및 pH가 김에서 추출한 Crude porphyran의 화학적 특성에

미치는 영향 – 김, 서실, 김파래)
28) 박진희, 구재근, **수산학회지,** 2008, 41(6), 409 (Porphyran의 신속한 정제방법 및 화학적 특성)
29) 박진희, **박사학위논문,** 한양대학교, 1996 [한국산 김(*Porphyra yezoensis*) 중의 Porphyran 추출 및 그 특성에 관한 연구]
30) 박춘규, 박철훈, 박정임, **수산학회지,** 2001, 34(4), 394 (방사무늬김 건제품의 함질소 엑스 성분 조성)
31) 박춘규, 박철훈, 박정임, **수산학회지,** 2001, 34(4), 403 (잇바디돌김 건제품의 함질소 엑스 성분 조성)
32) 배수환, **수산학회지,** 1991, 24(3), 153 (우리나라 김 양식의 발상과 발달과정 1. 조선왕조 말엽까지의 김 양식사)
33) 선덕, 진평, 박기영, **수산학회지,** 1983, 16, 335 (양식 김의 광합성에 미치는 수온, 염분 및 부니의 영향)
34) 신미옥, 배송자, **식품영양과학회지,** 2005, 34(10), 1514 (김 분획물의 in vitro에서의 항발암 효과)
35) 안방원, 이동호, 여생규, 강진훈, 노성봉, 김 선봉, 박영호, **수산학회지,** 1993, 26(4), 289 (천연 식품 성분에 의한 발암성 Nitrosamine의 생성 억제 작용)
36) 안현주, 육홍선, 김동호, 김성, 변명우, **식품영양과학회지,** 2001, 30(1), 193 (김으로부터 분리한 방사선 저항성 세균)
37) 오윤식, 이인규, 부성민, **Algae,** 1990, 5(1), 57 (한국산 유용 해조 특히 식용, 약용 및 공업용 해조에 대한 주해)
38) 오창경, 오명철, 김성홍, 임상빈, 김수현, **수산학회지,** 1998, 3(1), 90 (미역과 다시마 에탄올 추출물의 항돌연변이 및 항균 효과)
39) 이강호, 송승호, 정인학, **수산학회지,** 1987, 20(5), 408 (김의 가공 및 저장중의 품질 변화 – 1. 산지별 등급별 품질 평가 및 저장중의 변화)
40) 이강호, 송승호, 정인학, **수산학회지,** 1987, 20(6), 520 (김의 가공 및 저장중의 품질 변화 – 구운김의 가공 및 저장품의 품질 안정성)
41) 이강호, 송승호, 정인학, **수산학회지,** 1987, 20(6), 529 (김의 가공 및

저장중의 품질 변화 – 2. 배소김의 가공 및 저장 중의 품질 안정성)
42) 이강호, **수산학회지,** 1969, 2(2), 10 (김의 가공저장 중에 있어서의 색소의 안정도)
43) 이강호, **수산학회지,** 1973, 6(1,2), 15 (건 해태 저장시의 수분 활성과 색소 분해 반응)
44) 이강호, 우순임, 유홍수, **수산학회지,** 1978, 11(2), 85 (해조 단백질 추출에 관한 연구 – 3. NaOH 가용성 단백질의 추출 – 미역, 모자반, 셀만모자반, 청각, 둥근돌김, 잎파래, 구멍갈파래)
45) 이강호, 육지희, 정인학, 정진우, **수산학회지,** 1990, 23(4), 280 〔김의 가공 및 저장중의 품질 변화 – 3. 배소 및 저장 중 색소, Trypsin 저해물질(TIS)및 Dietary fiber의 변화〕
46) 이용필, 강서영, **Algae,** 2002, 17(1), 69 (한국산 해조류의 목록)
47) 이정민, 유상권, 김상무, **식품영양과학회지,** 2005, 34(8), 1124 (해조류 효소 가수 분해 물질로부터 정제한 저분자 Peptide 의 기능성 – 김, 지누아리, 미역, 파래)
48) 이종우, 한성빈, 이강호, **수산학회지,** 1974, 7(2), 63 (건 해태의 아연 및 마그네슘 함량과 품질과의 관계)
49) 이태식, 이희정, 변한석, 김지희, 박미정, 박희연, 정규진, **수산학회지,** 2000, 33(6), 529 (마른 김에 대한 열처리 효과와 제조 공정 개선 시험)
50) 이향회, 이장욱, 임종환, 정순택, 박양균, 함경식, 김인철, 강성국, **식품과학회지,** 1999, 31(5), 1283 (김 분말의 제조와 특성)
51) 이헌옥, 김동수, 도정룡, 고영수, **수산학회지,** 1999, 32(4), 427 (해조류의 Angiotensin-1 전환 효소 저해 작용 – 김, 파래, 미역, 우뭇가사리, 청각, 톳, 다시마)
52) 이헌옥, 김동수, 도정룡, 권대영, **수산학회지,** 2001, 34(2), 164 (김 가수 분해물로부터 Angiotensin-1-Converting Enzyme 저해 Peptide의 분리, 정제)
53) 이혜성, 최명숙, 이연경, 박수현, 김유정, **영양학회지,** 1996, 29(3), 286 〔당뇨병 환자를 위한 고식이섬유 보충물의 개발을 위한 연구(1). 해조

류(미역, 갈파래, 다시마, 한천) 투여가 당뇨쥐의 장기능과 증세 호전에 미치는 영향〕

54) 이혜성, 최명숙, 이연경, 박수현, 김유정, **영양학회지,** 1996, 29(3), 296 〔당뇨병 환자를 위한 고 식이 섬유 보충물의 개발을 위한 연구(2). 해조류(미역, 김파래, 다시마, 한천) 투여가 당뇨쥐의 당질과 지질 대사에 미치는 영향〕

55) 장선덕, 진평, 박기영, **수산학회지,** 1983, 16(4), 335 (양식 김의 광합성에 미치는 수온, 염분 및 부니의 영향)

56) 정규진, 정복미, 김선봉, **식품과학회지,** 2002, 34(2), 325 (김 다당류 Porphyran의 급이가 흰쥐의 혈청과 간의 효소 활성 및 마우스의 면역에 미치는 영향)

57) 정복미, 김선봉, 정규진, **식품과학회지,** 2001, 33(5), 633 (김에서 분리한 Porphyran이 고지혈증 및 고Cholesterol 혈증유발 흰쥐의 지질대사에 관한 연구)

58) 정복미, 신태선, 김형락, 정규진, 김선봉, **수산학회지,** 2003, 36(3), 220 〔고 지혈증 흰쥐의 혈칭 및 조직의 칼슘, 마그네슘 및 칼륨 함량에 미치는 김(*P. yezoensis*) 유래 Porphyran의 영향〕

59) 정복미, 정규진, **식품과학영양회지,** 2005, 34(9), 1357 (Porphyran 음료 투여가 고 Cholesterol 유발 흰쥐의 혈청과 간 중의 Cholesterol 함량에 미치는 영향)

60) 정영훈, 이응호, 오광수, 차용준, 안창범, 이태현, **수산학회지,** 1985, 18(5), 433 〔완도산 마른 참김(양식산)과 마른 둥근돌김(천연산)의 지방질 조성〕

61) 조효정, 나진석, 정한옥, 정영진, **영양학회지,** 2008, 41(5), 428 (한국인 상용식품의 콜린 함량 − 두류, 채소류, 버섯류, 과실류, 육류, 난류, 생선류, 조개류, 해조류)

62) 진용규, 김명숙, 김영대, 김형근, 홍용기, **Algae,** 2001, 16(4), 379 〔한국산 긴잎돌김(*Porphyra pseudolinearis*)의 18S rDNA 염기 서열 분석)

63) 진용규, 김명숙, 최재석, 조지영, 진형주, 홍용기, **수산학회지,** 2000,

33(6), 489 〔여름철 서식 한국산 홍조류 둥근돌김(*Porphyra suborbiculata*) 의 형태 및 18S rDNA 염기서열 분석〕

64) 진용규, 김영대, 김명숙, 진현주, 조지영, 최재석, 홍용기, 김형근, **수산학회지,** 2000, 33(6), 496 〔긴잎돌김(*Porphyra pseudolinearis*)의 엽체 형간 18S rDNA 염기 서열 상동성〕

65) 진형주, 박선미, 김용규, 진덕희, 공인수, 홍용기, **생물공학회지,** 1999, 14(6), 702 〔해조류 김(*Porphyra yezoensis*) 엽체로부터 산에 민감한 유전자의 분리〕

66) 최수진, 전우진, 유광원, 신동훈, 홍범식, 조홍연, 양한철, **식품영양과학회지,** 2000, 29(4), 719 (김으로부터 분리한 ACE 저해제의 정제 및 특성)

67) 최재석, 최창근, 김영대, 김현근, 전방욱, **Algae,** 1997, 12(2), 99 〔해조 원형질체 분리를 위한 초식 동물에서 세포벽 분해 효소의 개발 – 1. 전복의 효소 조 추출물을 이용한 해산 홍조 오카무라돌김(*Porphyra okamura* Ueda)에서 세포벽 분해와 원형질체 분리〕

68) 최창근, **수산학회지,** 2008, 41(5), 371 (한려 해상국립 공원의 해조상 – 파래류, 청각, 패, 고리매, 곰피, 감태, 부챗말, 참그물바탕말, 톳, 모자반류, 지충이, 김, 시나이아 등)

69) 하봉석, **수산학회지,** 1975, 8(1), 31 (탄닌산 처리에 의한 김 색소 고정 효과)

70) 한희선, 배송자, 김미향, **식품영양과학회지,** 2004, 33(2), 324 (김 추출물이 갱년기 유도 흰쥐의 Collagen가교 형성에 미치는 영향)

71) 홍용기, 박인식, 정영하, 송상호, 홍성연, **수산학회지,** 1998, 31(4), 508 (해조류 김 추출물의 Triton WR-1339 유발 고Cholesterol 혈증 감소 효과)

72) 홍재상, 송춘복, 김남길, 김종만, 허형택, **수산학회지,** 1987, 20(3), 237 (광양만의 김 생산과 양식장 환경과의 관계에 대하여)

73) 황미숙, **박사학위논문,** 서울대학교, 서울, 1994 (한국산 홍조류 김속 식물에 관한 분류학적 연구)

74) 황미숙, 이인규, **Algae,** 2001, 16(3), 233 〔한국산 홍조 식물 김속(*Porphyra*)의 분류〕

75) 황미숙, 이인규, **Algae**, 2002, 17(4), 217 〔한국산 김속(*Porphyra*) 식물의 식별 형질 분석 및 수리 분류학적 연구〕
76) 황미숙, 정익교, 오윤식, **Algae**, 1977, 12(3), 207 〔한국산 홍조 식물 참김(*Porphyra tenera* Kjellman)과 방사무늬김(*P. yezoensis* Ueda) 의 온도 반응〕
77) Abe, S., Kaneda, T., **Bull. Jpn. Soc. Sci. Fish.**, 1973a, 39, 239 (Occurence of γ-butyrobetaine in a red algae, *Pophyra yezoensis*)
78) Abe, S., Kaneda, T., **Nippon Suisan Gakkaishi**, 1973, 39, 383 (Studies on the effect of marine products on cholesterol metabolism in rats Ⅷ. The isolation of hypocholesterolemic substance from green laver)
79) Anderson, N. S., Rees, D. A., **J. Chem. Soc.**, 1965, 5880 (Porphyran: A polysaccharide with a masked repeating structure)
80) Araki, S., Sakurai, T., Izumino, Y., Takahashi, K., **Nippon Shokuhin Kagaku Rogaku Kaishi**, 1996, 43, 956 (5′-Inosinic acid content and its enzymatic increase in dried nori, *Porphyra yezoensis*, a red algae)
81) ArGall, E., Chiang, Y. M., Kloareg, B., **Eur. J. Phycol.**, 1993, 28, 277 (Isolation and regeneration of protoplasts from *Porphyra dentata* and *P. crispata*)
82) Ariyoshi, Y., **Trends in Food Sci. Technol.**, 1993, 4, 139 (Angiotensin-converting enzyme inhibitors derived from food proteins)
83) Aruga, Y., Miura, A., **Jpn. J. Phycol.**, 1984, 32, 243 (In vivo absorption spectra and pigment contents of the two types of color mutants of *Prophyra*)
84) Boss, S., Herbert, S. K., Fork, D. C., **Plant Physiol.**, 1988, 86, 946 (Fluorescence characteristics of photoinhibition and recovery in a sun and a shade species of the red algal genus *Porphyra*)
85) Brodie, J., Hayes, P. K., Barker, G. L., Irvine, L. M., **Eur. J. Phycol.**, 1996, 31, 303 〔Molecular and morphological characters distinguishing

two *Porphyra* species(Rhodophyta)〕

86) Choi, S. J., Jun, W. J., Yu, K. W., Shin, D. H., Hong, B. S., Cho, H. Y., Yang, H. C., **J. Kor. Soc. Food Sci. Nutr.,** 200, 29, 719 (Purification and characterization of angiotension I-converting enzyme inhibition from *Porphyra yezoensis*)

87) Conner, J. M. et al, **Phytochemistry,** 1990, 29, 941 (isol, 2-〔〔3-〔(Carboxymethyl) amino〕-5-hydroxy-5-(hydroxymethyl)-2-methoxy- 2-cyclohexen-1-ylidene〕 amino〕-3-hydroxybutanoic acid)

88) Dutcher, J. A., Hapraun, D. F., **J. Appl. Phycol.,** 1994, 6, 267 〔Random amplified polymorphic DNA(RAPD) identification of genetic variation in three species of *Porphyra*(Bangiales, Rhodophyta)〕

89) Efimor, V. S., Usov. A. I., Ol'kaya, T. S., Baliunis, A., Roskin, M. Y., **Farmakol. Toksikol.,** 1983, 46(3), 61 (Comparative study of anti-coagulant activity of Sulfated polysaccharides obtained from red sea algae)

90) Fujii, Y., **Nippon Suisan Gakkaishi,** 1960, 20, 907 (Inosinic acid content of foodstuff Ⅲ. Marine products)(In Japanese)

91) Fujii, Y., **Nippon Suisan Gakkaishi,** 1967, 33, 453 (Studies on the nucleotides and their related substance in dried laver)(In Japanese)

92) Fujikawa, J., Yahiro, M., Hignhi, T., Wada, M., **Bull. Jpn. Soc. Sci. Fish.,** 1971, 37(5), 654 (Coloration between the chemical composition of lavers and the environmental factors Ⅱ. Influences by change of components in the culture sea water on the chemical composition of lavers)

93) Fujiwara-Arasaki, T., Mino, N., **Proc. 7th Intl. Seaweed Symp.,** 1971, Aug. 8~12, Sapporo, Japan. pp.506~510 (The distribution of Trimethyl-amine and Trimethylamine oxide in marine algae)

94) Fukuhara, E., **Bull. Hokakaido Reg. Fish. Res. Lab.,** 1968, 34, 40 (Studies on the taxanomy and ecology of *Porphyra* of Hokkaido and

its adjacent waters)

95) Gudiel-Urbano, M., Goni, I., **Nutr. Res.**, 2002, 22, 323 〔Effect of edible seaweeds(*Undaria pinnatifida* and *Porphyra tenera*) on the metabolic activities of intestinal microflora in rats〕

96) Han, H. S., Bae, S. J., Kim, M. H., **J. Kor. Soc. Food Sci. Nutr.**, 2004, 33, 324 (Effects of *Porphyra tenera* extracts on formation of collagen cross-link in ovariectomized rats)

97) Harada, K., Osumi, Y., Fukuda, N., Amano, H., Noda, H., **Nippon Suisan Gakkaishi**, 1990, 56, 607 (Changes of amino acid composition of Nori products, *Porphyra* spp. during storage)

98) Hirata, T., Ishitani, T., Yamada, T., **Bull. Jpn. Soc. Fish.**, 1981, 47(4), 89 (Influences of moisture and temperature on the quality changes in dried laver, *Porphyra yezoensis*)

99) Hollenberg, G. J., **Am. J. Bot.**, 1958, 45, 653 (Culture studies of marine algae Ⅲ. *Porphyra perforata*)

100) Hong, S. P., Koo, J. K., Jo, K. S., Kim, D. S., **J. Kor. Soc. Food Sci. Nutr.**, 1997, 26, 10 (Physicochemical characteristics of water or alcohol soluble extracts from laver, *Porphyra yezoensis*)

101) Hong, Y. -K., Coury, D. A., Polne-Fuller, M., Gibor, A., **J. Phycol.**, 1992, 28, 717 〔Lithium chloride extraction of DNA from the seaweed *Porphyra perforata* (Rhodophyta)〕

102) Ishihara, Y., Saito, H., Mori, N., Takano, J., **Nippon Suisan Gakkanishi**, 1998, 64, 854 (Estimation of quality of protein in dried laver, *Porphyra* spp. based on bound water)

103) Ismael, Amin, Tan Siew Hong, **Mal. J. Nutr.**, 2002, 82, 167 (Antioxidant activity of selected commercial seaweeds)

104) Jimenez-Escrig, A., Goni-Cambrodon, I., **Arch. Latinoam. Nutr.**, 1999, 49, 114 (Nutritional evaluation and physiological effects of edible seaweeds)

105) Jo, K. S., Do, J. R., Koo, J. D., J, Kor, Soc. Food Sci. Nutr., 1998, 27, 275 (Pretreatment conditions of *Porphyra yezoensis, Undaria pinnatifida* and *Laminaria religiosa* for functional algae-tea)
106) JSP(The Japanese Society of Phycology), Phycol. Res., 1993, 32, 74 (Functional problems of laver)
107) Jung, K. J., Jung, B. M., Kim, S. B., Kor. J. Food Sci. Technol., 2001, 33, 633 (Effect of Porphyran isolated from laver, *Porphyra yezoensis* on lipid metabolism in hyperlipidemic and hyper-cholesterolemic rats)
108) Jung, K. J., Jung, B. M., Kim, S. B., Kor. J. Food Sci. Technol., 2002, 34, 325 (Effect of Porphyran isolated from laver, *Porphyra yezoensis*, on liver lipid peroxidation in hyperlipidemic rats and on immunological functions in mice)
109) Jurvoy, J. R. et al, Nature (London), 1961, 189, 831(isol, Galactose 6-sulfate)
110) Kajiwara, T., Kashibe, M., Matsui, K., Hamatak, A., Kawai, T., Ishihara, M., Isuneya, T., Phytochemistry, 2001, 27, 2193 (Volatile compounds and long-chain aldehydes formation in concho-celis-filaments of a red algae, *Porphyra tenera*)
111) Kaneda, T. Ando, H., Proc. Intl. Seaweed Symp., 1971, 7, 553 (Component lipids of purple laver and their antioxygenic activity)
112) Katayama, K., Bull. Fish. Res. Stn. Okayama Pref., 1983, 57, 51(in Japanese)(Studies of mutations of *Porphyra*-Ⅰ. Employment of some chemical mutagens)
113) Katayama, K., Bull. Fish. Res. Stn. Okayama Pref., 1984, 58, 43(in Japanese)(Studies of mutations of *Porphyra*-Ⅱ. Mutations induced by several chemical mutagens)
114) Kato, M., Aruga, Y., Jpn. J. Phycol., 1984, 32, 333 (Comparative studies on the growth and photosynthesis of the pigmentation

mutants of *Porphyra yezoensis* in laboratory culture)

115) Kawadu, D., Tanaka, M., Fujii, T., **Nippon Suisan Gakkaishi,** 1995, 61, 59 (Effect of polysaccharides of "Susabinori" *Porphyra yezoensis* on intestinal flora)

116) Kawanchi, H. et al, **Nippon Suisan Gakkaishi,** 1978, 44, 1371 (isol, 2, 6-Piperidine dicarboxylic acid)

117) Kikuchi, R., Ashida, K., Hirao, S., **Bull. Jpn. Soc. Sci. Fish.,** 1979, 45, 1461 (Phycobilins in different color types of *Porphyra yezoensis* Ueda)

118) Kim, N. G., Notoya, M., **Algae,** 2004, 19(4), 303 〔Life history of *Porphyra seriata* Kjellman(Bangiales, Rhodophyta) from Korea in Lab. Culture〕

119) Kim, S. J., Moon, J. S., Kang, S. G., Jung, S. T., **Kor. J. Food Sci. Technol.,** 2003, 35, 1017 (Extration of Porphyran from decolored laver)

120) Kim, T. H., Hong, D. D., Hwang, M. S., Chung, I. K., Lee, C. H., **Algae,** 1998, 13(2), 241 (Light-dependent changes in chlorophyll Fluoresence from Thalli in *Porphyra tenera* under Osmotic Dehydration and Subsequent Dehydration are not with water Flux)

121) Kim, Y. D., Kim, D. S. Kim, Y. M., Shin, D. H., **Kor. J. Food Sci. Technol.,** 1987, 19, 206 (Changes in quality characteristics of dried laver during storage)

122) Kim, Y. M., Do, J. R., In, J. P., Park, J. H., **Kor. J. Food Nutr.,** 2005, 18, 11 〔Angiotensin-I converting enzyme(ACE) inhibitory activities of laver(*Porphyra tenera*) protein hydroysates〕

123) Kinoshita, T., Shibuya, S., **Bull. Jpn. Soc. Sci. Fish.,** 1941, 9, 237 (Notes on the life-history of *Porphyra* of Hokkaido Report 1. Notes on *Porphyra yezoensis* Udea)

124) Kinoshita, T., Shibuya, S., **Bull. Jpn. Soc. Sci. Fish.,** 1942, 11, 47

(Notes on the life-history of *Porphyra* of Hokkaido Report II. Notes on *Porphyra yezoensis* Udea)

125) Kiriyama, S., **Japan Seaweed Soc. Symposium in Autumn,** 1993, 6 (in Japanese)(Anticholesterolemic action of laver in blood serum)

126) Koh, H. Y., Park, H. W., Kang, T. S., Kwon, Y. J., **Kor. J. Food Sci. Technol.,** 1987, 19, 463 (Stimulation of quality changes and prediction of shelf-life in dried laver packaged with plastic films)

127) Koo, J. G., Park, J. H., **J. Kor. Fish. Soc.,** 1999, 32, 271 (Chemical and gelling properties of alkali-modified porpyran)

128) Ku, J. J., Hong, Y. H., Seo, Y. B., Chung, K. S., Won, M. S., Song, K. B., **Food Sci. Biotechnol.,** 2008, 17(2), 421 (Application of Edible Red Algae paper coated with Green Tea Extract for shelf-life Extension of kimbab)

129) Kunio, S., **J. Marin. Biotechnol.,** 1998, 6, 163 (Purification and identification of angiotensin-converting enzyme inhibitors from the red alga *Porphyra yezoensis*)

130) Kurogi, M., **Bull. J. P. Soc. Phycol.,** 1956, 4, 13 〔Life history of *Porphyra,* especially on so-called "summer plantets"(Life-history of *P. tenera* Kjellm. round type). Preliminary account〕

131) Kwak, C. S., Kim, S. A., Lee, M. S., **J. Kor. Soc. Food Sci. Nutr.,** 2005, 34, 1143 (The correlation of antioxidative effects of 5 Korean common edible seaweeds and total polyphenol content)

132) Kwon, M. J., Nam, T, J., **Life Sci.,** 2006, 79, 1956 (Porphyran induces apoptosis related signal pathway in AGS gastric cancer cell lines)

133) Kwon, M. J., Nam, T. J., **Food Sci. Biotechnol.,** 2007, 16(6), 873 (Chromatographyically purified porphyran from *Porphyra yezoensis* Effectively Inhibits Proliferation of Human cancer)

134) Lee, J. W., Kee, H. J., Park, Y. K., Rhim, J. W., Jung, S. T., Ham,

K. S., Kim, I. C., Kang, S. G., **Kor, J. Food Sci. Technol.**, 2000, 32, 298 (Preparation of noodle with laver powder and its characterisitics)

135) Lee, K. H., **Bull. Kor. Fish. Soc.**, 1969, 2(2), 105 (Pigment stability of lavers *Porphyra tenera* Kjellman during processing and storage)

136) Lee, K. H., Song, S. H., Jeong, I. H., **Bull. Kor. Fish. Soc.**, 1987, 20, 408 (Quality changes of dried lavers during processing and storage - 1. Quality evaluation of different grades of dried lavers and its changes during storage)

137) Lee, K. H., Song, S. H., Jeong, I. H., **Bull. Kor. Fish. Soc.**, 1987, 20, 520 (Quality changes of dried lavers during processing and storage - 2. Quality stability of roasted lavers during processing and storage)

138) Lees, D. A., Conway, E., **Biochem. J.**, 1962, 84, 411 (The structure and biosynthesis of porphyran comparison of some sample)

139) Linstrom, S. C., Cole, K. M., **Can. J. Bot.**, 1992, 70, 2066 〔Relationship between some North Atlantic and North Pacific species of *Porphyra* (Bangiales, Rhodophyta); Evidence from enzymes, morphology and chromosomes〕

140) Marlett, J. A., **Intern. Med. Special.**, 1984, 5, 99 (Dietary fiber and mineral bioavailabitity)

141) McDonald, A., Rosa, D., Garbary, J., Grant, G. Mitman, L., Chen, C. -M., **Algae**, 1992, 7(2), 161 (홍조식물 *Porphyra leucosticta*에서 액틴 세포 골격에 대한 로다민 – 팔로이딘 표식)

142) Merrill, J. E., Minuro, M., Aruga, Y., Fujita, Y., **Plant Cell Physiol.**, 1983, 24, 261 (Light-havesting for photosynthesis in four strains of the red algae *Porphyra yezoensis* having different phycobilin content)

143) Migita, S., Fujita, Y., **Bull. Fac. Fish. Nagasaki Univ.**, 1983, 54, 55

(Studies on the color mutant types of *Porphyra yezoensis* Ueda, and their experimental culture)

144) Mitman, G. G., Vander Meer, J. P., **J. Phycol.**, 1994, 30, 147 〔Meiosis, blade development, and sex determination in *Porphyra purpurea* (Rhodophyta)〕

145) Miura, A., **J. Tokyo Univ. Fish.**, 1988, 75, 311 (Taxanomic studies of *Porphyra* species cultivated in Japan, referring to their transition to the cultivated variety)

146) Mizuno, H., Iso, N., Saito, T., Ohzeki, F., Hatano, T., **Bull. Jpn. Soc. Sci. Fish.**, 1982, 48, 971 (Identification of phycocyanin isolated from *Porphyra tenera* and *Porphyra yezoensis*)

147) Morrice, L. M., Mclean, M. W., Long, W. F., Williamson, F. B., **Eur. J. Biochem.**, 1983, 133, 673 (Porphyran primary structure)

148) Mukai, L. S., Craigie, J. S., Brown, R. G., **J. Phycol.**, 1981, 17, 192 〔Chemical composition and structure of the cell walls of the Conchocelis and Thallus phases of *Porphyra tenera* (Rhodophyceae)〕

149) Mumford, T. F. Jr., Miura, A., **Algae and Human Affairs,** Lembi, C. A., Waaland, J. R., eds. Cambridge University Press, 1988, pp.87~117 (*Porphyra* as food: cultivation and economics)

150) Nakamura, S., Akagawa, H., Ikawa, T., Kawanobe, H., **Bot. Mag.,** Tokyo, 1968, 81, 556 (Separation and identification of nucleotides in some sea weeds)

151) Nakazawa, S., Abe, F., Kuroda, H., Kohno, K., Hiashi, T., Umezaki, I., **Chemotheraphy,** 1976, 22, 1435 〔Antitumor effect of water extracts from marine algae(1)〕

152) Nishide, E., Ohno, M., Anzai, H., Uchida, N., **Nippon Suisan Gakkaishi,** 1988, 54, 2189 (Extraction of porphyran from *Porphyra yezoensis* Ueda, *F. narawaensis* Miura)

153) Nishizawa, K., **Food Develop.**, 1989a, 24, 54 〔Physiological substances of seaweeds(I)〕

154) Nishizawa, K., **Food Develop.**, 1989b, 24, 59 〔Physiological substances of seaweeds(II)〕

155) Nishizawa, K., Murasugi, S., **The Sea Vegetable Book**, Kensei Press, Tokyo, 1988, 57(in Japanese)

156) Niwa, K., Miura, A., Shin, J. A., Aruga, Y., **Algae**, 1993, 8(2), 217 (Special Issue for Asia-Pacific Phycological Forum : Characterization and genetic Analysis of the violet pigmentation Mutant of *Porphyra yezoensis* Ueda)

157) Noda, H., Amano, H., Abo, K., Horiguchi, Y., **Bull. Jpn. Soc. Sci. Fish.**, 1981, 47, 57 (Sugars, organic acids and minerals of 'Nori', the dried laver *Porphyra* spp.)(in Japanese)

158) Noda, H., Amano, H., Arashima, K., Nishizawa, K., **Hydrobiologia**, 1990, 204/205, 577 (Antitumor activity of marine algae)

159) Noda, H., Amano, H., Arshima, K., Hashimoto, S., Nisizawa, K., **Nippon Suisan Gakkaishi**, 1989, 55(7), 1259 (Studies on the antitumor activity of marine algae)

160) Noda, H., **Bull. Jpn. Soc. Sci. Fish.**, 1971, 47, 57 (Biochemical studies on marine algae III. Relation between quality and inorganic constituents "Asakusanori")(in Japanese)

161) Noda, H., Horiguchi, Y., Araki, S., **Bull. Jpn. Soc. Sci. Fish.**, 1975, 41, 1299 (Studies on the flavor substance of Nori, the dried laver *Porphyra* spp. II. Free amino acid and 5'-nucleoside)

162) Noda, H., **J. Appl. Phycol.**, 1993, 5, 255 (Health benefits and nutritional properties of Nori)

163) Noda, H., **Nippon Suisan Gakkaishi**, 1975, 41, 1299 (Biochemical studies on marine algae-II. Relation between quality and chemical composition of "Asakusanori")

164) Noda, H., **Science of Marine Algae,** Oishi, K. ed., Asakura-Shoten, Tokyo, 1993

165) Notoya, M., Kikuchi, N., Mastuo, M., Aruga, Y., Miura, A., **Nippon Suisan Gakkaishi,** 1993b, 59, 431 [Culture studies of four species of *Porphyra*(Rhodophyta) from Japan]

166) Nunn, J. R., Von Holdt, M. M., **J. Chem. Soc.,** 1957, 1094 (Red-seaweed polysaccharides- 2. *Porphyra capensis* and the separation of D-and L-galactose by crystallization)

167) Ogata, E., Schramm, W., **Mar. Biol.,** 1971, 10, 70 (Some observation on the influence of salinity on growth and photosynthesis in *Porphyra umbilicalis*)

168) Okai, Y., Higashi-Okai, K., Yano. Y., Otani, S., **Cancer Lett.,** 1996, 100, 235 [Identification of antimutagenic substances in an extract of edible red alga, *Porphyra tenera* (Asakusa-nori)]

169) Ookawa, I., **Japan Seaweed Soc. Symp. in Autumn,** 1993, 8(in Japanese)(Antimutagenic action of porphyran)

170) Osumi, Y., Harada, K., Fukuda, N., Amano, H., Noda, H., **Nippon Suisan Gakkaishi,** 1990, 56, 599 (Changes of volatile sulfur compounds of Nori products *Porphyra* spp. during storage)

171) Park, J. H., Koo, J. G., Du, J. R., Yang, C. B., Woo, S. J., **J. Kor. Fish. Soc.,** 1998, 32, 127 (Effects of extraction temperature and pH on the chemical properties of crude porphyran extracted from *Porphyra yezoensis*)

172) Park, S. Y., Choi, J. W., Yeon, J. H., Lee, M. J., Oh, D. H., **Kor. J. Food Sci. Technol.,** 2005, 7, 122 (Assesment of contamination level of food born pathogens in the main ingredients of kimbab during the preparing process)

173) Peat, S., Turvey, J. R., Rees, D. A., **J. Chem. Soc.,** 1961, 1590 (Carbohydrates of the red alga, *Porphyra umbilicalis*)

174) Polne-Fuller, M., Biniaminov, M., Gibor, A., **Hydrobiologia**, 1984, 116(117), 308 (Vegetative propagation of *Porphyra perforata*)

175) Polne-Fuller, M., Gibor, A., **J. Phycol.**, 1984, 20, 609 (Deverlopment studies in *Porphyra*. I. Blade differentiation in *Porphyra perforata* as expressed by morphology, enzymatic digestion, and protoplast regeneration)

176) Rees, D. A., **J. Chem. Soc.**, 1961b, 81, 347 (Enzymatic Synthesis of 3, 6-anhydrogalactose within prophyran from L-galactose 6-sulfate unit)

177) Ren, D., Noda, H., Amano, H., Nishino, T., Nishizawa, K., **Fish. Sci.**, 1994, 60, 83 (Study on antihypertensive and antihyperlipidemic effects of marine algae)

178) Saito, M., Oohusa, T., **Bull. Jpn. Soc. Phycol.**, 1974, 22, 130 (Simple method for estimation of photosynthetic pigment content in dried laver)

179) Saitoh, M., Araki, S., Sakurai, T., Oohusa, T., **Nippon Suisan Gakkaishi**, 1975, 41, 365 (In Japanese)(Variation of contents of photosynthetic pigments, total nitrogen, total free amino acids and total free sugar in dried lavers obtained at different culture grounds and harvesting time)

180) Sakai, H., Kasai, T., **Nippon Shokuhin Kagaku Kogaku Kaishi**, 2000, 47, 327 (Fatty acids, free amino acids and 5′-nucleotides of dried laver, Hoshi-nori, harvested in different months in Hokkaido and produced under different drying conditions),(in Japanese)

181) Sato, S., **Aquaculture**, 1957, 4, 28 (Species of *Porphyra* in Tokyo Bay)

182) Sato, S., **Bull. Jpn. Soc. Sci. Fish.**, 1975, 41(11), 1177 (Fatty acid compositioin of lipid in some species of marine algae)

183) Satoh, K., Smith, C. M., Fork, D. C., **Plant Physiol.**, 1983, 73, 643

(Effects of salinity on primary process of photosynthesis in the red alga *Porphyra perporata*)

184) Schramm, W., **Proc. 7th Intl. Seaweed Symp.**, 1972, 309 (The effect of pollution on gas exchange in *Porphyra umbilicalis* when exposed to air)

185) Segi, T., **Rep. Fac. Fish Mie Univ.**, 1959, 3, 251(On the type specimens of *Porphyra tenera* Kjellman and *Gelidium amansii*)

186) Shin, J. A., Miura, A., **Algae,** 1997, 12(4), 313 〔Inheritance Mode of some characters of *Porphyra yezoensis* (Rhodophyta). 1. Crispness and Free Amino acid content in two Recombinant wild type Breed by Reciprocal Crosses〕

187) Sohn, C. H., **Algae,** 1993, 8(2), 207 (Special Issue for Asia-Pacific Phycological Forum : *Porphyra, Undaria* and *Hizikia* cultivation in Korea)

188) Stiller, J. W., Waaland, J. R., **J. Phycol.**, 1993, 29, 506 〔Molecular analysis reveals cryptic diversity in *Porphyra* (Rhodophyta)〕

189) Su, J. C., Hassid, W. Z., **Biochem.**, 1962, 1, 468 (Carbohydrates and nucleotides in the red alga *Porphyra perforata* 1. Isolation and Identification of carbohydrates)

190) Suetsuna, K., **J. Mar. Biotech.**, 1998, 6, 163 (Purification and identification of angiotensin 1-converting enzyme inhibitors from the algae *Porphyra yezoensis*)

191) Suzuki, T., Nakai, K., Yoshie, Y., Shirai, T., Hirano, T., **Nippon Suisan Gakkaishi,** 1993a, 59, 545 (Effect of sodium alginates rich in galacturonic and mannuronic acids on cholesterols and digestive organs of high-cholesterol fat rats)

192) Takenaka, S., Sugiyama, S., Ebara, S., Myamoto, E., Abe, K., Tamura, Y., Watanabe, F., Tuyama, S., Nakano, Y., **Br. J. Nutr.**, 2001, 85, 699 〔Feeding dried purple laver(nori) to vitamin B_{12}-

deficient rat significantly improves vitamin B_{12} status〕

193) Takenaka, S., Takubo, K., Watanabe, F., Tanno, T., Shingo, T., Nanano, Y., Tamura, Y., **Biosci. Biotechnol. Biochem.**, 2003, 67 (11), 2480 〔Occurrence of coenzyme forms of vitamins B_{12} in a culture purple laver(*Porphyra yezoensis*)〕

194) Tamano, M., Kitamura, H., Sasaki, H., Banba, Y., Yokoyama, E., Tanaka, T., Noda, H., **Nipppn Shokuhin Kagaku Kogaku Kaishi,** 1992, 39, 357 (Quality evaluation of dried laver)

195) Tashhiro, T., Fujita, E., Tamai, M., Higashi, J., **Nipppn Shokuhin Kagaku Kogaku Kaishi,** 1991, 38, 1 〔HPLC determination of 5′-and 2′(3′)-mononucleotides in seaweeds and fishes〕

196) Tashiro, T., Fujita, E., Yasunaga, C., **Nippon Suisan Gakkaishi,** 1983, 49, 1121 (Analysis of nucleic acid related substances of dried purple laver)

197) Toma, R. B., Curtis, D. J., **Food Technol.**, 1986, 46, 111 (Dietary fiber: effect on mineral bioavailability)

198) Ueda, S., **J. Imp. Fish. Instit.**, 1932, 28, 1 (Taxanomic studies on the Japanese *Porphyra*)

199) Villarroel, L. H., Zanlungo, A. B., **Carbohydr. Res.**, 1981, 88, 139 〔Structural studies on the prophyran from *Prophyra columbia* (Montagne)〕

200) Watanabe, F., Takenaka, S., Katsura, H., Miyamoto, E., Abe, K., Tamura, Y., Nakatsuka, T., Nakano, Y., **Biosci. Biotechnol. Biochem.**, 2000, 64(12), 2712 (Charcterization of a vitamin B_{12} compound in edible purpule laver, *Porphyra yezoensis*)

201) Watanabe, F., Takenaka, S., Katsura, H., Zakir Hussain Masumber, S. A. M., Abe, K., Tamura, Y., Nakano, Y., **J. Agric. Food Chem.**, 1999, 47(6), 2341 〔Dried green and purple lavers(Nori) contain substantial amounts of biologically active vitamin B_{12} but less of

dietary iodine relative to other edible seaweeds〕
202) Yamamoto, I., Maruyama, H., **Japanese Soc. Cancer 42nd General Meetings,** 1983, p.260 (Abstract)(Cancer protection effect of edible seaweed, especially laver, on DMH induced intestinal cancer of rat)
203) Yamamoto, I., Maruyama, H., Moriguchi, M., **Cancer Lett.,** 1987, 35, 109 (The effect of dietary seaweeds on 7,12-dimethyl-benz〔α〕 anthracene-induced mammary tumorigenesis in rats)
204) Yamamoto, I., Maruyama, H., Takahashi, M., Komiyama, K., **Cancer Lett.,** 1996, 30, 125 (The effect of dietary or intraperitoneally injected seaweed preparations on the growth of sarcoma -180 cells subcutaneously implanted into mice)
205) Yoshie, Y., Suzuki, T., Hirano, T., Lee, E. H., **J. Tokyo Univ. Fish.,** 1993a, 80, 197 (Dietary fiber minerals, free amino acids and fatty acid compositions in dried Nori of Several culture places in Korea)
206) Yoshie, Y., Suzuki, T., Shirai, T., Hirano, T., **Nippon Suisan Gakkaishi,** 1993, 59, 1763 (Dietary fiber and minerals in dried nori of various culture location and prices)
207) Yoshie, Y., Takeshi, S., Takaaki, S., Toshiyuki, H., **Nippon Suisan Gakkaishi,** 1994, 60, 117 (Changes in the contents of Dietary Fibers, Minerals, Free amino acids and Fatty acids during processing of Dried Nori)
208) Yoshizawa, Y., Ametani, A., Tsumehiro, J., Nomura, K., Itoh, M., Fukui, F., Kaminogawa, S., **Biosci. Biotechnol. Biochem.,** 1995, 59, 1933 (Macrophage stimulation activity of the polysaccharide fraction from a marine algae(*Porphyran yezoensis*): structure-function relationships and improved solubility)
209) Yoshizawa, Y., Enomoto, A., Todoh, H., Ametani, A., Kaminogawa, S., **Biosci. Biotechnol. Biochem.,** 1993, 57, 1862 〔Activation

of murine macrophages by polysaccharide fractions marine algae (*Porphyra yezoensis*)]

210) Zavodnik, N., **Bot. Mar.**, 1987, 30, 71 (Seasonal variations in the rate of photosynthetic activity and chemical composition of the littoral seaweeds *Ulva rigida* and *Porphyra leucoticta* from the North Adriatic)

211) Zeisel, S. H. et al, **Ann. Rev. Nutr.**, 1981, 1. 195 (rev. Choline, Lipotropic agent)

212) Zhang, Q., Li, N., Liu, X., Zhao, Z., Li, Z., Xu, Z., **Carbohyd. Res.**, 2004, 339, 105 (The structure of a sulfated galactan from *Porphyra haitanesis* and its in Vivo antioxidant activity)

213) Zhang, Q., Li, N., Zhou, G., Lu, X., Xu, Z., Li, Z., **Pharmacol. Res.**, 2003, 48, 151 [In Vivo antioxidant activity of polysaccharide fraction from *Porphyra haitanesis* (Rhodophyta) in aging mice]

214) Zhang, Q., Yu, P., Li, Z., Zhang, H., Xu, Z., Li, P., **J. Appl. Phycol.**, 2003, 15, 106 (Antioxidant activities of sulfated polysaccharide fractions from *Porphyra haitanesis*)

Laminaria japonica Areschoug

참다시마 12

갈조류 · Laminariaceae (다시마과)

• 영명 | Sea tangle, Kombu, Kelp
• 일명 | Rishirikombu
• 한명 | 眞昆布, 海帶
• 중국명 | 海布, 海昆布
• 별명 | 다시마
• 분포 | 한국 동해안, 북아메리카 연안
• 용도 | 식용

✲ 식물학적 특성

갈조류로 다시마과에 속하며, 수심 2~10m의 암초 지대에 키 2~6m, 폭 30㎝, 두께 3㎜, 줄기 모양 부분의 길이 5~12㎝로 자라고, 다시마속의 대표 종이며, 양식되는 경우가 많다. 섬유 모양의 가지에서 생긴 뿌리에서 짧은 줄기 모양의 부분이 곧추서 있으며, 그 위에 빠르게 넓어지는 엽상부(葉狀部)가 생긴다. 그 중간에 있는 띠 부분은 폭이 10㎝ 정도로 양쪽 가장자리에 크게 물결치듯한 모양이 생긴다. 수명은 2년, 2년 된 몸체를 채집하여 식용한다.

동속에는 좁은잎다시마(*Laminaria angustata*), 큰잎다시마(*L. diabolica*), 긴잎다시마(*L. longissima*), 오호츠크다시마(*L. ochotensis*), 애기다시마(*L. religiosa*) 등이 있다.

✲ 성분

1) 영양성분

① **다시마(생것, 12016)** : 가식부 100g 중 수분 91.00g, 열량 19.0kcal, 단백질 1.1g, 지질 0.2g, 당질 3.6g, 조섬유 0.60g, Ca 103.0㎎, P 23.0㎎, Fe 2.40㎎, Zn(2.52)㎎, vitamin A 129.0 RE, β-carotene 774.0㎍, B_1 0.030㎎, B_2 0.130㎎, B_6(0.001㎎), niacin 1.1㎎, C 14.0㎎, 엽산(146.3㎍), E(1.00㎎).

② **다시마(말린것, 12017)** : 가식부 100g 중 수분 12.30g, 열량 189.0kcal, 단백질 7.4g, 지질 1.1g, 당질 41.1g, 조섬유 4.10g, Ca 708.0㎎, P 186.0㎎, Fe 6.30㎎, Zn(0.40)㎎, vitamin A 96.0 RE, β-carotene 576.0㎍, B_1 0.220㎎, B_2 0.450㎎, B_6(0.01㎎), niacin 4.5㎎, C 18.0㎎, 엽산(1364.0㎍), E(4.30㎎).

③ **다시마(말린것, 12018)** : 가식부 100g 중 수분 15.80g, 열량 202.0kcal, 단백질 6.9g, 지질 1.3g, 당질 38.0g, 조섬유 10.80g, Ca 680.0㎎, P 179.0㎎, Fe 6.00㎎, Zn(0.40)㎎, vitamin B_1 0.080㎎, B_2 0.400㎎, B_6(0.01㎎), niacin 1.8㎎, C(18.0㎎), 엽산(1364.0㎍), E(4.30㎎).

④ **다시마(말린것, 이구다시마, 12020)** : 가식부 100g 중 수분 18.10g, 열량 215.0kcal, 단백질 6.9g, 지질 1.7g, 당질 46.9g, 조섬유 4.70g, Ca 700.0㎎, P 111.0㎎, Fe 20.00㎎, Zn(0.40)㎎, vitamin B_1 0.060㎎, B_2 0.090㎎, B_6(0.01㎎), niacin 2.0㎎, C 15.0㎎, 엽산(1364.0㎍), E(4.30㎎).

⑤ **다시마(염장품, 12022)** : 가식부 100g 중 수분 64.10g, 열량 24.0kcal, 단백질 1.2g, 지질 0.3g, 당질 5.1g, 조섬유 0.90g, Ca 145.0㎎, P 27.0㎎, Fe 1.40㎎, Zn(0.84)㎎, vitamin A 21.0 RE, β-carotene 125.0㎍, B_1 0.030㎎, B_2 0.050㎎, B_6(0.004㎎), niacin 0.2㎎, 엽산(578.7㎍), E(17.15㎎).

⑥ **다시마(조림, 12023)** : 가식부 100g 중 수분 60.40g, 열량 84.0kcal, 단백질 6.3g, 지질 0.7g, 당질 15.8g, 조섬유 1.70g, Ca 375.0㎎, P 176.0㎎,

Fe 28.00mg, Zn(0.08)mg, vitamin A 1.0 RE, B_1 0.070mg, B_2 0.160mg, niacin 20.0mg, 엽산(146.3μg), E(1.00mg).

⑦ **다시마(튀각, 12024)** : 가식부 100g 중 수분 1.60g, 열량 398.0kcal, 단백질 3.6g, 지질 23.0g, 당질 55.0g, 조섬유 3.80g, Ca 240.0mg, P 127.0mg, Fe 5.00mg, Zn(2.30)mg, vitamin A 85.0 RE, β-carotene 512.0μg, B_1 0.030mg, B_2 0.090mg, B_6(0.01mg), niacin 0.8mg, C 17.0mg, 엽산(1364.0μg), E(4.30mg).

⑧ **다시마(차, 15076)** : 가식부 100g 중 수분 17.10%, 열량 178.0kcal, 단백질 1.3g, 당질 42.2g, 조섬유 7.00g, Ca 0.0mg, P 0.0mg, Fe 0.0mg, Zn 1.93mg, vitamin A 698.0 RE, B_1 0.02mg, B_2 0.05mg, B_6 0.01mg, niacin 0.1mg, C 0.0mg, 엽산 136.4μg, E 4.30mg.

2) 특수성분

참다시마에서 2′,3′-Dihydroxypropyl [5-deoxy-5-(demthylarsinyl), ribofuranoside(D-02751), *Laminaria* 속에서 Fucoidin(F-00475), Lamoxirene (L-00224), Propanal(P-01874)가, *L. angustata*에서 6-N-Trimethyllysine betaine(S, T-02863), *L. clonstoni*에서 1.6-Di-*O*-β-D-glucopyranosyl-D-mannitol(D-01098), 6-0-β-D-glucopyranosyl-D- mannose(G-00468), Laminarin(insoluble form L-00219), *L. digitata*에서 Laminarin(soluble form L-00219), 4-*O*-β-D-Mannopyranosyl-L-glucose(M-00218) 등이 분리되었고, 그 외에 Algin, Alginic acid, Fucoidan, Eckol(E-00042), 8-Bieckol, Phlorofucan, Furoeckol A, Fucan sulfate B-Ⅰ, B-Ⅱ, C-Ⅰ, C-Ⅱ 등도 있었다.

✻ 생리 활성

다시마, Fucoidan음료와 Stress쥐의 지질대사① : 다시마 추출 음료(Dasi-Erns : 건물 4.0%)와 후코이단 음료(Fuco-Ⅰ,Ⅱ,Ⅲ군: 건물 1.0%, 2.0%, 3.0%)

를 2주간 물 대신 음용시키며 15일~4일간 communication box 를 사용, 사회 심리적 stress를 준 결과, stress부하 4일을 포함 18일간 Dasi-Ex 및 Fuco-Ⅰ,Ⅱ,Ⅲ 군의 체중은 3% 감소, 사료, 에너지 효율은 6~12% 감소하였으며, 혈청 단백은 대조군에 비해 1~5% 증가(stress를 효과적으로 해소함을 시사)하였다. 혈청 cholesterol은 Dasi-Ex 및 Fuco-Ⅰ군은 감소가 없었으나, Fuco-Ⅱ와 Ⅲ군은 대조군에 비해 13~17% 감소되었다. LDL-cholesterol(LDL)은 Fuco-Ⅱ와 Ⅲ군에서 18%, 25% 억제되었고, HDL-cholesterol 은 Fuco-Ⅲ에서 16% 증가되었다. stress 부하 4일 포함 18일간 Dasi-Ex 군은 동맥경화 지수(AI) 감소 효과는 없었으나, Fuco-Ⅰ,Ⅱ, Ⅲ 군은 AI가 각각 2.71±0.11, 2.57±0.17, 1.98±0.04로 대조군의 AI (3.19±0.2 : 100%)대비 85.0%, 80.6%, 62.1%로 15~40% AI 감소 효과가 현저하였다. 이로써 동맥경화, 심근경색, 뇌졸중 등 혈관 관련 성인병 발병 지수 AI는 fucoidan 첨가로 성인병을 효과적으로 억제할 수 있고, 이 음료의 LPO 생성 억제 효과는 Dasi-Ex와 Fuco-I에서는 없었으나, Fuco-Ⅱ와 Ⅲ에서 약 10% 생성 억제 효과를 보여 fucoidan 첨가 음료는 강력한 지질대사 개선효과 때문에 만성 퇴행성 질환을 효과적으로 억제할 수 있을 것으로 기대되었다.

고지방식이와 해조류의 혈청지질 개선효과② : 고지질식이를 SD계(♂) 늙은 쥐에 6주간 투여하고, 대황 분말(EBP)이나 대황 추출물(EBE)을 투여한 후 혈청지질을 관찰하였다. 제1실험은 EBP와 미역(UP), 다시마(LJ) 및 톳(ES)을 algenic acid(ALG, 대조군)와 비교하였고, 제2실험은 EBE와 EB EtOH ex 및 EB pill(EB와 LJ)을 시료로, 식이섬유는 5% 함유하게 하여 투여한 결과, 총 cholesterol은 LJ나 EBP군보다 현저히 감소하였으나, HDL-cholesterol은 UP, LJ, ES 및 EBP에서 상승하였다. HDL/총cholesterol 비는 ALG를 포함 모든 해조류군에서 대조군보다 상승하였고, 중성지방(TG)은 대조군보다 LJ, EB 및 ESP에서 감소하였다. EBE는 대조군에 비해 EBE만 주었을 때 감소하였으나, HDL은 EB water ex 와 EtOH ex에서만 상승하였다. EB pill에 의해서 혈청 총 cholesterol과 TG는 감소하고, HDL-cholesterol은 증가하였다. 혈청 중 TBA 반응물질은 ESP, EBP, EB H_2O ex 및 EB pill군에서 감소하였다. EBP와 EB pill 투여로 대조군에 비해 GOT와 GPT가 감소하였다. 이러한 결과에서 EB와 EB pill은 혈청지질 개선효과가 있어 기능성 식품소재로 개발이 기대되었다.

다시마 배추김치의 체중 감량과 지질저하 효과③ : 배추김치에 다시마를 10, 20, 25%첨가, 8주간 섭취시킨 후, 조사한 결과, 대조군보다 내장 지방이 6%감소, 렙틴, 혈당지질, 분변지질 및 빌리루빈의 농도는 유의적 차이는 없었으나, 렙틴은 약 10% 감소, 혈중 TG는 11%감소, 분변의 TG는 17% 증가 배설되었으나, 혈중 콜레스테롤 차이가 없었다. 다시마 20% 배추김치가 종합적 관능 평가에서 우수하였고, 식이섬유의 함량이 7% 증가하여 장에서 식이 지방 흡수를 방해, 혈중 중성지방을 감소시켜, 지방세포로 중성지방 이동이 낮아져 복부 지방 축적이 억제되었다.

발암물질과 DNA 손상, 칼슘, 철 흡수 : ICR mice에 다시마와 미역의 수용성과 불용성 식이를 10일간 섭취시키고, 발암 전구 물질 AOM 투여시 생성되는 DNA adduct, N-methylguanine(N㎎)량과 Ca, Fe의 외견적 흡수를 측정하였다. 다시마와 미역 수용성(WF), 불용성 분획(IWF) 섭취군 간 식이 섭취량과 체중 증가는 나타나지 않았으나, 실험기간 중 수거 변 중량은 IWF군이 많았으며(P〈.05), WF군은 대조군에 비해 대장 조직 DNA 내 N㎎ 생성량이 낮았고, 특히 다시마군이 낮았다(P〈.05). Ca 흡수율은 IWF군이 감소하였고(P〈.05), Fe 흡수는 WF 와 IWF 모든 군에서 흡수율이 감소하였다(P〈.05). 이러한 결과로 다시마와 미역은 발암원 투여시 생성되는 대장의 DNA-adduct 생성을 감소시켜 암화 과정의 개시단계에서 억제시키는 효과를 보였다.

항돌연변이 및 항균 효과 : 미역과 다시마 EtOH 농도별 추출물의 NDMA에 대한 항돌연변이 효과 및 *E. coli, B. subtilis, S. cerevisiae*에 대한 항균 효과를 검색한 결과, 다시마의 EtOH ex 의 항돌연변이 효과는 전반적으로 미역 추출물보다 높았다. 다시마의 70%와 90% EtOH ex는 TA100과 TA102에서 NDMA에 대해 높은 항돌연변이 활성을 보였고, 특히 TA100

에서 97% 이상의 높은 돌연변이 효과를 보였다. 항균 효과는 미역의 50% EtOH ex에서 *S. cerevisiae*에 높은 반면 다시마의 70%와 90% EtOH ex는 *B. subtilis*와 *E. coli*에 대해 높은 항균성을 보였다.

제대혈관 내피세포에서 고 포도당-산화 Stress에 대한 보호 효과 : 고 포도당 유도 산화 stress에 대한 다시마 BuOH 추출물의 인체 제대 혈관 내피세포(HUVECs)의 보호 효과를 관찰하였다. 냉동건조 다시마의 증류수로 추출물을 EtOH와 혼합 후, 원심 분리하여 그 상등액을 여러 용매로 순차 분획하고 각 분획 중 BuOH 분획이 가장 강한 항산화 활성이 있었다. 다시마 BuOH 분획은 HUVECs의 고 포도당(30mM)과 정상혈당(5.5mM)에 48시간 노출시켜 산화 stress에 대한 보호 효과를 세포 활성, 지방 과산화, SGH 농도 및 catalase, SOD, SGH-px와 GSH-re로 측정한 결과, 세포 활성, SOD, GSH-px 및 GSH-re의 활성이 감소하였고, 5.5mM 포도당 처리구와 비 처리구의 세포를 비교한 결과, TBAR 형성이 증가되었다. 다시마 BuOH 추출물 처리는 TBARS 형성을 감소, 세포의 활성 GSH 농도와 catalase, SOD, GSH-px 및 GSH-re의 산화 효소 활성을 증가시켰다. 이 결과로 다시마 BuOH 추출물은 고 포도당 유도 산화적 stress로부터 HUVECs가 보호될 수 있으며, 부분적으로 항산화 방어체계에 작용하는 것으로 나타났다.

항산화, 항당뇨 효과① : SD계 흰쥐에 다시마 추출물(시료)로 물 대신 7주간 사육한 결과, 당뇨군(EI)에서 시료 섭취로 체중 감소를 보였고, 혈당은 시료에 의한 혈당 강하효과는 3주 후에 나타났으나, 7주에는 보이지 않았다. 혈청 총 cholesterol과 LDL-cholesterol은 변화가 없었으나, 중성지방은 시료 당뇨군(ED)에서는 감소, HDL-cholesterol은 증가하였다(P〈.05). 당뇨시 증가하는 신장의 G-6-pase 활성도는 ED군에서 시료 섭취로 감소하였으며, 대조군(C, E)에서 간장의 GST 활성도는 당뇨군에서 감소하였고(P〈.05), GPX 활성도는 시료 대조군과 시료 당뇨군(ED)에서 증가하였다(P〈.05). 간의 GR 활성도는 시료 당뇨쥐(ED)에서 다시마 추출물 섭취로 감소하였으나, 신장에서는 반대 경향이었다. 신장의 MDA는

ED군에서 증가하였으나 간장에서는 감소하였다. 이로써 7주간 다시마 추출물 섭취로 당뇨쥐의 고 혈당의 감소는 3주 후에 나타났고, 7주 후에는 효과가 없었으나, 당뇨의 산화적 stress로 증가한 항산화 효소 활성도(GR 활성도가 정상으로 감소, 신장의 G-6-pase는 감소 경향)는 시료 섭취로 당뇨시 산화적 반응에 대한 방어기전을 제공함을 알 수 있었다. 또한 중성지방의 감소, HDL의 증가는 심혈관계와 관련된 당뇨 합병증의 억제 가능성이 제시 되었다.

당뇨쥐의 비장세포 증식[②] : 정상과 당뇨 흰쥐가 다시마 섭취 시 면역기능에 대해 조사하였다. ICR mouse 에 섬유소원으로 cellulose(대조군)와 다시마(실험군)를 4주간 투여한 후, STZ-유도 당뇨군과 정상군으로 나누어, 당뇨군은 glipizide, metformin의 혈당 강하 유무에 따라 나누어 총 8군으로 조사한 결과, 당뇨 유발시 다시마 섭취군의 치사율은 14%로 대조군 24%보다 낮았으나, 혈당 상승에는 차이가 없었고, 비장의 무게는 증가하였으나, 약물을 같이 투여하였을 때는 차이가 없었다. 8군에서 분리한 비장 세포의 LPS와 Con A 첨가 증식에서 정상군은 다시마군의 효과가 확실하였고, 당뇨쥐에서도 같았다. 비장세포에서 분비된 IL-2는 정상 쥐에서 다시마 섭취군이 다소 높았으나, 당뇨군에서는 군간 차이가 없었다. 비장 세포 인지질의 지방산 구성에서 당뇨에 의하여 arachidonic/linoleic acid 비가 저하되었고, 다시마 섭취로 총 PUFA량이 glipiaide 투여로 n-3 다불포화 지방산이 증가되었다. 이상으로 다시마가 흰쥐의 세포성 면역능 증진효과가 있었으나, 심한 당뇨나 약물이 복합적으로 작용할 때는 효과가 적었다.

STZ-당뇨쥐에서 장의 변화와 포도당 흡수 감소[③] : STZ-당뇨쥐(SD계)에 대조군(AIN76)과 다시마 투여군으로 나누어 3주간 투여한 결과, 다시마군이 대조군보다 공복시 포도당 농도가 낮았다. 당뇨 대조군을 전자 현미경으로 관찰한 결과, 공장의 융모가 심히 손상되었으나, 다시마군에서는 손상이 적었다. 또 다른 실험에서 SD계(♂)쥐를 대조군과 다시마군을 5주간 사육한 후, 대조군에서 천공이 생겼다. 포도당의 흡수율을 측정한 결과,

대조군과 비교하면 다시마군이 공장에서 흡수율이 34% 감소하였다. 이러한 결과로, 다시마 투여는 장의 형태적 변화를 일으켜 포도당 흡수를 감소시켰고, 당뇨로 인한 융모 손상을 보호하는 것으로 나타났다.

제2형 당뇨에서 당뇨개선과 항산화④ : 다시마 열수 추출물의 동결건조 캡슐(350m함유)을 조석으로 각 2캡슐씩 12주간 투여한 후, 섭취 전후 일반사항, 식이섭취 조사, 신체계측, 혈당, 당화 혈색소, 혈청지질, 지질 과산화물 및 항산화 효소, 그리고 간과 신장의 기능 변화로 독성 실험을 실시하였다. 시료 섭취군은 섭취후 혈당은 156.0±15.2㎎/*dl*에서 155.8±14.2㎎/*dl*, 당화 혈색소 6.74±0.66%에서 6.65±0.64%로 비슷하였고, 총 cholesterol은 177.0±16.5㎎/*dl*에서 168.6±15.0㎎/*dl*로 감소한 반면, 위약군은 175.8±17.4㎎/*dl*에서 179.8±19.7㎎/*dl*로 변하였나. LDL, TG노 시료 섭취 후 감소하였고 특히 LDL이 높은 환자가 더욱 감소하였다. 지질 산화물은 시료 섭취군에서 1.58±0.88nmol에서 1.13±0.03nmol로 감소, GSH-px 활성도 위약군보다 시료군이 13.98±0.66IU/㎎ protein에서 14.58±0.22IU/㎎ protein으로 약간 상승하였다. SOD활성은 실험군에서 증가하였으며, 간과 신장은 실험 전후 모두 정상이었다. 따라서, 당뇨환자의 혈청 지질 및 혈액 항산화 효소계에 도움이 되는 안전한 보조제로 다시마 추출물의 사용 가능성을 제시하였다.

다시마와 참전복의 성장 : 배합 사료와 다시마 혼합 공급군이 참전복 치패의 일간 성장률 151.2㎛로 가장 높았고(19℃), 동일 수온에서 다시마 단독 공급군보다 혼합 공급군에서 증체량이 가장 높아 46.2㎎/day이었다.

Fucoidan의 활성과 이용 : 미역, 다시마, 톳 등 갈조류에 많은 fucoidan은 90여 년 전에 추출 확인되었으며 항혈액 응고, 항혈전, 항암, 면역조절, 항 virus, 줄기세포의 활성화 등의 생리 활성이 연구되어, 이와 관련된 각종 질병의 완화 및 치료제로 활용 가능성이 인식되고 있다. 갈조류의 양식은 잘 발달되었고, 전남 완도지역은 청정지역으로 수질 오염이 낮아 다시마, 미역포자엽의 수확량이 풍부, fucoidan 추출원료 수급이 용이하다.

갈조류의 Fucoidan 추출, 정제 및 특성 : 갈조류인 다시마, 미역, 톳, 모자반에서 수용성 식이 섬유인 fucoidan추출은 pH 2.0, 65℃, 1시간씩 3회 추출, cetylpyridium chloride로 부분 정제한 결과, 다시마 2.71%, 미역포자엽 6.65%, 톳 2.51%, 모자반 1.56%, 미역엽상체 0.40%였고, DEAE-Sepadex A-25 이온교환으로 정제한 fucoidan 분획은 다시마, 미역포자엽, 톳, 모자반 모두 3종의 분획으로, 전기 영동에서 2종 이상의 band가 검출되어 불균일성을 보였다. 알코올 분별 침전법으로 재분획한 결과, 다시마, 미역 포자엽, 톳은 60~70% EtOH에서, 모자반은 60~65%에서 침전된 분획이 cellulose acetate 전기 영동 및 gel filteration chromatography 상에서 균일하였다. 이 fucoidan은 fucose: galactose: sulfate의 mole 조성비는 다시마, 미역포자엽, 톳, 모자반이 각각 1:0.31:2.43, 1:0.87:1.99, 1:0.66:2.74, 1:0.24:1.46이었고, 분자량은 다시마 31,000, 미역포자엽 38,000, 톳 26,000, 모자반 105,000이었다. 구성당의 위치는 다시마, 톳, 모자반의 주결합은 1, 3 fucose, 미역포자엽은 1, 3 fucose 외 1, 3 galactose, 황산기는 fucose 및 galactose C-4에, 미역포자엽과 톳은 C-4 외에 C-2탄소에 결합되었고, 이들의 항혈액 응고력은 다시마〉톳〉모자반〉미역포자엽이었다. 특히 다시마의 항응고력은 18㎎/㎖에서 70초로 heparin의 약 15% 활성을 보였다. 또한 다시마 톳, 모자반의 정제 fucoidan의 항응고력은 황산기 함량 증가에 따라 증가하였다.

CCl_4- 유도 간손상과 Fucoidan 효과: CCl_4-산화 stress 손상 간에 fucoidan extracts(FE)의 항산화성을 GOT, GPT, ALP, LDH, MDA, SOD, CAT, GPx수준으로 알 수 있는지 실험하였다. SD계 rat(♀), Fe 100㎎/㎏을 14일간 투여하고 15일째 CCl_4를 준 후 희생시켰다. rat 혈청 중 GDT, GPT, ALP 및 LDH를 총간의 균질액에서 MDA, SOD, CAT 및 GPx와 같이 측정한 결과, CCl_4처리에서는 GDT, GPT, ALP, LDH, 및 MDA가 증가하였고, SOD, CAT 및 GPx는 현저히 감소하였으나, FE로 전처리 한 rat은 CCl_4 처리 rat에서 SOD, CAT 및 GPx량이 회복되는 것과 같이 GOT, GPT, ALP, LDH 및 MDA의 증가가 억제되었다. 더구나 FE처리 rat의 간에서는 괴저나 경화 발생이 현저히 감소하였다. 이러한 결과로 FE의 항

산화성이 CCl_4-유도 산화적 stress에 효과 있음을 알게 되었다.

다시마 Fucoidan과 활성산소 공격① : 다시마 추출 건조 분말 4.0% 첨가 시료(Dasi-Ex)와 Dasi-Ex에 fucoidan 1.0, 2.0, 3.0% 첨가 사료(Fuco-I, II, III)를 SD계 rat에 45일간 투여, 노화 억제 효과를 관찰한 결과, Dasi-Ex 및 Fuco-I, II, III 투여군의 신장 mitochondria(mito) 및 microsome(micros)의 -OH 생성은 각각 10~15% 및 15~30% 억제 효과가 있었고, 신장 micros의 H_2O_2의 생성도 대조군에 비해 10~15% 감소하였다. 신장 mito에서 Dasi-Ex 및 Fuco-I군의 BOR 생성은 효과가 없었으나, Fuco-II,III은 BOR 생성을 12~25% 억제하였고, 용량 의존적 억제 효과가 있었다. 또한 신장의 mito에서 Dasi-Ex IOR 생성 억제는 없었으나, Fuco-I, II, III은 10~15% 억제되었고, micros에서 Fuco-II, III군에서 13~14% IOR 생성이 억제되었다. 신장의 mito와 micros의 LPO의 생성은 Fuco-II, III군에서 15%, 15~25% 억제 효과가 있었고, mito에서 Dasi-Ex와 Fuco-I, II, III군의 유동성은 대조군보다 20~35% 증가되었으며, micros에서 Dasi-Ex와 Fuco-I, II, III군의 유동성은 17~24% 증가하였다. 따라서 다시마 추출물 단독보다 fucoidan 투여가 생체 방어 효소의 활성을 촉진 시키고, 활성산소 공격으로부터 신장 기능의 효과적 보호가 기대되었다.

다시마 Fucoidan과 스트레스성 활성산소 제거② : 다시마 추출 음료(Dasi-Ex) 및 fucoidan 첨가 음료(Fuco-I, II, III)를 2주간 물 대신 투여, 15일 후 4일간 사회 심리적 stress를 주고 활성 산소의 영향을 관찰한 결과, stress 부하 4일 포함, 18일간 Dasi-Ex와 Fuco-I, II, III군의 IOR 생성은 대조군보다 각각 84.8, 83.3, 80.7, 76.7로 15~25% 억제되었으며, fucoidan 첨가량에 따라 BOR과 IOR 생성이 억제되었다. 또한 Dasi-Ex와 Fuco-I, II,III군의 -OH 생성은 각각 90.8, 61.0, 67.0, 63.3%로 Dasi-Ex군은 10%, Fuco-I, II, III군은 30~40% 억제되었다. Dasi-Ex군의 LPO 생성 억제는 없었으나, Fuco-I, II, III군은 92.2, 89.9, 89.4%로 10% 억제되었다. Dasi-Ex와 Fuco-I, II, III군의 carbonyl group의 생성에 의한 산화 단백질 함량은 69.0, 64.3, 60.9, 58.3%로 30~40% 단백질 산화가 억제되었으

나, Fuco-I, II는 약 7%만 억제되었고, Fuco-III은 20% NO 생성이 억제되었다. Dasi-Ex와 Fuco-I군은 약 10% SOD 활성이 증가되었으나, Fuco-II, III은 25~40% SOD 활성이 상승되었다. 또한 Dasi-Ex 와 Fuco-I군은 약 10% CAT 활성이 증가되었다. 이들 음료가 fucoidan 2.0% 이상에서만 생체방어 효소의 활성이 증가되었다. 이상에서 fucoidan첨가 음료 투여는 강력한 활성 산소 억제작용에 의한 stress 뿐 아니라, 생리적 노화현상을 효과적으로 억제할 수 있을 것으로 기대 되었다.

Fucoidan 구성당 결합 특성 : 다시마, 미역 포자엽, 톳, 모자반에서 추출 정제한 fucoidan의 주 결합은 (1→3)linked fucose이었고, 미역 포자엽에는 (1→3)linked galactose도 상당량 존재하였다. 황산기의 대부분은 fucose와 galactose의 C-4위치에 결합 되어 있는 것으로 추정되었다.

AAPH-손상 LLC-PK1세포와 Fucoidan : AAPH손상 LLC-PK1세포의 산화적 stress에 fucoidan의 보호 효과를 실험하였다. LLC-PK1세포를 1mM 2.2'-azo-bis(2-aminopropane) dihydrochloride(AAPH)에 24시간 노출로 산화적 stress에 생활력이 현저히 감소하였으나, fucoidan은 용량 의존적으로 이를 보호하였다. 이러한 fucoidan의 작용은 superoxide anion radical과 hydroxyl radical의 작용을 제거하는 것과 같이 fucoidan이 지질 과산화와 항산화 효소의 작용과 같은 양상이다. fucoidan의 AAPH-유도 LLC-PK1 손상에 보호 효과는 특히 superoxide radical을 강하게 제거함을 보였다. fucoidan의 IC_{50}은 48.37±1.54㎍/㎖ superoxide anion radical 제거능과 hydroxyl radical 제거능은 IC_{50} 32.03㎍/㎖로 강하였다. 그러므로 fucoidan의 AAPH-손상 LLC-PK1 세포 보호는 지질 과산화를 방해하고, 항산화효소 작용을 증가시켜 과산화 radical을 제거함에 있다 (LLC-PK1 cell: Procine kidney epitheial celll).

Fucoidan의 항혈액 응고 활성 : 국내 연안의 갈조류, 미역포자엽, 다시마, 톳, 모자반을 묽은 염산(pH 2.0)으로 65℃에서 추출 crude fucoidan을 CPC 처리로 침전시킨 후, $CaCl_2$(1.0M, 1.5M, 3.0M)를 증가시켜 분리하였다. APTT 활성으로 비교한 결과, 분획물의 항혈액 응고 활성은 황산기 함량의 증가에 따라 증가하였으며, 분획물 시료 중 미역포자엽을 3.0M $CaCl_2$로 분획한 것이 가장 활성이 우수하였다. 이 분획을 다시 pronase와 laminase로 수식한 결과, 각각 단백질과 glucose가 감소하였으나 수식 전에 비해 APTT 활성이 증가하였다. pronase와 laminase로 수식한 fucoidan의 fucose : galactose : mannose : sulfate : uronic acid의 mole%는 1 : 1.3 : 0.03 : 2.7 : 0.08이었으며, 효소처리에 따른 미역포자엽의 결합 구조는 변화가 없었다.

Fucoidan-고추장과 Leptin 분비 : 고추장에 1% 다시마 가루, alginic acid ex, fucoidan ex를 넣어 담그고, 이 고추장의 항비만 효과를 실험한 결과, leptin 분비량이 다시마 고추장에서 12%, alginic acid나 fucoidan 첨가 고추장에서 3T3-L1 adipocyte에서 60% 이상의 leptin 분비가 감소되었다. oil red O로 검색한 결과, TG droplets양이 감소하였고, 5㎛ fucoidan 첨가에서 TG 형성이 강력히 억제되었다. 또한 fucoidan 처리 3T3-L1 adipocyte는 lipolysis에 차이가 있었다. lipolysis 작용은 대조구에 비하여 1㎛, 2.5㎛ 및 5㎛ 농도에서 각각 21%, 37%, 35%의 leptin 분비량이 증가되었고 TG 감소와 TG의 adipocyte 축적을 억제하였다. 이 결과로 fucoidan은 leptin 분비를 감소, adipocyte에 TG 축적을 감소시키며, lipolysis를 유도하였다.

Alginate의 항돌연변이와 Cholesterol, Glucose, Cd 결합능[①] : Alginate 의 평균 분자량 약 10,000(HAG-10), 50,000(HAG-50), 100,000(HAG-100)의 저분자 alginate를 만들어 Ames test로 항돌연변이 효과를 측정한 결과, AFB_1에 대한 간접 돌연변이 원성과 MNNG 에 대한 직접 돌연변이 원성의 항돌연변이 효과는 HAG-10이 가장 높았고, 다음 HAG-50, HAG-100 및 alginate 순으로 분자량이 적을수록 증가하였다. 저분자 alginate의 cholesterol, glucose 및 Cd 결합능은 alginate가 가장 높았고, 다음 HAG-50과 HAG-100은 유사하였으며, HAG-10은 결합능이 없었다.

Alginate의 Cholesterol, Glucose 및 Cd 배출 효과[②] : Alginate의 기능성을 개선하고자 저분자 alginate를 만들어 rat에 HAG-10, HAG-50, HAG-100

및 alginate를 투여, cholesterol의 체외 배출 효과를 조사한 결과, HAG-50과 HAG-100이 높았고, 다음 alginate이며, HAG-10은 나타나지 않았다. 혈청 중 glucose양은 HAG-50에서 가장 낮았고, 이후에도 계속 혈당이 저하 하였으며, 혈청 중 insulin도 HAG-50에서 초기에 증가한 후 계속 저하되었다. Cd의 체외 배출은 HAG-50에서 가장 높았고, 다음 HAG-100, alginate, HAG-10순이나 HAG-10은 거의 효과가 없었다. 이로써 HAG-50은 rat에서 cholesterol과 Cd의 체외 배출이 촉진되었으며, 혈중 glucose 저하 효과가 뚜렷하였다.

투석과 건조법에 따른 다시마 알긴산의 물성 : Alginate는 세포벽 구성 다당류로 Ca^{++}, Mg^{++}, Ba^{++}과 gel을 형성, D-mannuronic acid와 L-guluronic acid가 1,4-glycosidic linkage의 선상결합으로 이루어졌다. alginate의 생리 활성은 중금속 체외 배출, 혈압 상승 억제, 혈중 cholesterol 저하, 혈당 강하 작용, 정장 및 변비 개선 작용, 장내 유해 미생물의 증식 억제 및 항 종양 활성이 알려졌고 이들 작용은 gel 형성능, 용액상태의 유체기능, bile acid와 결합능 및 생리 활성에 영향을 주기 때문으로 용도에 따라 분자량의 조절 생산이 중요하다. 이들 분자량은 생육 장소, 계절, 부위에 따라, 또 추출 방법과 정제법이나 추출 시간과 건조 방법에 따라 다르므로 용도에 따라 이들 요소를 달리 제조하여 사용한다.

알긴산 분자량과 가수 분해 온도 : 다시마의 고분자 alginate를 pH 5.0에 1시간 동안 여러 온도에서 가수 분해 하여 oligouronic acid를 만들고자, 평균 분자량(AMW)과 MW의 분포율(DR)에 대한 가수 분해 온도의 영향을 관찰하였다. Ht가 증가할 때 alginate의 AMW가 증가하고, MW〈500kDa의 alginate는 감소, MW=50~100과 MW〈50kDa의 DR은 증가하였다. MW=300~500과 MW=100~300kDa의 alginate의 DR은 Ht가 80℃까지는 증가하였으나, 80℃ 이상에서는 감소하였다. Ht가 60℃이하에서 MW〈500kDa가 가장 DR이 높아 39~67%이고, AMW는 1,000~1,300kDa이었다. Ht가 80℃에서 MW=300~500kDa의 DR이 가장 높으며 이때 DR은 33%와 AMW 400kDa이었다. Ht가 100~121℃에서 가장 높은 DRs를 MW=50

~100kDa, DR은 39~44%와 AMW는 70~80kDa이었다.

Alginate 추출 조건과 Bile acids 의 결합능 : 건조 다시마를 마쇄할수록 Na_2CO_3 농도와 추출 시간이 증가할수록 alginate 추출량은 증가하였고, bile acid와의 결합능은 저농도의 Na_2CO_3용액으로 단시간 추출이 효과적이었다. alginate와 bile acids의 결합능은 cholic acid가 가장 높았고, taurocholic acid, glucocholic acid, deoxycholic acid 순이었다. alginate 추출 잔사(RAEA)의 bile acid와의 결합능은 alginate 추출용액의 농도가 높고, 추출 시간이 길수록 감소하였고, bile acid와의 결합능은 cholic acid, taurocholic acid에서 algiante보다 다소 낮았으며, glycocholic acid는 algiante와 비슷하였으나, deoxycholic acid와의 결합능은 추출된 alginate보다 높았다. 추출 alginate의 점도와 중합도는 추출용액의 농도가 증가하고, 추출 시간이 길어짐에 따라 감소하였으며, 이에 비례하여 bile acid 결합능도 감소하였다.

저분자 Alginate 와 분변 장내균총 : 저분자 alginate인 HAG-10, HAG-50, HAG-100 및 alginate를 rat에 장기간 섭취시켰을 때, 저분자 alginate는 대부분의 장내 세균에 기질로서의 이용성을 보이지 않아 전형적인 식이섬유원이었으며, 또한 rat에 있어 HAG-50의 섭취는 alginate 고유의 기능성 특성을 유지하면서 장내 세균 중에 유익균인 *Bifidobacterium*과 *Lactobacillus* 증식을 촉진시키고, 유해 미생물의 증식을 억제, 장내 미생물 균총을 개선시키는 최적 저분자 alginate을 보였다.

저분자 Alginate와 분변의 성분: 저분자 alginate인 HAG-10, HAG-50, HAG-100 및 alginate를 rat에 장기간 섭취시켰을 때, 분변의 무게와 수분 함량은 alginate에서 가장 높은 증가를, 다음 HAG-100, HAG-50 순이었고, HAG-10은 변화가 없었다. 단백질과 지방은 5% HAG-50에서 가장 많았고, 분변의 pH는 5%와 10% HAG-50에서 급격히 저하되었으나, 10% HAG-100과 alginate에서는 상승하였다. VBN은 10% HAG-10, HAG-50 1%, 5% HAG-100에서 현저히 감소, 10% HAG-100, 5%, 10% alginate에서 급격히 증가하였다. 단쇄 지방 중 n-butyric acid는 증가, propionic acid와 acetic acid는 감소하여 rat의 소화 생리를 개선시키는 데에 효과적인 것은 저분자 alginate로 보였다.

저분자 Alginate와 위궤양 억제: Alginate를 가열 가수 분해로 만든 저분자 물질 HAG-10, MAG-50, HAG-100 및 alginate 투여가 HCl-EtOH 용액과 침수 stress-유발 위 손상과 위 궤양 억제 효과를 조사한 결과, alginate가 가장 높았고, HAG-50, HAG-100〉HAG-10 순이며, HAG-10은 효과가 없었다. 현미경 조사 결과, HAG-10 투여에서는 위 출혈과 부식에 의한 응고, 괴사가 진행, 점막, 점막근판 및 근육층에 부종과 조직 파괴가 있었으나, HAG-50, HAG-100, alginate에서는 가벼운 병변과 약간의 출혈만 관찰되어 위손상 억제, 위궤양 억제를 보였다.

저분자 Alginate와 소화생리 : Alginate 가열 가수 분해로 만든 저분자 물질 HAG-10, HAG-50, HAG-100 및 alginate를 rat에 장기간 투여 시, 체중은 5%, 10% HAG-50과 10% alginate에서 체중의 증가가 억제되었고, 간 무게는 변화가 없었으나, 위의 무게는 10% HAG-10, 1%, 5%, 10% HAG-50, 1%, 5% HAG-100, 5% alginate군에서 증가 경향을 보였으며, 췌장의 무게와 길이는 모두 약간 증가하였고, 소장과 맹장의 무게와 길이는 1%, 5% HAG-10 제외한 모든 군에서 증가하였으나, 대장의 무게와 길이는 감소하였다. 췌장 amylase 활성은 차이가 없었으나, lipase 활성은 HAG-50에서 약간 감소, protease는 1% HAG-10 제외 군에서 저하하였다. 췌장의 단백질 함량은 모두 증가하였으나, DNA와 RNA 함량은 차이가 없었다. 소장 단백질 함량은 5%, 10% HAG-50에서, DNA는 5% HAG-50에서 가장 많았고, RNA는 전반적으로 증가하였다. 소장의 융모 미세 구조는 HAG-50에서 주름이 많았고, 표면적이 넓은 잎 모양의 융모세포와 돌림주름 및 goblet cell이 현저히 발달되었다.

노화억제와 Alginic acid : 미역, 다시마 등 해조류의 주성분 Na-alginate (Alg)을 0, 3, 6 및 9% 되도록 조제한 사료로 흰쥐(SD계, ♂, 150±10g)에 16주간 사육한 결과, 체중 증가는 대조군의 136.5g(100%)에 비교, 3, 6, 9% Alg 투여군은 각각 89.6%, 70.2%, 50.6%로 감소하였고, 간의 mitochondria와 microsome 두 획분이 다같이 6~9% Alg 첨가군에서 과산화지질이 효과적으로 감소하였고, cholesterol은 Alg 3, 6, 9% 첨가군의 mitochondira 획분에서 각각 87.0, 77.5, 72.3%로, microsome 획분에서 각각 87.4, 68.0, 68.1%로 유의성 감소를 보였다. 총 지방산은 Alg 첨가군에서 감소하였고, linoleic acid 함량은 3~6% Alg 첨가군에서 증가하였으며($p < .005$) linoleic acid : arachidonic acid는 Alg 첨가군에서 현저히 감소하였다. 이상으로 alginic acid 투여가 노화 과정을 조절할 수 있을 것으로 암시되었다.

Alginate의 Na흡착과 저염김치 : 다시마 alginate의 Na 흡착능을 실험한 결과, alginate와 Na-alginate, 다시마 추출 alginate가 가장 흡착능이 좋았고, Na-alginate는 산에서 용해된 상태로 위에서 Na를 흡착(29.9%)하여 소장(33.8%)까지 내려가나, alginate와 다시마-alginate는 소장 alkali 성에서 32.3%와 27.4%의 Na 흡착능을 보였다. 다시마-alginate양은 건다시마 22.2%, 염장다시마 21.9%, 30분 침지 후 3회 세척한 다시마 0.5×3 ㎝로 절단, 김치 재료의 30% 첨가 김치를 제조하였다. 이 다시마 김치는 대조 김치에 비해 환원당과 젖산균이 많았으며, 발효 속도는 다소 빨랐고, 특히 다시마 김치는 대조 김치와 다시마 젓갈 김치보다 탄산미가 많았고, 군덕내가 적었다. 다시마 김치는 대조 김치에 비해 수용성 식이 섬유의 양이 건조물당 6.2%에서 9.2%로 증가하였다.

Micro파 전처리와 열수 추출 Alginic acid 의 특성 : 미역과 다시마에서 micro파 전처리와 온도에 따른 alginic acid 수율은 미역이 다시마보다 높았고, 온도가 높을수록 증가 경향을 보였다. 미역은 처리 시간 90분 이상에도 영향이 없었고, 다시마는 120분 까지 서서히 증가, 수율은 미역과 다시마의 micro파 전처리에서 100℃에서 90분, 100℃에서 120분이 적절하였다. micro파 처리 추출온도는 용해도와 점도에 영향을 주었고, 80℃에서 미역과 다시마의 각각 용해도는 69%, 77%, 100℃에서 86%, 94%, 100℃ micro파 전처리 시료는 원료와 전처리 시간에 관계없이 Na_2CO_3으로 추출한 alginic acid에 비해 5% 이하의 점도를 보였다. 또 열수 추출 온도가 alginic acid 추출 영향은 다시마보다 미역에서 컸으며, 추출 시간 경과로 수율이 증가하였다. 다시마도 유사하였으나, 미역보다 작았다. 용해도는 추출온도 60℃를 제외한 추출온도 증가에도 큰 변화가 없었고, 분자량은 기존의 Na_2CO_3 추출로 제조된 alginic acid의 분자량은 80만 이상 이었고, micro파 전처리와 열수 추출 alginic acid는 분자량이 12,000~45,000로 매우 적었다.

수용성 및 알칼리 가용성 Alginic acid의 특성 : 동해산 다시마 중 alginic acid을 얻고자, 열수 추출물(HWEM), 수용성 알긴산(WSA) 및 알칼리 가용성 알긴산(ASA)를 추출한 결과, HWEM, WSA, ASA의 함량은 각각 8.3, 2.5, 19.1% 이었고, HWEM과 WSA는 전혀 gel화능이 없었으나, ASA는 1.5% 이상에서 강한 점성과 함께 Ca^{2+}이온에 강한 gel화능도 있었다. HWEM, WSA, ASA의 융점은 각각 31.0°, 24.0°, 14.3℃이었고, 각각의 융점에서의 가용 한계는 2.55, 2.59, 2.31%이었다. 가용 한계 농도에는 큰 차이 없었으나, 융점에서는 ASA가 가장 낮아 바람직하였다.

Alginate 점도와 금속이온 결합능 : 다시마 alginate를 Na_2CO_3 1, 3, 5%에서 1, 3, 5, 10시간 추출시 추출된 alginate 점도 변화에 따른 금속의 결합능을 측정한 결과, Na_2CO_3 농도 증가에 따라, 추출 시간이 길어질 수록 alginate의 점도 및 금속 결합능은 감소하였고, alginate의 최대 금속 이온 결합능을 나타내는 ion 농도는 0.06M, 25㎖이었다. alginate 의 금속 ion 과의 결합능은 Pb^{2+}가 가장 높았고, Cu^{2+}가 가장 낮았다. alginate의 점도가 증가 할수록 alginate의 금속 이온 결합능도 증가하였다.

저분자 Alginate 와 Cholesterol 및 지방산 대사 : 미역과 큰 다시마에서 추출한 수용성 알긴산 및 산·알칼리 가용성 알긴산과 그 염산 부분 가수 분해에서 얻어진 alginic acid(미역, 약 4,000kDa→약 38kDa ; 큰 다시마 약 1283 kDa → 약 341 kDa 와 약 45 kDa)를 함유한 실험 자료를 흰쥐(SD계, 4주령)에 4주간 급여 후, alginic acid 급여군의 식이 효율은 0.37~0.44로 기초 식이군에 비해 0.03~0.05의 낮은 값을 보였고, cholesterol 급여에 의한 간의 중량 증가도 억제되었다. 수용성 alginic acid 는 산·알칼리 가용성 alginic acid 에 비해 혈청 및 간지질 중 총 cholesterol, 유리 cholesterol, LDL-cholesterol(LDL), triglyceride(TG) 및 인지질에 현저한 저감 효과를 보였고, 각각의 효과는 저분자화에 의해 현저히 증대되었다 (저분자에 의한 저감 효과; 수용성 alginic acid – 혈청 지질, 총 cholesterol 59%, 유리 cholesterol 65%, LDL 96%, TG 50%, 인지질 36%, 간장 지질; 총 cholesterol 42%, 유리 cholesterol 62%, LDL 44%, TG 33%, 인지질 44%, 산·알칼리 가용성 알긴산·혈청 지질 ; 총 cholesterol 52%, 유리 cholesterol 97%, LDL 78%, TG 32%, 인지질 64%, 간장 지질 ; 총 cholesterol 11%, 유리 cholesterol 12%, LDL 10%, TG 27%, 인지질 21%). 저분자 alginic acid는 혈청 및 간지질 조성을 현저히 개선시켰다.

저분자 알긴산 제조① : 저분자 알긴산 제조를 위해 γ-ray 처리와 유기산의 pH, 온도, 산의 종류를 알고자, 5%(w/w)의 알긴산 수용액에 2~100 kGy γ-ray 처리는 약 125,000~10,500 Da, 고유 점도는 약 600~10(g/g), 분자량과 고유 점도 모두 10kGy까지는 급격히 감소하고, 10~100kGy 선량 까지는 완만히 감소하였다. 유기산에 의한 저분자 알긴산 제조는 ascorbic acid가 비교적 우수한 것으로 나타났다.

알긴산 분해 미생물 탐색② : 해양생물 및 토양으로부터 총 619주의 알긴산 분해능을 나타내는 균주를 분리, 강력한 균주의 배양조건 및 효소 생산 조건을 실험한 결과, 탄소원으로는 Na-alginate 2%, 질소원 nutrition broth 0.1%, NaCl 농도 2%, pH 7.5, 배양온도는 30°C, 배양시간은 144~150시간이 최적 배양 및 효소생산 조건이었다. 아울러 균체의 생리, 생화학적 특성을 분석한 결과, 본 실험 균주가 *Bacillus licheniformis*로 동정되어, *B. licheniformis* AL-577로 명명하였다.

다시마를 미립자 SCD로 분해하는 해양 세균③ : 다시마를 기능성 식품 재료로 활용하기 위한 예비 단계로 다세포의 다시마를 미립자의 single cell detritus (SCD)로 분해하는 해양 세균을 해수, 다시마, 미역, 성게, 불가사리, 소라에서 분리한 결과, 71개 균주 중 다시마 조체의 연화능과 알긴산 분해 활성을 동시에 가지는 균주는 14개였으나, 그중 No.34균주가 가장 연화능과 알긴산 분해 활성이 강하여, 배양 15일 만에 다세포의 다시마를 SCD형태로 분해하였으며, 입자 크기는 5~10㎛이었고, *Vibrio* sp.로 동정, *Vibrio* sp. YKW-34로 명명하였다.

***Vibrio*균으로 제조한 다시마 SCD의 품질특성**④ : 소화에서 다시마 분해능이 강한 다시마 single cell detritus(SCD)를 제조, 성분과 생리 활성을 분석하였다. 다시마 SCD의 조단백질과 총 아미노산은 다시마 분말보다 높았으나 회분의 함량은 낮았다. 다시마 SCD와 분말 시료의 항암활성은 각각 31.20과 29.27%, ACE 저해 효과는 분말 시료가 39.31%로 SCD의 26.07%보다 높았다. 항혈액 응고를 측정한 결과, 다시마 분말은 55.3으로, 다시마 SCD 34.5보다 높았다. 또 항산화 효과와 뇌 허혈에 의한 신경 세포사 억제 효과는 없었다. SCD의 생리활성은 분말보다 적었으나 지방, 단백질이 높아 빵, 국수 및 수산 연제품 첨가제로 응용 가능성이 높았다.

다시마 SCD첨가 국수의 최적화⑤ : 다시마를 *Vibrio* sp.로 분해, SCD(Single Cell Detritus)첨가 국수를 제조하였다. 밀가루량의 증가에 따라 다시마 SCD국수의 texture parameter는 감소 후 증가하였다. 밀가루와 SCD 증량에 따라, 물의량 감소에 따라 L, b값이 증가, a값은 밀가루량이 증가할수록 감소하였고, 물의 량 증가에 따라 감소 후 증가하였다. constraint coefficient 값 분석 결과, SCD는 건면과 조리면의 texture parameter와 L(명도) 및 b(황색도)값, 물은 a(적색도)값이 가장 큰 영향을 주었으며, hardness를 제외한 texture parameter와 색도에서 원료 간의 상호작용이 있었다. modified distance design에 의해 결정된 최적 배합 비율은 밀가루 : 물 : SCD는 63.3 : 31 : 3.7%이었고, 관능 검사 결과, 전해수 처리 SCD국수는 시중 제품보다 모든 면에서 조금 낮아지나 전해수 미처리 SCD국수보다는 월등히 높은 점수를 받아 전해수 처리는 본 SCD국수의 품질 향상에 기여할 것으로 판단되었다.

수산염제품의 품질과 다시마 Single cell⑥ : 다시마를 *Vibrio* sp.로 분해, SCD(Single Cell Detritus)를 첨가 수산염 제품의 특성을 조사하였다. 원래 최적 배합 비율은 수리미에 SCD 첨가량 감소에 따라 gumminess 와 bittleness 값이 증가하였다. SCD 첨가량 증가와 물첨가량이 감소 할수록 수분 보유력과 백색도의 값이 증가하였다. 수리미의 첨가량 증가에 따라 백색도 값이 증가한 반면, 수분 보유력은 감소하였다. ANOVA 분석에서 SCD 어육 gel의 hardness와 cohesiveness는 nonlinear model(Quadratic model)이 결정되었으며, gummimess, brittleness, 수분 보유력 및 백색도는 linear model이 결정되었다. hardness는 surimi-SCD의 상호작용이, cohesiveness는 surimi-water의 상호작용은 각각 36, 80, 57.05 및 4.14%이었다.

항산화 효과① : 상용되는 해조류 5종 — 미역, 다시마, 톳, 파래, 김의 항산화 활성과 총 flavonoid 및 polyphcnol 힘량을 알고사, 해소 EtOH ex를 Fe 유도 지방 과산화 억제율, DPPH 라디칼 소거율 및 MDA-BSA 결합 저해율을 3가지 방법으로 측정하였다. 녹조류인 파래의 항산화 효과가 가장 우수하였고, 미역과 톳은 거의 없었다. 총 flavonoid는 미역 11.63 ㎎/g으로 높았고, 총 polyphenol 은 파래가 8.97㎎/g으로 가장 높았다. 3가지 방법의 항산화 효과는 총 phenol과 관계가 깊었으며, 지질 과산화 억제율과 매우 높은 상관성을 보였다. 해조류의 항산화 효과에 poly-penol 성분의 기여도가 큰 것으로 나타났다.

항산화물질② : 동해 주문진 해안에 생육하는 12가지 식용 해조류에서 항산화 물질을 분리하였다. 항산화측정(AOM법, DPPH법)과 UV, HPLC, GC/MS로 분석한 결과, 12종 식용 해조류를 hot-MeOH 추출 AOM법으로 활성을 측정한 결과, 김〉미역, BHT〉다시마〉넓미역〉지누아리〉서실 순이었고, 나머지 해조류는 활성이 나타나지 않았다. 또한 석유에텔, Et_2O, $CHCl_3$, MeOH, H_2O로 순차 추출, 색소제거후, 농축하여 DPPH법으로 항산화를 측정한 결과, H_2O-MeOH 가용 분획에서 강한 활성을 보였고, 김〉미역〉다시마〉BHA〉파래〉Tocopherol〉넓미역〉BHT 순이었다. 특히, 김, 미역, 다시마, 파래는 같은 양에서 BHT, BHA보다 높거나 비슷한 항산화 활성을 보였다. 활성 물질 회수율은 1.82%, 극성용매 분획에서 강한 활성을 보였다. 추출 물질의 흡수 파장은 235±5nm, 270±5nm(λ max), HPLC 분석 결과 다시마, 미역, 파래의 retention time(RT)이 8.5분, 10분인 극성물질이 분리되었고, 김에서는 25분의 비극성 물질로 BHA, BHT와 비슷한 RT에서 분리되었다.

충치균에 대한 항균 활성 : 우리나라 연안에서 채취한 해조류 27종의 80% EtOH 추출물이 *Streptococcus mutans* KCTC 3300(충치균)의 증식에 미치는 영향을 조사한 결과, 해조류 중 다시마가 가장 강하였고, 갈파래, 청각, 감태, 곰피, 미역도 비교적 활성이 높았으며, 홍조류보다 갈조류와 녹조류가 대체로 강하였다. 다시마의 항균 활성은 용매에 따른 추출물의 차이는 나타나지 않았다. *S. mutans* KCTC 3300과 *S. sobrinus* KCTC 3307에 대한 해조류의 80% EtOH 추출물의 MIC는 해조류 종뿐 아니라, 동일 해조류 추출물에서도 균 종에 따라 차이가 있었다. 다시마의 80% EtOH의 Et_2O 분획에서 MIC는 105㎍/㎖, 수용성 분획은 약 5,500㎍/㎖에서 균의 증식이 억제되지 않았다.

항균제 개발과 그 효과 : 해조류(모자반, 미역, 다시마)에서 alginate를 추출, Ag-alginate를 만들고 포도상 구균과 대장균에 대한 항균성을 관찰하였다. 포도상 구균과 대장균의 성장은 pH 7에서 가장 왕성하였고, 포도상 구균이 pH에 매우 민감하였다. 포도상 구균은 배양 초기에 사장 시간(dead time) 경과 후 급격히 성장하였고, 대장균은 사장시간 20분 후 완만히 성장하였다. 해조류에서 추출한 alginate로 제조한 Ag-alginate는 포도상 구균과 대장균에 0.006w% Ag를 첨가한 배양액에서 우수한 항균성을 보였으며, 포도상 구균보다 대장균에 더 강력한 항균성을 보였으나, 미역과 다시마에서 추출한 alginate를 정제하지 않고 Ag-alginate를 만든 것은 포도상 구균과 대장균에 항균성이 현저히 감소되었다. 국내 수입된 항균 섬유용으로 사용되는 Ag-zeolite계 제품의 항균력과 유사한 항균능을 보여 Ag-alginate는 수술용 봉합, band, gauze, 붕대 등 의료용 섬유에 사용이 가능하다고 판단되었다.

해조류와 당뇨쥐의 장기능① : 상용하는 해조류 4종(김파래, 다시마, 미역,

한천)을 당뇨환자 치료식의 고 식이 섬유 보충을 STZ유도 당뇨쥐에 분말 시료 7%(에너지 밀도 동일)실험식을 6주간 투여한 결과, 체중, 장기능 및 증세 호전도에서, 정상군보다 체중 증가는 낮았으나, pectin 투여군보다 시료 효율과 체중 유지는 호전되었고, 해조류 중 다시마는 pectin보다 약하나 당뇨 동물에서 전형적 당뇨 증세는 호전 경향을 보였다. 해조류의 투여는 pectin 투여와 같이 장 통과 시간의 유의적 단축, 분변 배설량의 증가, 장 길이 증가 등, 당뇨 동물의 소화 흡수 장 기능의 변화를 보였다.

해조류와 당뇨쥐의 당, 지질대사② : STZ유도 당뇨쥐에 각 해조류(미역, 김파래, 다시마, 한천) 분말 시료 7% 포함 식이를 6주간 투여한 결과, 다시마, 미역, 한천군은 경구 내당능 검사에시 당뇨군보다 공복시 혈당 수준의 감소와 내당능 개선 효과를 보였다(pectin군보다는 낮았다). 김 파래는 당뇨군의 혈중 cholesterol을 현저히 낮추었다(pectin과 비슷). 해조류는 변중 steroid 물질의 배설을 증가, 특히 김파래와 미역은 변중 cholesterol 배설을 pectin과 같이 증가, 담즙산의 배설량은 pectin보다 높았다.

당뇨쥐에서 다시마의 지질 과산화③ : 흰쥐에 다시마 분말 식이를 3주간 급여하고 STZ 로 당뇨를 유도한 후 혈당 강하제인 metformin(350㎎/㎏ BW)을 투여한 후, 혈장 혈당치와 간조직의 지질 과산화물 및 vitamin A, E, 무기질을 측정한 결과, 당뇨유도 실험군 중 다시마군이 cellulose군보다 혈당 감소가 컸고, metformin군도 감소되었다. 혈장과 간의 지질과산화물은 당뇨군이 높았고, 다시마군은 감소하였다. 혈장 retinol의 함량은 당뇨군에서 낮았으나, 다시마군은 변동이 없었다. 간 조직의 retinol 은 당뇨군에서 감소하였으나, 다시마군에서는 증가하였다. 총 vitamin A는 당뇨군에 다시마 투여로 증가되었으나, 약물 투여 효과는 없었다. 총 지질에 대한 α-tocopherol은 당뇨군에서 감소, 다시마와 약물 병합 투여군에서는 유의적 증가를 보였다. 간의 α-tocopherol은 다시마 급여군에 차이가 없었으나, 정상군 중 다시마나 cellulose 투여 당뇨군에 비해 감소하였다. 이상에서 당뇨병에 다시마는 혈당 강하 효과가 있고, 약물 복용 당뇨 환자에 다시마 보충 식이는 혈당 조절과 항산화 영양소 평형 개선이 기대되었다.

당뇨쥐와 혈당 및 지질농도, 항산화 효소계④ : 당뇨-SD계 흰 쥐에 17% 다시마 분말을 7주간 급여 사육 후, 혈당과 지질농도와 주요 장기의 항산화 효소의 활성도를 관찰한 결과, 다시마 당뇨군(T1)에서 다시마 섭취는 당뇨에 의한 체중 감소가 있었고, 당뇨군의 혈당 농도는 다시마 섭취로 혈당 강하 효과는 3주째 나타났으며, 당뇨에 의한 산화적 stress로 증가한 GST활성도가 다시마 섭취로 정상 수준으로 저하되어 다시마 섭취가 당뇨시 산화적 반응에 대해 방어함을 유추할 수 있었다. 또한 중성 지방이 감소하고, HDL-cholesterol 증가로 심혈관계와 관련된 당뇨 합병증의 억제 가능성을 제시 하였다.

다시마 올리고당 음료와 고지혈 쥐의 혈청 및 간장의 지질 변화① : 고지혈유도쥐에 해조 올리고당 음료, 해조 추출물 제품을 7일간 투여한 결과, 현저히 증가되었고, 체중이 감소, 체중/간의 무게도 감소하였다. 혈중 중성 지질 및 인지질은 식이성 고지혈증 유도로의 증가가 해조 음료 및 해조 추출물 투여로 감소되었고, 식이성 고지혈증에 의한 총 cholesterol, LDL, HDL-cholesterol 및 동맥경화 지수도 해조 올리고당의 투여로 조절되었다. 고지혈증 유도 동물에서 간의 총 지질도 해조 음료 및 다시마 추출음료 투여로 현저히 감소되었으며, 지질 중 cholesterol 함량은 혈청에서와 마찬가지로 크게 감소, 중성지질은 해조 올리고당 음료 식이로 30%와 다시마 추출 음료 식이로 45% 감소되었다.

다시마 올리고당 음료와 고지혈증② : 식이성 고지혈증 유도 동물에 해조 음료를 투여한 결과, 혈중 lipid peroxide와 hydroxy radical 생성이 식이성 고지혈증의 유도로 증가되었으며, 혈중 superoxide dismutase 활성은 오히려 감소된 것이 해조 음료 투여로 조절되었다. 식이성 고지혈증을 유도한 흰쥐에서 감소된 bleeding time과 plasma clotting time이 해조 음료 투여로 증가되었고, 증가된 tissue factor의 활성은 현저히 감소되었다. 동물 소화 장관의 운동성 시험에서 해조 음료투여로 장관 운동이 증가되었다. 이 결과는 해조 음료나, 해조 음료 소재에 다량 함유되어 있는 올리고당이 기존의 해조 다당과 같이 혈관계 관련 질병의 예방에 유효한 기능이 있음을 나타내었다.

Angiotensin-1 전환 효소 저해 : 해조류(김, 파래, 미역, 우뭇가사리, 청각, 톳, 다시마) 추출물과 가수 분해물의 성분과 ACE 저해 효과를 조사하였다. 단백질의 함량은 김 39.6%, 파래 22.1%, 미역 21.1%, 우뭇가사리 18.3%, 청각 15.7%, 톳 12.4%, 다시마 8.2% 순이었고, 추출물의 ACE저해 효과는 50, 70, 98℃에서 추출한 결과, 70℃ 추출 시료 모두에서 가장 높았으며, 70℃를 기준 ACE 저해율은 우뭇가사리 10.9%, 김 9.3%, 파래 8.9%, 미역 8.2%, 톳 7.5%, 다시마 7.1%, 청각 7.0% 순이었다. maxayme 과 papain 가수 분해 물이 ACE 저해 효과는 김이 파래, 미역, 우뭇가사리보다 현저히 높았고, peptide-nitrogen 함량 역시 높았다. 김 8시간 가수분해 후 ACE 저해 효과가 maxazyme 31.3%, papain 27.9%로 가장 높았고, peptide-nitrogen 함량도 가장 높았다. 파래의 ACE 저해 효과 역시 8시간에서 maxazyme 9.6%, papain 8.5%로 다른 시간대보다 높았으며, peptide-nitrogen 함량이 16시간까지 완만히 증가하였다.

열수 출추물과 Melanin 생성 : 다시마(*Lamimaria japonica*)의 열수 추출물이 미백작용 기전을 규명하기 위해 B16 melanoma cell에서 melanin 생성과 tyrosinase 활성에 미치는 영향을 관찰하였다. 항산화 활성은 alginate와 fucoidan 및 다시마 추출물 자체는 없었고(DPPH), B16 melanoma 세포에서 MSH(1㎛)에 의한 tyrosinase 활성과 melanin 생성 증가는 다시마 열수 추출물과 fucoidan에 의해 억제되었으나 alginate는 별 영향이 없었다. Western blot에서 fucoidan과 열수 추출물은 tyrosinase 발현을 억제하였다. 이 결과로 다시마 열수 추출물의 미백 효과는 tyrosinase 활성의 직접 억제가 아니고, tyrosinase 발현을 억제하는 것으로 사료되었다. 다시마 추출물에 함유된 fucoidan이 미백효과와 관련이 있는 것으로 보인다.

지방간 생식 개발과 천연 복합식품 : 지방간 유도 흰쥐에 천연 복합식품(다시마포함)을 투여한 결과, 식이내 천연복합식품 첨가량 증가에 따라 혈청

AST, ALT, ALP, r-GT 및 LDH 활성이 감소하였고, 혈청 총 단백은 천연 복합식품 30%, 50% 투여군에서 별차이 없었으나 100% 투여군은 대조군보다 현저히 감소하였다. 혈청 albumin 양도 천연 복합식품 30%, 50% 투여군은 별차이 없었으나, 100% 투여군은 증가하여 정상군과 비슷하였다. 혈청 TG와 총 cholesterol은 천연 복합식품 첨가량의 증가에 따라 감소하였다. 간의 외견상 및 세포조직 검사에서 천연 복합식품 투여군은 모두 대조군보다 간 지방 축적이 감소하였고, 세포 조직검사에서도 지방 세포의 소멸이 확인되었다(천연 복합식품: 곡류 , 채소류, 다시마, 버섯류, 기타류가 함유됨).

조미 다시마 개발 : 국내 다시마의 이용성을 높이고자 조미 다시마를 제조하였다. 다시마 연화를 위해 유기산 중 초산 처리로 조미액의 침투 및 물성 개선 효과를 보였다. 즉 3% 초산 처리로 물성이 개선되었고, 보존기간의 연장 효과도 있었으며, 조미 시간에 따른 조미액 침투 정도는 3% 초산 용액에 1시간 침지 후 80℃에서 조미액(설탕 20%, 솔비톨 11%, 식염 3.5%, MSG 1.6%)에 넣어 3시간 처리한 것이 효과적이었다. 조미액을 가열 침투시킨 후 40℃에서 3시간 열풍 건조한 결과, 제품의 품질 및 저장성이 우수하였고, 기호성도 좋았다.

다시마의 연화제 : 다시마는 우수한 식품으로 기능과 영양이 있으나, 몸체가 단단하여 이용이 어려우므로 연화가 필요하다. 동해산 다시마를 시료로 분석한 결과, 회분 34.74%(건조) 탄수화물 50.5%(대부분 비소화성) 유리 아미노산 glutamic acid 2340㎎%이었다. 다시마의 연화제로 $NaHCO_3$는 별 효과가 없었으나, 초산과 인산염은 효과가 있어, 0.3% 초산 1시간 자숙에서 0.160㎏/㎜(±0.0494), 2시간 자숙에 0.099㎏/㎜(±0.0207), 충분한 연화에는 1시간 이상 요구되었다. 인산염은 0.2%에서 30분 처리에서 0.165㎏/㎜(±0.0540)으로 탁월한 연화를 보였다. 장시간 가열에서 연화가 가능하나, K, Ca, Mg, Na 등의 무기질 손실이 많으므로 인산, 초산으로의 단시간 연화 처리가 바람직하였다.

가수 분해 미생물과 당류 분해 : 조직이 단단한 해조류에서 유용 성분을 얻고자 분해 미생물을 탐색한 결과, 소 배설물 시료(No. 5), 공중낙하균 시료(No. 33), 토양시료(No. 10, 26), 담수시료(No. 27, 30), 부식 식물에서 채취시료(No. 8, 28)를 미역과 다시마에서 관찰 후, 다시마와 미역에 접종, 4주간 배양한 결과, 27번, 8번이 가장 효과적인 가수 분해를 보였다. 가수 분해 배양물에서 전당은 다시마에서 각각 68.55%, 44.02%, 미역에서 각각 80.87%, 62.60%, 환원당은 다시마에서 각각 47.59%, 28.81%, 미역에서 각각 76.83%, 39.01%이었다.

해조 묵의 제조① : 두유 혼합 미역 묵의 제조는 두유 비율 증가에 따라 gel 강도는 감소하였고, 농축한 두유 혼합 비율 증가에 따라 gel 강도는 증가하였다. 또 조류 용해액에 대한 두유 비율을 7:1로, 65℃에서 gel화가 적당하였다. 해조류 용해액에 분리 대두 단백질을 5%(w/w) 혼합, 65℃에서 gel화할 해조 묵이나 두유 혼합 묵에 비해 높은 gel 강도(900g/㎠)의 분리 대두 단백질 혼합 묵 제조가 가능하였다.

해조 묵의 저장성② : 기능성이 높은 미역과 다시마 해조 묵을 제조, 수침 저장 중 저장 온도와 시간에 따른 생 균수, pH, 적정 산도, gel 강도 및 TVN 의 변화를 측정, 적정 저장 조건을 검토 한 결과, 묵저장 중 gel 강도는 약화되었으며, TVN, 생 균수는 증가하였다. 해조 묵의 수침 저장 조건은 32℃에서 3일, 18℃ 이하에서 15일 저장이 가능하였으며, 두유 혼합묵은 해조 묵보다는 저장 기간이 짧아서 18℃에서 3일까지 가능하였다.

산지, 채취시기와 섬유질 함량 : 식용해조(녹조류 – 참홑 파래, 청각 ; 갈조류 – 미역, 톳, 모자반, 다시마; 홍조류 – 얼룩도박, 참김, 불등풀가사리) 9종의 가용성 및 불용성 식이 섬유질 및 총 식이 섬유질의 산지(기장, 충무, 여수)와 채취 시기별로 측정한 결과, 녹조류 중 참홑파래가 25.4~38.1%(건물), 청각 35.4~43.8%, 갈조류 중 미역 34.2~48.8%, 톳은 37.5~43.8%, 모자반 42.9~71.8%, 다시마 37.1~45.1%, 홍조류 중 참김 31.3~40.5%, 얼룩 도박 51.5~60.4%, 불등 풀가사리 57.1~65.8% 이었고, 가용성, 불용성 섬유질은 녹조류 중 참홑파래(43.7~64.8%), 갈조류 중 미역(17.5~ 31.3%), 홍조류 중 불등풀가사리(44.7~63.2%)가 높은 값을 보였다. 다당류의 분포 특성으로 갈조류는 알칼리 가용성 알긴산을 많이 함유하고 있으며(9.0~15.1%), 홍조류 중 참김은 porphyran(5.8%), 불등풀가사리와 얼룩도박은 한천(20.0%)과 카라기난(23.8%)을 각각 많이 함유하는 차이를 보였다.

산지와 채취시기별 일반성분의 조성과 무기원소① : 녹조류(참홑파래, 청각), 갈조류(미역, 톳, 모자반, 다시마), 홍조류(얼룩도박, 참김, 불등풀가사리) 9종에 대해 기장, 충무, 여수 지역에서 채취 시기별 일반성분을 분석한 결과, 조단백질은 참김(45%)이 가장 많았고, 참홑파래(30%)가 낮았으며, 지질은 다시마 약 10%로 많은 편이며, 참김은 약 6%로 높았으나, 얼룩도박과 불등풀가사리는 약 3% 이하로 낮았다. 회분과 탄수화물은 청각(약 90%)이 많았고, 참김(약 30%)이 가장 적었다. 참홑파래, 미역, 얼룩도박에는 Na가 가장 많았고, K, Mg, Ca이 비슷하였다. Fe은 참홑파래가 많았고, 미역과 얼룩도박에는 낮았다. Zn은 해조류에 비교적 많았고, 얼룩도박이 가장 많았다. 미역, 톳, 다시마의 무기질 중 K과 Na이 비슷하였으나 Mg은 Ca보다 많았고, Zn은 지역별 차이가 많았다. 일반성분 조성은 종류와 채취 장소에 따라 차이가 있었고, 무기원소는 채취시기에 따라 큰 차이가 있었다.

기장산과 완도산 해조류의 무기질 함량② : 기장과 완도에서 채집한 갈조류인 미역, 다시마, 톳, 녹조류인 가시파래, 참홑파래의 무기질과 중금속을 측정한 결과, 녹조류의 총 회분은 13.8~24.8%, sulfate는 1.08~3.25%이었고, 갈조류의 총 회분은 24.5~24.8%로 녹조류보다 많았으며, 완도와 기장의 무기질 함량은 5종의 무기질이 각각 달랐다. 갈조류의 대량무기질; Ca, Mg, Na, K가 657~13,947㎎/100g, 미량무기질 ; Fe, Al, Zn, Mn, Cr, Cu, Ni 0.27~12.98㎎/100g으로 많았고, 녹조류에서도 대량 무기질이 233~5,279㎎/100g과 미량 무기질 0.26~10.6㎎/100g으로 모두 다량함유하였다.

미량 금속 함량 : 우리나라 연안에서 수집한 해조류 총 620건 시료 즉 녹조류(113건), 갈조류(275건), 홍조류(232건)의 미량 금속 함량을 비교 분석

한 결과, Hg은 갈조류에서, Cd는 홍조류에서, Cu, Cd는 녹조류에 많았고, Mn과 Ni은 녹조류와 홍조류에서, Pb는 녹조류에서, Zn은 홍조류에 많았다. 지역별로는 Hg, Cd, Ni, Mn은 충남 태안지역에 Cr은 영덕, Cu는 통영, Pb와 Zn은 울산 지역에 많았다. 갈조류에는 Hg와 Cd, 녹조류는 Cr, Cu, Mn, Ni, Pb가, 홍조류에는 Zn이 많았다. 비식용 해조류 중 지충이는 Cd와 Mn의 biomonitor, 애기마디잘록이와 지누아리는 Ni와 Zn의 biomonitor, 식용 갈조류인 고리매는 Cr과 Pb의 biomonitor로 사용할수 있을 것으로 판단되었다.

중 금속 축적 : 해조류의 질산 추출물의 중금속 평균 축적은 아연〉구리〉크롬〉납〉카드뮴 순이었고, 아연은 *Ulva pertusa*에, 구리는 *Sargassum hormeri*, 카드뮴은 *Erythrocladia carnea*, 납은 *Laminaria religiosa*, 크롬은 *Sargassum horneri*에 가장 높게 측정되었다.

엽산 함량 : 김의 엽산은 날것 1633.4±665.7, 익힌것 1600.7㎍/100g, 다시마는 200.2±43.9(날것), 미역 153.8±7.9(날것), 미역줄기 34.7±19.4(날것)㎍/100g을 함유하고 있다.

한외여과와 정미성분 : 다시마의 정미성분을 한외여과와 diafiltration 실시에 따른 투과 유량의 flux profile과 전체 고형분과 정미성분의 회수율을 조사한 결과, 한외 여과가 비교적 높은 회수율을 보였으나 투과유량은 전반적으로 diafiltration보다 낮았다.

다시마와 키토산 고추장 품질 특성 : 다시마와 키토산을 첨가, 고추장을 제조, 20℃에서 24주간 숙성시키면서 조사한 결과, α 및 β-amylase는 각각 다시마 2%, 키토산 1% 첨가구에서 조금 높았으나, 산성 protease 활성은 이들 첨가 증가에 따라 감소하였고, 효모수는 숙성 4~8주경에 10^5~10^6CFU/g로 증가하였으며, 세균 수는 키토산이나 다시마 첨가로 다소 감소하였다. 수분은 12주까지 증가하였으나, 수분 활성도는 감소하였고, 다시마군이 낮았다. 점조성은 숙성 중기 이후에 증가하였으며, 다시마 첨가 시 증가하였다. 고추장의 색도는 숙성 중 α값이 낮아졌고, 다시마 첨가량이 증가하면 a와 b값이 낮아졌다. △E값은 고추장 숙성 중 증가하나 다시마 첨가구에서 낮았다. 적정 산도는 4주 이후 감소되었으며, 키토산의 첨가 농도가 높을수록 낮았다. 다시마와 키토산 농도가 증가할수록 숙성 후기에 amino태 질소는 많았고, ammonia태 질소는 키토산 첨가구에서 낮았다. 환원당은 숙성 4~8주에 급격히 증가하였으며 키토산 첨가량 증가에 따라 많았다. 알코올은 숙성 12~16주까지 증가되었으며, 다시마 첨가구에서 낮았다. 고추장의 맛과 색, 전반적인 기호도는 키토산 0.1% 첨가 시 좋았고, 다시마는 첨가량이 증가할수록, 맛, 색, 향기 모두 낮았다.

발효 다시마의 항산화① : 다시마를 *Aspergillus oryzae*로 발효 후, 증류수로 추출, 이에 EtOH를 가하고 원심분리한 상등액은 비다당 분획(ESF)이고, EtOH 불용성 침전은 다당 분획(EIP)으로 분리하였다. ESF를 CH_2Cl_2, EtOAc, BuOH, H_2O로 순차 분획한 후, 이들에 대해 radical scavenging과 항산화효과를 측정하였고, DPPH radical, hydroxyl radical, superoxide anion radical scavenging 및 linoleic acid 산화를 측정한 결과, ESF가 가장 강한 vitamin C 57.70%보다 높았다. EtOAc 와 BuOH 분획이 radical scavenging 및 항산화 효과가 높았고, 특히 BuOH 분획이 radical scavenging 및 항산화 효과가 발효하지 않은 다시마보다 높았다. 이 결과로 발효 다시마가 발효하지 않은 다시마보다 radical scavenging 및 항산화 효과가 큼을 알 수 있었다.

다시마 쿠키의 품질 특성과 항산화 효과② : 다시마 분말 0, 3, 6, 9%를 밀가루에 첨가하여 다시마 쿠키를 제조한 후 조사한 결과, 반죽의 밀도는 시료 3%군에서 1.29g/*ml*로 높았고, 시료 쿠키의 퍼짐성 지수는 시료 첨가량이 많을수록 적었다. 쿠키의 수분함량은 시료 첨가량이 많을 수록 증가하였고, 대조군은 3.31로 낮았다. 쿠키의 부피는 시료 증가에 따라 많아졌고, 색도는 시료첨가 증가에 따라 L과 b값은 낮고, a값은 높았으며 texture는 시료군이 대조군보다 높았다. 관능 검사에서 3%시료군에서 가장 높았고, 기호도도 3%군이 가장 높았다. 쿠키의 산가는 저장 기간이 경과에 따라 시험군이 모두 증가하였으나, 대조군보다 현저히 낮았다. 과산화물가는 저장 15일까지 증가, 그 후 30일까지 급격히 증가 후 감소하였고, 3%와 6%군이 대조군보다 상당히 안정하였다. TBA가는 모든 처리군에서 저장 전 기간을 통해 증가하였고, 다시마 첨가 쿠키가 대조군보다 낮아 지방 산화를 지연시켰다.

용매 추출물과 분말 첨가 매작과의 산화 안정성③ : 식용 대두유에 BHT와 a-Toc 추출물 0.02% 첨가하고, 구기자 추출물은 0.05%씩 첨가, oven법으로 항산화 효과를 조사한 결과, 산가는 대부분 시료가 대조군보다 높은 항산화 효과를 보였고 특히 MeOH추출물이 현저히 높았다. 과산화물가는 저장 10일후 증가가 시작, 30일까지 급격히 증가 후 감소하였고, MeOH추출물이 가장 높은 항산화성을 보여 BHT와 비슷하였다. TBA가는 다시마 용매 추출물이 전반적으로 대조군과 PE추출물에 비해 낮았다. Rancimat법으로 추출물의 유도기간을 측정한 결과, 대조군은 255±0.03분, BHT 추출물은 312±0.16분, a-Toc추출물은 281±0.17분, EA추출물은 293±0.16분, EtOH 추출물은 309±0.01분, PE추출물은 256±0.18분, MeOH추출물은 317±0.05분으로, MeOH와 BHT 추출물이 EtOH 추출물보다 항산화 효과가 더 높았다. 매작과의 저장기간에 따라 산가는 모두 실험군에서 증가, 대조군보다 다시마 첨가군이 산화를 지연시켰다. 과산화 물가는 저장 30일까지 급격히 증가 후, 감소하였고 TBA가는 구기자 3%, 9%군은 대조군보다 낮아, 지방산화를 지연시켰으나, 15%군에서 오히려 대조군보다 높아 산화를 촉진하는 것으로 나타났다.

다시마 배추김치의 항산화 효과④ : 고지방식이-흰쥐에 다시마 20%첨가 김치(다시마 20%)군, 고지방식이군, 고지방-김치군, 대조김치군등 4군을 8주간 사육한 결과, 김치의 DPPH소거능은 김치군에서 높았고, 다시마 20%군이 더 높았다. 간의 지질 과산화는 김치군들이 낮았고, 다시마20%군의 TBARS농도도 낮았다. 간의 항산화 효소활성은 김치군의 Cu · Zn-SOD, Mn-SOD, catalase 활성은 고지방식이군에 비해 낮았으며, 다시마 20%군의 효소활성은 다른 김치군에 비해 낮았다. 이는 고지방식이군에 의해 생성된 지질 과산화물질이 김치 중 항산화 물질에 의해 제거되어 항산화 효소활성이 고 방식이군보다 낮게 나타났다고 생각되었다. 따라서 다시마 첨가 김치가 대조 김치군보다 항산화 효과가 증진된 것으로 확인되었다.

다시마 머핀의 제조와 품질특성 : 다시마가루(시료)를 0.5, 10, 15, 20%를 첨가, 머핀을 조제한 후, 상온(20℃)에서 5일간 저장하면서 관능 검사를 실시한 결과, 10%군이 가장 진한 색으로 가장 강한 풍미와 가장 부드러웠다. 전체적인 기호도는 10%군이 4.8로 가장 선호도가 높았다. 따라서 다시마 10%첨가가 가장 양호하였으며, 5일 저장이 기호성과 품질 특성의 변화가 없는 것으로 나타났다.

Nitrite degradation : Nitrite는 발암성 물질 nitrosamine 형성에 중요한 역할을 하며, 인체의 위액 pH같은 산성에서 nitrosamine이 잘 형성되므로 nitrite제거가 중요하다. 해조류인 미역, 감태, 곰피, 모자반, 청각, 납작파래, 참김 등의 1㎏을 4 *l* MeOH에 24시간 실온에서 2번 추출하여, 감태 등의 활성 분획을 nitrite 제거 실험을 실행한 결과, 다시마, 감태, 곰피 같은 *Eklonia* 속 해조류에서 pH 1.2와 3.0에서 강한 nitrite 제거 작용을 보였고, 특히 Et_2O(90%/㎎)와 EtOAc(94%/㎎)분획에서 특히 강하였다. 감태의 Rf 0.9, 0.82, 0.58 및 0.15 즉 A, B, C 및 D 물질 중 C물질(Rf 0.58)이 pH 1.2와 3.0에서 95%/5㎎ nitrite 제거 기능이 가장 강하였다.

상용 식물성 식품과 염증효소계 : 식물뿌리류, 잎채소류, 해조류, 버섯류, 견과류, 종실류 등 총 30여 종의 식물성 식품재료에 대하여 염증 관련 효소계의 활성 유무를 검색한 결과, $sPLA_2$(Secreatory phospholipase A_2) 활성 억제는 두류(거두, 녹두, 적두, 흑태), 엽채류(고들빼기, 부추)가 있었고, 12-LOX 활성 억제는 백태, 된장, 숙주, 콩나물, 유근피, 도라지, 칡, 양파, 비름, 미역에 대해 조사한 결과, 숙주, 콩나물에 있었고, COX-1과 COX-2 활성 억제는 COX-2에만 활성을 보인 것은 미나리와 비름, 김, 다시마, 흑태, 적두는 COX-1에 강한 저해능을 보였다. 해조류와 종실류 중 미역과 잣, 들깨는 COX-1보다는 낮은 농도에서 COX-2에 활성을 저해하였다.

다시마 된장의 항돌연 변이성 및 항암효과① : 메주와 다시마로 자연 발효 전통

된장의 일반성분을 분석한 결과, 기존 된장보다 무기질이 많았고, 직접변이원인 MNNG에 대한 항돌연변이 효과가 200㎎/plate에서 *S. typhimurium* TA 100 균주와 TA100내 시료농도 200㎎/plate에서 각각 60.2%, 63.1%로 타농도 첨가 된장보다 강한 억제 효과를 보였다. B(α)P에 대한 억제는 200㎎/plate에서 TA98과 TA 100 균주에 5%다시마 된장이 각각 71.7%와 87.3%로 타농도 첨가군보다 억제 효과가 높았다. 암세포 성장 억제 효과는 5%다시마 된장이 1㎎/㎖에서 A549가 56.4% $HepG_2$가 KATOⅢ이 89.5%의 암세포억제를 보였다.

심층해염과 다시마 첨가 개량식 된장의 항돌연변이 원성 및 암세포 성장 억제② : 다시마 분말과 심층해염 첨가 된장의 MeOH ex의 항돌연변이 원성과 세포독성을 TA98과 TA100균주로 조사한 결과, 돌연변이성은 없었으나, 항돌연변이성은 MNNG(0.4㎍/plate)TA100에서 해수와 다시마 첨가 된장(된장C) 200㎍/plate에서 89.1%가, 4NQO 0.15㎍/plate에서 70%가 억제되었다. 4NQO에서 TA98은 된장C가 84.4% 억제되었고, 모든 시료에서 농도 의존적인 억제 효과를 보였다. 세포 독성효과는 HeLa, Hep3B, AGs, A549와 MCF-7에서 된장C/㎎/㎖에서 자궁암, 간암, 폐암 및 유방암 세포에서 모두 70% 이상의 높은 억제를 보였다(위암세포 제외). 이중 폐암세포에서 가장 강한 억제(77.3%)를 나타내었고, 된장C는 고형암 성장 억제는 대조군에 비해 32.5% 억제 효과를 보였다.

심층 해염과 다시마 첨가 고추장의 항돌연변이성 및 암세포 성장 억제③ : 다시마 첨가 고추장(SK)과 다시마와 심층해염 첨가 고추장(SDK) MeOH ex의 항돌연변이 원성과 세포특성을 TA98과 TA100균주로 조사한 결과, 돌연변이 원성은 없었으나, MNNG와 4NQO유도에서는 항돌연변이 원성이 높았고, SDK(200㎎/plate)의 MeOH ex에서 TA98에서 4NQO 유도 시 71.4% 억제되었으며, TA100에 4NQO와 MNNG 유도 시 각각 56.1%와 83.6% 억제되었다. 암세포 성장 억제 효과를 검토한 결과, 시료 처리에서 농도 의존적 증가를 보였으며, SDK MeOH ex 1㎎/㎖첨가 시 HeLa, Hep3B, MCF-7, AGS 및 A549에서 각각 61.5, 61.3, 51.4, 57.9, 및

77.7%의 억제 효과를 보였다. SK MeOH ex 첨가 결과, 51~58%의 억제 효과를 보였다. 대조적으로 SDK MeOH ex를 1㎎/㎖ 첨가 시 정상세포(293)에서 2~38% 세포 독성을 보였다.

항돌연변이 활성 및 암세포 성장 억제④ : 톳, 다시마, 미역, 김, 파래 등 5종의 해조류 EtOH 추출물의 2-anthramine에 대한 돌연변이 억제 효과를 *Sal. thypimurium* TA98에서 측정 결과, 톳(100%), 다시마(94.2%)가 3.5㎎/plate에서, 파래(68.5%)가 4.5㎎/plate에서 억제능을 보였고, TA100에서 파래(100%), 톳(100%), 다시마(94.1%)가 각각 1.5, 2.5, 4.5㎎/plate에서 최대 억제 효과를 보였으나 미역과 김은 간접 돌연변이 억제는 없었다. 직접 항돌연변이는 TA98에서 톳, 미역, 파래 모두 4.5㎎/plate에서 각각 83%, 73%, 73% 억제되어 2-nitrofluorene의 돌연변이능 저해율이 비교적 높았다. 또한 TA100에서 sodium azide의 돌연변이 저해가 가장 큰 해조류는 톳, 다시마 및 파래로 3.5㎎/plate에서 모두 100% 저해율을 보였다. TA98에서 미역과 김은 4.5㎎/plate에서 각각 73%, 50% 저해하였고, TA100에서 저해능이 없었다. HeLa cell과 MCF-7 cell, SNU-638 cell 암세포 성장 억제를 MTT assay로 관찰한 결과, 5종 모두 억제 효과를 보였다. HeLa cell 성장을 90% 이상 저해는 파래〉미역〉다시마〉톳 순이었고, 김은 56% 저해하였다. MCF-7 cell에는 90% 이상 저해는 파래, 미역, 다시마, 톳 순이었고, 김은 50% 저해율을 보였다. SNU-638 cell 세포 성장 억제는 HeLa cell과 MCF-7 cell보다 낮았다. 저해율 70% 이상은 파래, 미역, 다시마, 톳이었고, 김은 68%이었다. 이상에서 Ames test와 MTT assay 결과, 톳, 파래, 다시마는 항돌연변이 효과와 암세포 성장 억제 효과가 우수한 것으로 나타났다.

해조 기능성 소금 제조① : 톳, 김, 다시마로 소금을 제조, 그 특성을 조사한 결과, 톳 해조 소금은 대조군과 수분에서 별 차이 없었으나, fucoidan(다시마)과 laver(김)소금은 높았고, 염도는 해조 소금 3종이 모두 대조군보다 낮았고, pH는 톳소금 11.34, fucoidan소금과 laver소금은 6.88과 6.33이었으며, ORP는 -229mV에서 38mV로 매우 낮았다. 시료 소금은 모두

L, a, b 값이 대조군보다 어두운 색을 띄었다. 톳소금은 K량이 많았고, laver 소금은 54.8%의 ACE 저해 활성을, fucoidan소금은 54.1~80.7%의 높은 bile acid 결합 특성을 보여 cholesterol 대사 및 혈압 조절 기능성을 갖고 있는 것으로 사료되었다.

미역, 다시마 - 해조 소금 제조[2] : 미역과 다시마를 이용, 회화와 건조 조건을 달리하여 제조한 해조 소금의 이화학적 특성과 무기성분을 조사하였다. 회화온도가 높아지면 소금의 수율과 물 불용성분은 감소하였고, pH는 저하하여 알칼리도와 ORP(산화환원전위)는 감소하였다. 다시마 해조 소금이 미역 소금보다 pH가 높아 알칼리도가 높았고, 소금의 ORP는 700℃ 이상의 회화로 저하되었으며 다시마 소금은 낮았다. 소금의 무기물 조성은 회화 온도의 증가에 따라 K와 Ca이 증가, Mg는 감소하였다. 해조 소금은 K와 Ca이 현저히 증가하였으나, Mg은 감소하였고, K는 미역보다 다시마 소금에 많았다. 회화시간의 증가는 해조 소금의 수율은 감소, pH는 중성에 가까워지며, ORP는 증가하였다. 다시마 소금은 미역 소금보다 pH가 높았고, ORP는 낮았으며, 해조 소금의 K양은 회화시간 경과와 함께 증가되었으나, Ca은 8시간 이상, Na는 4시간 이상 회화에서 감소하였다. 건조법으로 제조한 해조 소금의 수율은 바닷물의 첨가 횟수의 증가에 따라 증가하였고, 해조 소금의 pH는 미역이 다시마보다 높았다. 3회 건조로 제조한 해조 소금의 ORP는 -128.8mV로 회화소금에 비해 현저히 낮았으나 그 이상 건조에서는 증가하였다. 해조 소금의 무기물 조성은 건조 횟수 증가에 따라 Mg은 현저히 증가, Ca은 감소, 다시마 소금에서 K가 많았고, 건조법으로 해조 소금 제조 후 남은 잔사를 회화시킨 경우에 바닷물 첨가 횟수가 증가됨에 따라 pH는 증가, ORP는 감소하였다.

다시마 추출물의 두부 응고제 : 해양 심층수를 이용 다시마 추출의 여러 두부 응고제 특성을 조사하였다. 해양심층수(DOW), 강산성(SAC), 강알칼리(SAK)수를 이용 다시마를 추출 하여 응고제를 만들고, 이의 총 고형물질농도(TDS), pH, NaCl 및 전기 전도도 측정하였다. 해수 다시마 추출물로 만든 두부는 해수의 무기질과 다시마의 생리활성 물질이 첨가되어 건강기능성 식품으로의 가치가 높았다. 즉 화학 두부 응고제 이용 두부보다 무기질과 단백질 등이 증가하였다.

배변 개선 효과① : 생다시마 제품이 38명 여자 지원자의 특이성 변비에 대한 배변 효과를 관찰한 결과, 대조구는 120㎖ 생수를 3회 매일 2주간 섭취시킨 결과 변이 부드러워졌고, 시험구는 다시마차 150㎖를 매일 3회(STT), 다시마 음료 150㎖를 매일 3회(STB) 섭취시켰다. 총 대장 통과 시간 측정은 방사능 비투과성 표시자(Kolomark)를 3일간 매일 아침 복용시킨 후, 4일째 X-ray 촬영을 실시하였다. 생다시마 섭취자는 배변 횟수와 배변량 증가, 잔변감의 감소 및 배변 시간의 개선 등이 나타났다. 2차 시험에서도 배변 개선 효과가 있어 생약제 변비 약 복용 효과와 비슷하였다.

다시마 요구르트와 변비② : 다시마 열수 추출한 알긴산을 첨가, 요구르트를 제조, 이의 장이동 효과를 조사한 결과, 대조군보다 시료가 활성한 식이의 장 이동 효과보다 60~73% 증가하였다. 시료(다시마 추출물)의 변비 해소 효과는 용량 의존적이었다. 시료 3㎎/㎖ 공급이 최대 68% 변비 해소능이 4㎎/㎖에서 변비가 완전 해소되었다. 0.25% 다시마 요구르트 투여로 변량이 증가하였고, Loperamide 계속 복용에도 변비가 해소되었다. 다시마 요구르트의 품질 특성은 pH, 산도, 젖산균 모두 정상 발효유의 규격 범위에 있었고, 저장 후 pH는 약간 감소, 산도는 약간 증가하였으나, 저장 기간 중 별 차이가 없었다. 생 균수도 별 차이 없어 안정하였고, 관능 검사에서 0.25% 다시마 첨가 요구르트의 기호도가 가장 높았다.

다시마 밥의 최적 조건 : 다시마편을 쌀의 14%, 가수량은 1.6747, 침지 시간 47분, 압력솥으로 밥을 지어 40대 이상의 대상에서 맛, 찰기, 색상, 전반적인 기호도가 유의성을 보였고, 다시마밥 경도는 상압에서 지은 백미밥과 비슷하였다. 부착성은 상온의 백미밥보다 낮았고, 기호성은 상온 백미밥보다 2배 높았으나, 압력솥 백미밥보다 약간 낮았다. 밥을 지은지 30분 경과 후의 물성 변화는 백미밥보다 다시마 밥의 변화가 적었다. 다시마 밥의 식이섬유는 5.4%, 백미밥보다 식이섬유, 회분, 단백질의 보강 효과가 현저하였다. 다시마 밥의 단백질 소화율(invitro), 단백질 효율비

(C-PER)와 전분 호화도는 백미밥에 비해 낮았다. 따라서 다시마 밥은 열량 섭취량과 섬유소 섭취량이 적은 현대인의 저열량 고섬유소의 기능적 식품으로 권장할 수 있다.

해조 첨가 케익의 성질과 특성 : 미역과 다시마 첨가 cake의 성질과 특성을 조사한 결과, 시료 첨가량이 많을수록 수분 함량이 많았으며, 시료의 보수력과 높은 상관관계(r=0.836)를 보였고, 부피는 시료 첨가량이 많을수록 감소하였으며, 경도는 cake 의 부피와 높은 역상관 관계(r=-0.914)를 보였다. 색도는 첨가량 증가에 따라 짙어졌으며, 미세구조(주사전자 현미경)관찰 결과, 8% 첨가군에서 단백질 망상 구조가 잘 발달되었으나, 10% 이상 첨가에서는 gluten 희석 효과에 의한 턴널이 많았고, 부피 감소와 경도 증가가 나타났다. 관능 검사 결과, 미역과 다시마 2%와 5% 군이 대조군과 유사한 점수를 얻어 5%첨가가 바람직하였다.

다시마 식빵의 특성 : 다시마 가루(LP)를 2.5, 5, 7.5% 첨가 식빵을 제조하여, 적정한 LP양, 조건 등을 검토하였다. LP빵 반죽은 27±1℃, 상대습도 75%에서 90분 발효하여 팽창력을 측정한 결과, LP양 증가에 따라 팽창력은 감소하였으나, 2.5% LP반죽은 대조군과 유사하였다. 식빵의 내부 명도는 L값, a값은 첨가량에 따라 감소하였으나, b값은 증가하였다. 즉 명도와 적색도는 감소, 황색도는 증가하였다. 식빵의 조직감은 LP첨가량의 증가에 따라 견고성과 부서짐성은 증가, 점착성, 탄력성, 응집성은 변화가 없었다. 관능 검사 결과, 20대 여대생은 LP첨가량이 증가할수록 선호도가 감소하였으나, 50대 주부들은 2.5% LP식빵에서 대조군보다 기호도가 높았다. 특히 50대 주부는 5% LP식빵에 대조군의 기호도와 비슷하여 연령별 차이를 보였다. 그러므로 2.5% LP식빵이 대체적으로 무난함을 알 수 있었다.

다시마 설기떡의 특성 : blanching으로 다시마의 이취와 비린맛을 제거, 마쇄후 60 mesh체로 내려, 멥쌀가루에 0, 5, 15, 25, 35% 가하여 설기떡을 제조, 20℃에서 3일간 저장하면서, 수분량, 색도, 기계적 품질 특성을 조사하였다. 다시마 가루는 수분이 86.40%, 색도 L, a, b 값이 각각 34.82,

~0.64, 3.17이었고, 35%다시마 설기떡의 수분은 52.72%로 가장 많았으며, 0%와 5% 설기떡은 39~40% 낮았다. L값은 다시마 첨가량의 증가에 따라 감소하였고, a값은 대조군 0.95±0.05보다 25%설기떡이 -2.49±0.09으로 녹색이 강하였으며, b값도 대조군 5.90±0.03보다 25% 설기떡이 9.14±0.46으로 황색이 강하였다. 경도는 3일 전후 0%가 높았고, 35%가 가장 낮았다. 부착성은 저장 2일부터 다시마 첨가량이 증가할수록 감소, 응집성은 제조후 내내 25% 설기떡이, 탄력성은 15% 설기떡이 가장 높았으나, 35% 설기떡이 가장 낮았다. 다시마 첨가량이 증가할수록 색, 향, 맛, 부드러움, 촉촉한 정도가 증가, 씹힘성은 차이가 없어 전반적 기호도는 25%첨가 설기떡이 높았고, 15%〉5%〉35%〉0%순이었다.

다시마와 멸치젓갈 숙성 : 다시마 마쇄물 8%(w/w) 첨가구(T)는 숙성 80일부터 pH가 빠르게 증가하였고, 대조구보다 아미노 질소가 낮게 유지되었으나, 숙성 120일에 대부분의 육질이 액화되어 숙성이 촉진되었다. 멸치육의 숙성 초기 아미노 질소의 함량이 높게 유지되고, 액즙에서의 숙성 기간에 따른 아미노 질소 함량의 증가 및 숙성 중 균수와 pH의 상승이 숙성 촉진에 관여하는 것으로 보였다.

✻ 효능과 이용

1) 효능 : 식도암, 수종, 염증, 대하증
2) 식용 : 튀각, 국, 무침, 쌈 등으로 식용한다.(다시마를 많이 먹은 지방에서 장수자가 많았다)
3) 약용 : 치질, 변비, 동맥경화, 고혈압, 갑상선 기능 저하 등에 응용. 민간에서는 고대 이집트와 중국에서 암의 치료제로 전통적 치료의 기록이 있고, 갑상선 부종을 예방, 모발건강에도 유효하다한다.

참고문헌

1) 강래선, 고철환, **수산학회지,** 1999, 32(4), 438 (수온과 광량에 따른 다시마 초기 생활사의 발아와 성장)
2) 강래선, 고철환, **수산학회지,** 1999, 32(4), 444 (밀도에 따른 다시마의 생장과 생존)
3) 강민숙, 강정숙, **영양학회지,** 2001, 34(2), 141 (감귤박, 다시마, 손바닥선인장 분말을 함유한 식이 급여가 고콜레스테롤 혈증 흰쥐의 체내 지질수준과 장내 콜레스테롤 흡수, 혈소판 응집성 및 간조직에 미치는 영향)
4) 강영주, 송대진, **제주대학교 논문집,** 1977, 9, 147 (갈조류의 성분조성에 대한 연구)
5) 곽충실, 김성애, 이미숙, **식품영양과학회지,** 2005, 34(8), 1143 (한국산 5종 해조류의 항산화 효과와 총 폴리페놀 함량의 관련성 – 미역, 다시마, 톳, 파래, 김)
6) 구재근 **박사학위논문,** 고려대학교, 1994 (한국산 갈조류 중의 Fucoidan 추출, 정제 및 그 특성에 관한 연구 – 다시마, 미역, 톳 모자반)
7) 구재근, **수산학회지,** 1997, 30(1), 128 (국내산 다시마, 미역 포자엽, 톳, 모자반 정제 Fucoidan 의 구성당 결합 특성)
8) 구재근, 조길석, 도정룡, 우순자, **수산학회지,** 1995, 28(2), 227 (한국산 다시마 및 미역으로부터 Fucoidan의 추출 및 정제)
9) 구재근, 조길석, 박진희, **수산학회지,** 1997, 30(3), 329 (국내산 다시마, 미역 포자엽, 톳, 모자반 Fucoidan의 리올로지 특성)
10) 구재근, 최용석, 곽중기, **수산학회지,** 2001, 34(5), 515 (국내산 미역포자엽, 다시마, 톳, 모자반 Fucoidan의 항혈액 응고 특성)
11) 구화숙, 노정숙, 윤예랑, 김현주, 권명자, 최홍식, 송영옥, **식품영양과학회지,** 2007, 36(9), 1140 (다시마 첨가 배추김치의 체중 감량 및 지질저하 효과)
12) 권대중, 임승택, 정용준, 박상후, 권동권, **식품과학과 산업,** 2006, 39(3), 73 (갈조류에서 추출한 푸코이단의 이해와 활용)
13) 권영미, 김동한, **식품영양과학회지,** 2002, 31(6), 977 (다시마와 키토산

을 첨가한 전통 고추장의 품질 특성에 관한 연구)
14) 권은숙, 김일남, 권훈정, **식품과학회지,** 2007, 39(3), 348 (식물성 일반 식품자원의 에탄올 추출물이 염증 효소계에 미치는 영향)
15) 권은아, 장문정, 김선회, **식품영양과학회지,** 2003, 32(3), 406 (다시마 가루를 첨가한 식빵의 품질 특성)
16) 김동한, 이상복, 임종환, **식품과학회지,** 2004, 36(6), 937 (해조 소금의 제조에 관한 연구 ; 미역과 다시마를 이용)
17) 김두상, 이동수, 조득문, 김형락, 변재형, **수산학회지,** 1995, 28(10), 270 (식용 해조류 중의 미량 요소와 특수 기능성 당질 – 2. 산지와 채취 시기별 식이성 섬유질 함량 변화와 해조 다당류의 분포)
18) 김성애, 김진, 우미경, 곽충실, 이미숙, **식품영양과학회지,** 2005, 34(4), 451 (다섯 가지 해조류 에탄올 추출물의 항돌연변이 활성 및 암세포 성장 억제 효과 – 톳, 다시마, 미역, 김, 파래)
19) 김영면, 변지영, 남궁배, 조진호, 도정룡, 인재평, **식품과학회지,** 2007, 39(2), 152 (해조성분 강화 기능성 소금에 대한 연구)
20) 김옥선, 주동식, 어명희, 이정석, 조순영, **2001년도 추계 수산관련학회,** 공동 학술 대회 발표 요지집, pp.181~2 (강릉 지역 토종 다시마 추출물의 항균 활성)
21) 김우정, 이정근, 장영상, **식품과학회지,** 1994, 26(1), 51 (다시마의 효과적 추출을 위한 종합적 방법의 개발)
22) 김육용, 이근우, 김건배, 조영제, **수산학회지,** 2000, 33(5), 388 (다시마 Alginate 의 가열 가수 분해에 따른 물리, 화학적 및 생물학적 특성에 관한 연구 – 2. 저분자 Alginate의 항돌연 변이 효과와 Cholesterol, Glucose 및 Cd 결합능의 변화)
23) 김육용, 이근우, 김건배, 조영제, **수산학회지,** 2000, 33(5), 388 (다시마 Alginate 의 가열 가수 분해에 따른 물리, 화학적 및 생물학적 특성에 관한 연구 – 3. 랫드의 Cholesterol, Glucose 및 Cd 체외 배출 효과)
24) 김육용, 조영제, **수산학회지,** 2000, 33(4), 325 (다시마 Alginate 의 가열 가수 분해에 따른 물리 화학적 및 생물학적 특성에 관한 연구 – 1.

저분자 Alginate 의 점도, 평균 분자량 및 분자 구조의 변화)
25) 김육용, 조영제, **수산학회지,** 2000, 33(6), 520 〔다시마(*Laminaria japonica*) Alginate 의 가열 가수 분해에 따른 물리, 화학적 및 생물학적 특성에 관한 연구 — 4. HCl-Ethanol 용액과 침수 stress에 의해 유발되는 랫드 위궤양의 억제 효과〕
26) 김육용, 조영제, **수산학회지,** 2001, 34(1), 21 〔다시마(*Laminaria japonica*) Alginate 의 가열 가수 분해에 따른 물리, 화학적 및 생물학적 특성에 관한 연구 — 5. 랫드의 체중, 장기 췌장과 소장의 성분 및 소장 융모의 미세 구조에 미치는 저분자 Alginate 의 영향〕
27) 김육용, 조영제, **수산학회지,** 2001, 34(2), 77 (다시마 Alginate 의 가열 가수 분해에 따른 물리 화학적 및 생물학적 특성에 관한 연구 — 7. 저분자 Alginate 에 의한 랫드 분변의 성분 변화)
28) 김육용, 조영제, **수산학회지,** 2001, 34(2), 84 (다시마 Alginate 의 가열 가수 분해에 따른 물리 화학적 및 생물학적 특성에 관한 연구 — 6. 랫드 분변의 장내 균총의 변화에 미치는 저분자 Alginate의 영향)
29) 김육용, 조영제, **수산학회지,** 2001, 34(3), 173 (다시마 Alginate 의 가열 가수 분해에 따른 물리 화학적 및 생물학적 특성에 관한 연구 — 8. 저분자 Alginate 투여에 의한 랫드의 혈청 지질의 성분 변화 및 경구 급성 독성 실험)
30) 김은미, 우순자, 지규만, **영양학회지,** 1996, 29(3), 251 (주요 당류 및 해조류의 대사 에너지 함량 평가에 관한 연구)
31) 김정희, 김장호, 유승석, **식품조리과학회지,** 2008, 24(5), 565 (다시마 머핀의 제조 및 품질 특성)
32) 김지희, 목종수, 박희연, **식품영양과학회지**, 2005, 34(7), 104 (한국 연안 해조류의 미량 금속 함량 — 파래, 청각, 매생이, 미역, 다시마, 김, 모자반, 톳, 고리매, 우뭇가사리, 꼬시래기, 서실, 불등가사리)
33) 김지희, 임치원, 박희연, 이두석, 박정흠, **수산학회지,** 2002, 35(2), 191 〔충치균(*Streptococcus mutans*) 에 대한 다시마 추출물의 항균 활성 — 갈파래, 청각, 감태, 미역, 다시마, 곰피 등〕

34) 김철원, 임상구, 김광수, 백재민, 박찬선, **수산학회지,** 2003, 36(6), 586 〔배합 사료 및 다시마 공급이 참 전복(*Haliotis discus hannai*) 치패의 성장 및 체 조성에 미치는 수온의 영향〕

35) 김해섭, 배태진, **수산학회지,** 2002, 35(4), 438 (미생물을 이용한 해조류의 가수 분해 및 이용 - 1. 다시마와 미역을 가수 분해시키는 미생물군의 탐색)

36) 김해성, 김우식, **생물공학회지,** 1993, 8(4), 320 (Alginate - enclosed Microspheres를 이용한 배당체 합성에 관한 연구)

37) 김현진, 김순임, 한영실, **식품조리과학회지,** 2008, 24(1), 59 (다시마와 다시마 요구르트의 변비 해소 효과)

38) 김희연, 홍기형, 최장덕, 박성관, 정시섭, 최우정, 안영순, 홍영표, 송옥자, 문동철, 이신호, 신일식, **식품과학회지,** 2006, 38(1), 1 (식품 중 알긴산 나트륨의 분석법 개발 - 파래, 김, 우뭇가사리, 미역, 다시마)

39) 도정룡, 구채근, 귀중환, 김동수, 조진호, 조길석 **수산학회지,** 1994, 27(1), 27 (조미 다시마 제품의 개발에 관한 연구)

40) 도정룡, 김은미, 구재근, 조길석, **수산학회지,** 1997, 30(2), 291 〔국내산 주요 해조류의 식이섬유소의 함량과 추출 조건 - 미역, 다시마, 톳, 파래(*U. lactuca*), 우뭇가사리, 꼬시래기〕

41) 목종수, 박희연, 김지희, **식품영양과학회지,** 2005, 34(9), 1464 (한국산 주요 식용 해조류의 미량 금속 함량 및 안전성 평가 - 김, 미역, 다시마, 파래 등 176종)

42) 박미자, **조리과학회지,** 2005, 21(6), 782 (Pectin, 알긴산 가루를 첨가한 증편의 이화학적 특성과 저장 중 변화)

43) 박민정, 류호경, 한지숙, **식품영양과학회지**, 2007, 36(11), 1391 (다시마 추출물이 제2형 당뇨병 환자의 혈당, 지질 및 항산화 체계에 미치는 영향)

44) 박복희, 조희숙, 김경희, 김선숙, 김현아, **식품조리학회지,** 2008, 24(4), 452 (다시마 용매 추출물과 다시마 분말 첨가에 의한 매작과의 산화안정성)

45) 박연종, 윤미연, 임혜원, 이지윤, 김창종, 심상수, **약학회지,** 2004, 48

(6), 374 (B16 Melanoma 세포에서 다시마 열수 추출물이 멜라닌 생성에 미치는 영향)

46) 박영범, **식품영양과학회지,** 2005, 34(8), 1293 (해조류에 의한 아질산염 소거 활성 분석 – 곰피, 감태, 미역, 구멍쇠미역, 다시마, 모자반, 김, 꼬시래기, 청각, 갈파래)

47) 박영호, **수산학회지,** 1969, 2(1), 71 (갈조류의 알긴산 함량의 계절적인 변화에 관하여)

48) 박재한, 강규찬, 백상봉, 이윤형, 이규순, **식품과학회지,** 1991, 23(3), 256 (식용 해조류에서 항산화 물질의 분리 – 김, 파래, 미역, 다시마)

49) 방상진, 신일식, 김상무, **식품과학회지,** 2006, 38(1), 68 〔다시마 Single Cell Detritus(SCD)를 첨가한 국수의 최적화 가공 조건〕

50) 방상진, 신일식, 김상무, **식품영양과학회지,** 2006, 35(5), 606 〔소화관에서 분리한 *Vibrio*균으로 제조한 다시마 Single Cell Detritus(SCD)의 품질특성〕

51) 방상진, 신일식, 정동화, 김상무 **식품과학회지**, 2006, 38(3), 337 〔다시마 Single Cell Detritus(SCD)를 첨가하여 제조한 수산연제품의 품질 특성〕

52) 변한석, 이태기 , 이용우, 박영범, 김선봉, 박영호, **수산학회지,** 1994, 27(2), 127 (다시마 마쇄물을 이용한 멸치 젓갈의 숙성 촉진)

53) 성미경, 한경희, 권훈정, 박유경, 부소영, **영양학회지,** 2000, 33(7), 717 (다시마와 미역 섭취가 발암 물질에 의한 DNA 손상과 칼슘 및 철 흡수에 미치는 영향)

54) 신은수, 이진화, 박경태, 류홍수, 장대홍, **식품영양과학회지,** 2004, 33(10), 1726 (다시마 밥 제조 조건의 최적화)

55) 안정미, 송영선, **식품영양과학회지,** 1999, 28(3), 534 (미역과 다시마 가루를 첨가한 케이크의 물리 화학적 및 관능적 특성)

56) 양재승, 이서래, **식품과학회지,** 1977, 9, 194 (알긴산의 추출수율 및 점성에 미치는 방사선의 영향)

57) 어명희, 주동식, 조순영, **식품영양과학회지,** 2006, 35(1), 109 (알긴산 분해 미생물의 탐색 및 생육 특성)

58) 연미영, 현태선, **영양학회지,** 2005, 38(7), 586 (한국인 상용 식품의 엽산 함량 분석에 의한 식품영양가의 보완 – 김, 다시마, 미역)

59) 오창경, 오명철, 김성홍, 임상빈, 김수현, **수산학회지,** 1998, 3(1), 90 (미역과 다시마 에탄올 추출물의 항돌연변이 및 항균 효과)

60) 오현경, 임현숙, **식품영양과학회지,** 2007, 36(6), 720 (생 다시마 가공제품의 배변 활동 개선 효과)

61) 유병진, 임영선, **수산학회지,** 2003, 36(4), 340 〔추출 및 건조 방법이 다시마(*Laminaria japonica*) 알긴산의 물성에 미치는 영향〕

62) 유병진, 임영선, 정인학, **수산학회지,** 1998, 31(2), 267 (다시마 Alginate 점도 및 금속 이온 결합능에 미치는 추출 조건의 영향)

63) 유병진, 임영선, 정인학, 이강호, **수산학회지,** 1997, 30(1), 31 (다시마 Alginate 와 Bile acids 의 결합능에 미치는 추출 조건의 영향)

64) 이건욱, 신일식, **식품과학회지,** 2006, 38(2), 237, 〔다시마(*Laminaria japonica*)를 single cell detritus로 분해하는 해양세균의 분리〕

65) 이경순, 배복선, 배민정, 장민아, 서정숙, 최영선, **영양학회지,** 1999, 32(3), 230 (당뇨쥐에서 다시마와 Metformin 의 급여가 지질 과산화물과 항산화 영양소 함량에 미치는 영향)

66) 이동수, 김형락, 변재형, **수산학회지,** 1998, 31(1), 82 (알긴산의 물성에 미치는 저 분자화의 영향)

67) 이동수, 남태정, 변재형, **수산학회지,** 1998, 31(3), 399 (저분자와 알긴산이 콜레스테롤 식이 흰쥐의 혈청과 간장 지질의 콜레스테롤 및 지방산 조성에 미치는 영향 – 다시마, 미역)

68) 이승원, 김현주, 문덕수, 김아리, 정인학, **수산학회지,** 2007, 40(3), 113 (해양 심층수를 이용한 다시마 추출물의 두부 응고제 특성)

69) 이은, 김완재, 이영주, 이미경, 김판구, 박연정, 김수경, **식품영양과학회지,** 2003. 32(2), 256 (지방간 환자를 위한 생식용 천연 복합식품이 고지방식이를 급여한 흰 쥐의 혈청 간장의 효소 및 간조직 구조에 미치는 영향 – 다시마)

70) 이정근, **박사학위논문,** 세종대학교, 1992 (천연 조미료 제조를 위한 다

시마 추출 조건 및 alginate 제거 연구)

71) 이진경, 임영선, 주동식, 정인학, **수산학회지,** 2002, 35(6), 601 〔동해산 재래종 다시마(*Kjellemaniella crassifolia*)의 식이가 흰쥐 체내의 칼슘 흡수, 혈액 조성 및 분변에 미치는 영향〕

72) 이학성, 서정호, 서근화, **수산학회지,** 2000, 33(1), 32 (해조류 추출물로부터 항균제의 제조 및 항균 효과 – 모자반, 미역, 다시마)

73) 이헌옥, 김동수, 도정룡, 고영수, **수산학회지,** 1999, 32(4), 427 (해조류의 Angiotensin-1 전환 효소 저해 작용 – 김 파래, 미역, 우뭇가사리, 청각, 톳, 다시마)

74) 이혜성, 최명숙, 이연경, 박수현, 김유정, **영양학회지,** 1996, 29(3), 286 〔당뇨병 환자를 위한 고 식이섬유 보충물의 개발을 위한 연구(1). – 해조류 투여가 당뇨쥐의 장기능과 증세 호전에 미치는 영향〕

75) 이혜성, 최명숙, 이연경, 박수현, 김유정, **영양학회지,** 1996, 29(3), 296 〔당뇨병 환자를 위한 고 식이 섬유 보충물의 개발을 위한 연구(2). – 해조류(미역, 김파래, 다시마, 한천) 투여가 당뇨쥐의 당질과 지질 대사에 미치는 영향〕

76) 이호봉, 이승렬, 장영상, 신재익, **식품과학회지,** 1992, 24(3), 199 (한외여과에 의한 다시마 정미성분 분리에 관한 연구)

77) 임명선, 유병진, **수산학회지,** 2007, 40(4), 187 (다시마 *Laminaria japonicus* 알긴산의 분자량 분포에 미치는 가수 분해 온도의 영향)

78) 임영근, 최진석, 김동수, **수산학회지,** 2006, 39(1), 16 (기장산과 완도산 식용해조류 중의 미네랄 함량 – 미역, 다시마, 톳, 홑파래, 가시파래)

79) 임영선, 유병진, **수산학회지,** 2006, 39(4), 313 〔다시마(*Laminaria japonica*)알긴산의 분자량 분포에 미치는 가수 분해 pH의 영향〕

80) 장민아, 이경순, 성정숙, 최영선, **식품영양과학회지,** 2002, 31(5), 819 (다시마 추출물의 급여가 당뇨쥐의 중성 스테로이드와 담즙산 배설에 미치는 영향)

81) 장연희, 최상원, 조성희, **영양학회지,** 2008, 41(1), 5 (고지방식이 급여 흰쥐에서 대황 및 대황정제환의 혈청지질 개선효과 – 대황, 미역, 다시마)

82) 정용현, 국중렬, 장수현, 김종배, 김건배, 최선남, 강영주, **수산학회지,** 1995, 28(3), 325 (미역과 다시마를 이용한 해조 묵 제조 – 4. 해조 묵의 저장성)
83) 정용현, 국중렬, 장수현, 김종배, 김건배, 최선남, 강영주, **수산학회지,** 1995, 28(3), 331 (미역과 다시마를 이용한 해조 묵 제조 – 3. 두유 혼합 묵과 분리 대두 단백질 혼합 묵)
84) 정용현, 국중열, 장수현, 김종배, 최선남, 강영주, **식품영양과학회지,** 1994, 23(1), 164 (미역과 다시마를 주원료로 한 묵 제조 – 1. 묵 제조 과정 중 칼슘 함량 및 조직학적 변화)
85) 정용현, 김건배, 최남선, 강영주, **식품영양과학회지,** 1994, 23(1), 156 (미역과 다시마를 주원료로 한 묵 제조 – 1. 미역, 다시마 물의 최적 조건과 그 물성에 관하여)
86) 정인학, 이경선, 이강호, **수산학회지,** 1994, 27(2), 127 (다시마 마쇄물을 이용한 멸치 젓갈의 숙성 촉진)
87) 정인학, 이경선, 이강호, **수산학회지,** 1994, 27(2), 149 (다시마 조체의 연화를 위한 첨가제의 효과)
88) 조득문, 김두상, 이동수, 김형락, 변재형, **수산학회지,** 1995, 28(1), 49 (식용 해조류 중의 미량 요소의 특수 기능성 당질 – 1. 산지와 채취 시기별 일반성분의 조성과 무기원소의 분포)
89) 조명숙, 홍진숙, **조리과학회지,** 2006, 22(1), 37 (다시마를 첨가한 설기떡의 품질특성)
90) 조민, 김병용, 임종환, **식품과학회지,** 2003, 35(1), 67 (감마선과 유기산을 이용한 알긴산 용액의 저 분자화에 대한 연구)
91) 조성희, 양경미, 배복선, 임선아, 유리나, **영양학회지,** 1998, 31(6), 973 (다시마 섭취가 정상과 당뇨쥐의 비장 세포 증식에 미치는 영향)
92) 조순영, 강현주, 주동식, 이정석, 김상무, **수산학회지,** 1999, 32(6), 774 (한국산 다시마로부터 추출된 열수 추출물, 수용성 알긴산 및 알칼리 가용성 알긴산의 물리적 성상과 겔 형성능)
93) 조순영, 주동식, 김옥선, 정인학, 김상무, **수산학회지,** 1999, 32(6), 779

(미역 및 다시마로부터 마이크로파 전처리와 열수로 추출된 알긴산의 물리적 특성)

94) 조영자, 방미애, **식생활문화학회지,** 2004, 19(4), 419 (다시마 분말이 당뇨 유발쥐의 혈당과 지질농도 및 항산화 효소계에 미치는 영향)

95) 조영자, 방미애, **영양학회지,** 2004, 37(1), 5 (Streptozotocin-유발 당뇨쥐에서 다시마 추출물 첨가 식이의 항 당뇨 및 항산화 효과)

96) 조희숙, 박복희, 김경희, 김현아, **식생활문화학회지,** 2006, 21(5), 541 (다시마 분말을 첨가하여 제조한 쿠키의 품질 특성과 항산화 효과)

97) 주동식, 이진경, 김옥선, 조순영, 이득식, 제외권, 최종원, **식품영양과학회지,** 2003, 32(8), 1370 〔해조(다시마) 올리고당 음료가 고지혈증 유도 쥐에 있어서 혈액 지질 산화 및 혈액, 혈장 응고에 미치는 영향〕

98) 주동식, 이진경, 최용석, 조순영, 제외권, 최종원, **식품영양과학회지,** 2003, 23(8), 1364 〔해조(다시마) 올리고당 음료의 고지혈증 유도 쥐에 있어서 혈청 및 간장의 지질 변화에 미치는 영향〕

99) 최소영, 윤민호, 황경숙, **응용생명화학회지,** 2006, 169 (다시마 추출 Alginate를 이용한 비생물 캡슐화의 겔 형성능 및 생균력 비교)

100) 최승필, 이의용, 이득식, 함승시, **식품영양과학회지,** 2002, 31(2), 322 (다시마 분말을 첨가한 전통된장 에탄올 추출물의 항돌연변이성 및 항암효과)

101) 최진호, 김대익, 박수현, 김동우, 구재근, **수산학회지,** 1999, 32(6), 758 (신장의 활성 산소 공격에 대한 다시마와 후코이단 성분의 영향)

102) 최진호, 김대익, 박수현, 김동우, 구재근, **수산학회지,** 1999, 32(6), 764 (Stress 부하 마우스의 활성 산소 및 제거 효소에 미치는 다시마와 후코이단 음료의 영향)

103) 최진호, 김대익, 박수현, 김동우, 김창목, 구재근, **수산학회지,** 2000, 33(2), 124 〔스트레스 부하 마우스의 지질 대사에 미치는 다시마(*Laminaria japonica*)와 후코이단 성분의 영향〕

104) 최진호, 김일성, 김재일, 윤태헌, **수산학회지,** 1992, 25(3), 181 (해조류 성분의 노화 억제 작용에 관한 연구 – 2. 간장 세포막 속의 노화

억제 작용의 조절 성분으로서의 알긴산 투여 효과)

105) 최진호, 임채환, 김재연, 양종순, 최재수, 복대석, **수산학회지,** 1986, 19(4), 303 (비만치료식 개발을 위한 기초연구 – 1. 식물 섬유로서의 알긴산의 비만 억제 효과)

106) 최진호, 최재수, 복대석, 양달선, **수산학회지,** 1986, 19(5), 485 (비만치료식 개발을 위한 기초연구 – 1. 해조류와 생약 성분의 비만 억제 작용 비교)

107) 하정옥, 박건영, **식품영양과학회지,** 2000, 29(6), 995 (Alginate의 Na 흡착 효과와 다시마 첨가 김치의 개발)

108) 한태준, **Algae,** 1994, 9(1), 67 (*Alaria esculenta* 와 *Laminaria hyperborea* 어린 포자체 광질에 대한 생장 반응)

109) 함승시, 김수현, 유수정, 오현택, 최현진, 정미자, **식품영양과학회지,** 2008, 37(4), 416 (해양 심층수염 및 다시마 분말을 첨가한 개량식 된장의 항돌연변이 원성 및 암세포 성장 억제에 미치는 영향)

110) 함승시, 최현진, 김수현, 오현택, 정미자, **식품영양과학회지,** 2008, 37(4), 410 (해양 심층수염 및 다시마 분말 첨가 고추장 추출물의 항돌연변이성 및 암세포 성장 억제 효과)

111) Ahn, I.-S., Do, M.-S., Choi, B.-H., Kong. C.-S., Kim, S.-O., Han, M.-S., Park, K.-Y., **J. Food Sci. Nutr.,** 2006, 11, 31 (Reduced Leptin Secretion by Fucoidan-added Kochujang and Antiadipogenic Effect of Fucoidan in Mouse 3T3-L1 Adipocytes)

112) Ahn, J. M., Song, Y. S., **J. Kor. Soc. Food Sci. Nutr.,** 1999, 28(5), 534 (Physico-chemical and sensory characteristics of cakes added sea mustard and sea tangle powder.)

113) Amsler, C. D., Beushwl, M., **J. Phycol.,** 1991, 27, 26 〔Photosynthetic physiology and Chemical composition of spores of the kelps *Macrocystis pyrifera*, *Nereaocystis luetkeana*, *Laminaria farlowii* and *Pterygohora california* (phaeophyceae)〕

114) Ayako, Y., Koichi, Y., Keiichi, O., **Nippon Suisan Gakkaishi,** 1992,

58(7), 1373 (Iodine distribution inblades of several *Laminarias* grown in the same sea area)

115) Bae, T. J., Kang, D. S., **Kor. J. Food Nutr.**, 2000, 13(6), 521 (Processing of powdered seasoning material from sea tangle)

116) Bernardi, G., Springer, G. F., **J. Biol. Chem.**, 1962, 273, 75 (Properties of highly purified Fucan)

117) Black, W. A. P. et. al, **In. Gums**, 2nd Ed., Academic Press, 1973, 137 (rev, Laminarin)

118) Black, W. A. P., **J. Sci. Food Agric.**, 1954, 5, 445 (isol, occur, Fucoidan)

119) Black, W. A. P., **Method in Carbohydrate Chemistry**, Academic press, Whistler R.L.(ed.), 1965, 159~161 (Laminaran from the brown algae)

120) Boyd, J., Turvey, J. R., **Carbohydr. Res.**, 1977, 57, 163 (Structural studies of alginic acid, using a bacterial poly-α-glucuronate lyase)

121) Brinkhuis, B. H., Chung, I. K., **Mar. Environ. Res.**, 1986, 19, 205 [The effects of copper on the fine structure of the Kelp *Laminaria saccharina* (L.)]

122) Chapman, A. R. O., **Br. Phycol. J.**, 1976, 11, 192 (Nitrate-nitrogen and the seasonal growth of *Laminaria*)

123) Chapman, A. R. O., Craige, J. S., **Mar. Biol.**, 1977, 40, 197 (Seasonal growth in *Laminaria longicruris* : relations with dissolved inorganic nutrients and internal reserves of nitrogen)

124) Chapman, A. R. O., Lindley, J. E., **Mar. Biol.**, 1980, 57, 1 (Seasonal growth of *Laminaria solidungula* in the Canadian high Arotic in relation to irradiance and dissolved nutrient concentration)

125) Chapman, D. J., **Seaweeds and Their Uses**, Chapman, V. J. ed., Chapman and Hall, New York, 1980, pp.194~225 (Algin and Alginates,)

126) Chevolot, L., Foucault, A., Chaubet, F., Kervarec, N., Sinquin, C., Fisher, A. M., Biosson-Vidal, C., **Carbohydr. Res.**, 1999, 319, 154 (Further data on the structure of brown seaweed fucans; relationships with anticoagulant activity)

127) Chiu, K. W., Fung, A. Y., **Gen. Pharmacol.**, 1997, 29, 859 [The cardiovascular effects of green beans (*Phaseolus aureus*), Common rue(*Ruta graveolens*) and Kelp (*Laminaria japonica*) in rats]

128) Cho, D. M., Kim, D. S., Lee, D. S., Kim, H .R., Pyeun, J. H., **Kor. J. Fish. Soc.**, 1995, 28, 49 (Trace components and functional saccharides in seaweed - 1)

129) Cho, H. S., Park. B .H., Kim, K. H., Kim, H. A., **Kor. J. Food Culture**, 2006, 21(5), 541 (Antioxidative effect and quality characteristics of cookies made with sea tangle powder)

130) Cho, M. S., Hong, J. S., **Kor. J. Food Cookery Sci.**, 2006, 22(1), 37 (Quality charactreristics of sulgidduk by addition of sea tangle)

131) Cho, S. H., Im, S., **Food Sci. Biotechnol.**, 2002, 11, 260 (Effect of sea tangle extracts on proliferation of antibody production of lymphocytes from normal and diabetic mice)

132) Cho, S. H., Yang, K. M., Bae, B. S., In, S. A., Yu, R. N., **J. Food Sci. Nutr.**, 1998, 27(5), 952 (Effect of sea tangle Intake on Cytokine Production in Macrophage from Normal and Diabetic mice)

133) Cho, S. H., Yang, K. M., Bae, B. S., In, S. A., Yu, R. N., **Kor. J. Nutr.**, 1998, 31(6), 973 (Effect of sea tangle Intake on Proliferation of Splenocytes from Normal and Diabetic mice)

134) Cho, Y. J., Bang, M. A., **Kor. J. Food Culture**, 2004, 19, 419 (Effects of dietary sea tangle on blood glucose, lipid and glutathione enzymes in STZ-induced diabetic rats)

135) Cho, Y. J., Bang, M. A., **Kor. J. Nutr.**, 2004, 37(1), 5 (Hypoglycemic and antioxidative effects of dietary sea-tangle extracts supple-

mentation in STZ-induced diabetic rats)

136) Choi, G. P., Kim., S. M., **J. Kor. Soc. Food Sci. Nutr.**, 2005, 34(5), 291 (Quality characteristics of anchovy sauce prepared with sea-tangle, ume, tochlukaso and chitosan during storage)

137) Choi, J .H., Kim, D. I., Park, S. H., Kim, D. W., Lee, J. S., Kim, C. M., Koo, J. G., **J. Kor. Fish. Soc.**, 2000, 33, 124 〔Effects of sea tangle(*Laminaria japonica*) extract and fucoidan components on lipid metabolism of stressed mouse〕

138) Choi, J. H., Kim, D. I., Park, S. H., Kim, D. W., Lee, J. S., Kim, C. M., Koo, J. G., **J. Kor. Fish. Soc.**, 1999, 32, 764 (Effects of sea tangle(*Laminaria japonica*) extract and fucoidan drinks on oxygen radical and their scavenger enzyme in stressed mouse)

139) Choi, J. H., Kim, D. I., Park, S. H., Kim, D. W., Lee, J. S., Ryu, J. H., Chung, Y. S., **Kor. J. Life Sci.**, 1999, 9, 534 〔Effects of sea tangle(*Laminaria japonica*) and fucoidan components on socio-psycological stress〕

140) Choi, J. H., Rhim, C. H., Kim, J. Y., Yang, J. S., Choi, J. S., Byun, D. J., **Bull. Kor. Fish Soc.**, 1986, 19(4), 303 (Basic studies in the development of alginic acid as a diet for the treatment of obesity. The inhibitory effect of alginic acid as a dietary fiber on obesity)

141) Chun, S. S., Park, J. R., Park, J. D., Suh, J. S., Ahn, C. B., **J. Kor. Food Sci. Nutr.**, 1999, 28(1), 140 (Quality characteristics of hamberger patties added with seaweed powder)

142) Chung, I. K., Brinkhuis, B. H., **Mar. Pollut. Bull.**, 1986, 17, 213 (Copper effects in early stages of the Kelp. *Laminaria saccharina*)

143) Colliec, S., Fisher, A. M., Tapon-Bretandiere, J., Boisson, C., Durant, P., Jozefonvicz, J., **Thromb. Res.**, 1991, 64, 143 (Anticoagulant properties of a fucoidan fraction)

144) Cote, R. H., **J. Chem. Soc.**, 1959, 2248 (Disaccharides from

fucoidan)

145) Cui, C. B., Cho, M. A., Jun, Y. Y., Lee, D. S., Ham, S. S., **J. East Asain Soc. Dietary Life,** 2002, 12(1), 15 (Antimutagenicity and cytotoxic effect of ethanol extract from Korean traditional mackjang added sea tangle)

146) Cui, C. B., Oh, S. W., Lee, D. S., Ham, S. S., **Kor. J. Food Preserv.,** 2002, 9(1), 1 (Effects of the biological activities of ethanol extract from Korean traditional kochujang added with sea tangle)

147) Cui, C. B., Lee, E. Y., Lee, D. S., Ham, S. S., **J. Food Sci.,** 2002, 31(2), 322 (Antimutagenic and anticancer effects of ethanol extract from Korean traditional Doenjang added sea tangle)

148) Del Bigio, M. R., Yan, H. J., Campbell, T. M., Peeling, J., **Neurol. Res.,** 1999, 21, 415 (Effect of fucoidan treatment on collagenase -induced intracerebral hemorrhage in rats)

149) Diago, K., Wada, Y., Yamada, C., Yamagi, M., Okuda, S., Okuda, M., Miyazato, T., **Yakugaku Zasshi,** 1981a, 101, 452 (Pharmacological studies of sodium alginate: 1. Protective effects of sodium alginate on mucose membranes of upper-gastrointestinal tract)

150) Diago, K., Wada, Y., Yamada, C., Yamagi, M., Okuda, S., Okuda, M., Miyazato, T., **Yakugaku Zasshi,** 1981b, 101, 458 (Pharmacological studies of sodium alginate: 2. Homeostatic effect of sodium alginate on gastrointestinal bleeding)

151) Diago, K., Wada, Y., Yamada, C., Yamagi, M., Okuda, S., Okuda, M., Miyazato, T., **Yakugaku Zasshi,** 1981c, 101, 464 (Pharmacological studies of sodium alginate: 3. Acceleration of fibrin formation by soduim alginate)

152) Egan, B., Blasto, A., Yarish, C., **J. Exp. Mar. Biol. Ecol.,** 1989, 129, 1 〔Seasonal acclimation to temperature and light in *Laminaria longicruris* de la Pyl.(Phaeophyta)〕

153) Fei, X. G., Jiang, B., Ding, M., Wu, Y., Huang, R., Li, H., **Chin. J. Oceanol. Limnol.**, 1990, 7, 1 (Light demands of juvenile *Laminaria japonica*)

154) Fisher, F. G., Dorfel, H., **J. Physiol. Chem.**, 1995, 302(2), 186 (The polyuronic acids of brown algae, part I)

155) Fourest, E., Volesky, B., **Environ. Sci. Technol.**, 1996, 30, 277 (Contribution of sulfonate groups and alginate to heavy metal biosorption by dry biomass of *S. fluitans*)

156) Fujihara, M., Nagumo, T., **Carbohydr. Res.**, 1993, 243, 211 (An influence of the structure of alginate on the chemotactic activity of macrophages and antitumor activity)

157) George, J. E., Fenton, E., Brokenshire, G., Van den Brink, P., O'Sullivan, B., **Wat. Res.**, 1996, 30, 1319 (Interactions of calcium and aluminium ions with alginate)

158) Gotoh, T., Matsuchima, K., Kikuchi, K., **Chemosphere,** 2004, 55, 57 (Adsorption of Cu and Mn on covalently cross-linked alginate gel beads)

159) Grasdalen, H., Larsen, B., Smidsrod, O., **Carbohydr. Res.**, 1981, 89, 179(^{13}C-NMR study of monomeric composition and sequence in alginate)

160) Ha, J. O., Park, K. Y., **J. Kor. Soc. Food Sci. Nutr.**, 2000, 29(1), 95 (Na-binding capacity of alginate and development of sea tangle added kimchi)

161) Hajime, O., Ysushi, S., Kanto, Y., Isamu, U., Koichi, K., **Biosci. Biotech. Biochem.**, 1994, 56, 994 (Possible antitumor promoting properties of marine algae and in vitro activity of Wakame seaweed extract)

162) Han, J., Kang, S., Choue, R., Kim, H., Lee, M, K., Chung, S., Kim, C., Chung, J., **Fitoterapia,** 2002, 73, 710 (Free radical scanvenging

effect of *Diospyros kaki*, *Laminaria japonica* and *Undaria pinnatifida*)

163) Han, K. H., Choi, M. S., Ahn, C. K., Yoon, M. J., Song, T. H., **Kor. J. Soc. Food Cookery Sci.**, 2002, 18(6), 619 (Soboru bread enriched with dietary fibers extracted kombu)

164) Harlin, M. M., Craigie, J. S., **J. Phycol.**, 1978, 14, 464 〔Nitrate uptake by *Laminaria longicruris* (Phaeophyceae)〕

165) Haroun-Bouhedja, F., Ellouali, M., Sinquin, C., Boisson-vidal, C., **Thrombosis Res.**, 2000, 100, 453 (Relationship between sulfate groups and biological activities of fucans)

166) Harrison, G. E., Humphreys, E. R., Sutton, A., Shepherd, H., **Science**, 1966, 152, 655 (Strontium uptake in rats on alginate-supplemented diet)

167) Haug, A., **Acta, Chem. Scand.**, 1961a, 15, 950 (Dissociation of alginic acid)

168) Haug, A., **Acta Chem. Scand** 1961b, 15, 1974 (The affinity of some divalent metals to different types of alginates)

169) Haung, A. Myklestad, S., Larsen, B., Smidsord, D., **Acta Chem. Scand.**, 1967b, 21, 768 (Correlation between chemical structure and physical properties of alginates)

170) Henley, W. J., Dunton, K. H., **J. Phycol.**, 1995, 31, 325 〔A seasonal comparison of carbon, nitrogen and pigment content in *Laminaria solidugula* and *L. saccharina* (Phaeophyta) in the Alaskan Arctic.〕

171) Hikaru, O., Yasuo, G., Isao, O., **Yakugaku Zasshi**, 1967, 87, 935 (Pharmacological studies on laminine monocitrate)

172) Hiroyuki, N., Hideomi, A., Koichi, A., Kazutosi, N., **Hydrobiologia**, 1990, 204, 577 (Antitumor activity of marine algae)

173) Hopkins, R., Kain, M., **Estur. Coast Mar. Sci.**, 1978, 7, 531 (The effect of some pollutants on survival, growth and respiration of

Laminaria hyperborea)

174) Hsiao, S. I. C., Druehl, L. D., **Can. J. Bot.**, 1973b, 51, 989 (Environmaental control of gametogenesis in *Laminaria saccharina* III. The effects of different iodine concentrations and chloride and iodide ratios)

175) Hu, J. F., Geng, M. Y., Zhang, J. T., Jiang, H. D., **J. Asian Natural Prod. Reports**, 2001, 3, 353 (An in vitro study of the structure-activity relations of sulfated polysaccharide from brown algae to its antioxidant effect)

176) Hurch, F., Meade, J., Treanor, R., Whinna, H., **J. Biol. Chem.**, 1989, 6. 361 (Anti-thrombotic activity of fucoidan with heparin cofactor II. anti-thrombin III and thrombin)

177) Ikeda, A., Takemura, A., Ono, H., **Carbohydr. Polymers**, 2000, 42, 421 (Preparation of low-molecular weight alginic acid by acid hydrolysis)

178) Ito, K., Tsuchiya, Y., **Proc. 7th Intl. Seaweed Symp.**, Nishizawa, K., ed., Univ. Tokyo Press, Tokyo, Japan, 1972, pp.458~462 (The Effect of algal polysaccharides on the depressing of plasma cholesterol levels in rat)

179) Jang, M. A., Lee, K. S., Seo, J. S., Choi, Y. S., **J. Kor. Soc. Food Sci. Nutr.**, 2002, 31, 819 (Effects of dietary supplementation of sea tangle extracts on the excreation of neutral steroids and bile acid in diabetic rats)

180) Jeong, E. J., Bang, B. H., **Kor. J. Food Nutr.**, 2003, 16(1), 66 (The effect on the quality of yogurt added water extracted from sea tangle)

181) Jin, D. Q., Li, G., Kim, J. S., Yong, C. S., Kim, J. A., Hun, K., **Biol. Pharm. Bull.**, 2004, 27, 1037 (Preventive effects of *Laminaria japonica* aqueous extract on the oxidative stress and xanthine

oxidase activity in STZ-induced diabetic rat liver)

182) Jolles, B., Remington, M., Andrews, P. S., **Brit. J. Cancer,** 1963, 17, 109 (Effects of Sulphated degraded *Laminaria* on experimental tumor growth)

183) Jung, Y. H., Cook, J. H., Chang, S. H., Kim,J. B., Choe, S. N., Kang, Y. J., **J. Kor. Soc. Food Sci. Nutr.,** 1994, 23(2), 164 (Preparation of mook with sea mustard and sea tangle)

184) Jung, Y. K., Lee, Y. K., No, H. K., Kim, S. D., **Kor, J. Food Preserv.,** 2006, 13(1), 95 (Effect of sea tangle on fermentation and quality characteristics of cheonggukjang)

185) Kaneda, T., Kamasastri, P. V., Tokuda, S., **Bull. Jpn. Fish. Sci. Soc.,** 1965, 31, 1026 (in Japanese) [Studies on the effect of marine products on cholesterol metabolism in rat. V. The effect edible seaweeds(supplement)]

186) Kang, K. S., Kim, I. D., Kwon, R. H., Lee, J. Y., Kang, J. S., Ha, B. J., **Arch. Pharm. Res.,** 2008, 31(5), 622 (The effect of Fucoidan Extracts on CCl_4-Induced Liver Injury)

187) Kim, D. S., Lim, D. J., Moon, S. H., Suh, H. H., Park, Y. I., **Kor. J. Microbiol. Biotechnol.,** 2004, 32, 362 [Purification of fucoidan from Korean sea tangle(*Laminaria religiosa*) and isolation of fucoidan degrading microorganism]

188) Kim, D. S., Park, Y. H., **Kor. J. Fish. Soc.,** 1985, 18(1), 29 (Uronic acid composition, block structure and some related properties of alginic acid)

189) Kim, J. S., Kang, K. J., **J. Food Nutr.,** 1998, 11(5), 556 (Effect of *Laminaria* addition on the Shelf-Life of bread)

190) Kim, K. E., Choi, O. S., Lee, Y. J., Kim, H. S., Bae, T. J., **Kor. J. Life Sci.,** 2001, 11(3), 211 [Processing of Vinegar using the sea tangle(*Laminaria japonica*) Extract]

191) Kim, S. J., Moon, J. S., Park, J. W., Kim, J. M., Rhim, J. W., Jung, S. T., Kang, S. G., **J. Kor. Soc. Food Sci. Nutr.**, 2004, 33(5), 875 (Quality of soybean paste(doenjang) prepared with sweet tangle, sea mustard and anchovy powder)

192) Kim, O. K., Park, Y. B., Lee, T. G., Kim, I. S., Kang, J. H., Jun, K. S., Park, D. E., Kim, S. B., **J. Kor. Fish. Soc.**, 1996, 29(6), 914 (Degradation of Nitrite as a Nitrosamine Precursor by Brown Algae, *Ecklonia cava*-감태, 청각, 모자반, 납작파래, 김, 다시마, 미역, 곰피)

193) Kim. S. H., Park, H. Y., Park, W. K., **J. Kor. Soc. Food Sci.**, 1988, 17(3), 320 (Determination and physical properties of dietary fiber in seaweed products)

194) Kim Y. Y., Cho, Y. J., **J. Kor. Fish. Soc.**, 2000, 33, 325 (Studies of physicochemical and biological properties of depolymerized alginate from sea tangle, *Laminaria japonica* by thermal decomposition: 1. Changes in viscosity, average molecular weight and chemical structue of depolymerized alginate)

195) Kim, Y. Y., Lee, K. W., Kim, G. B., Cho, Y, J., **J. Kor. Fish. Soc.**, 2000, 33, 393 (Studies on physicochemical and biological properties of depolymerized alginate from sea tangle, *Laminaria japonicus* by thermol decomposition)

196) Kimura, T., Takahashi, K., Ueda, Y., Obika, H., Kobayashi, Y., Tsuji, K., **Nippon Nogeikagaku Kaishi**, 1993, 67, 1177 (Effect of the primary structure of alginate on fecal excretion of sodium in rats)

197) Kimura, Y., Watanabe, K., Okuda, H. J., **Ethnopharmacol.**, 1996, 54, 47 (Effects of soluble sodium alginates on cholesterol extraction and glucose tolerance in rats)

198) Kitazume, H., Fukunaga, K., Takama, K., **Bull. Facul. Fish.**, 1988, 39(2), 160 (Seasonal changes of arsenic distibution in kombu, *Laminaria japonica*)

199) Kitazume, H., Oishi, K., **Bull. Facul. Fish.**, 1987, 38(2), 156 (Arsenic distribution in two species of kombu, *Laminaria japonica* and *Kjellmaniella crassiflora* from Hagodate)

200) Kobayashi, N., Kanazawa, Y., Yamabe, S., Jwata, K., Nishizawa, M., Yamagishi, T., Nishikaze, O., Tsuji, K., **J. Home Econo. Jpn.**, 1997, 48, 230 (Effects of depolymerized sodium alginates on serum total cholesterol in healthy women with a high cholesterol intake)

201) Koo, J. G., Jo, K. S., Do, J. R., Woo, S. J., **J. Kor. Fish. Soc.**, 1995, 28, 227 (Isolation and purification of fucoidans from *Laminaria religiosa* and *Undaria pinnatifida*)

202) Kown, Y. M., Kim, D. H., **J. Kor. Soc. Food Sci. Nutr.**, 2002, 31, 977 (Effects of sea tangle chitosan on the physicochemical properties of traditional Kochujang)

203) Ku, H. S., Noh, J. S., Yun, Y. R., Kim, H. J., Kwon, M. J., Cheigh, H. S., Song, O. K., **J. Kor. Soc. Food Sci. Nutr.**, 2007, 36, 1140 (Weight reduction and lipid lowering effect of sea tangle added Korean cabbage kimchi)

204) Kuda, T, Goto, H., Yokoyama, M., Fujii, T., **Fisheries Sci.**, 1998a, 64, 589 (Effects of dietary concentration of Laminaran and depolymerised alginate on rat cecal microflora and plasma lipids)

205) Kuda, T. Oyamada, A., Fujii, T., **Nippon Suisan Gakkaishi,** 1994, 60, 85 (Effects of depolymerization sodium alginate on human fecal and intestinal environment)

206) Kuda, T., Fujii, T., Saheki, K., Hasegawa, A., Okuzumi, M., **Nippon Nogeikagaku Kaishi,** 1992, 58(3), 307 (Effects of brown algae on feacal flora of rats)

207) Kwon, E. A., Chang, M. J., Kim. S. H., **J. Kor. Soc. Food Sci. Nutr.**, 2003, 32(3), 406 (Quantity characteristics of bread containing *Laminaria* powder)

208) Lahaye, M., **J. Sci. Food Agric.**, 1991, 54, 587 (Marine algae as sources of fibers: Determination of soluble and insoluble dietary fiber contents in some sea vegetables)

209) Lee, H. S., Choi, M. S., Park, S. H., Kim, Y. J., **Kor. J. Nutr.**, 1996, 29(3), 286 〔A study on the development of high-fiber supplements for the diabetic patients.(1) Effect of seaweed supplementation on the gastrointestinal function and diabetic symptom control in STZ-induced diabetic rats〕

210) Lee, H. S., Choi, M. S., Park, S. H., Kim, Y. J., **Kor. J. Nutr.**, 1996, 29(3), 296 (Effects of seaweed supplementation on the lipid and glucose metabolism in STZ-induced diabetic rats)

211) Lee, J. H., Kim. D. H., Jung, S. P., Choi, S. J., Chung, I. K., Shin, J. A., **Algae**, 2005, 20(2), 167 〔Cultivation of *Laminaria japonica* (Laminariales, Phaeophyta) in Udo Coast, Jeju, Korea〕

212) Lee, J. H., Sung, N. J., **J. Kor. Soc. Food Sci.**, 1983 (The content of minerals in algae)

213) Lee, J. Y., **J. Kor. Agric. Chem. Soc.**, 1965, 1, 119 (Identification of amino acid composition of protein in dulse(*Laminaria japonica* Areschoung)

214) Lee, K. S., Bae, B. S., Bae, M. J., Jang, M. A., Seo, J. S., Choi, Y. S., **Kor. J. Nutr.**, 1999, 32(3), 230 (Effect of sea tangle and metformin on lipid peroxide and antioxidants levels in diabetic rats)

215) Lee, K. S., Choi, Y. S., Seo, J. S., **J. Med. Food**, 2004, 7, 130 (Sea tangle supplementation lowers blood glucose and supports anti-oxidative systems in STZ-induced diabetic rats)

216) Lee, K. S., Seo, J. S., Choi, Y. S., **Food Sci. Biotechnol.**, 2007, 16(6), 879 (Sea tangle Supplementation Alters Intestinal Morphology in Streptozotocin - induced Diabetic Rats and Lowers Glucose Ab-

sorption)

217) Lee, K. S., Seo, J. S., Choi, Y. S., **J. Kor. Soc. Food Sci. Nutr.**, 1998, 27, 960 (Effect of Sea tangle and hypoglycemic agent on lipid metabolism in diabetic rats)

218) Lee, S. W., Kim, H. J., Moon, D. S., Kim, A. R., Jeong, I. H., **J. Kor. Fish. Soc.**, 2007, 40, 113 (Characteristics of Tofu coagulants extracted from sea tangle using treated deep ocean water)

219) Li, N., Zhang, Q., Song, J., **Food Chem. Toxicol.**, 2005, 43, 421 (Toxicological evaluation of fucoidan extracted from *Laminaria japonica* in Wistar rats)

220) Lim, Y. S., Yoo, B. J., **J. Kor. Fish. Soc.**, 2005a, 38, 226 (Effects of dialysis and various drying methods on physical properties of alginates prepared from sea tangle, *Laminaria japonica*)

221) Lim, Y. S., Yoo, B. J., **J. Fish. Sci. Technol.**, 2005b, 8, 113 (Effects of hydrolysis time on the molecular weight distribution of alginates prepared from sea tangle, *Laminaria japonicus*)

222) Lim, Y. S., Yoo, B. J., **J. Kor. Fish. Soc.**, 2006, 39, 313 (Effects of hydrolysis pH on distribution weights of alginates of sea tangle, *Laminaria japonicus*)

223) Linley, E. A. S., Newell, R. C., Bosman, S. A., **Mar. Ecol. Pros. Ser.**, 1981, 4, 31 [Heterotrophic utilization of mucilage released during fragmentation of kelp(*Ecklonia maxima* and *Laminaria pallida*) I. Development of microbial communities associated with the degradation of kelp mucilage]

224) Mahony, M. C., Clark, G. F., Oehninger, S., Ascosta, A. A., Hodgen, G. D., **Contraception**, 1993, 48, 277 (Fucoidan binding activity and its localization on human spermatozoa)

225) Marner, F. -J. et al, **Z. Naturforsch. C**, 1984, 39, 689 (Pheromone, Lamoxirene)

226) Maruyama, H., Nakajima, J., Yamamoto, I., **Kitasato Arch. Exp. Med.**, 1987, 60, 105 (A study on the anticoagulant and fibrinolytic activities of a crude fucoidan from the edible brown seaweed *Laminaria religiosa*, with special reference to its inhibitory effect on the growth of sarcoma-180 ascites cells subcutanously implanted into mice)

227) Mauray, S., Stenberg, C., Theveniaux, J., Millet, J., Sinquin, C., Tapon-Bretaudiere, J., Fischer, A. M., **Thromb. Haemost.**, 1995, 74, 1280 (Venous antithrombotic and anticoagulant activities of fucoidan fraction)

228) Mizuno, H., Saito, T., Isio, N., Okada, N , Noda, K., Takada, K., **Nippon Suisan Gakkaishi,** 1983, 49, 1591 (Mannuronic to glucuronic acid ratios of alginic acids prepared from various brown seaweeds)

229) Moe, S. T., Draget, K. I., Skjak-Brak, G., Smidsrød, O., **Food Polysaccharides and Their Applications,** Stephen, A. M.(Ed), New York, Marcel Dakker, Inc., 1995, 245~286 (Alginates)

230) Mori, B., Kusima, K., Iwasaki, T., Omiya, H., **Nippon Nogeika-gaku,** 1981, 55, 787 (Dietary fiber content of seaweed)

231) Nakashme, H., Kido, Y., Kobayashi, N., Motoki, N., Neushal, M., Yamamoto, **Antimicrob. Agents Chemother.**, 1987, 31, 1524 (Purification and characterization of an avian myeloblastosis and human inmunodeficiency virus reverse transcriptase inhibitor sulfated polysaccharide extracted from sea tangle)

232) Ning, L., Zhang, Q., Song, J., **Food. Chemcal Toxicol.**, 2005, 43, 421 (Toxicological evaluation of Fucoidan extracted from *Laminaria japonica* in Wistar rats)

233) Nishide, E. Anzai, H., Uchida, N., **J. Appl. Phycol.**, 1993, 5, 207 (Effect of Alginates on the ingestion and excretion of cholesterol in the rat)

234) Nishino, T. Takabe, Y., Nagumo, T., **Carbohydr. Polym.**, 1994, 23, 165 (Isolation and partial characterization of a novel β-D-galactan sulfate from the brown seaweed *Laminaria angustata* var. *longissima*)

235) Noda, H., Amano, H., Arashima, K., Hashimoto, S., Nishizawa, K., **Nippon Suisan Gakkaishi,** 1989, 55, 1259 (Studies on the antitumor activity of marine algae)

236) Noda, H., Amano, H., Arashima, K., Hashimoto, S., Nishizawa, K., **Nippon Suisan Gakkaishi,** 1989, 55, 1265 (Antitumor activity of polysaccharides and lipid from marine algae)

237) Oishi, K., Tamura, Y., Kanai, E., **Nippon Suisan Gakkaishi,** 1961, 27, 601 (Quality of Kombu, edible seaweeds belonging to the Laminariaceae IV. Relation between quality and amino acid composition of extractives - 다시마)

238) Okai, Y., Higashi, Okai, K., Nakamura, S., **Mutat. Res.**, 1993, 303, 60 [Identification of heterogenous antimutagenic activities in the extracts of edible brown seaweeds, *Laminaria japonica* and *Undaria pinnatifida* by the gene expression system in *Salmonella typhimurium*(TA 1535/PSK 1002)]

239) Park, M. J., Han, J. S., **J. Food Sci. Nutr.**, 2008, 13(4), 259 (Fucoidan protects LLC-PK1 cells against AAPH-induced Damage)

240) Park, M.-J., Han, J.-S., **J. Food Sci Nutr.**, 2006, 11(1), 10 (Radical Scavenging and Antioxidant Activities of Fermented *Lamimaria joponica* Extracts)

241) Park, M.-J., Song, Y.-S., Han, J.-S., **J. Food Sci. Nutr.**, 2006, 11, 94 (Protective Effects of the BuOH fraction from *Laminaria japonica* Extract on High Glucose-induced Oxidative Stress in human Umbilical Vein Endothelial cells)

242) Paskins-Hurlburt, A. J., Tanaka, Y., Skoryna, S. C., **Botanica Marina,**

1976, 19, 327 (Isolation and metal binding properties of fucoidan)
243) Peat, S. et al, **J. Chem. Soc.**, 1958, 729, 1960, 175 (isol, 6-*O*-*β*-D-glucopyranosyl-D-mannose)
244) Pennan, A., Sanderson, G. R., **Carbohydr. Res.**, 1972, 25, 273 (A method for the determination of uronic acid sequence in alginate)
245) Percival, E., McDowell, R. H., **Chemistry and Enzymology of Marine Algal Polysaccharides,** Academic press, New York, 1967, 157~175
246) Ren, D., Noda, H., Amano, H., Nishino, T., Nishizawa, K., **Fish. Sci.**, 1994, 60, 83 (Study on antihypertensive and antilipidemic effects marine algae)
247) Rhu, B. H., Kim, D. S., Cho, K. J., Sim, D. B., **Kor. J. Food Sci. Technol.**, 1989, 2(6), 595 (Antitumor activity of seaweeds toward sarcoma- 180)
248) Rosado, J.L., Diaz, M., **Rev. Invest. Clin.**, 1995, 47(4), 283 (Physicochemical properties related to gastrointestinal function of 6 source of dietary fiber)
249) Ruperez, P., **Food Chem.**, 2002, 79, 23 (Mineral content of edible marine seaweeds)
250) Salyers, A. A., Palmer, J. K., Wilkins, T. D., **Appl. Environ. Microbiol.**, 1977a, 33, 1118 [Laminarinase(*β*-glucanase) activity in bacteroides from the human colon]
251) Sandberg, A. S., Anderson, H., Bosoeus, I., Carlsson, N. G., Hasselblad, K., **Am. J. Nutr.**, 1994, 60, 751 (Alginate, small bowl sterol excretion, and absorption of nutrients in ileostomy subsects)
252) Sato, S., Hata, K., Sato, K., **Bull. Jpn. Soc. Sci. Fish.**, 1981, 47(3), 429 (Changes during cooking in polysaccharide and Metal compositions and in properties of alginate of Tangle, *Laminaria japonica*)

253) Sawabe, T., Ezura, Y., Kimura, T., **Nippon Suisan Gakkaishi,** 1992, 58, 141 (Characterization of an alginolytic marine bacterium from decaying Rishirikombu *Laminaria japonica* var. ochotensis)

254) Seal, C. J., Mathers, J. C., **British J. Nutr.,** 2001, 85, 317 (Comparative gastrointestinal and plasma, cholesterol responses of rats fed on cholesterol-free diets supplemented with guar gum and sodium alginate)

255) Shibata, Y. et al. **Agric. Biol. Chem.,** 1987, 51, 39(isol. 2′,3′ -Dihydroxypropyl [5-deoxy-5-(demthylarsinyl)], ribofuranoside)

256) Suzuki, T., Nakai, K., Yoshie, Y., Shirai, T., Hirano, T., **Nippon Suisan Gakkaishi,** 1993, 59(5), 879 (Digestibility of dietary fiber in brown alga, Kombu, by rats)

257) Suzuki, T., Nakai, K., Yoshie, Y., Shirai, T., Hirano, T., **Nippon Suisan Gakkaishi,** 1993a, 59. 545 (Effect of sodium alginates rich in galacturonic and mannuronic acids on cholesterols and digestive organs of high-cholesterol fat rats)

258) Suzuki, T., Nakai, K., Yoshie, Y., Shirai, T., Hirano, T., **Nippon Suisan Gakkaishi**, 1993, 59, 884 (Digestibility of dietary fiber in brown alga, kombu, by rats)

259) Takahashi, Y., Tsuji, K., **Eisei Kagaku,** 1981, 27, 30 (in Japanese) [Studies on the binding properties of alginic acid to heavy metals 1. Metal ratio in alginate formed by precipitation and dialysis method]

260) Takemoto, T. et al, **Yakugaku Zasshi,** 1964, 84, 1176, 1180, 1965, 85, 843; **CA,** 64, 3964 (isol, 6-N-Trimethyllysine betaine)

261) Torsdottir, I. Alpsten, M., Holm, G., Sandberg, A. S., Tolli, J., **J. Nutr.,** 1991, 121, 795 (A small dose of soluble alginate-fiber affects postprandial glycemia and gastric emptying in humans with diabetes)

262) Tseng, C. H., Yamaguchi, K., Kitamikado, M., **Nippon Suisan Gakkaishi,** 1992, 58, 533 (Isolation and some properties of alginate lyase from a marine bacterium *Vibrio* sp. A1-128)

263) Tseng, C. H., Yamaguchi, K., Kitamikado, M., **Nippon Suisan Gakkaishi,** 1992, 58, 539 (Two types of alginate lyase from a marine bacterium *Vibro* sp. A1-9)

264) Tsuji, K., Oshima, S., Matsuzaki, E., Nakamura, A., Innami, S., Tezuka, T., **Jpn. J. Nutr.,** 1968, 26(3), 113 〔Effect of polysaccharides on cholesterol metabolism (Part 1). Studies on konnyaku powder, Sodium alginate and pectin〕

265) Tutour, B. L., Benslimane, F., Gouleau, M. P., Gouygou, J. P., Saadan, B., Quemeneur, F., **J. Appl. Phycol.,** 1998, 10, 121 (Antioxidant and peroxidant activities of brown algae, *Laminaria digitata, Himanthalia elongata, Fucus vesiculosus, Fucus serratus* and *Ascophyllum nosum*)

266) Uchida, M., **Fisheries Sci.,** 1996, 62, 731 (Formation of single cell detritus densely, covered with bacteria during experimental degradation of *Laminaria japonica* Thalli)

267) Uchida, M., Nakata, K., Maeda, M., **Aquaculture,** 1997, 154, 125 (Introduction of detrital food webs into an aquaculture system by supplying single cell algal detritus produced from *Laminaria japonica* as a hatchery diet for *Artemisia nauplii*)

268) Uchida, M., Nakayama, A., Abe, S., **Fisheries Sci.,** 1995, 61, 117 (Distribution and characterization of bacteria capable of decomposing brown algae fronds in waters associated with *Laminaria* vegetation)

269) Ukeda, H., Iida, M., Sawamura, M., Kusumose, H., **Nippon Shokuhin Kagaku Kogaku Kaishi,** 1996, 43(5), 569 (Relationship between chemical properties of alginate extracted from brown

algae and sodium ion binding capacity in vitro Uronic acid composition of alginates)

270) Vaugelade, P., Hoebler, C., Bernard, F., Guillon, F., Lahaye, M., Duec, P. H., Darcy-Vrillon, B., **Reprod. Nutr. Dev.**, 2000, 40, 33 (Non-starch polysaccharides extracted from seaweed can modulate intestinal absorption of glucose and insulin response in the pig)

271) Wang, Y., Tang, X., **Ying Yong Sheng Tai Xue Bao**, 2005, 16, 1507 (Relationships between antioxidant activities and heat-resistant features of two *Laminaria japonica* strains)

272) Wang, J., Zhang, Q., Zhang, Z., Li, Z., **Intl. J. Biol. Macromol.**, 2008, 42, 127 (Antioxidant activity of sulfated polysaccharide fractions extracted from *Laminaria japonica*)

273) Watanabe, K., Iwata, K., Tandai, Y., Nishizawa, M., Yamagishi, T., Yoshizawa, I., **Jpn. J. Toxicol. Environ. Health**, 1992, 38, 258 (Effects of soluble alginates on the extraction of cholesterol, Trp-P-1 and aflatoxin B_1 in rats)

274) Witvrouw, M., De Clercq, E., **Gen. Pharmacol.**, 1997, 29, 497 (Sulfated polysaccharides extracted from sea tangle as potential antiviral drugs)

275) Xue, C. -H., Fang, Y., Lin, H., Chen, L., Lin, Z. -J., Deng, D., Lu, C. -X., **J. Appl. Phycol.**, 2001, 13, 67 (Chemical characters and antioxidative properties of sulfated polysaccharides from *Laminaria japonica*)

276) Xue, Z., Chang-Hu, X., Zhao-Jie, L., Yue-Piao, C., Hong-ying, L., Hong-Tao, Q., **J. Appl. Phycol.**, 2004, 16, 111 (Antioxidant and hepatoprotective activities of low molecular weight sulfated polysaccaride from *Laminaria japonica*)

277) Yan, X., Nagata, T., Fan, X., **Plant Foods Hum. Nutr.**, 1998, 52, 253 (Antioxidative activities in some common seaweed)

278) Yan, Zuo-Mei, **Hydrobiologia,** 1984, 116(117), 314(Studies on tissue culture of *Laminaria japonica* and *Undaria pinnatifida*)

279) You, B. J., Im, Y. S., Jeong, I. H., Lee, K. H., **J. Kor. Fish. Soc.,** 1997, 30(1), 31 〔Effect of extraction conditions on bile acids ingding capacity in vitro of alginate extracted from sea tangle (*Laminaria* spp.)〕

280) Yoi, B. J., Lim, Y. S., **J. Kor. Fish. Soc.,** 2003, 36, 340 (Effects of extracting and drying method on physical properties of alginates from sea tangle, *Laminaria japonica*)

281) Zemani, F., Benisy, D., Galy-Fauronx, I., Lokajczyk, A., Colliec-Jouault, S., Uzan, G., Fisher, A. M., Boisson-Vidal, C., **Biochem. Pharmacol.,** 2005, 70, 1167 (Low Molecular weight fucoidan enhances the proangiogenic phynotypes of endothelial progenitor cells)

282) Zhao, X., Xue, C. H., Li, Z. J., Cai, Y. P., **J. Appl. Phycol.,** 2004, 16, 111 (Antioxidant and hepatoprotective activities of low molecular weight sulfated polysaccharide from *Laminaria japonica*)

Enteromorpha intestinalis (L.) Link

창자파래 13

녹조류 · Ulvaceae (갈파래과)

• 영명 | Link confertii
• 일명 | Bô-aonori
• 분포 | 전세계, 한국 전연해안
• 용도 | 식재료, 약용

✻ 식물학적 특성

녹조류의 하나로 갈파래과에 속하며, 몸은 단조(單條), 기부에서 분기하기도하고, 때때로 상부에서 부지(副枝)하기도하여, 길이는 수 ㎝~수m, 직경 1~5㎝, 처음은 짧은 원주상의 줄기로 부착하나 곧 떨어져 뜨게 된다. 원주상 또는 상부는 확대하여 다소 부풀거나 쪼글쪼글, 꼬여지며, 불규칙하게 잘록하기도 하여, 창자모양. 세포는 직경이 10~16μ, 불규칙하게 배열. 세포의 높이는 횡단면에서 12~30μ이다. 해안 바위에 착생한다.

동속 식물에는 잎파래(*E. linza*), 가시파래(*E. prolifera*), 납작파래(*E. compressa*) 등이 있다.

✻ 성분

1) 영양성분

① **창자파래**(말린 것, 1206) : 가식부 100g 중 수분 10.40%, 열량 243.0 kcal, 단백질 23.6g, 지질 0.8g, 당질 45.8g, 조섬유 4.20g, Ca 15.2㎎,

P 275.0mg, Fe 28.50mg, K 620.0mg, Zn 1.73mg, vitamin A 2874.0 RE, β-carotene 17244.0㎍, B_1 0.350mg, B_2 1.820mg, B_6 0.96mg, niacin 7.3 mg, C 4.0mg, 엽산 1364.0㎍, E 4.30mg

2) 특수성분

창자파래에서 (2-Carboxyethyl)dimethylsulfonium(IT, C-00385)가, 잎파래(*E. linza*)에서 N-Arginylglutamine(L-L, A-02720)과 Cysteinolic acid (S, A-01435)가 분리되었다.

✻ 생리 활성

Phenol성분과 항산화 효과① : 상용되는 해조류 5종 – 미역, 다시마, 톳, 파래, 김의 항산화 활성과 총 flavonoid 및 polyphenol 함량을 알고자, 해조 EtOH ex를 Fe유도 지방 과산화 억제율, DPPH 라디칼 소거율 및 MDA-BSA 결합 저해율을 3가지 방법으로 측정하였다. 녹조류인 파래의 항산화 효과가 가장 우수하였고, 특히 지질 과산화물이 단백질과 결합반응을 저해하였고, 김, 다시마의 항산화효과가 우수하였으며 미역과 톳은 거의 없었다. 총 flavonoid는 미역 11.63mg/g으로 높았고, 총 polyphenol은 파래가 8.97mg/g으로 가장 높았다. 3가지 방법의 항산화 효과는 총 phenol양과 관계가 깊었으며, 지질 과산화 억제율과 매우 높은 상관성을 보였다. 해조류의 항산화 효과에 polypenol 성분의 기여도가 큰 것으로 나타났다.

항산화물질② : 동해 주문진 해안에 생육하는 12가지 식용 해조류에서 항산화 물질을 분리하였고, 항산화측정(AOM법, DPPH법)과 UV, HPLC, GC/MS 로 분석한 결과, 12종 식용 해조류를 hot-MeOH 추출, AOM법으로 활성을 측정한 결과, 김〉미역, BHT〉다시마〉넓미역〉지누아리〉서실 순이었고, 나머지 해조류는 활성이 나타나지 않았다. 또한 석유에텔, Et_2O, $CHCl_3$, MeOH, H_2O로 순차 추출, 색소제거 후, 농축하여 DPPH법으로 항산화를 측정한 결과, H_2O-MeOH 가용 분획에서 강한 활성을 보였고, 김〉미역〉다시마〉BHA〉파래〉Tocopherol〉넓미역〉BHT 순이었다. 특히, 김, 미역, 다시마, 파래는 같은 양에서 BHT, BHA보다 높거나 비슷한 항산화 활성을 보였다. 활성 물질 회수율은 1.82%, 극성 용매 분획에서 강한 활성을 보였다. 추출 물질의 흡수 파장은 235±5nm, 270±5nm(λ max), HPLC 분석 결과, 다시마, 미역, 파래의 retention time(RT)이 8.5분, 10분인 극성물질이 분리되었고, 김에서는 25분의 비극성 물질로 BHA, BHT와 비슷한 RT에서 분리되었다.

Nitrite 제거 해조류 검색과 활성 : 녹조류 (파래–*Enteromorpha, Ulva*), 갈조류(톳, 미역, 모자반류, 곰피), 홍조류(우뭇가사리, 진두발, 도박, 서실, 보라우무, 지누아리, 꼬시래기, 돌가사리) 등에 대하여 NO 제거 활성을 검색한 결과, 곰피의 MeOH ex가 가장 강하였고, 추출 정제한 활성 물질은 phlorotannin A였다. phloroglucinol(IC_{50}=3.9㎎/㎖)의 활성을 ascorbic acid (IC_{50}=65.0㎎/㎖)보다 강하였다. 이상의 결과로 곰피에서 추출한 활성 물질 phlorotannin A와 phloroglucinol은 발암성 N-nitroso 화합물의 전구 물질 nitrite제거제로 응용될 수 있을 것으로 생각되었다.

Angiotensin-1 전환 효소 저해 : 해조류(김, 파래, 미역, 우뭇가사리, 청각, 톳, 다시마) 추출물 중 가수 분해물의 성분과 ACE 저해 효과를 조사하였다. 단백질의 함량은 김 39.6%, 파래 22.1%, 미역 21.1%, 우뭇가사리 18.3%, 청각 15.7%, 톳 12.4%, 다시마 8.2% 순이었고, 추출물의 ACE저해 효과는 50, 70, 98℃에서 추출한 결과, 70℃ 추출 시료 모두에서 가장 높았으며, 70℃를 기준 ACE 저해율은 우뭇가사리 10.9%, 김 9.3%, 파래 8.9%, 미역 8.2%, 톳 7.5%, 다시마 7.1%, 청각 7.0% 순이었다. maxayme과 papain 가수 분해 물의 ACE 저해 효과는 김이 파래, 미역, 우뭇가사리보다 현저히 높았고, peptide-nitrogen 함량 역시 높았다. 김 8시간 가수 분해 후, ACE 저해 효과가 maxazyme 31.3%, papain 27.9%로 가장 높았고, peptide-nitrogen 함량도 가장 높았다. 파래의 ACE 저해 효과 역시 8시간에서 maxazyme 9.6%, papain 8.5%로 다른 시간대보다 높았으며, peptide-nitrogen 함량이 16시간까지 완만히 증가하였다.

저분자 Peptide 의 기능성 : 해조류의 이용성을 높이고자 pepsin으로 가수분해한 peptide를 정제, 쇠미역, 파래, 지누아리는 3개의 peptide, 김은 2개의 peptide를 얻어 항산화 활성을 검사한 결과, 김은 peak 1이 높았고, 다음 peak 2가 높았다. ACE 저해 활성은 김 peak 1, 파래 peak 3, peak 2 순으로 높았으며, 항 갈변 활성은 김 peak 1과 2, 파래 peak 2가, 파래 peak 3이 높았다. 항암 활성은 파래 peak 1〉쇠미역 peak 2〉 파래 peak 3〉 지누아리 peak 3 순이었다. 전반적으로 김의 기능성이 높았고, 또한 단백질 함량도 높았다.

항돌연변이 활성 및 암세포 성장 억제 : 톳, 다시마, 미역, 김, 파래의 5종의 해조류 EtOH 추출물의 2-anthramine에 대한 돌연변이 억제 효과를 *Sal. thypimurium* TA98에서 측정 결과, 톳(100%), 다시마(94.2%)가 3.5㎎/plate에서, 파래(68.5%)가 4.5㎎/plate에서 억제능을 보였고, TA100에서 파래(100%), 톳(100%), 다시마(94.1%)가 각각 1.5, 2.5, 4.5㎎/plate에서 최대 억제 효과를 보였으나 미역과 김은 간접 돌연변이 억제는 없었다. 직접 항돌연변이는 TA98에서 톳, 미역, 파래 모두 4.5㎎/plate에서 각각 83%, 73%, 73% 억제되어 2-nitrofluorene의 돌연변이능 저해율이 비교적 높았다. 또한 TA100에서 sodium-azide의 돌연변이 저해가 가장 큰 해조류는 톳, 다시마 및 파래로 3.5㎎/plate에서 모두 100% 저해율을 보였다. TA98에서 미역과 김은 4.5㎎/plate에서 각각 73%, 50% 저해하였고, TA100에서 저해능이 없었다. HeLa cell과 MCF-7 cell, SNU-638 cell 암세포 성장 억제를 MTT assay로 관찰한 결과, 5종 모두 억제 효과를 보였다. HeLa cell 성장을 90% 이상 저해는 파래〉미역〉다시마〉톳 순이었고, 김은 56% 저해하였다. MCF-7 cell에 90% 이상 저해는 파래〉미역〉다시마〉톳 순이었고, 김은 50% 저해율을 보였다. SNU-638 cell 세포성장 억제는 HeLa cell과 MCF-7 cell보다 낮았다. 저해율 70% 이상은 파래, 미역, 다시마, 톳이었고, 김은 68%이었다. 이상에서 Ames test와 MTT assay 결과, 톳, 파래, 다시마는 항돌연변이 효과와 암세포 성장 억제 효과가 우수한 것으로 나타났다.

미량 금속 함량: 우리나라 연안에서 수집한 해조류 총 620건 시료 즉 녹조류(113건), 갈조류(275건), 홍조류(232건)의 미량 금속 함량을 비교 분석한 결과, Hg은 갈조류에서, Cd는 홍조류에서, Cu, Cd는 녹조류에 많았고, Mn과 Ni은 녹조류와 홍조류에서, Pb는 녹조류에서, Zn은 홍조류에 많았다. 지역별로는 Hg, Cd, Ni, Mn은 충남 태안 지역에서 Cr은 영덕, Cu는 통영, Pb와 Zn은 울산 지역에서 많았다. 갈조류에는 Hg와 Cd, 녹조류(파래, 청각)는 Cr, Cu, Mn, Ni, Pb가, 홍조류에는 Zn이 많았다. 비식용 해조류중 지충이는 Cd와 Mn의 biomonitor, 애기마디잘록이와 지누아리는 Ni와 Zn의 biomonitor, 식용 갈조류인 고리매는 Cr과 Pb의 biomonitor로 사용할 수 있을 것으로 판단된다

미량 금속과 안전성 평가: 우리나라 연안에서 수집한 김(33점), 미역(88점), 다시마(12점), 파래(43점) 등 총 176점 해조류의 미량 금속을 조사한 결과, Zn, Mn, Cu 순으로 많았고, 다음 Cr, Ni, Cd, Hg 순이었다. 김에는 Cd, Zn이, 파래에는 Cr, Ni, Pb가 많았으며, 다시마에는 Hg가 가장 많았다. Cd와 Zn 농축계수는 김에서 각각 약 12,000과 14,000으로 높았으며 Cr과 Pb는 파래에서 각각 약 23,000 및 2,500으로 가장 많았다. Cu는 김과 파래에서 약 5,500으로 가장 많이 농축되어 있었다. 다시마에는 Mn과 Pb가 많았고, 갈조류인 미역과 녹조류인 파래에는 전혀 다른 경향이었다. 우리나라 국민의 식용 해조류에서 Hg 섭취는 평균 0.03㎎/일로 PTWI(5㎎/kgb.w/wk)의 0.07%이었고, Cd 섭취량은 평균 2.15㎎/일로 PTWI(7㎎/kgb.w/wk)의 3.57%, Pb의 섭취량은 평균 2.65㎎/일로 PTWI(25㎎/kgb.w/wk)의 1.20%이었다. 이로써 우리 국민이 해조류로 섭취하는 Hg, Pb, Cd/주의 함량은 PTWI 0.07~3.57%이고, 유해 금속 섭취는 매우 안전하며, Cu, Zn, Mn, Cr의 섭취량은 영양소 기준치의 각각 1.35, 0.89, 4.28, 9.18%이었다.

해조류의 콜린 함량: 김, 다시마, 미역, 파래의 가식부 100g당 choline 함량은 각각 179.47, 76.70, 11.53, 112.74, 2.46㎎%로 미역〉김〉다시마〉파래

순이었다.

발효식품과 해조류의 비타민 B_{12} : 전통법으로 제조한 된장의 비타민 B_{12}함량은 1.85㎍%, 공장 된장은 0.04~0.86%, 전통 청국장은 0.69㎍%, 공장 청국장은 0.06~0.15㎍%이었고, 전통식 고추장은 0.11㎍%, 국 간장은 0.04㎍%이었으나 진 간장에서는 검출되지 않았다. 시판 배추김치의 B_{12}는 0.02~0.03㎍%, 열무김치 0.013㎍%, 갓김치 0.02㎍%, 깍두기는 0.004㎍%이었고 새우젓 0.78㎍%, 멸치액젓 1.52㎍%이었다. 김의 B_{12}함량은 66.76㎍, 파래 84.74㎍, 다시마 0.36㎍, 미역 1.90㎍%이었다.

지방산 조성 : 녹조류(파래, 청각), 갈조류(다시마, 톳, 곰피, 모자반, 미역), 홍조류(김) 등 8종의 식용해조류의 지방산을 GLC로 분석한 결과, 녹조류 1.51%, 갈조류 2.81%, 홍조류 1.02%이었고, 지방산조성은 녹조류에서는 $C_{16:0}$산이 가장 많았고, $C_{18:1}$, $C_{18:2}$, $C_{18:3}$산도 많았다. 갈조류에는 $C_{16:0}$, $C_{18:1}$, $C_{18:2}$, $C_{18:3}$산이 많았으나 $C_{18:0}$산은 적었다. 홍조류에는 $C_{16:0}$산이 많았고, $C_{14:0}$, $C_{18:1}$, $C_{18:2}$, $C_{18:3}$은 매우 적었다. 녹조류 C_{16}, C_{18}산이, 갈조류는 C_{16}, C_{18}, C_{22}산이, 홍조류에는 C_{15}, C_{16}, C_{18}산이 각각 많았다.

건강 기능성 식품과 해조류 소비 : 경북대 학생 281명을 대상으로 해조류 건강 기능식품의 구매의도와 소비가치를 조사한 결과, 구매 장소는 24시간 편의점이고, 낱개 포장으로, 구매 목적은 영양 보충과 체중조절이며, 구매의도가 높은군과 낮은군의 차이가 현저하였고, 식품, 영양 및 건강 관련 과목 수강경험자 중 기능가치와 인식가치가 높았다.

파래설기떡의 품질특성 : 파래분말을, 0, 4, 8, 12, 16% 첨가, 설기떡을 제조, 실온에서 4일간 저장하면서 수분, 색도, 기계적 품질 특성 및 관능검사를 실시한 결과, 수분은 시료 첨가량 증가에 따라 감소하였고, 4일 저장에서 대조군은 3.9%, 12%군은 2.46%로 감소, 색도는 시료 첨가 증가에 따라 L값(명도)은 낮아졌으나, a값(적색도)은 증가, 황색도 b는 4%군이 가장 높았다. 견고성은 2일째 대조군의 4.4배, 12%군은 1.21배 증가하였다. 부드러운 정도는 제조 직후 8%군이, 2일째는 16%군이 가장 좋았다. 쫄깃한 정도는 저장 기간 중 대조군이 가장 높았다. 이 결과로

파래설기는 멥쌀가루 184g, 파래분말 16g, 소금 2g, 설탕 2g, 물 8g의 배합비가 가장 좋았고, 수분 함량은 39.23%이었다.

파래 빵의 이화학적 물성: 밀가루에 파래 분말 0, 1, 2, 3, 4%를 첨가, 반죽하여 물리적 특성을 조사한 결과, farinogram에서 파래 분말 첨가량 증가에 따라 흡수량이 증가하였고, 반죽 형성 시간과 안정도는 짧았으며, 약화도는 커졌다. extensogram에서 파래 첨가량 증가에 따라 신장도가 짧아졌고, 저항도는 감소하였다. amylogram 측정에서 파래 증가에 따라 호화 개시 온도에는 큰 차이가 없었으나 점도는 증가하였다. 파래 분말 0, 1, 2, 3, 4% 첨가 빵의 표피의 색, 향미, 촉촉한 정도, 부드러운 정도, 저작성 정도와 전반적 기초도 관능 평가에서 1%와 2% 첨가구가 양호하였으며, 2% 첨가구가 가장 기호도가 높았다.

✻ 효능과 이용

1) 식용 : 식재료
2) 약용 : polysynaptic blocker, back pain, antimitotic, lymphatic swellings, cytotoxic, aphthae, goiter, paronychia

참고문헌

1) 곽충실, 김성애, 이미숙, **식품영양과학회지**, 2005, 34(8), 1143 (한국산 5종 해조류의 항산화 효과와 총 폴리페놀 함량의 관련성 – 미역, 다시마, 톳, 파래, 김)
2) 곽충실, 황진용, 와다나베 후미오, 박상철, **영양학회지**, 2008, 41(5), 439 (한국 장류, 김치 및 식용 해조류를 중심으로 하는 일부 상용 식품의 비타민 B_{12} 함량 분석 연구 – 파래, 다시마, 미역)
3) 김성애, 김진, 우미경, 곽충실, 이미숙, **식품영양과학회지**, 2005, 34(4), 451 (다섯 가지 해조류 에탄올 추출물의 항돌연변이 활성 및 암세포 성

장 억제 효과 – 톳, 다시마, 미역, 김, 파래)

4) 김영동, 김영명, 강통삼, **한국식품연구소 연구보고,** 1981, 163 (해조류의 다각적 이용에 관한 연구)

5) 김지희, 목종수, 박희연, **식품영양과학회지**, 2005, 34(7), 104 (한국 연안 해조류의 미량 금속 함량 – 파래, 청각, 매생이, 미역, 다시마, 김, 모자반, 톳, 고리매, 우뭇가사리, 꼬시래기, 서실, 불등가사리)

6) 목종수, 박희연, 김지희, **식품영양과학회지,** 2005, 34(9), 1464 (한국산 주요 식용 해조류의 미량 금속 함량 및 안전성 평가 – 김, 미역, 다시마, 파래 등 176종)

7) 박재한, 강규찬, 백상봉, 이윤형, 이규순, **식품과학회지,** 1991, 23(3), 256 (식용 해조류에서 항산화 물질의 분리 – 김, 파래, 미역, 다시마, 넓미역, 지누아리, 서실 등)

8) 오윤식, 이인규, 부성민, **Algae,** 1990, 5(1), 57 (한국산 유용 해조 특히 식용, 약용 및 공업용 해조에 대한 주해)

9) 이용필, 강서영, **Algae,** 2002, 17(1), 69 (한국산 해조류의 목록)

10) 이지연, 윤숙지, **식품조리과학회지,** 2008, 24(1), 39 (파래 분말을 첨가한 설기떡의 품질특성)

11) 이헌옥, 김동수, 도정룡, 고영수, **수산학회지,** 1999, 32(4), 427 (해조류의 Angiotensin-1 전환 효소 저해 작용 – 김, 파래, 미역, 우뭇가사리, 청각, 톳, 다시마)

12) 임은정, 이유헌, 허채녹, 권순형, 김지연, 한용봉 **식품과학회지,** 2007, 39(6), 652 (파래를 이용한 빵 반죽의 이화학적 물성에 관한 연구)

13) 조효정, 나진석, 정한옥, 정영진, **영양학회지,** 2008, 41(5), 428 (한국인 상용식품의 콜린 함량 – 두류, 채소류, 버섯류, 과실류, 육류, 난류, 생선류, 조개류, 해조류)

14) 차명화, 김유경, **식생활문화학회지,** 2008, 23(4), 462 (해조류 건강 기능성 식품에 대한 소비가치 분석)

15) 최창근, **수산학회지,** 2008, 41(5), 371 (한려 해상 국립공원의 해조상 – 파래류, 청각, 패, 고리매, 곰피, 감태, 부챗말, 참그물바탕말, 톳, 모

자반류, 지충이, 김, 시나이아 등)

16) 하봉석, **수산학회지,** 1997, 10(4), 199 〔수산물의 지질에 관한 연구(제2보), 해조류 지질의 지방산 조성에 대하여〕

17) Amano, H., **Marine Biochemistry,** Yamaguchi, K. ed., Tokyo University Press, Japan, 1999, pp.170~171 (Biochemistry and biotechnology of seaweed)

18) Ariyoshi, Y., **Trends in Food Sci. Technol.,** 1993, 4, 139 (Angiotensin-converting enzyme inhibitors derived from food proteins)

19) Baker, J. T., **Proc. Intl. Seaweed Symp.,** 1984, 11, 29 (Seaweeds in pharmaceutical studies and application)

20) Chapman, V. J., Chapman, D. J., **Seaweeds and Their Uses,** Chapman and Hall, London, 1980, 334

21) Chengkui, Z., Junfu, Z., **Proc. Intl. Seaweed Symp.,** 1984, 11, 151 (Chinese seaweeds in herbal medicine)

22) Choi, J. S., Lee, J. H., Jung, J. H., **J. Kor. Fish. Soc.,** 1997, 30(6), 909 (The screening of Nitrite scavenging Effect of marine Algae and Active principles of *Eklonia stolonifera, Enteromorpha, Ulva*)

23) Goodwin, T. W., **J. Gen. Microbiol.,** 1957, 17, 467 (The nature and distribution of carotenoids in some blue-green algae)

24) Hiroyuki, N., Hideomi, A., Koichi, A., Kazutosi, N., **Hydrobiologia,** 1990, 204/205, 577 (Antitumor activity of marine algae)

25) Ismael Amin, Tan Siew Hong, **Mal. J. Nutr.,** 2002, 82, 167 (Antioxidant activity of selected commercial seaweeds)

26) Jimenz-Escrig, A., Goni Ganbrodon, I., **Arch. Latinoam. Nutr.,** 1999, 49, 114 (Nutritional evaluation and physiological effects of edible seaweeds)

27) Jones, W. E., Babb, M. S., **Br. Phycol. Bull.,** 1968, 3, 525 〔The motile period of swarmers of *Enteromorpha intestinalis* (L.)Link.〕

28) Kwak, C. S., Kim, S. A., Lee, M. S., **J. Kor. Soc. Food Sci. Nutr.,**

2005, 34, 1143 (The correlation of antioxidative effects of 5 Korean common edible seaweeds and total polyphenol content)

29) Lobban, C. S., Harrison, P. J., Duncan, M. J., **The Physiological Ecology of Seaweeds,** Cambridge University Press, Cambridge, 1985, 342pp

30) Mabeau, S., Flourence, J., **Trends Food Sci. Technol.,** 1993, 4, 103 (Seaweed in the food products : Biochemical and nutritional aspects)

31) Nakazawa, S., Abe, F., Kuroda, H., Kohno, K., Hiashi, T., Umexaki, I., **Chemotheraphy,** 1976, 22, 1435 〔Antitumor effect of water extracts from marine algae(1)〕

32) Noda, H., Amano, H., Arashima, K., Nishizawa, K., **Hydrobiologia,** 1990, 204/205, 577 (Antitumor activity of marine algae)

33) Noda, H., **Science of Marine Algae,** Oishi, K. ed. Asakura-Shoten, Tokyo, 1993, pp.14~29 (Chemistry of marine algae)

34) Yan, X. J., Nagata, T., Fan, X., **Plant Foods for Hum. Nutr.,** 1998, 52, 253 (Antioxidative activities in some common seaweeds)

Codium fragile (Suringar) Hariot

청각 14

녹조류 · Codiaceae (청각과)

- 영명 | Sea staghorn
- 일명 | Miru
- 중국명 | 海松, 水松
- 분포 | 한국 각지, 전 세계
- 용도 | 식용, 구충제

✽ 식물학적 특성

녹조류로 청각과에 속하며, 몸의 높이는 10~30㎝, 굵기는 1.5~3㎜, 하부는 좀 더 굵은 것이 보통, 다소 촘촘히 나고, 차상분기(叉狀分岐)하고, 가지는 다 동일한 높이에 달하며, 부채꼴이다. 가지는 직립, 가지 겨드랑이는 둥굴며, 상부의 가지는 좀 가늘고 둔원으로 끝난다. 어린 것은 전면 특히 상부에 털이 있으나 후에 떨어지고 포낭에 털이 없어진 자국이 남는다. 포낭은 원주실과 같은 곤봉형, 길이는 굵기의 5~7배, 꼭대기는 뾰족, 어린 것은 매우 뾰족하나 성숙하면 둔해진다. 암석이나 조개 껍질에 붙어산다.

동속에는 떡청각(*Codium adhaerens*), 개청각(*C. dichotomum*), 말청각(*C. divaricatum*), 애기청각(*C. tenue*) 등이 있다.

✻ 성분

1) 영양성분

① **청각(생것, 12051)** : 가식부 100g 중 열량 9.0kcal, 단백질 0.4g, 지질 0.2g, 당질 1.7g, 조섬유 0.20g, Ca 71.0㎎, P 7.0㎎, Fe 6.60㎎, Zn(0.10)㎎, vitamin A 77.0 RE, β-caroten 462.0㎎, B_1 0.010㎎, B_2 0.010㎎, B_6 (0.01㎎), niacin 0.1㎎, C 2.0㎎, 엽산(227.70㎍), E(1.00)㎎.
② **청각(말린것 12052)** : 가식부 100g 중 열량 229.0kcal, 단백질 13.8g, 지질 0.8g, 당질 43.0g, 조섬유 9.80g, Ca 735.0㎎, P 331.0㎎, Fe 84.5㎎, Zn 1.70㎎, vitamin A 624.0 RE, β-caroten 22880.0㎍, B_1 0.180㎎, B_2 0.920㎎, B_6 0.17㎎, niacin 25.7㎎, C 165.0㎎, 엽산 4715.71㎍, E 4.30㎎.

2) 특수성분

청각에서 Codisterol(E-01421)이, *C. bursa*에서도 Codisterol(E-01421)이 분리 확인되었다.

✻ 생리 활성

항응고 활성(in Vivo)① : 청각에서 항응고활성 다당을 추출, 분획CF-30-IV-ii, CF-30-IV은 내인성 경로와 공통 경로에서 농도 의존적으로 작용하였다. 항응고 분획 CF-30-IV-ii는 내인성 경로의 factor assay시 lupus anticoagulant 항체의 활성에 영향을 주지 않았으나, 응고 과정 중 factor Ⅷ, Ⅸ, Ⅻ의 활성을 저해하였다. CF-30-IV-4-ii는 농도 의존적으로 fibrin을 생성시키지 않아 thrombin에 직접 작용하지 않는 antithrombin Ⅲ 의존적 항응고활성 기작을 보였다. 청각의 항응고활성은 factor assay와 thrombin의 저해 양식을 고려해 볼 때, antithrombin Ⅲ의 활성을 증내시켜 혈액 응고인자 중 serine proteinase의 활성을 저해시켜 항응고 활성을 나타내는 물질로 판명되었다. CF-30-IV 분획의 in vivo 활성을 측정한 결과, mouse 꼬리 정맥주사(150㎎/㎏)에서 thrombin에 대한 100%의 항치사성 효과를 보였고, 꼬리에서 혈액을 채취 ex vivo에서 항응고 활성을 측정, 생체 내 100㎎/㎏에서도 농도 의존적 항응고 활성을 보였다.

함황다당류의 항응고 활성②: 청각을 0.5% HCl로 추출. 이 추출물을 MeOH로 추출 후, EtOH 침전 및 투석, 활성이 약 2배 증가된 조다당(CF-1)에서 2종의 항응고 활성 다당류를 정제하였다. CF-1는 DEAE-Toyopearl ion 교환 chromatography와 sephadex G-75, G-100, sepharose CL-6B gel여과, chromatography, HPLC를 이용 정제하였다. 최종 정제 획분 CF-1-VIa-1과 CF-1-VIIa는 분자량이 각각 80,000과 40,000Da이었고, 주 구성당은 arabinose와 galactose가 약 2:1 mol비로 함유. 구성당 잔기에 12~13% 유황 함유 함황성 다당류. VIa-1과 VIIa-1의 항응고 활성은 2.5㎍/㎖에서 APTT활성이 대조군에 비해 각각 262초, 250초, TT활성은 각각 130초, 70초, 분자량이 큰 VIa-1이 다소 높은 항응고 활성을 보였다. VIa-1와 VIIa-1의 desulfation과 sulfation으로 항응고 활성을 비교한 결과, desulfation 시 항응고 활성이 각각 약 80%와 50%로 감소, sulfation시에 약 30%와 20%의 활성이 증가하였다. 두 다당류는 heparin과 달리 농도 의존적으로 불용성 fibrin 형성을 억제하여 antithrombin II가 비의존적 thrombin 저해 활성을 보였으나, Ca이 chelate로의 혈액 응고 저해효과는 없었다.

Angiotensin-1 전환 효소 저해: 해조류(김, 파래, 미역, 우뭇가사리, 청각, 톳, 다시마) 추출물과 가수 분해물의 성분과 ACE 저해 효과를 조사하였다. 단백질의 함량은 김 39.6%, 파래 22.1%, 미역 21.1%, 우뭇가사리 18.3%, 청각 15.7%, 톳 12.4%, 다시마 8.2% 순이었고, 추출물의 ACE저해 효과는 50, 70, 98℃에서 추출한 결과, 70℃ 추출 시료 모두에서 가장 높았으며, 70℃를 기준 ACE 저해율은 우뭇가사리 10.9%, 김 9.3%, 파래 8.9%, 미역 8.2%, 톳 7.5%, 다시마 7.1%, 청각 7.0% 순이었다. max-ayme 과 papain 가수 분해 물의 ACE 저해 효과는 김이 파래, 미역, 우뭇가사리보다 현저히 높았고, peptide-nitrogen 함량 역시 높았다. 김 8시간 가수 분해 후, ACE 저해 효과가 maxazyme 31.3%, papain 27.9%로 가장 높았고, peptide-nitrogen 함량도 가장 높았다. 파래의 ACE 저해 효과 역시 8시간에서 maxazyme 9.6%, papain 8.5%로 다른 시간대보다 높았으며, peptide-nitrogen 함량이 16시간까지 완만히 증가하였다.

피부세포주 HaCaT에 대한 해조류의 영향 : 한국 연안 해조류를 채집, 이들 중 녹조류 4종(청각, 잎파래 등), 갈조류 18종, 홍조류 14종을 수세, 음건하여 80% MeOH로 4회 추출, 37℃에 건조한 시료를 인체 피부세포 HaCaT와 24시간 배양을 조사한 결과, 36종의 해조 시료 중 비틀대모자반과 돌가사리가 대조구보다 1.6배 활력이 증가되었고, 참그물바탕말(*Dictyota dichotoma*), 참도박(*Pachymeniopsis elliptica*) 및 잎파래(*Enteromorpha linza*)의 추출물은 대조구보다 각각 0.2, 0.4, 0.4배 정도 활력을 억제시켰다.

항암 작용 : 제주산 갈조류 27종. 녹조류 10종 총 37종의 해조류 MeOH와 H_2O로 20℃와 70℃에서 추출하여 4종 암세포 U937(human monoblastoid leukemia cell line), HL60(human promyelocytic leukemia cell line), HeLa(woman cervical carcinoma cell line) 및 CT26(mouse colon carcinoma line)에 대해 세포독성을 실험한 결과, 담배 산말(*Desmrestia tabacoides*)과 *Dictyota dichotoma* MeOH ex에서 모든 암세포에 강력한 세포 독성을 보였으나, H_2O ex에서는 없었으며, 감태(*Ecklonia cava*) 20℃ H_2O ex는 HeLa cell을 제외한 3종 암세포에 강력한 세포독성을 보였다. *Sargassum coreanum*과 *S. siliquastrum*의 20℃ H_2O ex에서 U937, HL60, HeLa cell에 대하여 강력한 세포독성을 보였다. 녹조류인 청각(*Codium fragile*)과 *C. contractum*의 20℃ H_2O ex에서 HL60과 CT26 cell에 대해 강력한 세포 독성을 보였으며, 갈조류보다는 녹조류가 비교적 약한 세포 독성을 보였다.

PhIP 와 MeIQx 돌연변이 원성억제① : 갈조류 9종, 홍조류 5종, 녹조류 2종(납작파래, 청각)을 대상으로 돌연변이 유발물질 PhIP와 MeIQx에 대한 돌연변이 원성 억제를 조사한 결과, 갈조류가 녹조류와 홍조류보다 우수하였고, 특히 갈조류 감태, 곰피, 다시마, 미야베모자반이 우수하였다. 그 중 곰피의 Et_2O, $CHCl_3$, EtOAc및 수용성 획분 중 비극성 획분의 억제가 강하였고, 특히 EtOAc 획분이 가장 강하였다. 곰피의 EtOAc 획분을 sephadex LH20으로 분리한 결과, 활성 획분 A-7은 PhIP에 90%/㎎ 이상, MeIQx에 80%/㎎의 억제를 보였고, 207.7 및 232nm에서 흡수파장을 보였다.

돌연변이 원성 억제 효과와 Maillard반응② : Glucose-arginine계 및 glucose-lysine, HCl계 Maillard 반응 생성물이 일상에서 많이 섭취하고 있는 해조류 및 야채류의 수용성 추출물을 첨가, 그 억제 효과를 조사하였고, 또 수용성 추출물의 가열 100℃, 10분에 따른 억제 효과를 조사한 결과, 실험 해조류와 야채를 수용성 추출물 전부가 돌연변이 원성 억제 효과를 보였고, 특히 양배추, 파, 산초 및 청각에서 높게 나타났다. 가열 시 야채류의 돌연변이 원성 억제 효과는 감소하였으나, 해조류는 큰 변화가 없었다. 이는 해조류와 야채류 추출물 중에 존재하는 환원성 물질, 고분자 물질, catalase, peroxidase 같은 효소 등이 일조하는 것으로 보였다.

아질산염소거활성① : Nitrosamine 의 직접 생성 인자인 아질산염 소거작용을 검토한 결과, 갈조류가 녹조류(청각, 갈파래) 및 홍조류에 비해 우수한 분해 효과를 보였으며, 갈조류 중 감태, 곰피, 구멍쇠미역이 뛰어났고, 모두 pH의 조성이 커 pH 4.2 및 6.0보다 pH 1.2에서 아질산염 분해 효과가 컸다.

Nitrite degradation② : Nitrite는 발암성 물질 nitrosamine 형성에 중요한 역할을 하며, 인체의 위액 pH와 같은 산성에서 nitrosamine이 잘 형성되므로 nitrite제거가 중요하다. 해조류인 미역, 감태, 곰피, 모자반, 청각, 납작파래, 참김 등의 1㎏을 4 *l* MeOH에 24시간 실온에서 2번 추출하여, 감태 등의 활성 분획을 nitrite 제거 실험을 실행한 결과, 다시마, 감태, 곰피 같은 *Eklonia* 속 해조류에서 pH 1.2와 3.0에서 강한 nitrite 제거 작용을 보였고, 특히 Et_2O(90%/㎎)와 EtOAc(94%/㎎)분획에서 특히 강하였다. 감태의 Rf 0.9, 0.82, 0.58 및 0.15 즉 A, B, C 및 D 물질 중 C물질(Rf 0.58)이 pH 1.2와 3.0에서 95%/5㎎ nitrite 제거 기능이 가장 강하였다.

발암성 Nitrosamine 의 생성 억제③ : 천연식품 중 발암성 nitrosoamine 생성 억제 작용을 알기 위해 야채류(고추, 마늘, 파, 산초, 양차, 생강, 당근)와 해조류(김, 파래, 미역, 청각) 에 대하여 NDMA로 실험한 결과, 야채류에서는 마늘, 생강, 파 등이 pH 1.2에서 30~40%, 김, 파래 등이 40~50%. 미역과 청각은 25% 생성 억제 효과가 있었고, 야채류와 해조류 첨가량 증가에 따라 억제 효과도 컸다. pH 6.0에서 nitrosoamine 생성 억제가 가장 컸고, pH 1.2와 4.2에서는 비슷하였다. NDMA(nitrosamine 의 일종)의 생성 억제는 pH 1.2에서 가장 컸다. ascorbic acid의 nitrosamine 생성 억제와 야채류, 해조류를 비교한 결과, 마늘, 파, 생강은 pH 1.2에서 ascorbic acid와 비슷하였고, 해조류 중 김, 파래는 ascorbic acid보다 높았다. 야채와 해조류 추출물은 $NaBH_4$ 처리로 nitrosamine 생성 억제 작용이 감소하였다.

충치균에 대한 항균 활성 : 우리나라 연안에서 채취한 해조류 27종의 80% EtOH 추출물이 충치균 *Streptococcus mutans* KCTC 3300의 증식에 미치는 영향을 조사한 결과, 해조류 중 다시마가 가장 강하였고, 갈파래, 청각, 감태, 곰피, 미역도 비교적 활성이 높았으며, 홍조류보다 갈조류와 녹조류가 대체로 강하였다. 다시마의 항균 활성은 용매에 따른 추출물의 차이는 나타나지 않았다. *S. mutans* KCTC 3300과 *S. sobrinus* KCTC 3307에 대한 해조류의 80% EtOH 추출물의 MIC는 해조류 종뿐 아니라, 동일 해조류 추출물에서도 균종에 따라 차이가 있었다. 다시마의 80% EtOH의 Et_2O 분획에서 MIC는 105㎍/㎖, 수용성 분획은 약 5,500㎍/㎖에서 균의 증식이 억제 되지 않았다.

수용성 단백질 추출 : 해조류, 둥근돌김, 파래(*E. linza*), 톳, 모자반, 미역, 청각, 셀만모자반, 구멍갈파래 등 8종을 선정, 수용성 단백질을 추출한 결과, 둥근돌김 24.14%, 미역 15.7%, 톳 7.66%, 모자반 12.61%, 셀만모자반 14.08%, 잎파래 10.86%, 구멍갈파래 16.60%, 청각 9.89%이었고,

추출 조건은 구멍갈파래와 잎파래는 1시간, 둥근돌김, 톳 미역, 모자반, 셀만모자반은 2시간, 청각은 3시간이, 추출온도는 톳 40℃, 둥근돌김, 청각, 잎파래, 미역, 모자반, 셀만모자반이 50℃, 구멍갈파래 60℃에서 최고 수율을 보였으며, pH는 9~12가 양호하였다.

식염가용성 및 알코올 가용성 단백질 : 상용 해조류인 둥근돌김, 잎파래, 구멍갈파래, 미역, 톳, 모자반, 셀만모자반, 누운청각의 식염 가용성 단백질은 미역, 톳, 돌김, 잎파래, 구멍갈파래, 0.25M-NaCl 용액에서, 모자반, 셀만모자반, 누운청각은 1.0M-NaCl 용액에서 수율이 가장 높았고, 알코올 가용성 단백질은 전시료 모두 20% EtOH에서 수율이 높았다. 식염 가용성 단백질은 구멍갈파래, 잎파래가 1시간, 둥근돌김, 누운청각이 2시간, 미역, 톳, 모자반, 셀만모자반은 3시간이었고, 알코올 가용성 단백질은 전시료가 1시간 내외에서 수율이 높았다. 온도는 잎파래, 구멍갈파래는 40℃, 미역은 50℃, 톳, 모자반, 셀만모자반, 누운청각 60℃에서 최고수율을, 알코올 가용성 단백질은 잎파래 30℃, 미역, 둥근돌김, 모자반은 40℃에서 수율이 높았으며 pH는 식염 가용성은 pH 7~8, 알코올 가용성은 pH 8~9에서 성적이 양호하였다.

해조류 지방산 조성 : 녹조류(파래, 청각), 갈조류(다시마, 톳, 곰피, 모자반, 미역), 홍조류(김) 등 8종의 식용해조류의 지방산을 GLC로 분석한 결과, 녹조류 1.51%, 갈조류 2.81%, 홍조류 1.02% 이었고, 지방산 조성이 녹조류는 $C_{16:0}$산이 가장 많았고, $C_{18:1}$, $C_{18:2}$, $C_{18:3}$산도 많았다. 갈조류는 $C_{16:0}$, $C_{18:1}$, $C_{18:2}$, $C_{18:3}$산이 많았으나 $C_{18:0}$산은 적었다. 홍조류는 $C_{16:0}$산이 많았고, $C_{14:0}$, $C_{18:1}$, $C_{18:2}$, $C_{18:3}$은 매우 적었다. 녹조류 C_{16}, C_{18}산이, 갈조류는 C_{16}, C_{18}, C_{22}산이, 홍조류는 C_{15}, C_{16}, C_{18}산이 각각 많았다.

인공 종묘 생산 : 청각의 유성 및 무성 생식 방법에 따른 접합자와 분리수사의 실내 배양 조건 및 인공 묘로 가이식 생장 등으로 유, 무성 생식에 의한 인공 종묘 생산이 실험 결과 가능하였고, 인공 종묘 생산의 효율성은 무성생식을 이용한 분리수사의 채묘가 청각 대량 인공 채묘에보다 효과적이었다.

채취 시기 별 성분변화 : 매생이와 가시파래 수확기인 12월~3월, 청각은 6~8월까지 월별로 채취하여 성분 변화를 측정한 결과, 매생이와 가시파래는 조단백질이 많아 각각 34.1~43.8% 및 22.5~35.7%, amino acid는 glutamic acid, aspartic acid, leucine순으로 많았고, 매생이의 유리 amino acid은 proline과 alanine 함량이 가장 많았다. 가시파래는 asparagine과 glutamic acid가 많았으며, 3월에 asparagine이 현저히 감소하였으나 sarcosine은 크게 증가하였다. 청각의 주요 유리 amino acid는 hydroxy proline, glutamic acid 및 alanine이었다. 매생이, 가시파래와 청각의 polyenic acid 비율은 각각 63.91~74.05%, 62.87~68.23%, 40.26~44.61%이었다. 대표적인 무기질은 Ca, K, Mg, Fe이었으며, 매생이와 가시파래의 chlorophyll a와 b는 3월에 크게 감소하였고, 매생이와 가시파래는 고단백질 해조 식품으로 개발이 기대되며, 특히 가시파래에 다량 함유된 asparagine은 약리 성분으로 개발이 기대되었다.

산지와 채취시기별 일반성분의 조성과 무기원소 : 녹조류(참홑파래, 청각), 갈조류(미역, 톳, 모자반, 다시마), 홍조류(얼룩도박, 참김, 불등풀가사리) 9종에 대해 기장, 충무, 여수지역에서 채취 시기별 일반성분을 분석한 결과, 조단백질은 참김(45%)이 가장 많았고, 참홑파래(30%)가 낮았으나, 지질은 다시마 약 10%로 많은 편이며, 참김은 약 6%로 높았으나, 얼룩도박과 불등풀가사리는 약 3% 이하로 낮았다. 회분과 탄수화물은 청각(약 90%)이 많았고, 참김(약 30%)이 가장 적었다. 참홑파래, 미역, 얼룩도박에는 Na가 가장 많았고, K, Mg, Ca이 비슷하였고, Fe은 참홑파래가 많았으며, 미역과 얼룩도박에는 낮았다. Zn은 해조류에 비교적 많았고, 얼룩도박이 가장 많았다. 미역, 톳, 다시마의 무기질 중 K과 Na은 비슷하였으나 Mg은 Ca보다 많았고, Zn은 지역별 차이가 많았다. 일반 성분 조성은 종류와 채취 장소에 따라 차이가 있었고, 무기원소는 채취시기에 따라 큰 차이가 있었다.

산지, 채취 시기와 섬유질 함량 및 해조다당류의 분포 : 식용해조(녹조류 – 참홑파래, 청각 ; 갈조류 – 미역, 톳, 모자반, 다시마 ; 홍조류 – 얼룩도박, 참김, 불등풀가사리) 9종의 가용성 과 불용성 식이 섬유질 및 총 식이 섬유질을 산지(기장, 충무, 여수)와 채취 시기별로 측정한 결과, 녹조류 중 참홑파래가 25.4~38.1%(건물), 청각 35.4~43.8%, 갈조류 중 미역 34.2~48.8%, 톳은 37.5~43.8%, 모자반 42.9~71.8%, 다시마 37.1~45.1%, 홍조류 중 참김 31.3~40.5%, 얼룩도박 51.5~60.4%, 불등풀가사리가 57.1~65.8% 이었고, 가용성, 불용성 식이 섬유가 많은 해조류는 각각 불등풀가사리와 모자반이었다. 총 식이 섬유질의 가용성 식이 섬유 비율은 녹조류 중 참홑파래(43.7~64.8%) 갈조류 중 미역(17.5~31.3%), 홍조류 중 불등풀가사리(44.7~63.2%)가 높은 값을 보였다. 다당류의 분포 특성은 갈조류는 알칼리 가용성 알긴산을 많이 함유하고 있으며(9.0~15.1%), 홍조류 중에 참김은 porphyran(5.8%), 불등풀가사리와 얼룩도박은 한천(20.0%)과 카라기난(23.8%)을 각각 많이 함유하는 차이를 보였다.

형태 형성과 온도, 조도 : 청각 형태 형성 과정에서 몸 구성 부분에서 수사의 구성비율은 조도가 높은 구간 쪽에서는 수온이 낮은 10℃에서 더 구성 비율이 높았으며, 조도가 낮은 500lux에서는 온도가 높은 20~25℃ 구간에서 수사의 구성 비율이 높았다.

미량 금속 함량① : 우리나라 연안에서 수집한 해조류 총 620건 시료 즉 녹조류(113건), 갈조류(275건), 홍조류(232건)의 미량 금속 함량을 비교 분석한 결과, Hg은 갈조류에서, Cd는 홍조류에서, Cu, Cd는 녹조류(청각, 매생이, 파래)에 많았고, Mn과 Ni은 녹조류와 홍조류에서, Pb는 녹조류에서, Zn은 홍조류에 많았다. 지역 별로는 Hg, Cd, Ni, Mn은 충남 태안 지역에서 Cr은 영덕, Cu는 통영, Pb와 Zn은 울산지역에서 많았다. 갈조류에는 Hg와 Cd, 녹조류는 Cr, Cu, Mn, Ni, Pb가, 홍조류에는 Zn이 많았다. 비식용 해조류 중 지충이는 Cd와 Mn의 biomonitor, 애기마디잘록이와 지누아리는 Ni와 Zn의 biomonitor, 식용 갈조류인 고리매는 Cr과 Pb의 biomonitor로 사용할 수 있을 것으로 판단되었다.

미량 금속 함량② : 한국 연안 청각의 미량 금속 함량은 Hg ND～0.01㎍/g(dry weight). Cd 0.06～0.65, Cr ND～16.28, Cu ND～26.6, Mn 8.18

~155.30, Ni 0.11~14.98, Pb 0.08~3.44, Zn 7326~33.95㎍/g이었다.

청각 동치미 발효 중 특성 : 전남 무안산 동치미용 무, 쪽파, 마늘, 생강, 소금, 청각채(신안군)로 소금농도 2.5% 동치미를 담아 10℃에서 45일 숙성시키면서 관찰한 결과, 발효에 따라 pH는 모든 군(청각 0, 0.5, 1.0, 1.5%)이 낮아졌고, 총 산량은 증가하였으며, 대조군보다 청각 첨가량 증가에 따라 낮았다. 산화 환원 전위는 전체적으로 대조군은 변화가 적었으며, 숙성 최적기 25~40일 사이에 Eh 7값이 -136.35~-185.12㎷로 가장 혐기적이었다. 환원당은 발효에 따라 청각채 첨가군이 가장 많이 증가하였고, vitamin C량은 청각채 첨가량 의존적으로 많았으며, 청각 첨가군이 대조군보다 높았다. 명도는 발효에 따라 점차 감소하였으며, 적색도는 발효에 따라 증가, 30일 후부터 감소하였고, 황색도는 적색도와 비슷한 증가 경향이었다. 경도는 발효 숙성 20일까지 모든 시료에서 증가, 그후 감소하였고, 탁도는 전반으로 발효에 따라 증가하였으며, 특히 대조군이 가장 높았고, 청각채 첨가량 증가에 따라 낮아졌다. 가용성 pectin은 동치미 담근 직후에는 산 가용성, 열수 가용성, 염 가용성, pectin순으로 많아졌고, 발효 20일 이후에 가용성 pectin의 구성비는 산 가용성, 염 가용성, 열수 가용성 pectin순으로 바뀌었다. 또한 발효 기간의 경과에 따라 열수 가용성 pectin 함량은 감소, 저 methoxyl기-염 가용성 pectin과 propectin인 산 가용성 pectin양은 증가하였다.

건강기능성 식품과 해조류 소비 : 경북대 학생 281명을 대상으로 해조류 건강기능식품의 구매의도와 소비가치를 조사한 결과, 구매 장소는 24시간 편의점이고, 낱개 포장으로, 구매 목적은 영양 보충과 체중조절이며, 구매의도가 높은군과 낮은군의 차이가 현저하였고, 식품, 영양 및 건강 관련과목 수강 경험자 중 기능가치와 인식가치가 높았다.

✻ 효능과 이용

1) 효능 : 구충, antibacterial, vermifuge, urinary problems, dropsy
2) 식용 : 식재료로 이용한다(김치, 부침, 무침).
3) 약용 : 구충제

참고문헌

1) 김두상, 이동수, 조득문, 김형락, 변재형, **수산학회지,** 1995, 28(10), 270 (식용 해조류 중의 미량 요소와 특수 기능성 당질 −2. 산지와 채취 시기별 식이성 섬유질 함량 변화와 해조 다당류의 분포)
2) 김선봉, 안방원, 염동민, 이동호, 박영호, 김동수, **수산학회지,** 1987, 20(5), 469 (천연식품성분에 의한 발암성 니트로사민 생성인자 분해작용: 2. 해조류 추출물의 아질산염 분해 작용 – 김, 납작파래, 미역, 청각)
3) 김인수, 김선봉, 박영로, **수산학회지,** 1994, 27(2), 133 (Maillard 반응 생성물의 돌연변이 원성에 대한 해조및 야채 추출물의 억제 효과)
4) 김지희, 목종수, 박희연, **식품영양과학회지**, 2005, 34(7), 1041 (한국 연안 해조류의 미량 금속 함량 – 파래, 청각, 매생이, 미역, 다시마, 김, 모자반, 톳, 고리매, 우뭇가사리, 꼬시래기, 서실, 불둥가사리)
5) 김지희, 임치원, 박희연, 이두석, 박정흠, **수산학회지,** 2002, 35(2), 191 〔충치균(*Streptococcus mutans*)에 대한 다시마 추출물의 항균 활성 – 갈파래, 청각, 감태, 곰피, 미역, 다시마 등〕
6) 박미경, 권미향, 조홍연, 양한철, **응용생명공학학회지,** 1999, 42(2), 140 (청각 산 추출물에서 정제한 함황 다당류의 항응고 활성)
7) 박복희, 조희숙, **식생활문화학회지,** 2005, 20(5), 508 (청각채가 동치미의 발효중 이화학적 특성에 미치는 영향)
8) 박영범, 김인수, 유승재, 인종관, 이태기, 박덕천, 김선봉, **수산학회지,** 1998, 31(4), 581 (해조류 중의 anti-tumor initiator 및 promoter의 해석

-2: PhIP와 MeIQx의 돌연변이 원성을 억제하는 해조 추출물 소재 연구 – 미역, 곰피, 감태, 다시마, 모자반, 괭생이모자반, 미야베모자반, 지충이, 납작파래, 청각, 갈파래, 구멍쇠미역, 톳, 방사무늬김, 참도박, 마디잘록이, 참곱슬이, 꼬시래기)

9) 박영범, **식품영양과학회지,** 2005, 34(8), 1293 (해조류에 의한 아질산염 소거 활성 분석 – 곰피, 감태, 미역, 구멍쇠미역, 다시마, 모자반, 김, 꼬시래기, 청각, 갈파래)

10) 박찬선, 손철현, **Algae,** 1992, 7(2), 213 〔실내 배양된 청각(*Codium fragile*)의 형태 형성에 있어서 온도와 광의 영향〕

11) 심윤영, 안정회, 조원대, 전혁, 김경일, 조홍연, 양한철, **식품영양과학회지,** 2002, 31(5), 917 (청각으로부터 분리한 다딩류의 혈액 응고 서해기작 및 in Vivo 항응고 활성)

12) 안방원, 이동호, 여생규, 강진훈, 도정룡, 김선봉, 박영호, **수산학회지,** 1993, 26(4), 289 (천연 식품 성분에 의한 발암성 Nitosamine 의 생성 억제 작용)

13) 유홍수, 이강호, **수산학회지,** 1997, 30(3), 151 (해조 단백질의 추출에 관한 연구 –1. 수용성 단백질의 추출- 등근돌김, 파래(*E. linza*), 톳, 모자반, 미역, 청각, 셀만모자반, 구멍갈파래)

14) 유홍수, 이강호, 우순임, **수산학회지,** 1997, 30(4), 189 (해조 단백질의 추출에 관한 연구 –2. 식염 가용성 및 알코올 가용성 단밸질의 추출- 둥근돌김, 잎파래, 구멍갈파래, 미역, 톳, 모자반, 셀만모자반, 누운청각)

15) 윤승제, 조연숙, 남주현, 이형호, Kim Eliya, 홍용기, **수산학회지,** 2008, 41(1), 68 (각종 해조류 추출물들의 인간 피부세포주 HaCaT에 대한 활력 영향 – 비틀대모자반, 돌가사리, 참그물바탕말, 참도박, 구멍파래, 잎파래, 청각, 납작파래, 딕티오타, 감태, 곰피, 톳, 패, 다시마, 모자반류, 고리매, 미역, 진두발, 꼬시래기, 부챗살)

16) 이헌옥, 김동수, 도정룡, 고영수, **수산학회지,** 1999, 32(4), 427 (해조류의 Angiotensin-1 전환 효소 저해 작용 – 김 파래, 미역, 우뭇가사리, 청각, 톳, 다시마)

17) 정규진, 정춘희, 변재형, 최영준, **식품영양과학회지,** 2005, 34(5), 687 (채취 시기에 따른 매생이, 가시파래 및 청각 식품 성분의 변화 – 매생이, 가시파래, 청각)

18) 조득문, 김두상, 이동수, 김형락, 변재형, **수산학회지,** 1995, 28(1), 49 (식용 해조류중의 미량요소의 특수 기능성 당질 –1. 산지와 채취 시기별 일반성분의 조성과 무기원소의 분포)

19) 차명화, 김유경, **식생활문화학회지,** 2008, 23(4), 462 (해조류 건강기능성 식품에 대한 소비가치 분석)

20) 최창근, **수산학회지,** 2008, 41(5), 371 (한려 해상 국립공원의 해조상 – 파래류, 청각, 패, 고리매, 곰피, 감태, 부챗말, 참그물바탕말, 톳, 모자반류, 지충이, 김, 시나이아 등)

21) 하봉석, **수산학회지,** 1997, 30(4), 199 〔수산물의 지질에 관한 연구(제2보), 해조류 지질의 지방산 조성에 대하여〕

22) 황은경, 백재민, 박찬선, **수산학회지,** 2005, 38(3), 164 (녹조류 청각의 생식 방법을 이용한 인공 종묘 생산)

23) 황은경, 배재민, 박찬선, **수산학회지,** 2005, 38(6), 393 〔청각, *Codium fragile* (Suringar) Hariot의 분리 수사 재생에 의한 종묘 생산과 가이식 조건〕

24) Ali, M. S., Saleem, M., Yamdagni, R., Ali, M. A., **Nat. Prod. Lett.,** 2002, 16, 407 (Steroid and antibacterial steroidal glycosides from marine green alga *Codium iyengrii* Borgesen)

25) Arasaki, S., Tokuda, H., Fujiyama, K., **Bot. Marg. Tokyo,** 1955. 69, 39 (The reproduction and morphology in *Codium fragile*)

26) Aratani, T., Okano, M., Fumaki, Y., Mizui, F., **Nippon Suisan Gakkaishi,** 1981, 47, 391 〔Seasonal variation of sterol, hydrocarbon, and Fatty acid fractions in *Codium fragile* (Sur.) Hariot〕

27) Benson, E. E., Rutter, J. C., Cobb, A. H., **New Phytol.,** 1983, 95, 569 〔Seasonal variation in frond morphology and chloroplast physioligy of intertidal algae *Codium fragile* (Suringer) Hariot〕

28) Borden, C. A., Stein, J. R., **Phycologia,** 1969, 8, 91 [Reproduction and early development in *Codium fragile* (Suringer) Hariot : Chlorophyceae)

29) Duke, C. S., Litaker, R. W., Ramus, J., **J. Exp. Mar. Biol. Ecol.,** 1987, 112, 145 [Seasonal variation in RuRPCase activity N allocation in the Chlorophyte seaweeds *Ulva curvata* (Kutz) De Toni and *Codium decoticatum* (Woodw.) Howe]

30) Duke, C. S., Litaker, W., Ramus, J,. **J. Phycol.,** 1989, 25, 113 (Effects of temperature, nitrogen supply and tissue nitrogen on ammonium uptake rates of the chlorophyte seaweeds *Ulva caorva* and *Codium fragile*)

31) Goodwin, T. W., **J. Gen. Microbiol.,** 1957, 17, 467 (The nature and distribution of carotenoids in some blue-green algae)

32) Hanisak, M. D., **Mar. Biol.,** 1979, 50, 333 (Nitrogen limitation of *Codium fragile* sp. *tomentosoides* as determined by tissue analysis)

33) Hanisak, M. D., **Ph. D. Thesis,** Rhode Island Univ., 1979 (Physiological ecology of *Codium fragile* subs sp. *tomentosoides*)

34) Kim, N. G., Won, Y. I., Sohn, C. H., **J. Aquacult.,** 1989, 2, 33 [Morphology of uticles and maturing period in *Codium fragile* (Suringar) Hariot]

35) Kim, O. K., Park, Y. B., Lee, T. G., Kim, I. S., Kang, J. H., Jun, K. S., Park, D. E., Kim, S. B., **J. Kor. Fish. Soc,** 1996, 29(6), 914 (Degradation of Nitrite as a Nitrosamine Precursor by Brown Algae, *Ecklonia cava,* 감태, 청각, 모자반, 납작파래, 김, 다시마, 미역, 곰피)

36) Nanba, N., Kado, R., Ogawa, H., Komuro, Y., **Aquacult. Bot.,** 2002, 73, 255 (Formation and growth of filamentous thali from isolated utricles with medullary filaments of *Codium fragile* spongy thalli)

37) Oh, Y. S., Lee, I. K., Boo, S. M., **Kor. J. Phycol.,** 1990, 5, 57 (An annotated account of korean economic seaweeds for food, medicinal

and industrial uses)

38) Oh, Y. S., Lee, Y. P., Lee, I. K., **Kor. J. Phycol.**, 1987, 2, 61 (A taxanomic study on the genus *Codium* chlorophyta in Jeju island)

39) Park, C. S., Sohn, C. H., **Kor. J. Phycol.**, 1992, 7, 213 [Effects of light and temperature on morphygenesis of *Codium fragile* (Suringar)Hariot in laboratory culture]

40) Ramus, J., **Am. J. Bot.**, 1972, 59, 478 (Differentiation of the green alga *Codium fragile*)

41) Rogers, D. J., Jurd, K. M., Blunden, G., Paoletti, S., Zanetti, F., **J. Appl. Phycol.**, 1990, 2, 357 (Anticoagulant activity of proteoglycan in extracts of *Codium fragile* sp. *atlanticum*)

42) Rogers, D. J., Loveless, R. W., **J. Appl. Phycol.**, 1991, 3, 83 (Electron microscopy of human erythrocytes agglutinated by lectin from *Codium fragile* sp. *tomentosoides* and pseudo-haemagglutinin from *Ascophyllum nodosum*)

43) Rubinstein, I. et al, **Phytochemistry,** 1974, 13, 481 (isol, Codisterol, *C. fragile, C. bursa*)

44) Senger, H., Wagner, C., Hermsmeier, D., Hohl, N., Urbig, T., Bishop. N., **J. Phytochem. Photobiol.**, 1993, 18, 273 (The influence of light intensity and wave-length on the contents of α-and β -carotene and their xanthophylls in green algae)

45) Shim, Y. Y., AN, J. H., Cho, W. D., Chun, H., Kim, K. I., Cho, H. Y., Yang, H. C., **Kor. Soc. Food Sci. Nutr.**, 2002, 31, 917 (Inhibitory mechanism of blood coagulation and in vivo anticoagulant activities of polysaccharides isolated from *Codium fragile*)

46) Shiomi, K., **Biochemistry and Utilization of Marine Algae,** Jpn. Soc. Sci. Fish., ed, Koseisha Press, Tokyo, 1983, pp.120~131(Agglutinins)

47) Siddhanta, A. K., Shanmugam, M., Mody, K. H., Goswami, A. M., Ramavat, B. K., **Intl. J. Biol. Macromol.**, 1999, 26, 151 (Sulfated

polysaccharides of *Codium dwarkense* Boergs. from the west coast of India: chemical composition and blood anticoagulant activity)

48) Yokohama, Y., Misonou, **Jpn. J. Phycol.**, 1980, 28, 219 (Chlorophyll a : b rations in marine benthic green alage)

49) Yotsui, T., Migita, S., **Nippon Suisan Gakkaishi,** 1989, 55, 41 (Cultivation of a green alga *Codium fragile* by regeneration of medullary threads)

Ulva japonica (Holmes) Papenfuss

초록갈파래 15

녹조류 · Ulvaceae (갈파래과)

- 일명 | Yaburegusa
- 분포 | 한국(남해, 부산), 일본 유구
- 용도 | 식용

✻ 식물학적 특성

녹조류로 갈파래과에 속하며, 몸은 작은 반상근(盤狀根)을 가지고, 하부는 좁은 쐐기꼴이며, 가늘고, 짧은 줄기를 이룬다. 수회 불규칙하게 분열하고 또는 조금 어긋나고, 또는 방사상으로 찢어진다. 높이 10~20㎝, 두께는 100~125μ이며, 하부 쪽일수록 두껍다. 색은 청색을 띤 초록색, 질은 막질(膜質), 단단하며 파손되기 쉽다. 건조하면 대지에 붙지 않는다. 깊은 곳에 살고, 파도에 밀려 올라온 것을 채집한다.

동속식물에는 갈파래(*U. lactuca*)와 구멍갈파래(*U. pertusa*)가 있다.

✻ 성분

1) 영양성분

① **갈파래(말린것, 12061)** : 가식부 100G 중 수분 13.70%, 열량 216.0kcal, 단백질 23.1g, 지질 0.5g, 당질 40.1g, 조섬유 3.40g, Ca 1015.0㎎, P 194.0㎎, Fe 8.70㎎, Zn 1.73㎎, vitamin A 129.0 RE, β-caroten 774.0 ㎎, B_1 0.040㎎, B_2 0.390㎎, B_6 0.96㎎, niacin 11.4㎎, C 13.0㎎, 엽산

1364.0㎍, E 4.30㎎

2) 특수성분

갈파래 *Ulva lactuca*에서 (2-Carboxyethyl)dimethylsulfonium(1+, C-00385)가, 구멍갈파래 *U. pertusa*에서 N^2-Arginyl glutamine(L, L, A-02720), Cysteinolic acid(S. A-01435)가 분리.

✻ 생리 활성

항돌연변이 활성 및 암세포 성장 억제 : 톳, 다시마, 미역, 김, 파래 5종의 해조류 EtOH 추출물의 2-anthramine에 대한 돌연변이 억제 효과를 *Sal. thypimurium* TA98에서 측정 결과, 톳(100%), 다시마(94.2%)가 3.5㎎/plate에서, 파래(68.5%)가 4.5㎎/plate에서 억제능을 보였고, TA100에서 파래(100%), 톳(100%), 다시마(94.1%)가 각각 1.5, 2.5, 4.5㎎/plate에서 최대 억제 효과를 보였으나, 미역과 김은 간접 돌연변이 억제는 없었다. 직접 항돌연변이는 TA98에서 톳, 미역, 파래 모두 4.5㎎/plate에서 각각 83%, 73%, 73% 억제되어 2-nitrofluorene의 돌연변이능 저해율이 비교적 높았다. 또한 TA100에서 sodium-azide의 돌연변이 저해가 가장 큰 해조류는 톳, 다시마 및 파래로 3.5㎎/plate에서 모두 100% 저해율을 보였다. TA98에서 미역과 김은 4.5㎎/plate에서 각각 73%, 50% 저해하였고, TA100에서 저해능이 없었다. HeLa cell과 MCF-7 cell, SNU-638 cell 암세포 성장 억제를 MTT assay로 관찰한 결과, 5종 모두 억제 효과를 보였다. HeLa cell 성장을 90% 이상 저해는 파래〉미역〉다시마〉톳 순이었고, 김은 56% 저해하였다. MCF-7 cell에 90% 이상 저해는 파래〉미역〉다시마〉톳 순이었고, 김은 50% 저해율을 보였다. SNU-638 cell 성장 억제는 HeLa cell과 MCF-7 cell보다 낮았다. 저해율 70% 이상은 파래, 미역, 다시마, 톳이었고, 김은 68%이었다. 이상에서 Ames test와 MTT assay 결과, 톳, 파래, 다시마는 항돌연변이 효과와 암세포 성장 억제 효과가 우수한 것으로 나타났다.

PhIP와 MeIQx 돌연변이의 원성억제 : 갈조류 9종, 홍조류 5종, 녹조류 2종을 대상으로 돌연변이 유발물질 PhIP와 MeIQx에 대한 돌연변이 원성 억제를 조사한 결과, 갈조류가 녹조류와 홍조류보다 우수하였고, 특히 갈조류 감태, 곰피, 다시마, 미야베모자반이 우수하였다. 그중 곰피의 Et_2O, $CHCl_3$, EtOAc및 수용성 획분 중 비극성 획분의 억제가 강하였고, 특히 EtOAc 획분이 가장 강하였다. 곰피의 EtOAc 획분을 sephadex LH20로 분리한 결과, 활성 획분 A-7은 PhIP에 90%/㎎이상, MeIQx에 80%/㎎의 억제를 보였고, 207.7 및 232nm에서 흡수파장을 보였다.

충치균에 대한 항균 활성 : 우리나라 연안에서 채취한 해조류 27종의 80% EtOH 추출물이 *Streptococcus mutans* KCTC 3300의 증식에 미치는 영향을 조사한 결과, 해조류 종 다시마가 가장 강하였고, 갈파래, 청각, 감태, 곰피, 미역도 비교적 활성이 높았으며, 홍조류보다 갈조류와 녹조류가 대체로 강하였다. 다시마의 항균 활성은 용매에 따른 추출물의 차이는 나타나지 않았다. *S. mutans* KCTC 3300과 *S. sobrinus* KCTC 3307에 대한 해조류의 80% EtOH 추출물의 MIC 는 해조류 종뿐 아니라, 동일 해조류 추출물에서도 균 종에 따라 차이가 있었다. 다시마의 80% EtOH의 Et_2O 분획에서 MIC는 105㎍/㎖, 수용성 분획은 약 5,500㎍/㎖에서 균의 증식이 억제되지 않았다.

Angiotensin-1 전환 효소 저해 : 해조류(김, 파래, 미역, 우뭇가사리, 청각, 톳, 다시마) 추출물과 가수 분해물의 성분과 ACE 저해 효과를 조사하였다. 단백질의 함량은 김 39.6%, 파래 22.1%, 미역 21.1%, 우뭇가사리 18.3%, 청각 15.7%, 톳 12.4%, 다시마 8.2% 순이었고, 추출물의 ACE저해 효과는 50, 70, 98℃에서 추출한 결과, 70℃ 추출 시료 모두에서 가장 높았으며, 70℃를 기준 ACE 저해율은 우뭇가사리 10.9%, 김 9.3%, 파래 8.9%, 미역 8.2%, 톳 7.5%, 다시마 7.1%, 청각 7.0% 순이었다. 효소 maxayme과 papain 가수 분해 물의 ACE 저해 효과는 김이 파래, 미역, 우뭇가사리보다 현저히 높았고, peptide-nitrogen 함량 역시 높았다. 김 8시간 가수 분해 후 ACE 저해 효과가 maxazyme 31.3%, papain 27.9%

로 가장 높았고, peptide-nitrogen 함량도 가장 높았다. 파래의 ACE 저해 효과 역시 8시간에서 maxazyme 9.6%, papain 8.5%로 다른 시간대보다 높았으며, peptide-nitrogen 함량이 16시간까지 완만히 증가하였다.

저분자 Peptide의 기능성 : 해조류의 이용성을 높이고자 pepsin으로 가수분해한 peptide를 정제, 쇠미역, 파래, 지누아리는 3개의 peptide, 김은 2개의 peptide를 얻어 항산화 활성을 검사한 결과, 김은 peak 1이 높았고, 다음 peak 2가 높았다. ACE 저해 활성은 김 peak 1, 파래 peak 3, peak 2 순으로 높았으며, 항 갈변 활성은 김 peak 1과 2, 파래 peak 2가, 파래 peak 3이 높았다. 항암 활성은 파래 peak 1〉쇠미역 peak 2〉 파래 peak 3〉 지누아리 peak 3 순이었다. 전반적으로 김의 기능성이 높았고, 또한 단백질 함량도 높았다.

항산화물질[①] : 동해 주문진 해안에 생육하는 12가지 식용 해조류에서 항산화 물질을 분리하였다. 항산화측정(AOM법, DPPH법)과 UV, HPLC, GC/MS 로 분석하였다. 12종 식용 해조류를 hot-MeOH 추출 AOM법으로 활성을 측정한 결과, 김〉미역, BHT〉다시마〉넓미역〉지누아리〉서실 순이었고, 나머지 해조류는 활성이 나타나지 않았다. 또한 석유에텔, Et_2O, $CHCl_3$, MeOH, H_2O로 순차 추출, 색소 제거, 농축하여 DPPH법으로 항산화를 측정한 결과, H_2O-MeOH 가용 분획에서 강한 활성을 보였고, 김〉미역〉다시마〉BHA〉파래〉Tocopherol〉넓미역〉BHT 순이었다. 특히, 김, 미역, 다시마, 파래는 같은 양에서 BHT, BHA보다 높거나 비슷한 항산화 활성을 보였다. 활성 물질 회수율은 1.82%, 극성 용매 분획에서 강한 활성을 보였다. 추출 물질의 흡수 파장은 235±5nm, 270±5nm(λ max), HPLC 분석 결과 다시마, 미역, 파래의 retention time(RT)이 8.5분, 10분인 극성물질이 분리되었고, 김에서는 25분의 비극성 물질로 BHA, BHT와 비슷한 RT에서 분리되었다.

Polyphenol량과 항산화 효과[②] : 상용되는 해조류 5종 – 미역, 다시마, 톳, 파래, 김의 항산화 활성과 총 flavonoid 및 polyphenol 함량을 알고자, 해조 EtOH ex를 Fe유도 지방 과산화 억제율, DPPH 라디칼 소거율 및

MDA-BSA 결합 저해율을 3가지 방법으로 측정하였다. 녹조류인 파래의 항산화 효과가 가장 우수하였고, 특히 지질 과산화물이 단백질과 결합 반응을 저해하였고, 김, 다시마의 항산화효과가 우수하였으며 미역과 톳은 거의 없었다. 총 flavonoid는 미역 11.63㎎/g으로 높았고, 총 polyphenol은 파래가 8.97㎎/g으로 가장 높았다. 3가지 방법의 항산화 효과는 총 phenol과 관계가 깊었으며, 지질 과산화 억제율과 매우 높은 상관성을 보였다. 해조류의 항산화 효과에 polypenol 성분의 기여도가 큰 것으로 나타났다.

Marine carotenoid의 생물학적 기능 : 자연계에서 생성되는 색소 중 carotenoid(CA)는 가장 중요하며 인체 건강에 유용한 효과를 갖고 있어 흥미가 증가되고 있다. 해산 CA는 그들이 주는 화학적, 생물학적 이익의 영향은 중요하다. 해산 CA 중 astaxanthin과 fucoxanthin은 해양 동물이나 해양 식물 중에서 비교적 강력한 생물학적 활성이 있었다. 즉 이 둘 CA는 quenching siglet oxygen과 scavenging free radical의 강한 항산화 작용이 있기 때문이며, 식이성 항산화 작용이 있는 이들 강력한 작용의 CA는 항암 작용과 항염 작용이 있다. 특히 fucoxanthin이 근래 항비만과 항당뇨 효과가 인정되면서부터 주목받게 되었다. 이러한 작용은 mitochondria의 백색지방(WAT)에서 uncoupling protein(UCP1)을 만들어 WAT에서 지방산을 산화시켜 WAT에서 열을 생산하기 때문이다. fucoxanthin은 insulin 저항을 개선하여 혈당을 낮추며, 동물의 WAT에서 종양괴사 인자 α(TNFα)를 감소시키기 때문이다.

해조류의 콜린함량 : 김, 다시마, 미역, 파래의 가식부 100g당 choline 함량은 각각 179.47, 76.70, 11.53, 112.74, 2.46㎎%로 미역〉김〉다시마〉파래 순이었다.

발효식품과 해조류의 비타민 B_{12} : 전통법으로 제조한 된장의 비타민 B_{12}함량은 1.85㎍%, 공장 된장은 0.04~0.86㎍%, 전통 청국장은 0.69㎍%, 공장 청국장은 0.06~0.15㎍%이었고, 전통식 고추장은 0.11㎍%, 국 간장은 0.04㎍%이었으나 진 간장에서는 검출되지 않았다. 시판 배추김치의 B_{12}

는 0.02~0.03㎍%, 열무김치 0.013㎍%, 갓김치 0.02㎍%, 깍두기는 0.004㎍%이었고 새우젓 0.78㎍%, 멸치액젓 1.52㎍%이었다. 김의 B_{12}함량은 66.76㎍%, 파래 84.74㎍%, 다시마 0.36㎍%, 미역 1.90㎍%이었다.

해조류지방산 조성 : 녹조류(파래, 청각), 갈조류(다시마, 톳, 곰피, 모자반, 미역), 홍조류(김) 등 8종의 식용 해조류의 지방산을 GLC로 분석한 결과, 녹조류 1.51%, 갈조류 2.81%, 홍조류 1.02% 이었고, 지방산 조성은 녹조류는 $C_{16:0}$산이 가장 많았고, $C_{18:1}$, $C_{18:2}$, $C_{18:3}$산도 많았다. 갈조류는 $C_{16:0}$, $C_{18:1}$, $C_{18:2}$, $C_{18:3}$산이 많았으나 $C_{18:0}$산은 적었다. 홍조류는 $C_{16:0}$산이 많았고, $C_{14:0}$, $C_{18:1}$, $C_{18:2}$, $C_{18:3}$은 매우 적었다. 녹조류는 C_{16}, C_{18}산이, 갈조류는 C_{16}, C_{18}, C_{22}산이, 홍조류는 C_{15}, C_{16}, C_{18}산이 각각 많았다.

식이섬유 함량과 추출 조건 : 미역, 다시마, 톳, 파래(*U. lactuca*), 우뭇가사리, 꼬시래기에서 가용성 식이섬유를 추출하고자, 산, 알칼리, 효소를 사용한 결과, 미역은 1.5% Na_2CO_3나 2.0% Na_2EDTA가, 다시마는 1.0% Na_2EDTA, 톳은 2.0% Na_2CO_3, 우뭇가사리와 꼬시래기는 2.0% Na_2EDTA, 파래는 Na_2CO_3, NaOH, Na_2EDTA의 2%, 17.49~18.46% 식이섬유를 얻었다. 추출 시간과 온도는 100℃에서 추출 시간이 길수록 추출률이 높았다. 우뭇가사리와 꼬시래기는 110℃ 이상에서 1시간의 추출이 각각 38.48%, 42.11%의 높은 수율을 보였다.

산지, 채취 시기와 섬유질 함량 : 식용해조(녹조류 – 참홑파래, 청각; 갈조류 – 미역, 톳, 모자반, 다시마; 홍조류 – 얼룩도박, 참김, 불등풀가사리) 9종의 가용성과 불용성 식이 섬유질 및 총 식이 섬유질의 산지(기장, 충무, 여수)와 채취 시기별로 측정한 결과, 녹조류 중 참홑파래가 25.4~38.1%(건물), 청각 35.4~43.8%, 갈조류 중에 미역 34.2~48.8%, 톳은 37.5~43.8%, 모자반 42.9~71.8%, 다시마 37.1~45.1%, 홍조류 중 참김 31.3~40.5%, 얼룩도박 51.5~60.4%, 불등풀가사리 57.1~65.8% 이었고, 가용성, 불용성 참홑파래(43.7~64.8%), 갈조류 중 미역(17.5~31.3%), 홍조류 중 불등풀가사리(44.7~63.2%)가 높은 값을 보였다. 다당류의 분포 특성은 갈조류는 알칼리 가용성 알긴산을 많이 함유하고 있으며(9.0~

15.1%), 홍조류 중 참김은 porphyran(5.8%), 불등풀가사리와 얼룩도박은 한천(20.0%)과 카라기난(23.8%)을 각각 많이 함유하는 차이를 보였다.

오동도 해조 군락 : 1982년 6월~1983년 5월까지 오동도 해조 군락 특성을 5개의 line transect를 설치, 연간 계절별로 조사 분석한 결과, 수직분포의 상부군이 *Gelidium divaricatum, Enteromorpha linza, Porphyra yezoensis, Scytosiphon lomentaria, Blidingia nana, Ectocarpus confervoides,* 중부군이 *Ulva pertusa, Chondria crassicaulis,* 하부군은 *Sargassum sagamianum, Undaria pinnatifida, Sargassum thunbergii* 및 *Gelidium amansii* 등의 홍조류로 대표되었다. 출현 해조 종수는 4월에 최대, 8월에 최소였다.

연화도의 해조 군집 및 변동의 정량적 분석 : 1984년 12월~1986년 1월 사이 연화도 해조군을 조사한 결과 남조류 2종(1.8%), 녹조류 18종(15.8%), 갈조류 25종(21.9%), 홍조류 69종(60.5%), 모두 114종이었다. 해조류의 기능형군 별 구성비는 봄 겨울에는 사상형과 막상형이 우세, 여름과 가을에는 직립분기형과 다육질형이 우세하였으며, 파도가 적은 내만에는 막상형과 각상형이, 파도가 강한 곳은 직립분기형과 다육질형이 우세하였다. 전 조사 기간 중 각 지점에서 중요도 10 이상인 종은 *Porphyra suborbiculata*(30.1), *Corallina pilulifera*(27.8), *Hizikia fusiforme*(27.7), *Sargassum thurnbergii*(27.5), *Undaria pinnatifida*(22), *Ishige okamurai* (20.6), *Chondria crassicaulis*(20), *Ulva pertusa*(16), *Pseudulvella consociata*(15.7), *Urospora penicilliformis*(15), *Sargassum sagamianum* (14.9), *Caulacanthus okamurai*(12.8), *Gloiopeltis furcata*(12.7), *Sargassum microcanthum*(11.7), *Myelophycus simplex*(11.2) 이었고, Melobesioideae가 25.7이었다.

건강기능성 식품과 해조류 소비 : 경북대 학생 281명을 대상으로 해조류 건강기능식품의 구매의도와 소비가치를 조사한 결과, 구매 장소는 24시간 편의점이고, 낱개 포장으로, 구매 목적은 영양보충과 체중조절이며, 구매의도가 높은군과 낮은군의 차이가 현저하였고, 식품, 영양 및 건강 관련 과목 수강 경험자 중 기능가치와 인식가치가 높았다.

✻ 효능과 이용

1) 효능 : 성인병
2) 식용 : 다른 파래와 같이 식용한다.

참고문헌

1) 곽충실, 김성애, 이미숙, **식품영양과학회지,** 2005, 34(8), 1143 (한국산 5종 해조류의 항산화 효과와 총 폴리페놀 함량의 관련성 – 미역, 다시마, 톳, 파래, 김)
2) 곽충실, 황진용, 와다나베 후미오, 박상철, **영양학회지,** 2008, 41(5), 439 (한국 장류, 김치 및 식용 해조류를 중심으로 하는 일부 상용 식품의 비타민 B_{12} 함량 분석 연구 – 파래, 다시마, 미역)
3) 김두상, 이농수, 조득문, 김형락, 변재형, **수산학회지,** 1995, 28(10), 270 (식용 해조류 중의 미량 요소와 특수 기능성 당질 –2. 산지와 채취 시기별 식이성 섬유질 함량 변화와 해조 다당류의 분포)
4) 김성애, 김진, 우미경, 곽충실, 이미숙, **식품영양과학회지,** 2005, 34(4), 451 (다섯 가지 해조류 에탄올 추출물의 항돌연변이 활성 및 암세포 성장 억제 효과 – 톳, 다시마, 미역, 김, 파래)
5) 김영동, 김영명, 강통삼, **한국식품연구소 연구보고,** 1981, 163 (해조류의 다각적 이용에 관한 연구)
6) 김은미, 우순자, 지규만, **영양학회지,** 1996, 29(3), 251 (주요 당류 및 해조류의 대사 에너지 함량 평가에 관한 연구)
7) 김인수, 김선봉, 박영호, **수산학회지,** 1994, 27(2), 133 (Maillard 반응 생성물의 돌연변이 원성에 대한 해조 및 야채 추출물의 억제 효과)
8) 김지희, 임치원, 박희연, 이두석, 박정흠, **수산학회지,** 2002, 35(2), 191

〔충치균(*Streptococcus mutans*)에 대한 다시마 추출물의 항균 활성 – 갈파래, 청각, 감태, 곰피, 미역, 다시마 등〕

9) 도정룡, 김은미, 구재근, 조길석, **수산학회지,** 1997, 30(2), 291 〔국내산 주요 해조류의 식이섬유소의 함량과 추출 조건 – 미역, 다시마, 톳, 파래(*U. lactuca*), 우뭇가사리, 꼬시래기〕

10) 박영범, 김인수, 유승재, 인종관, 이태기, 박덕천, 김선봉, **수산학회지,** 1998, 31(4), 581 (해조류 중의 anti-tumor initiator 및 promoter의 해석 –2: PhIP와 MeIQx의 돌연변이 원성을 억제하는 해조 추출물 소재 연구 – 미역, 곰피, 감태, 다시마, 모자반, 괭생이모자반, 미야베모자반, 지충이, 납작파래, 청각, 갈파래, 구멍쇠미역, 톳, 방사무늬김, 참도박, 마디잘록이, 참곱슬이, 꼬시래기)

11) 박재한, 강규찬, 백상봉, 이윤형, 이규순, **식품과학회지,** 1991, 23(3), 256 (식용 해조류에서 항산화 물질의 분리 – 김, 파래, 미역, 다시마)

12) 손철현, **수산학회지,** 1983, 16(4), 368 (오동도 해조 군락에 관한 연구 – 참김, 잎파래, 고리매, 미역, 서실, 모자반, 지층이, 우뭇가사리)

13) 손철현, 이인규, 강제원, **수산학회지,** 1986, 19(3), 265 (한국 남해안 동부해역 해조 군집 구조 및 변동의 정량적 분석 –1. 연화도)

14) 유홍수, 이강호, **수산학회지,** 1977, 10, 151 (해조 단백질 추출에 관한 연구 –1. 수용성 단백질의 추출)

15) 이강호, 우순임, 유홍수, **수산학회지,** 1978, 11, 85 (해조 단백질 추출에 관한 연구 –3. NaOH 가용성 단백질의 수출)

16) 이강호, 유홍수, 우순임, **수산학회지,** 1977, 10, 189 (해조 단백질 추출에 관한 연구 –2. 식염 가용성 및 알코올 가용성 단백질 추출)

17) 이중화, 조한옥, **수도여사대 논문집,** 1972, 6, 325 〔해조류의 산업적 이용(제1보), 해조류의 일반성분 및 무기질〕.

18) 이헌옥, 김동수, 도정룡, 고영수, **수산학회지,** 1999, 32(4), 427 (해조류의 Angiotensin-1 전환 효소 저해 작용 – 김, 파래, 미역, 우뭇가사리, 청각, 톳, 다시마)

19) 이혜성, 최명숙, 이연경, 박수현, 김유정, **영양학회지,** 1996, 29(3), 286

〔당뇨병 환자를 위한 고 식이섬유 보충물의 개발을 위한 연구(1). – 해조류 투여가 당뇨쥐의 장기능과 증세 호전에 미치는 영향〕

20) 이혜성, 최명숙, 이연경, 박수현, 김유정, **영양학회지,** 1996, 29(3), 296 〔당뇨병 환자를 위한 고 식이 섬유 보충물의 개발을 위한 연구(2). – 해조류(미역, 김파래, 다시마, 한천) 투여가 당뇨쥐의 당질과 지질 대사에 미치는 영향〕

21) 조효정, 나진석, 정한옥, 정영진, **영양학회지,** 2008, 41(5), 428 (한국인 상용 식품의 콜린 함량 – 두류, 채소류, 버섯류, 과실류, 육류, 난류, 생선류, 조개류, 해조류)

22) 차명화, 김유경, **식생활문화학회지,** 2008, 23(4), 462 (해조류 건강 기능성 식품에 대한 소비가치 분석)

23) 하봉석, **수산학회지,** 1997, 10(4), 199 〔수산물의 지질에 관한 연구 (제 2보), 해조류 지질의 지방산 조성에 대하여〕

24) Amano, H., **Marine Biochemistry,** Yamaguchi, K. ed., Tokyo University Press, Japan, 1999, pp.170~171 (Biochemistry and biotechnology of seaweed)

25) Baker, J. T., **Proc. Intl. Seaweed Symp.,** 1984, 11, 29 (Seaweeds in pharmaceutical studies and application)

26) Brwon, M. R., Jeffrey S. W., **J. Exp. Mar. Biol.,** 1992m 161, 91 (Biochemical composition of microalgae from the green algal classes chlorophyceae and prasinophceae, I. Amino acids, sugars and pigments)

27) Chapman, V. J., Chapman, D. J., **Seaweeds and Their Uses,** Chapman and Hall, London, 1980, 334

28) Chengkui, Z., Junfu, Z., **Proc. Intl. Seaweed Symp.,** 1984, 11, 151 (Chinese seaweeds in herbal medicine)

29) Coombe, D. R., Parish, C. R., Ramshow, I. A., Snowden, J. M., **Intl. J. Cancer,** 1987, 39, 82 (Analysis of the inhibition of tumor metastasis by sulfated polysaccharides)

30) Davarin, I. A., Mirinov, O. G., Tsimbal, O. G., **Mar. Pollut. Bull.**, 1975, 6, 13 (Influence of oil on nucleic acids of algae)

31) De Clerq. E. D. A., Ito, M., Shigata, S., Baba, M., **European Patent Application No. O 293 826,** 1988 (Therapeutic and prophylactic application of sulfated polysaccharides against AIDS)

32) Deig, E. F, Ehresmann, D. W., Hatch, M. T., Riedlinger, D. J., **Antimicrob. Agents Chemother.**, 1974, 6, 524 (Inhibition of herpes virus replication by marine algal extracts)

33) Fujihara, M., Nagumo, T., **Carbohydr. Res.**, 1993a, 243, 211 (An Influence of the structure of alginate on the chemotactic activity of macrophages and the antitumor activity)

34) Fujihara, M., Nagumo, T., **Carbohydr. Res.**, 1993b, 224, 343 (The effect of the content of D-mannuronic acid and L-glucuronic acid blocks in alginates on antitumor activity)

35) Fujihara, M., Nagumo, T., **J. Chromatography,** 1989c, 465, 386 (Determination of the molecular weights of alginates by agarose gel filteration)

36) Girard, J. P., Marion, C., Liutkus, M., Boucard, M., Rechencq. E., Vidal, J. P., Rossi, J. C., **Planta Med.**, 1988, 54, 193 (Hypotensive constituents of marine algae Ⅰ. Pharmacological studies of laminine)

37) Goodwin, T. W., **J. Gen. Microbiol.**, 1957, 17, 467 (The nature and distribution of carotenoids in some blue-green algae)

38) Gutkecht, J., **Limnol. Oceanogr.**, 1965, 10, 58 (Uptake and retention of Cesium 137 and Zine 65 by seaweeds)

39) Hiroyuki, N., Hideomi, A., Koichi, A., Kazutosi, N., **Hydrobiologia**, 1990, 204/205, 577 (Antitumor activity of marine algae)

40) Hornsey, I. S., Hide, D., **Br. Phycol. J.**, 1974, 9, 353 (The production of antimicrobial compopunds by British Marine algae. Ⅰ. Antibiotic-producing marine algae)

41) Hornsey, I. S., Hide, D., **Br. Phycol. J.**, 1976a, 11. 63 (The production of antimicrobial compounds by British Marine algae II. Seasonal variation in production of antibiotics)

42) Hornsey, I. S., Hide, D., **Br. Phycol. J.**, 1976b (The production of antimicrobial compounds by British Marine algae III. Distribution of antimicrobial activity within the algal thallus)

43) Hosokawa, M., Okada, T., Mikami, N., Konishi, I., Miyashita, K., **Food Sci. Biotechnol.**, 2009, 18(1), 1 (Bio-function of Marine Carotenoids)

44) Jeffrey, S. W., Humphrey, G. F., **Biochem. Physiol. Pflanz.**, 1975, 176, 191 (New spectrometric equations for determining chlorophyll a, b, c1 and c2 in higher plants, algae and natural phytoplankton)

45) Jimenz-Escrig, A., Goni Ganbrodon, I., **Arch. Latinoam. Nutr.**, 1999, 49, 114 (Nutritional evaluation and physiological effects of edible seaweeds)

46) Kaneda, T. P., Kamasastri, V., Tokuda, S., **Bull. Jpn. Fish. Sci. Soc.**, 1965, 31, 1026 〔Studies on the effects of marine products on cholesterol metabolism in rat. V. The effect of edible seaweed (supplement)〕

47) Lahaye, M., **J. Sci. Food Agric.**, 1991, 54, 587 (Marine algae as sources of fibers : Determination of soluble and insoluble dietary fiber contents in some sea vegetables)

48) López-Figueroa, F., Rüdiger, W., **J. Phycol.**, 1991, 27, 389 〔Stimulation of nitrate met uptake and reduction by red and blue light and reversion by far-red light in the green alga *Ulva regida*〕

49) Mabeau, S., Fleurence, J., **Trends Food Sci. Technol.**, 1993, 4, 103 (Seaweed in the food products : Biochemical and nutritional aspects)

50) Mahigeni, K. E., Kajumulo, A. A., **Bot. Mar.**, 1979, 22, 145 〔Effects of the environment on polymorphism in *Ulva fasciata* Delile(Chloro-

phyta, Ulvaceae)]

51) Matsukawa, R., Dubinsky, Z., Kishimoto, E., Masak, K., Masuda, Y., Takeuchi, T., Chihara, M., Yamamoto, Y., Niki, E., Karube, I., **J. Appl. Phycol.**, 1997, 9, 29 (A comparison of screening methods for antioxidant activity in seaweeds)

52) Mizuno, H., Saito, T., Isio, N., Onda, N., Noda, K., Takada, K., **Bull. Jpn. Soc. Sci. Fish.**, 1983, 49, 1591 (Mannuronic to glucuronic acid ratios of alginic acids prepared from various brown seaweeds)

53) Mori, B., Kusima, K., Iwasaki, T., Omiya, H., **Agric. Biol. Chem.**, 1981, 55, 787 (in Japanese)(Dietary fiber content of seaweed)

54) Nakazawa, Y., Kuroda, H., Abe, F., Nishino, T., Otsuki, M., Umezaki, I., **Chemotheraphy**, 1974, 22, 1435 [Antitumor effect of water-extracts from marine algae(I)]

55) Naotsugu, N., Hiroshi, M., Fumio, Y., Tamikazu, K., **Polym. Degradat. Stab.**, 2000, 69, 279 (Radiation-Induced degradation of sodium alginate)

56) Nielson, E. S., Anderson, S. W., **Mar. Biol.**, 1970, 6, 93 (Copper ions as poison in the sea and in fresh water)

57) Noda, H., Amano, K., Arashima, K., **Nippon Suisan Gakkaishi**, 1989b, 55(7), 1265 (Antitumor activity of polysaccharides and lipid from marine algae)

58) Noda, H., **Chemistry of Fisheries Utilization**, Konosu, S., Hashimoto, K. ed., Koseisha Koseiku, Tokyo, Japan, 1992, pp.304~306 (in Japanese)(Chemistry of Seaweed)

59) Ohta, K., **Proc. Intl. Seaweed Symp.**, 1979, 9, 401 (Chemical studies on biologically active substances in seaweeds)

60) Okazaki, A., **Tokai Univ. Press.**, 1971, 165 (Seaweeds and their uses in Japan)

61) Olar, S., **Carbohydr. Res.**, 1970, 13, 359 (Solution properties of

aglinate)

62) Osada, H., **Toyo Junior College of Food Technol.**, 1967, 8, 297 (Studies on the organic acids in marine products-II. Contents of organic acids in seaweed and their changes during drying)

63) Painter, T. J., **The Polysaccharides,** Aspinall, G. O. ed, Academic Press Inc., New York, 1983, pp.196~202 (Algal polysaccharides)

64) Rai, L. C., Gaur, J. P., Kumar, H. D., **Biol. Rev.**, 1981, 56, 99 (Phycology and heavy metal pollution)

65) Rice, D. L., Lapopinte, B. E., **J. Exp. Mar. Biol. Ecol.**, 1981, 54, 1 (Experimental outdoor studies with *Ulva fasciata* Delile II. Trace metal chemistry)

66) Sakagami, Y., Watanabe, T., Hisamitsu, A., Kamibayashi, T., Honma, K., Manabe, H., Hoppe, H. A. Levring T.(eds.), **Marine Algae in Pharmaceutical Science.**, Walter de Gruyter, Berlin. 1982, pp.99-108 (Antiulcer substances from marine algae.)

67) Senger, H., Wagner, C., hermsmeier, D., Hohl, N., Urbig, T., Bishop. N., **J. Phytochem. Photobiol.**, 1993, 18, 273 (The influence of light intensity and wave-length on the contents of α-and β -carotene and their xanthophylls in green algae)

68) Shah, S. V., Yoshida, Y., Kuroda, E., Yamashita, U., **Intl. J. Immunopharmacol.**, 1983, 23, 691 (Immunomodulating activity of seaweed extraction human lymphocytes in vitro)

69) Shin, H. W., **Algae,** 1998, 13(2), 271 (Antifouling Action of Zosteric acid and cooper on spores of *Ulva fasciata* Delile)

70) Shiomi, K., **Suisangaku Shiriizu,** 1983, 45, 120 (Agglutinins of marine algae)

71) Torsdottir, I., Alpsten, M., Holm, G., Sandberg, A. S., Tolli, J., **J. Nutr.**, 1991, 121, 795 (A small dose of soluble alginate-fiber effects postprandial glycemia and gastric emptying in humans with diabe-

tes)

72) Tseng, C. K., **Common Seaweeds of China,** Science Press., 1983, 316.

73) Tseng, C. K., Zhang, J. F., **Proc. Intl. Seaweed Symp.,** 1984, 11, 152(Chinese seaweeds in herbal medicine)

74) Tsuchiya, Y., **Proc. Intl. Seaweed Symp.,** 1969, 6, 747 (Comparative hypocholesterolemic activities of marine algae)

75) Yamamoto, L., Takahashi, M., Tarmura, E., Maruyama, H., Mori, H., **Hydrobiologia,** 1984, 116, 145 (Antitumor activity of edible marine algae : Effect of crude fucoidan fraction prepared from edible brown seaweeds against L1210 leukemia)

76) Yan, X. J., Nagata, T., Fan, X., **Plant Foods for Hum. Nutr.,** 1998, 52, 253 (Antioxidative activities in some common seaweeds)

77) Yokohama, Y., Misonou, **Jpn. J. Phycol.,** 1980, 28, 219 (Chlorophyll a : b rations in marine benthic green alage)

78) Zaneveld, J. S., **Ind. Pac. Fish Counc. Spec. Publ. 3.,** 1955 (Economic marine algae of tropical south and east Asia and their utilization)

79) Zavodnik, N., **Bot. Mar.,** 1987, 30, 71 (Seasonal variations in the rate of photosynthetic activity and chemical composition of the littoral seaweeds *Ulva rigida* and *Porphyra leucoticta* from the North Adriatic)

Chlorella ellipsoidea,
Chlorella pyrendidosa,
Chlorella vulgaris

클로렐라 16

녹조류 · Chlorellaceae (클로렐라과)

• 영명 | Chlorella
• 용도 | 기능성 식품 재료

✲ 식물학적 특성

녹조류로 연못이나 호수 등의 담수에서 생육되며, 직경 2~10㎍의 구형 단세포(single cell)조류로 하나의 세포는 현미경을 통해 관찰 할 수 있다. 세포는 염록소 chlorophyll a와 b를 다량 함유, 세포 표면은 cellulose와 hemicellulose로 세포막을 이루고 있다. *Chlorella*는 독립 영양, 반독립 영양, 종속 영양 등 다양하게 생육되며, 강한 대사력, 불안정한 세포조직 등 일반적인 고등 생물계에서 관찰 할수 없는 특성을 갖고, 주위 환경에 적응하면서 성장, 분열한다.

동속 식물에는 *Chlorella vulgaris, C. pyrenoidosa, C. protothecoides* 등이 알려졌다.

✲ 역사

*Chlorella*는 1890년 네덜란드의 Beyerink가 구형의 미세 담수 녹조를 그리스어로 녹색을 의미하는 "Chloros"와 라틴어로 작은 것을 의미하는 "ella"를 조합하여 명명 하였다. 담수식물이자 미세 녹조류인 *Chlorella*는 현재 사료 첨가제, 양어 사료, 식품 첨가물, 화장품 원료, 유산균 발효

촉진제, 수 처리제 등 널리 사용되며 영양학적 우수성이 확인되었다. 또 환경 hormone인 dioxine의 체외 배출, 체내 중금속의 축적 억제 및 배설, 환경 독성 물질의 생물학적 분해, 폐수에 존재하는 수은의 축적, 동맥경화 및 간장 장애의 억제, 항암 활성, 면역기능 강화, 세포의 부활작용과 식품의 풍미향상, 보습효과, 혈압강하, 간의 지방감소 및 기능회복 등의 생리활성이 보고되고 있다.

*Chlorella*는 단세포 생물로 분류학상 Chlorophyceae강, Chlorococcum목, *Chlorella*속으로, 종(species)으로는 v*ulgaris*, *pyrenoidosa*와 *ellipsoidea*가 알려졌고, *Chlorella*는 단백질을 비롯, 여러 영양소를 함유하고, 증식 속도가 매우 빠르므로 미래 단백질 공급원으로, 또 영양식으로 기대되고 있으며, 제1차 세계대전때 독일에서 식량화 연구가 시작되었고, 그 이후 미국 카네기 연구소를 통해, 또 1951년에 일본 토쿠가와 생물학 연구소의 Tamiya 등에 의해 대량 배양법으로 발전되었으며, 1957년에는 일본에 *Chlorella*연구소가 설립되어 직경 20m의 원형 주 배양지를 이용한 *Chlorella* 대량배양 연구가 본격화되었다.

✲ 성분

1) 영양성분

①**클로렐라(말린것, 12054)** : 가식부 100g 중 수분 10.30%, 열량 303.0 kcal, 단백질 45.3g, 지질 7.2g, 당질 34.7g, 조섬유 2.20g, Ca 117.0㎎, P 1536.0㎎, Fe 73.40㎎, Zn(1.73)㎎, vitamin A 2278.7 RE, β-caroten(13672.0㎎), B_1(0.43㎎), B_2(1.010㎎), B_6(0.25㎎), niacin(9.4㎎), C (108.5㎎), 엽산(4700.0㎍), E(4.30)㎎.

2) 특수성분

*Chlorella ellipsoidea*에서 Crinosterol(M-00888), Dihydrobrassicasterol

(E-01477)이, *C. fusca*에서 Conduritol F(C-02326)가, *C. protothecoides* 에서 4.5-Secopyrophaeophorbide a (S-00477)를, *C. pyrenoidosa*에서 Pyrenoxanthin(P-002264) 등이, *C. vulgaris*에서 Haematoporphyrin(H-00011), Loroxanthin(L-00755)이 분리되었다.

동속해조류에서 Poriferasterol(E-01661), Rhodoxanthin(E-01595)도 분리확인되었다.

✳ 생리 활성

고지방식이와 Chlorella의 지방대사 : 고지방식이에 chlorella가 지방대사에 미치는 영향을 알고자, 6주령 Wister쥐를 정상과 고지방식이군으로 나누고, 다시 chlorella 0, 5, 10% 함유 식이군으로 나누어 9주간 사육 후, 조사한 결과, 혈청 AST, ALT 작용과 총 단백과 albumin 농도는 군간 차이는 없었으나, 혈청 총 지방과 간 TG농도는 고지방식이군 0% chlorella군보다 5%와 10% chlorella군은 낮았다. 혈청 TG, 혈청 총 cholesterol, 간 총 지방과 총 cholesterol 농도는 고지방식이 중 0% chlorella군보다 10% chlorella군에서 현저히 낮았다. 변으로 총 지방, TG 및 총 cholesterol 배설은 정상군과 고지방식이군의 0% chlorella군보다 5%와 10% chlorella 군에서 현저히 높았다. 이들의 결과로 chlorella는 지방 대사를 조절하고 변으로 지방 배설을 증가시킴으로 dyslipidemia 예방 효과가 있음을 알 수 있었다.

제2형 당뇨쥐의 Chlorella 섭취와 혈당강하효과 : 6주령 제2형 당뇨 Goto쥐와 정상 Wistar쥐에서 chlorella섭취의 혈당 강하 효과를 관찰하였다. 0, 3, 5%($^{W}/_{W}$) chlorella(ch)를 8주간 실험동물에 투여한 결과, 당뇨 Gk쥐에서는 별 변화가 없었으나, Gk-3% ch와 Gk-5% ch군에서 Gk-대조군보다 공복 시 혈중 glucagon과 간 TG농도와 insulin/glucagon 비가 현저히 감소하였다. 또한 Gk-3% ch와 Gk-5% ch군은 Gk-대조군보다 HOMA-index와 공복 시 혈당과 혈청 insulin농도가 약간 감소하였다. 정상 Wistar쥐에서 정상군 중에서는 insulinogenic-indices는 별다른 변화가 없었으나, Wistar-5% ch군에서는 다른 실험군보다는 약간 상승하였다. Wistar-5% ch군의 HOMA index는 공복 시 혈당과 혈청 insulin농도가 약간 상승하였고, Wistar-5% ch군의 공복 시 혈청 glucagon 농도와 insulin/glucagon 비가 Wistar-대조군과 Wistar-3% ch군보다 약간 상승하였다. 결론적으로 glucose 자극 insulin분비는 ch섭취의 영향이 없었으나, 제2형 Gk당뇨쥐와 혈당 Wistar쥐에서 insulin sensitivity가 개선됨을 알 수 있었다.

염소 제거 효과 : 수돗물 소독제로 사용되고 있는 염소의 제거 효과를 녹차, 활성 탄소와 chlorella를 비교 실험한 결과, 수용액 상에서 pH와 초기 염소 농도가 염소제거 효과는 pH가 10일 때, 초기 염소 1.62g/*l*증가에 따라 2.46㎎/*ml*까지 증가하였다. 녹차는 초기 염소 농도가 1.0g/*l*이상 증가하여도 제거량은 약 1.5㎎/*ml*정도 더 이상 증가치 않았다. chlorella와 녹차에 의한 염소제거 결과는 Langmuir 흡착 모델과 Freundlich 흡착 모델에 대단히 잘 맞았으며 Langmuir 흡착 모델에 의한 chlorella의 최대 흡착량은 녹차와 활성 탄소의 최대 흡착량에 비하여 약 2배로 chlorella의 염소 제거 효능이 매우 우수한 것으로 나타났다.

Cd대사와 Chlorella 섭취 효과 : SD계 rat(14주령, ♂)에 $CdCl_2$ 0㎎과 325㎎ (0, 160ppm)을 투여하고, chlorella powder(Chp)를 0, 3, 5% 투여한 결과, Cd 노출군에서 Cd가 혈액과 조직(간, 신장, 소장)에 축적되었으나, Cd-노출 Chp투여군에서는 Cd 축적이 감소되었다. Cd 노출후 Chp투여군의 분뇨중 Cd 배설이 증가되었으나, 뇨와 혈청 creatinine 및 creatine 소거능은 실험 동물에서 변화가 없었다. 또한 조직의 metallothionein(MT) 합성은 Cd 투여로 증가되었다. Cd 노출-Chp투여군은 Cd 노출군보다 MT 농도가 낮았다. 더구나 Chp식이군과 Cd 투여군에서 신 glomerular 여과율은 변화가 없었다. 이 실험에서 Cd 독성을 분변으로 Cd배출의 증가로 경감시킴을 알 수 있었다. 그러므로 Cd에 노출되었을 때 chlorella는 Cd 흡수를 저하시켜 조직손상을 감소시키는 데 적합한 것으로 나타났다.

항산화 효과[①] : *Chlorella* MeOH ex가 산화적 stress와 lipopolysaccharide (LPS)로 자극시킨 RAW 264.7 murine macrophage nuclear factor kB (NFkB) 활성화 억제에 미치는 영향을 관찰하였다. RAW 264.7 세포에 *Chlorella* MeOH ex(25, 50, 100㎍/㎖)처리에서 LPS-자극 nitric oxide 생성이 용량의존적으로 현저히 감소되었다. 또한 *Chlorella* MeOH ex 모든 농도에서 TBA-반응물질을 감소시켰고, 50, 100㎍/㎖에서 glutathione을 상승시켰다. 50, 100㎍/㎖ *Chlorella* MeOH ex는 세포핵에서 NFkB의 특정 DNA 결합력을 억제하였다. 이 결과는 *Chlorella* MeOH ex는 세포 내 산화적 stress와 NFkB 활성화를 억제하여 약한 항산화 효과를 나타내는 것으로 사려되었다.

항산화 활성[②] : *Tetraselmis suecica*(Ts)와 *Chlorella ellipsoidea*(Che)를 5종의 탄수화물 소화효소, Viscozyme(Vis), Cellaclast(Cel), Amg, Termamyl (Ter), Ultraflo(Ult)와 5종의 단백질 소화효소, Protamex(Pro), Alcalase (Alc), Flavourzyme(Fla), Neutrase(eu), Kojizyme(Koj)의 가수 분해물에서 각각 항산화성이 있었다. Ts의 가수 분해물이 Che보다 radical제거능이 높았고, Ts의 Koj분해물의 DPPH radical 제거능이 가장 강하였다. Vis(30.2%) 와 Neu(34.6%)의 Ts가수 분해물이 hydroxyl radical 제거능이 가장 강하였다. Ts(81.5%)의 Koj소화가 alkyl radical 제거능이 강하였고, Neu(61.9%)와 Koj(61.5%)의 Ts소화분해율이 H_2O_2제거능이 가장 높았다. 실험시료 중 New와 Koj의 Ts소화분해와 항산화능(DPPH, alkyl, H_2O_2)이 가장 강하였다.

넙치자어의 먹이 종류와 그 효율 : **Chlorella:** 넙치자어에 고밀도 배양 rotifer를 공급, 먹이 효율을 조사하였다. 고밀도 배양 실험구 먹이는 18시간 담수 chlorella 급여 후 6시간 유지효모와 marine α를 공급한 것과 24시간 동안 담수 chlorella와 해수 chlorella를 공급, 배양수로 2 *l* 를 이용, 수조의 온도는 28℃를 유지하였다. marine α와 해수산 chlorella 공급구의 n-3 HUFA(고불포화 지방산)량이 담수 chlorella 공급구보다 높았다. 따라서 marine α와 해수 chlorella 공급구가 유지효모와 담수 chlorella

공급구보다 넙치자어 성장과 생존율이 높게 나타났다.

Spirulina, Chlorella, Astaxanthin과 비단 잉어 체색 : Spirulina(Sp)와 Chlorella (Ch)를 사료에 각각 4, 6, 8, 10%를, 또 astaxanthin(Asx) 40, 60, 80, 100ppm을 넣어 적색과 흰색의 비단잉어에 주어 관찰하였다. 빨간 부분의 피부 조직의 총 carotenoid 농도는 Sp, Ch, Asx사료로 사육할 때 2주까지는 증가하였으나 그 후에는 감소하였다. Sp와 Ch처리 잉어의 적색도는 실험 6주까지는 감소하다가 그 후 증가하였으나 Asx처리 잉어의 적색도는 실험 시작 2주부터 꾸준히 증가하였다. 실험한 3종 시료 중 carophyll pink의 Asx가 적색과 백색 잉어의 적색도를 향상시키는 데 가장 효과적이었다. 잉어 적색도는 Asx농도에 따른 변화는 통계적 유의성은 없었다. 이러한 결과로 적색 또는 백색 잉어의 적색도 증가에 Asx 40ppm 첨가 사료가 가장 경제적이라 생각되었다.

기능성 소재, Chlorella : Chlorella는 생물 화학적 성분들을 풍부하게 함유하고 있어 영양적으로 사료나 식품으로 이용되며, 화장품, 의약품, 심지어 연료로도 이용되고 있다. chlorella는 보통 연못이나, 호수 등 담수에서 생육되며, 구형 단세포로 무성 생식으로 4~16배/일 증식한다. chlorella 대량 생산을 위한 배양은 옥외 배양과 발효조 배양으로 한다. chlorella는 필수 아미노산과 생체에 여러 가지 생리적 기능을 수행하는 지방산과 sterol, 유산균 성장촉진 원인물질인 chlorella growth factor가 있고, 생체내 중금속 배출기능, 독성물질 분해, 동맥경화 및 간장장애 억제, 면역기능 강화, 항암활성, 장내 유효세균의 증식촉진, 식품의 풍미향상 및 보습효과 등 기능성 생물 소재로 중요하다.

조류와 생약성분의 비만 억제 비교 : 해조류의 알긴산, 담수록조 chlorella, 생약 인삼 saponin, 마늘 alliin과 scordinin 첨가, 비만 억제 효과를 검토한 결과, Na-alginate(71%)가 크고, 다음 scordinin(76%), chlorella(76%), alliin(86%) 순으로 체중 증가가 있었다. 사료 효율과 비교, 체중 증가량은 Na-alginate(68%)가 가장 효과적이고, alliin(79%)도 인정되었다. 간의 지방 축적 억제 효과는 Na-alginate(84%)가 가장 효과적, 부고환 및 난소 주변의 지방 축적 억제 효과는 Na-alginate(54%)가 가장 효과적이고, 다음 alliin(64%), saponin(66%) 순이었다. 또 Lee index 비만 억제 효과를 비교하면 Na-alginate(91%)에서만 인정되었다. 간 중 지방 축적 억제 효과는 alliin(40%)〉saponin(58%)〉Na-alginate(62%)〉chlorella(64%)〉scordinin (74%) 순. 혈청 glucose 감소 효과는 Na-alginate(67%)가 가장 크고, 다음 saponin(73%), scordinin(74%), alliin(83%) 순. 혈청 cholesterol 저하 작용은 Na-alginate(82%)가 가장 크고, 다음 alliin(84%), chlorella(86%), saponin(87%) 순이었다. 또한 혈청 lipase 활성 증가에 의한 비만 억제 작용은 Na-alginate(109%)와 saponin(104%)의 첨가가 효과적. 따라서 미역, 다시마, 톳 등 갈조류 성분 알긴산이 chlorella, 인삼 saponin, 마늘 alliin 및 scordinin보다 비만 예방과 치료에 효과적이었다.

해수산 Chlorella의 최적 배양조건 : 미세조류의 생장에는 적당한 영양염 이외에도 온도, pH, 조도 및 CO_2공급 등을 필요로 한다. 이들 증식 속도에 미치는 인자를 고려한 대량 배양 시스템을 제작하고자, VT-PBR을 이용, 국내 해수산 *Chlorella* sp.의 배양 조건을 검토하였다. 국립 수산 진흥원 남해수산 연구소 충무분소에서 어민 에게 공급하고 있는 *Chlorella* sp.의 배양 최적 조건은 온도 20℃, 조도 6,000lux, 공기 공급 속도 0.56vvm, CO_2 공급속도 0.028vvm이었다.

면역 활성 : 미세 해조류 *Chlorella capsulata*의 추출물 중 물 추출물이 면역활성이 높았다. 인간 T-세포, B-세포와 대식 세포에 높은 면역 활성을 보였고, 정상 세포에 대한 독성 측정 실험에서도 약 10~25% 독성을 보였으며, 유방암 세포와 위암 세포의 성장저해도 80% 이상 높았다. *Chlorella capsulata*에서 분리한 분획물은 면역 세포들의 생육을 증가시켜 외부항원에 대한 면역기능을 강화시켰다.

Amino acid 조성 : 순수 배양한 *Chlorella*의 필수amino acid 함량은 arginine 3.5g, lysine 4.8g, histidine 1.16g, phenylalanine 2.48g, tyrosine 1.64g, leucine 4.52g, isoleucine 4.52g, methionine 1.20g, valine 3.14g, alanine 4.38g, threonine 1.38g, tryptophan 1.01g, cysteine 0.71g,

〈표 1〉 스피룰리나와 클로렐라의 비교

	항목	스피룰리나	클로렐라
역사	탄생, 발견	약 35억 년 전 1827년, 독일인	약 20억 년 전 1890년, 네덜란드인
	연구 개시, 발표	1967년, 국제학회 1974년, 유엔	1971년, 독일 1942년, 각국
	양산 개시	1978년, 일본 (대일본 잉크화학공업)	1964년, 일본
분류	조류	남조류	녹주류
	형	나선형	구형
	세포	다세포	다세포
	크기	길이 1/2㎜(500μ)	직경 1/200㎜(5μ)
효율	세포벽	얇다	두껍다
	소화흡수율	95%	60%
	입자의 감촉	씹기 쉽다	씹기 어렵다
	입자의 풍미	김과 같은 맛	녹차 같은 맛
	변의 색도	야채와 동일	녹변이 되기 쉬움
환경	기온	고온	중온
	배양지	강 알칼리성	약 산성
	식품의 알칼리도	40~45	20~25
성분	카로틴	100~200㎎	5~75㎎
	비타민 B_{12}	0.1~0.25㎎	0.06~0.1㎎
	비타민 C	1250~1600㎎	25~100㎎
	칼륨	1000~2000㎎	700~1400㎎
	클로로 필	800~2000㎎ (α-타입양)	1500~4000㎎ (a+b 타입양)
	피코 시아닌	3,500~7,000㎎	0

스피룰리나연구회: 완전식품 스피룰리나, 한가람 서원, 서울, 2005, p.177

glutamic acid 6.60g, aspartic acid 4.86g으로 우수하였다.

지방산 조성 : 옥외에서 배양된 *Chlorella* 중 중요한 지방산으로는 palmitic acid, tridecyclic acid, carpric acid 등 포화지방산이 전체 지방산 함량의 71%이고, 어두운 발효조에서 순수 배양한 *Chlorella*의 불포화 지방산은 67%로 eicosapentanoic acid(EPA)는 옥외배양에서 없었던 것이 유기 배양에서 30% 검출되었다. EPA는 docosahexanenoic acid(DHA)와 함께

W-3 지방산으로 cholesterol 저하, TG 저하 작용이있었다. *Chlorella mimutissima*에서 EPA함량이 전체 지방산의 45%에 달한다.

Sterol 조성 : *Chlorella* 같은 미세 조류 중 천연 steroid로는 ergosterol, chondrillasterol, dehydrocholesterol 등이 있어, steroid hormone 합성 원료로 이용될 수 있다. 옥외 배양 *Chlorella*에서는 C-5에 한 개의 불포화도를 지닌 sterol이 95.5%, 유기 배양 *Chlorella*에서는 β-sitosterol과 이와 epimer 관계에 있는 clinoasterol이 54.5%을 포함한다.

클로렐라 파운드케이크의 품질 특성 : 클로렐라 가루 0, 2, 4, 6%를 첨가, 파운드 케이크를 만들어 특성을 조사한 결과, 반죽의 pH는 대조군이 7.08 첨가군이 각각 7.13, 7.10, 7.10으로 증가 후 감소하였고, 중량은 대조군이 392.0g, 첨가군은 삭삭 392.4, 389.2, 384.2g으로 감소, 부피는 대조군이 760.8㎖, 첨가군은 각각 801.8, 806.4, 839.2㎖ 증가하였다. 경도는 1시간 방냉 후, 대조군이 0.74, 첨가군이 각각 0.67, 0.63, 0.65㎏으로 낮아졌고, 진입력은 대조군이 0.22㎏, 첨가군이 0.26~0.32㎏으로 상승하였다. 색도는 L값이 대조군 69.88, 시료 첨가군이 농도 의존적으로 낮아졌고, a값은 농도 증가에 반비례로 낮아졌다. 관능 검사 결과, 색상은 대조군 3.9, 첨가군 3.4~2.5, 냄새는 대조군 3.7, 첨가군이 3.3~3.0, 낮아졌고, 전체적 맛의 기호도는 6% 군에서 2.8, 2.6으로 낮았으며, 촉촉함과 씹힘성은 시료 간의 차이가 없었다.

클로렐라 설기떡의 특성 : 물(15～20%)과 chlorella(0, 0.2, 0.5, 1%)량을 달리 첨가하여 만든 설기떡을 대조군과 비교하였다. 경도, 씹힘성, 파쇄성 등이 chlorella 첨가군에서 증가하였고, 부착성은 감소하였으나(10% 물 첨가), 20% 물 첨가군은 대조군에 비해 경도, 씹힘성, 파쇄성 등이 감소, 응집성, 부착성은 증가, 조직감이 개선되었다. 또한 24시간 저장 후에도 조직감이 유지되었다. 설기떡의 중량도 chlorella 첨가량이 많아짐에 따라 증가하였다. 색도는 chlorella 첨가량 증가에 따라 L값은 감소, a값은 음(-)의 값이 커져 녹색이 강하였고, 20%물 첨가 chlorella 설기떡은 chlorella 첨가량 증가에 따라 경도와 색에 대한 기호도가 높았다. 종합

평가 결과, 1% chlorella 첨가 설기떡의 기호도가 낮았다.

***Chlorella* growth factor 첨가 식빵의 품질** : *Chlorella* growth factor(CGF)를 0, 0.5, 1.0, 1.5 및 2.0% 첨가식빵을 만들어 조사한 결과, 1.0%CGF식빵의 부피가 가장 증가하였고, L값(명도)과 a값(적색도)은 CGF 증가에 따라 감소, b값은 증가하였다. 조직 검사에서 1%CGF군이 견고성, 점착성, 씹힘성 등이 감소하였으나, 응집성은 증가하였다. 1%CGF군의 색상이 낮게 평가되었으나, 기공, 향, 맛, 뒷맛 등의 품질 특성이 높았으며, 특히 부드러움과 씹힘성은 기호도가 증가하였다. 1.0%CGF군의 기호도가 대조군(밀가루식빵)보다 우수하였고, 저장 기간 중 CGF첨가에 의해 수분 손실이 감소되었다. 그러므로 CGF 특유의 영양성과 기능성을 고려하면 1.0%CGF 첨가 식빵 제조가 식빵의 품질 특성을 향상시키는 것으로 생각되었다.

클로렐라 김치 : 1% fructo-oligo당, 0.01%와 0.02% chlorella 분말 첨가 김치를 담아 관찰한 결과, chlorella 김치 숙성 기간 중 pH와 총 산도의 변화는 1%당 첨가 김치가 대조구보다 적었고, 유산균수 또한 fructo-oligo당 또는 chlorella 첨가 김치가 적었다. 이러한 효과는 oligo당과 chlorella 혼합 첨가 시 더욱 뚜렷하여, pH값 기준으로 10일 정도 연장 되었다. oligo당은 김치의 담근 직후와 숙성 초기에 L, a 및 b값을 높였다. 관능검사 결과, oligo당 김치는 색에 대한 기호도가 높았고, oligo당과 0.02% chlorella 혼합 첨가 김치는 색, 신맛, 냄새, 아삭함 등 종합적 기호도가 우수하였다. oligo당과 chlorella 첨가 김치는 기능성 및 숙성 지연 효과도 있었다.

Chlorella 치즈의 특성 : 0.5%와 1.0%($^{w}/_{w}$)의 chlorella를 첨가하여 가공 치즈를 만들어 조사한 결과, 지방 분리는 실험구간 품질 차이는 없었고, 용융성은 chlorella 첨가량 증가에 따라 점진적으로 감소하였으나, 모든 품질에 큰 영향은 없었다. 물성 중 hardness와 springiness가 증가, 조직감이 개선되었고, 색도는 chlorella 고유의 녹황색이 모든 실험구에서 대조구와 비교되었다. 관능 검사중 color 및 mouth feel은 대조구와 모든 실험구가 유의적이었으나, 상품성은 0.5% chlorella 첨가 치즈가 적합하였다. 일반 성분 및 pH는 전통적인 일반 가공 치즈의 정상적 안정성의 품질 특성을 보였고, 미생물은 모든 실험구에서 검출되지 않아 유해성은 없는 것으로 나타났다.

모형 배양조 형태와 단세포 조류 비증식 속도: 치어의 먹이 사료인 동물성 plankton은 단세포 조류인 *Chlorella*를 먹이로 하고 있으며, 우리나라에서는 현재 *Chlorella*를 연못형 배양조에서 배양하고 있다. 본 연구에서는 *Chlorella* 생산을 향상 키 위해 *Chlorella* 배양 조건 중 빛의 공급을 증가시키는 데 중점을 두고 여러 형태의 배양조를 제작, *Chlorella vulgaris* 211-11b의 최대 비증식 속도와 생산성을 비교한 결과, 모형 배양조 중 Mmax와 생산성이 가장 큰 것이 HS-Pbr이었으며, 최대 비증식 속도와 생산성이 반드시 배양조의 S/V에 비례하지는 않았다.

미소조류의 응용: 1970년을 기준으로 1970년 이전의 미소 조류 연구는 유용 생물의 먹이, 식용 단백질, 생물 비료, 유기물 폐수 처리에 대한 연구였고, 1970년 이후 미소조류의 대량 생산을 탈피, 미소조류의 세포대사 특성물질 즉 유용 성분 생산, 즉 비타민, 아미노산, β-carotene, phycofluor, 약제성분, 생물 활성 물질, 수소 gas 및 중수소 화학물질 등 단가가 높은 천연 순물질의 생산이 목표였다.

✻ 효능과 이용

1) 효능: 혈당 강하, 항당뇨
2) 식용: 기능성 식품 재료로 이용되며, 떡, 케익, 과자 등에 첨가한다.

참고문헌

1) 강민숙, 심상준, 채희정, **생물공학회지,** 2004, 19(1), 1 (기능성 생물 소재로서의 클로렐라 – 총설)

2) 곽중기, 김현주, 이지현, 신가희, 조만기, 한봉호 **수산학회지,** 1998, 31(4), 477 (모형 배양조 형태에 따른 단세포 조류의 비중식 속도 – chlorella)

3) 김이오, 조재윤, 오승용, **수산학회지,** 2008, 41(3), 193 (사료에 첨가된 Spiruluna, Chlorella 및 Astaxanthin 이 비단잉어 체색에 미치는 영향)

4) 문영봉, **수산학회지,** 1981, 14(2), 86 (윤충의 연속 반복 수획을 위한 적정 윤충 밀도와 적정 *Chlorella* 농도에 대하여)

5) 박민경, 이재민, 박찬현, 인만진, **식품영양과학회지,** 2002, 31(2), 225 (클로렐라를 첨가한 설기떡의 품질 특성)

6) 박민경, 인만진, 정영철, **식품영양과학회지,** 2002, 31(5), 760 (프락토올리고당과 클로렐라가 김치 숙성에 미치는 영향)

7) 박신인, **식생활문화학회지,** 2003, 18(4), 356 (Chlorella growth factor 첨가가 식빵의 품질 특성에 미치는 영향)

8) 박흠기, 이균우, 이상민, 김성구, 이종화, 임영수 **수산학회지,** 2000, 33(2), 93 (넙치자어 사육에 있어서 먹이 종류에 따라 고밀도로 배양한 rotifer의 먹이 효율- chlorella)

9) 성기돈, 이진석, 신철승, 김미선, 박순철, 김승욱, **산업미생물학회지,** 1998, 26(1),1 (기포 탑 반응기에서 HA-1의 CO_2 고정화 특성)

10) 스피룰리나 연구회, **완전식품 스피룰리나,** 한가람 서원, 서울, 2005

11) 이원호 **수산학회지** 1992, 25(3), 205 〔미소조류의 응용연구(개관)〕

12) 임진영, 조만기, 한봉호, **수산학회지,** 1998, 31(1), 139 (해수산 *Chlorella* 의 최적 배양 조건에 관한 연구)

13) 전정기, **식품영양과학회지,** 2006, 35(3), 373 (Chlorella 첨가가 가공 치즈 품질에 미치는 영향)

14) 정남용, 최순남, **조리과학회지,** 2005, 21(5), 669 (클로렐라를 첨가한 파운드 케이크의 품질 특성)

15) 조인경, 김선희, 김동청, 채희정, 오남순, 김동호, 인만진, **식품영양과학회지,** 2001, 30(2), 344 (수욕 상에서 클로렐라와 녹차의 염소제거 효과 비교)

16) 최진호, 최재수, 변대석, 양달선, **수산학회지,** 1986, 19(5), 485(비만 치료식 개발을 위한 기초연구 −2. 조류와 생약 성분의 비만 억제 작용 비교)

17) Aitzemüller, K. et al, **Phytochemistry,** 1969, 8, 1761 (isol, Loroxanthin)

18) Aksu, Z., Acikel, U., **Biochem. Eng. J.,** 2000, 4, 229 ((Modeling of a Single-staged bioseparation process for Simultaneous removal of iron(Ⅲ) by using *Cholrella vulgaris*)

19) Aksu, Z., Acikel, U., Kutsal, T., **Sep. Sci. Technol.,** 1999, 34, 501 (Investigation of simultaneous biosorption of copper(Ⅱ) and chromium(Ⅵ) on dried *Chlorella vulgaris* from binary metal mixtures: Application of multicomponent adsorption isotherms)

20) Aksu, Z., Kutsal, T., **Environ. Technol.,** 1990, 11, 979 (A comparative study for biosorption characteristics of heavy metal ions with *Chlorella vulgaris*)

21) Ansushi, M., **Food J.,** 1999, 9, 82 (Technology on quality control in *Chlorella* production)

22) Atsushi, M., **Food Ind.,** 1999, 9, 122 (What is *Chlorella*?)

23) Baek, S. H., Kim, S. J., Han, J. H., Heo, J. W., **Proc. The 3rd Intl. Symp. on Chlorella, Korea,** 2001, 65-77 (Detoxication of lead poisoned rats with *Chlorella*)

24) Bajguz, A., **Plant Physiol. Biochem.,** 2000, 38, 209 (Effect of brassinosteroids on nucleic acids and protein content in cultured cell of *Chlorella vulgaris*)

25) Balci, F. M. et al, **Tetrahedron,** 1990, 46, 3715 (rev. Conduritol F)

26) Bashan, L. E. D., Moreno, M., Hernandez, J. -P., Bashan Y., **Water Res.,** 2002, 36, 2941 (Removal of ammonium and phosphorous ions from synthetic waste-water by the microalgae *Chlorella vulgaris* coimmobilized in alginate beads with the microalgae growth-promating bacterium *Azopirillum brasilense*)

27) Bertagnoli, B. L., Nadakavukaren, M. J., **J. Exp. Bot.**, 1974, 25, 180 (Some physiological responese of *Chlorella pyrenoidosa* to 2,4- dichlorophenoxyacetic acid)
28) Brown, M. R., Jeffery, S. W., **J. Exp. Marine Bio. Eco.**, 1992, 161, 91 (Biochemical composition of microalgae from the green agal classes chlorophyceae and prasinophyceae. 1. Amino acids, sugars and pigments)
29) Casey, R. P., Lubitz, R. J., Weissmann, B. J., **Food Technol.**, 1963, 17, 1039 (Mass culture of *Chlorella*)
30) Cherng, J. Y., Shin, M.F., **Life Sci.**, 2005a, 77, 980 (Potential hypoglycemic effects of *Chlorella* in streptozotocin induced diabetic mice)
31) Cherng, J. Y., Shin, M.F., **Life Sci.**, 2005b, 76, 3001 (Preventing dyslipidemic effects of *Chlorella pyrenoidosa* in rats and hamsters after chronic high fat diet treatment)
32) Cherng, J. Y., Shin, M.F., **Life Sci.**, 2006, 78, 1181 (Improving glycogenesis in streptozotocin(STZ) diabetic mice after administration of green algae *Chlorella*)
33) Cho, E. J., Nam, E. S., Park, S. I., **Kor. J. Food Nutr.**, 2004, 17(1), 1 (Effect of *Chlorella* extract on quality characteristics of yoghurt)
34) Cho, E. J., Nam, E. S., Park, S. I., **Kor. J. Food Nutr.**, 2004, 17(1), 8 (Effect of *Chlorella* extract on acid production growth of yoghurt starter)
35) Cho, I. -K., Kim, S. -H., Kim, D. -C., Chae, H. J., Oh, N. -S., Kim, D. -H., In, M. -J., **Kor. J. Soc. Food Sci. Nutr.**, 2001, 30, 344 (Comparison on chlorine removal characteristics of *Chlorella vulgaris* and green tea in aquous solution)
36) Dantas, D. C., Queiroz, M. L., **Intl. J. Immunopharmacol.**, 1999, 21, 499 (Effects of *Chlorella vulgaris* on bone marrow progenitor cells of mice intected with *Listeria monocytogenes*)

37) Konishi, F., Tanaka, K., Kumamoto, S., Hasegawa, T., Okuda, M., Yano, T., Yoshikai, Y., Monoto, K., **Cancer Immunol. Immunother.**, 1990, 32(1), 1 (Enhenced resistance against *E. coli* infection by subcutaneous administration of the hot-water extract of *Chlorella vulgaris* in cyclophosphamide-treated mice)

38) Engel, N. et al, **FEBS Lett.**, 1991, 293, 131 (isol, Red pigment, 4,5-Seco-pyrophaeophorbide a)

39) Fedeli, E. et al, **J. Am. Oil. Chem. Soc.**, 1996, 43, 254 (occur, Dihydrobrassicasterol)

40) Gouveia, L., Veloso, V., Reis, A., Fernandes, H., Novais, J., Empis, J., **Biresor. Technol.**, 1996, 57, 157 (Evolution of pigment composition in *Chlorella vulgaris*)

41) Gouviea, L., Choubert, G., Gomes, E., Rema, P., Empis, J., **Aquacult. Intl.**, 1998, 6, 269 (Use of *Chlorella vulgaris* as a carotenoid source, for salminids: Effect of dietary lipid content on colouringation, digestibility and muscular retention)

42) Granick, S. et al, **J. Biol. Chem.**, 1953, 202, 801 (isol, Haematoporphyrin)

43) Greca, M. D., Fiorentino, A., Pinto, G., Pollio, A., Previtera, L., **Phytochemistry**, 1996, 41, 1527 [Biotransformation of progesteron by the green agal *Chlorella emersonii* (211-8H)]

44) Grimme, L. H., Boardman, N. K., **Biophys. Res. Commun.**, 1972, 19, 1617 (Photochemical activities of particles fraction derived from the green algal *Chlorella* Biochem)

45) Gross, R. E., Pugno, P., Dugger, W. M., **Plant Physiol.**, 1970, 46, 183 (Observation on the mechanism of copper damage in *Chlorella*)

46) Guzman, S., Gato, A., Calleja, J. M., **Phytother. Res.**, 2001, 15, 224 (Antiinflammatory, analgesic and free radical scavenging activities of the marine microalgae *Chlorella stigmatophora* and *Phaeodactylum*

tricornutum)

47) Hagine, N., **Jpn. J. Hyg.**, 1975, 30, 77 (Effect of *Chlorella* on fecal and urinary cadmium excret In "Itai-Itai")

48) Han, J. G., Kang, G. G., Kim, J. K., Kim, S. H., **Food Sci. Ind.**, 2002, 6, 64 (The present status and future of *Chlorella*)

49) Harris, P. O., Ramelow, G. J., **Environ. Sci. Technol.**, 1990, 24, 220 (Binding of metal ions by particulate biomass derived from *Chlorella vulgaris* and *Scenedesmus quadricauda*)

50) Hasegawa, T., Ito, K., Kumamoto, S., Ando, Y., Yamada, A., Nomoto, K., Yasunobu, Y., **Intl. J. Immunopharmacol.**, 1999, 21, 311 (Oral administartion of a hot water extracts of *Chlorella vulgaris* reduces IgE production against milk casein in mice)

51) Hasegawa, T., Kimura, Y., Hiromatsu, K., **Immunopharmacol.**, 1997, 35(3), 273 (Effect of hot-water extract of *Chlorella vulgaris* on cytokine expression patterns in mice with murine aquired immunodeficiency syndrome after infection with *Listeria monocytogenes*)

52) Hasegawa, T., Matsuguchi, T., Noda, K., Tanaka, K., Kumamoto, S., Shoyama, Y., Yoshikai, Y., **Intl. Immunopharmacol.**, 2002, 2, 579 (Toll-like receptor 2 is at least partly involved in antitumor activity of glycoprotein from *Chlorella vulgaris*)

53) Hasegawa, T., Okida, M., Nomoto, K., **Immunopharmacol. Immunotoxicol.**, 1994, 16(2), 191 (Augmentation of the resistance against *Listeria monocytogenes* by oral administration of a hot water extract of *Chlorella vulgaris* in mice)

54) Hasegawa, T., Okida, M., Nomoto, K., **Intl. Immunopharmacol.**, 1995, 17(6), 505 (Hot water extracts of *Chlorella vulgaris* reduce oppotunic infection with *Listeria monocytogenes* in C57BL/6 mice infected with LP-BM5 murine leukemia viruses)

55) Hasegawa, T., Tanaka, K., Ueno, S., Ueno, M., Okuda, Y., Yoshikai,

Y., Nomoto, K., **Immunopharm.**, 1989, 11, 971 (Augmentation of the resistance against *E. coli* by oral administration of a hot water extract of *Chlorella vulgaris* in rat)

56) Hasegawa, T., Yoshikai, Y., Okuda, M., Nomoto, K., **Intl. Immunopharmacol.**, 1990, 12(8), 883 (Accelerated restoration of the leukocyte number and augmented resistance against *E. coli* in cyclophosphamide-treated rats orally administered with a hot water extract *Chlorella vulgaris*)

57) Hassall, K. A., **Physiol. Plant,** 1963, 16, 323 (Uptake of Cu and its physiological effects on *Chlorella vulgaris*)

58) Hassan, S. K. M., Fadl Allah, E. M., Kobbia, I. A., Shoulkamy, M. A., **균학회지,** 1990, 18(4), 181 (수생균의 분비물질에 의한 *Chlorella fusca* 의 성장 및 대사 조절)

59) Hong, J. C., **In Je Univ.**, 2003, 6, 1-53 (Effect of *Chlorella* extract on the expression of artherosclerosis related genes)

60) Hook, I. L., Ryan, S., Sheridan, H., **Phytochemistry,** 1999, 51, 621 (Biotranformation of aromatic aldehydes by five species of marine microalgae)

61) Hwang, Y. K., Lee, Y. K., Yun, J. Y., Hwang, J. M., Yoo, J. D., **J. Biomed Lab. Sci.**, 2006b, 12, 23 (Effect of *Chlorella* on metallothionein synthesis and binding capacity of cao-minimum in cadminium poisoned rat liver and kidney)

62) Ibusuki, K., Minamishhina, Y., **Nat. Immun. Cell Growth Regul.**, 1990, 9, 121 (Effect of *Chlorella vulgaris* extracts on murine cytomegalovirus infections)

63) Iwata, I. et al, **Agric. Biol. Chem.**, 1966, 25, 377 (Rhodoxanthin)

64) Jeong, H., Kwon, H. J., Kim, M. K., **Nutr. Res. Practice,** 2009, 3(1), 23 (Hypoglycemic effect of *Chlorella vulgaris* intake in type 2 diabetic Goto-kakizaki and normal Wistar rats)

65) Jung, J. H., **In Je Univ.**, 2003, 6, 1~59 (Studies on anticaner activity of organic cultured *Chlorella* complex using tumorigenic cell implant technique)

66) Justo, G. Z., Silva, M. R., Quejroz, M. L., **Immunopharmacol. Immunotoxicol.**, 2001, 23(1), 119 (Effects of the green algae *Chlorella vulgaris* on the response of the host hematopoetic system to intra-peritoneal Ehrlich ascites tumor transplantation in mice)

67) Kang, M. S., Sim, A. J., Chae, H. J., **Kor. J. Biotechnol. Bioeng.**, 2004, 19, 1 (*Chlorella* as a functional biomaterial)

68) Kanno, I., Shinpo, K., Masada, M., Tamura, G., **J. Ferment. Bioeng.**, 1996, 81, 159 (Growth-promoting factor for an extract of *Chlorella vulgaris* Ck-5)

69) Kim, H. J., **M.F. Thesis,** Fish. Univ., Pusan, 1986 (Selection and optimum environmantal factors of suitable *Chlorella* species for the rotifer culture)

70) Kim, S. S., Park, M. K., Oh, N. S., Kim, D. C., Han, M. S., Im, M. J., **Kor. Agric. Chem.**, 2003, 1(1), 12 [Studies on quality characteristics and self-life of *Chlorella* soybean curd(Tofu)]

71) Kim, Y. H., Hwang, J. M., seong, H. K., Kim, D. U., **J. Biomed. Lab. Sci.**, 2003, 9, 9 (Effects of chlorella dietary supplementation on bone biochemical markers of turnover in postmenopausal women)

72) Kojima, M., Shishido, K., Kobayashi, S., Dobashi, M., Ino, S., **J. Reticuloendothel. Soc.**, 1973, 14, 192 (A *Chlorella* polysaccharide as a factor stimulating RES activity)

73) Konishi, F., Misuyama, M., Okuda, M., Tanaka, K., Hasegawa, T., Nomoto, K., **Cancer Immu. Immunother,** 1996, 42, 268 (Protective effect of an acidic glycoprotein obtained from culture of *Chlorella vulgaris* against myelosuppression by 5-fluoruracil)

74) Konishi, F., Tanaka, K., Himeno, K., Tamiguchi, K., Nomoto, K.,

Cancer Immu. Immunother, 1985, 19, 73 〔Antitumor effect induced by a hot water extract of *Chlorella vulgaris*(CE): resistance to men a tumor growth mediated by CE-induced polymorphonucler leukocytes〕

75) Kuniaki, T., Akira, Y., Niyoshi, N., **Cancer Immuno. Immunother.**, 1998, 45, 313 (A novel glycoprotein obtained from *Chlorella vulgaris* strain CK 22 Shows antimetastatic immuno-potentiation)

76) Laguna, M. R., Villar, R,. Calleja, J. M., **Plant Med.**, 1993, 59(2), 125 (Effects of *Chlorella stigmatophora* extract on the central nerves system)

77) Le, H. S., Choi, C. Y., Cho, C., Song, Y., **Biosci. Biotechnol. Biochem.**, 2003, 67, 2083 (Attenuating Effect of *Chlorella* supplementation on Oxidation stress and NF-KAPPA-B Activation in Peritoneal macrophages and Liver of C57BL/6 mice Fed on an atherogenic Diet)

78) Lee, H. S., Park, H. J., Kim, M. K., **Nutr. Res. Practice,** 2008, 2(4), 204 (Effect of *Chlorella vulgaris* on lipid metabolism in wistar rats fed high fat diet)

79) Lee, S. H., Chang, D. U., Lee, B. J., Jeon, Y. J., **J. Food Sci. Nutr.**, 2009, 14(1), 21 (Antioxidant activity of solubilized *Tetraselmis suecica* and *Cholorella ellipsoidea* by Enzymatic digest)

80) López-Suárez, C. E., Castro-Romero, J. M., González-Rodríguez, M. V., Gonzalez-Soto, E., Pérez-Iglesias, J., Seco-Lago, H. M., Fernández-Solís, J. M., **Talanta,** 2000, 50, 1313(Study of the parameters affecting the binding of metals in solution by *Chlorella vulgaris*)

81) Maeda, S., Migoguchi, M., Ohki, A., Takeshita, T., **Chemosphere,** 1990, 21, 953 (Bioaccumulation of inc and cadmium in fresh water alga, *Chlorella vulgaris.* part 1. Toxicity and accumulation)

82) Maruyama, I., Ando, Y., Maeda, T., Hirayama, K., **Nippon Suisan Gakkaishi,** 1989, 55, 1785 (Uptake of vitamin B_{12} by various strains of unicellular algae *Chlorella*)

83) Mendes, R. L., Nobre, B. P., Cardos, M. T., Pereira, A. P., Palavra,

A. F., **Inorg. Chim. Acta,** 2003, 356, 328 (Supercritical carbon dioxide extraction of compounds with pharmaceutical importance from microalgae)

84) Metting, B., Pyne, J. W., **Enzyme Microbiokl. Technol.**, 1986, 8, 386 (Biologically active compounds from microalgae)

85) Miranda, M. S., Sato, S., Mancini-Filho, J., **Boll. Chim. Farm.**, 2001, 140(3), 165 (Antioxidant activity of the microalgae *Chlorella vulgaris* cultured on special conditions)

86) Miron, A. S., Gomez, C., Camacho, F. G., Grima, E. M., Chisti, Y., **J. Biotechnol.**, 1999, 70, 249 (Comparative evaluation of compact photobioreactors for large scale monoculture of microalgae)

87) Miura, Y., Sods, K., Nakamura, N., **FEMS Microbiol. Lett.**, 1993, 107(2), 163 (Production of γ-linoleic acid from the marine green algae *Chlorella* sp. NKGO42401)

88) Morimoto, T., Nagatsu, A., Murakami, N., Sakakibara, J., Tokuda, H., Nishino, H., Iwashima, A., **Phytochemistry**, 1955, 40, 1433, (Anti-tumor-promoting glyceroglycolipids from the green algae *Chlorella vulgaris*)

89) Morita, K., Matsueda, T., Lida, T., Hasegawa, T., **J. Nutr.**, 1999, 129, 1731 (*Chlorella* accelerates dioxin excretion in rats)

90) Nagano, Y., Watanabe, T., Homma, Y., Suketa, T., **Drug Chem. Toxicol.**, 1978, 24, 182 (Absorption and excretion of Cd by the administered Cd-containging *Chlorella*)

91) Nakamura, T., Matsubayashi, T., Kamachi, K., **Nippon Nogei Kagaku Kaishi,** 2000, 74, 907 〔γ-Amino butyric acid(GABA)-rich *Chlorella* depresses the elevation of blood pressure in spontaneously hyper-tensive rats〕

92) Nakano, H. Maeda, T., Kuwatsuka, S., **Jpn. J. Soil Plant Nutr.**, 1996, 67, 17 (Effects of hot water extract and its residues of *Chlorella* cells

on the growth of radish seedings and the changes in soil microflora)

93) Noda, K., Ohno, N., Tanaka, K., Kamiya, N., Okuda, M., **Planta Med.**, 1996, 62(5), 423 (A water-soluble antitumor glycoprotein from *Chlorella vulgaris*)

94) Okamoto, K., Lizuka, Y., Murakami, T., Miyake, H., Suzuki, Y., **Jpn. Heart J.**, 1978, 19(4), 622 (Effect of *Chlorella* alkali extract on blood pressure in SHR)

95) Okudo, M., Hasegawa, T., Sonoda, M., Okabe, T., Tanaka, M., **Jpn. J. Nutr.**, 1975, 33, 3 (The effects of *Chlorella* on the level of cholesterol in serum and liver)

96) Papageorgiou, G., Govindgee, **Biophysic. J.**, 1968, 8, 1316 (Light induced changes in the fluorescence yield of chlorophyll a in Vivo II. *Chlorolla pyrenoidosa*)

97) Park, J, -Y., Lee, H. -S., Song, Y, -S., **Nutraceuticals and Food**, 2003, 8(2), 124 (Suppressive effect of *Chlorella* Methanol Extract on Oxidative Stress and NFkB Activation in RAW 264.7 Macrophages)

98) Park, M, K., Lee, J. M., Park, C. H., In, M. J., **J. Kor. Soc. Food Sci. Nutr.**, 2002, 31, 225 (Quality characteristics of sulgidduk containing *Chlorella* powder)

99) Park, S. I., Cho, E. J., **Kor. J. Food Nutr.**, 2004, 17, 120 (Quality characteristics of noodle added with *Chlorella* extract)

100) Pascucci, P. R., Kowalak, A. D., **Wat. Environ. Res.**, 1999, 71, 1165 (Metal distributions in complexes with *Chlorella vulgaris* in sea water and waste-water)

101) Piorreck, M., Baasch, K. -H., Poh1, P., **Phytochemistry**, 1984, 23, 207 (Biomass production, total protein, Chlorophylls, lipids and acids of fresh water green and blue-green algae under different nitrogen regimers)

102) Pollio, A., Pinto, G., Greca, M. D., Fiorentio, A., Previtera, L.,

Phytochemistry, 1996, 42, 685 (Biotransformations of Progesterone by *Chlorella* spp.,)

103) Pore, R, S., **Drug Chem. Toxicol.**, 1984, 7, 57 (Detoxication chlordecone poisoned rats with *Chlorella* and *Chlorella* derived sporopollunim)

104) Prison, A., Lorenzen, H., **Z. Botan.**, 1958, 46, 53 (Ein endogener Zeitfaktor bei der teilungen *Chlorella*)

105) Queiroz, M. L. S., Rodrigues, A. P. O., Figueiredo, C. B. C. A. V., Malacrida, S., **Immunopharmacol.**, 2003, 3, 889 (Protective effects of *Chlorella vulgaris* in lead-exposed mice infected with *Listeria monocytogenes*)

106) Queiroz, M. L., Bincoletto, C., Valadares, M. C., Dantas, D. C., Santos, L. M., **Immunopharmacol. Immunotoxicol.**, 2002, 24, 483 (Effects of *Chlorella vulgaris* extract on cytokines production in *Listeria monocytogens* infected mice)

107) Rai, L. C., Singh., A. K., Mallick, N., **J. Plant Physiol.**, 1991, 137, 419 (Studies of photosynthesis, the associated electron transport system and some physiological variable of *Chlorella vulgaris* under heavy metal stress)

108) Rehman, A., Shakoori, A. R., **Bull. Environ. Contam. Toxicol.**, 2001, 66(4), 542 (Heavy metal resistance *Chlorella* sp. isolated from tannery effluents and the role in remendiation of hexavalent chromium in industrial waste)]

109) Sano, T., Kumamoto, Y., Kamiya, N., Okuda, M., Tanaka, Y., **Artery**, 1988, 15(4), 217 (Effect of lipophilic extract of *Chlorella vulgaris* on alimentary hyperlipidemia in cholesterol-fed rats)

110) Sano, T., Tanaka, Y., **Artery**, 1987, 14, 76 (Effect of dried, powdered *Chlorella vulgaris* on experimental atherosclerosis and alimentary hyperchloresterolemia in cholesterol fed rabbits)

111) Shibata, S., Oda, K., Onodera-Masuoka, N., Matsubara, S., Kikuchi-

Hayakawa., H., Ishikawa, F., Iwabuchi, A., Sansawa, H., **J. Nutr. Sci. Vitaminol.**, 2001, 47, 373 (Hypocholesterolemic effect of indigestible fraction of *Chlorella regularis* in cholesterol-fed rats)

112) Shim, J. A., Son, Y. A., Park, J. M., Kim, M. K., **Nutr. Res. Practice**, 2009, 3(1), 15 (Effect of *Chlorella* intake on cadmium metabolism in rats)

113) Shim, J. Y., Shin, H. S., Han, J. G., Park, H. S., Lim, B. L., Chung, K. W., Om, A. S., **J. Med. Food**, 2008, 11, 479 (Protective effects of *Chlorella vulgaris* on liver toxicity in Cadmium-administered rats)

114) Singh, A., Singh, S. P., Bamezai, R., **Anticancer Res.**, 1998, 18, 1509 (Perinatal influence of *Chlorella vulgaris*(E-25) on hepatic drug metabolizing enzymes and lipid peroxidation)

115) Singh, A., Singh, S. P., Bamezai, R., **Anticancer Res.**, 1999, 19, 1887 (Inhibitory potential of *Chlorella vulgaris*(E-25) on mouse skin papillomagenesis and xenobiotic detoxication system)

116) Sung, G. D., Lee, J. S., Shin, C. S., Kim, M. S., Park, S. C., Kim, S. W., **Biotechnol. Bioeng.**, 1998, 10, 401 (CO_2 fixation by *Chlorella* HA-1 cultured in bubble columns)

117) Sung, Y. M., Cho, J. R., Oh, N. S. Kim, C. K., In, M. J., **Kor. J. Soc. Appl. Biol. Chem.**, 2005 48, 60 (Preparation and quality characteristics of curd yogurt added with *Chlorella*)

118) Takahashi, H., Tetuya, M., Kiyoshi, N., Kuniaki, T., Shoichiro, K., Yasunobu, Y., **Intl. Immunopharm.**, 2001, 2, 579 (Toll-like receptor I is at least partly involved in the antitumor activity of glycoprotein from *Chlorella vulgaris*)

119) Tamiya, H., Iwamura, T., Shibata, K., Hase, E., Nihei, T., **Biochem. Biophy. Acta**, 1953, 12, 23 (Correlation between photosynthesis and light-independent metabolism in the growth of *Chlorella*)

120) Tanaka, K., Koga, T., Konishi, F., Nakamura, M., Mitsuyama, K.,

Nomoto, K., **Inf. Immun.**, 1986, 53, 267 (Augmentation of host defense by a unicellular green alga, *Chlorella vulgaris* to *E. coli*)

121) Tanaka, K., Konishi, F., Himeno, K., **Cancer Immunol. Immunother.**, 1984, 17, 90 (Augmentation of antitumor resistance by strain of unicellular green algae *Chlorella vulgaris*)

122) Tanaka, K., Yamada, A. Noda, K., Shoyama, Y., Kudo, C., Nomoto, K., **Planta Med.**, 1997, 63, 465 (Oral administration of a unicellular green algae *Chlorella vulgaris,* prevents stress-induced ulcer)

123) Tanaka, K., Yamada, A., Noda, K., **Cancer Immunol. Immunother.**, 1998, 45(6), 313 (A Novel glycoprotein obtained from *Chlorella vulgaris* strain CK22 shows antimetastatic immunopotentiation)

124) Tasukada, O., Kawahara, T., **Biological Solar Energy Conversion,** Eds, Mitsui, A. Miyachi, S., Sanpietro, A., Tamija, H., 1997, 363 Academic Press, New York (Mass culture of *Chlorella* in asian countries)

125) Theobald, N. et al, **J. Am. Chem. Soc.**, 1978, 100, 7677 (isol, Crinosterol)

126) Tischner, R,. Velasko, P. J., Huffaker, R. C., Whitaker, J. R., **Plant Physiol.**, 1989, 89, 220 (Synthesis and degradation of nitrate reductase during the cell cycle *Chlorella sorokiana*)

127) Tokusoglu, Ó., Unal, M. K., **J. Food Sci.**, 2003, 68, 1144 (Biomass nutrition profiles of three microalgae; *Sprulina platensis, Chlorella vulgaris,* and *Isochrisis galbana*)

128) Tomita, Y. et al, **Phytochemistry.**, 1971, 10, 573 (Poriferasterol)

129) Yamamoto, H. Y. etal, **J. Org. Chem.**, 1969, 34, 4207 (Pyrenoxanthin)

130) Yasukawa, K., Akihisa, T., Kanno, H., Kaminaga, T., Lzumida, M., Sakoh, T., Tamura, T., Takido, M., **Biol. Pharm. Bull.**, 1996, 19(4),

573 (Inhibitory effects of sterols isolated from *Chlorella vulgaris* on 12-*O*-tetradecanolyl-phorbol-13-acetate-induced inflammation and tumor promtion in mouse skin)

131) Wu, L. -C., Annie Ho, J. -A., Shief, M. -C., Lu, I. -W., **J. Agric. Food Chem.**, 2005, 53, 4207 (Antioxidant and antiproliferative activities of *Spirulina* and *Chlorella* water extract)

132) Yoon, D. H., **MS Thesis,** Korea Univ., Seoul, Korea, 1980 (Effect of *Chlorella* powder on the growth of lactic acid bacteria)

133) Yun, Y. S., Park, J. M., Yang, J. W., **J. Chem. Tech. Biotechnol.**, 1996, 10, 713 (Enhancement CO_2 of tolerance of *Chlorella vulgaris* by gradual increase of CO_2 concentration)

Hizikia fusiforme (Harvey) Okamura

톳 17

갈조류 · Sargassaceae (모자반과)

• 영명 | Seaweed fusiforme
• 일명 | Hiziki
• 중국명 | 鹿尾蔡, 六尾菜
• 별명 | 모자비
• 용도 | 식용
• 분포 | 한국 동해, 남해, 일본, 동지나 해

✻ 식물학적 특성

갈조류로 모자반과에 속하며, 뿌리는 섬유상이며 줄기는 직립, 원주상, 1회 우상 분기한다. 높이 20~100㎝, 잎은 하부에 있고, 납작한 원형의 다육질, 가장 자리에 톱니가 있다. 중앙의 작은 가지는 잎이라 볼 수 있으며, 여러 모양으로 변화, 가지는 처음에 잎 겨드랑이에서 다수 나고, 작은 가지는 나선상으로 붙는다. 자라면 밑 부분의 잎은 없어지고, 가지는 대부분 짧고, 길이는 5~10㎝, 조간대 하부에 큰 군락을 이룬다.

✻ 성분

1) 영양성분

①톳(생것, 12055, fusiform) : 가식부 100g 중 수분 88.60%, 열량 137.0kcal, 단백질 1.3g, 지질 0.3g, 당질 5.1g, 조섬유 0.60g, Ca 88.0㎎, P 32.0㎎, Fe 1.40㎎, Zn(0.29)㎎, vitamin A 126.0 RE, β-carotene(756.0㎍),

B_1(0.010mg), B_2(0.050mg), B_6(0.16mg), niacin 0.3mg, C(28.0mg), 엽산(146.3㎍), E(1.00mg).

② **톳(말린것, 12056,** fusiform) : 가식부 100g 중 수분 32.7%, 열량 137.0kcal, 단백질 6.6g, 지질 0.8g, 당질 25.7g, 조섬유 6.30g, Ca 768.0mg, P 118.0mg, Fe 76.20mg, Zn(1.73)mg, vitamin A(743.8 RE), β-carotene(4463.0㎍), B_1(0.060mg), B_2(0.300mg), B_6(0.96mg), niacin(1.8mg), C 165.3mg, 엽산(1364.0㎍), E(4.30mg).

③ **톳(자건품, 12057,** boiled dried) 가식부 100g 중 수분 15.80%, 열량 235.0kcal, 단백질 6.2g, 지질 0.8g, 당질 49.4g, 조섬유 10.30g, Ca 1250.0mg, P 93.0mg, Fe 47.00mg, Zn(2.14)mg, vitamin A 75.0 RE, β-carotene(450.0㎍), B_1(0.010mg), B_2(0.110mg), B_6(1.18mg), niacin 2.0mg, 엽산 1364.0㎍, E(4.30mg).

✲ 생리 활성

Fucoidan의 생리활성과 이용 : 미역, 다시마, 톳 등 갈조류에 많은 fucoidan은 90여 년 전에 추출 확인되었으며 항혈액 응고, 항혈전, 항암, 면역조절, 항virus, 줄기세포의 활성화 등의 생리 활성이 연구되어, 이와 관련된 각종 질병의 완화 및 치료제로 활용 가능성이 인식되고 있다. 갈조류의 양식은 잘 발달되었고, 전남 완도지역은 청정 지역으로 수질오염이 낮아 다시마, 미역포자엽의 수확량이 풍부, fucoidan 추출원료 수급이 용이하다.

Fucoidan 의 화학적 특성 : 톳과 모자반에서 fucoidan을 추출, 정제하여 성질을 조사한 결과, fucoidan 추출 조건은 pH 2.0, 60℃에서 1시간씩 3회 추출, cetylpyridium chloride로 정제, 부분 정제한 fucoidan 의 수율은 톳 2.51%, 모자반 1.56%, DEAE-sephadex A-25 ion 교환 칼람으로 부분 정제한 fucoidan을 분획한 결과, 톳과 모자반 모두 3종의 분획으로 나누어졌고, 각 분획분은 전기 영동상에서 2종 이상의 band가 검출되었다. 다시 알코올로 재 분획한 결과, 톳은 EtOH 60~70%에서 침전된 획분

(P-70)이, 모자반 EtOH 60~65%에서 침전된 획분(P-65)이 cellulose acetate 전기 영동 및 gel 여과 chromatography에서 각각 균일성을 보였다. 정제된 톳과 모자반의 fucoidan은 fucose : galactose : 황산기의 mole 조성은 각각 1: 0.66: 2.74와 1: 0.24: 1.46이었고, 분자량은 톳이 26,000, 모자반은 105,000이었다.

갈조류의 Fucoidan 추출, 정제 및 특성 : 갈조류인 다시마, 미역, 톳, 모자반에서 수용성 식이 섬유인 fucoidan추출은 pH 2.0, 65℃, 1시간씩 3회 추출, cetylpyridium chloride로 부분 정제한 결과, 다시마 2.71%, 미역포자엽 6.65%, 톳 2.51%, 모자반 1.56%, 미역엽상체 0.40%였고, DEAE-Sepadex A-25 이온교환으로 정제 fucoidan 분획은 다시마, 미역포자엽, 톳, 모자반 모두 3종의 분획으로, 전기 영동에서 2종 이상의 band가 검출되어 불균일성을 보였다. 알코올 분별 침전법으로 재분획한 결과, 다시마, 미역포자엽, 톳은 60~70% EtOH에서, 모자반은 60~65%에서 침전된 분획이 cellulose acetate 전기 영동 및 gel filteration chromatography상에서 균일하였다. 이 fucoidan은 fucose: galactose: sulfate의 mole 조성비는 다시마, 미역포자엽, 톳, 모자반이 각각 1:0.31:2.43, 1:0.87:1.99, 1:0.66: 2.74, 1:0.24:1.46이었고, 분자량은 다시마 31,000, 미역포자엽 38,000, 톳 26,000, 모자반 105,000이었다. 구성당의 위치는 다시마, 톳, 모자반의 주결합은 1, 3 fucose, 미역포자엽은 1, 3 fucose 외 1, 3 galactose, 황산기는 fucose 및 galactose C-4에, 미역포자엽과 톳은 C-4 외에 C-2에 결합되었고, 이들의 항혈액 응고력은 다시마〉톳〉모자반〉미역포자엽 순이었다. 특히 다시마의 항응고력은 18㎎/㎖에서 70초로 heparin의 약 15% 활성을 보였다. 또한 다시마, 톳, 모자반의 정제 fucoidan의 항응고력은 황산기 함량 증가에 따라 증가하였다.

Fucoidan 구성당 결합 특성 : 다시마, 미역 포자엽, 톳, 모자반에서 추출 정제한 fucoidan의 주 결합은 (1→3)linked fucose이었고, 미역 포자엽에는 (1→3)linked galactose도 상당량 존재 하였다. 황산기의 대부분은 fucose와 galactose의 C-4위치에 결합되어 있는 것으로 추정되었다.

CCl_4- 유도 간손상과 Fucoidan 효과 : CCl_4—산화 stress 손상 간에 fucoidan extracts(FE)의 항산화성을 GOT, GPT, ALP, LDH, MDA, SOD, CAT, GPx수준으로 알 수 있는지 실험하였다. SD계rat(♀)에 Fe 100㎎/㎏을 14일간 투여하고 15일째 CCl_4를 준 후 희생시켰다. rat 혈청 중 GDT, GPT, ALP 및 LDH를 총 간의 균질액에서 MDA, SOD, CAT 및 GPx와 같이 측정한 결과, CCl_4처리에서는 GDT, GPT, ALP, LDH, 및 MDA가 증가하였고, SOD, CAT 및 GPx는 현저히 감소하였으나, FE로 전처리한 rat은 CCl_4 처리 rat에서 SOD, CAT 및 GPx양이 회복되는 것과 같이 GOT, GPT, ALP, LDH 및 MDA의 증가가 억제되었다. 더구나 FE처리 rat의 간에서는 괴저나 경화 발생이 현저히 감소하였다. 이러한 결과로 FE의 항산화성이 CCl_4-유도 산화적 stress에 효과 있음을 알게 되었다.

AAPH-손상 LLC-PK1세포와 Fucoidan : AAPH손상 LLC-PK1 세포 산화적 stress에 fucoidan의 보호 효과를 실험하였다. LLC-PK1세포를 1mM 2,2'-azo-bis(2-aminopropane) dihydroehloride(AAPH)에 24시간 노출시킨 결과, 산회적 strcss에 생활력이 현저히 감소하였으나, fucoidan은 용량의존적으로 이를 보호하였다. 이러한 fucoidan의 작용은 superoxide anion radical과 hydroxyl radical의 작용을 제거하는 것과 같이 fucoidan이 지질 과산화와 항산화효소의 작용과 같은 양상이다. fucoidan의 AAPH-유도 LLC-PK1 손상에 보호효과는 특히 superoxide radical을 강하게 제거함을 보였다. fucoidan의 IC_{50}은 48.37±1.54㎍/㎖ superoxide anion radical 제거능과 hydoxyl radical 제거 능력은 IC_{50} 32.03㎍/㎖로 강하였다. 그러므로 fucoidan의 AAPH-손상 LLC-PK1 세포 보호는 지질 과산화를 방해하고, 항산화 효소 작용을 증가시켜 과산화 radical을 제거함에 있다(LLC-PK1 cell: Procine kidney epitheial celll).

저분자 Fucoidan의 면역활성 증진 : 톳에서 fucoidan(Fc) 추출시 초음파 공정으로 저분자 Fc(분자량 14,000 이하)을 만들어 면역 B세포와 T세포 생육도를 저분자 Fc 1.0㎎/㎖에서 무첨가 대조구와 비교, 각각 367%와 387%의 생육도를 보여 가장 강한 활성을 보였다. 면역세포의 cytokine

분비량에서는 생육도와 유사하며 저분자 Fc가 가장 많은 cytokine을 분비하였으며, 이는 NK세포의 생육에도 영향을 주어 생육이 높았다. 인간 정상세포의 세포 독성 측정에서는 시료간 큰 차이는 없었으나, 1.0㎎/㎖에서 Fc 표준물질이 21.45%로 가장 높은 수치를 보였고, 저분자 Fc가 19%로 가장 낮았다. 인간 폐암세포인 A549와 유방암 세포인 MCF-7에 대한 생육억제 활성도는 1.0㎎/㎖에서 각각 69.8%, 83.8%를 보였으며, Fc표준 물질도 55% 이상의 활성을 보였다. 이상의 결과로 톳에서 추출한 fucoidan은 저분자화로 면역과 항암활성의 증진이 가능함을 확인하였다.

Fucoidan의 항혈액 응고 활성 : 국내 연안의 갈조류, 미역포자엽, 다시마, 톳, 모자반을 묽은 염산(pH 2.0)으로 65℃에서 추출, crude fucoidan을 CPC 처리로 침전시킨 후, $CaCl_2$(1.0M, 1.5M, 3.0M)를 증가시켜 분리하였다. APTT 활성으로 비교한 결과, 분획물의 항혈액 응고 활성은 황산기 함량의 증가에 따라 증가하였으며, 분획물 시료중 미역포자엽을 3.0M $CaCl_2$로 분획한 것이 가장 활성이 우수하였다. 이 분획을 다시 pronase와 laminase로 수식한 결과, 각각 단백질과 glucose가 감소하였으나 수식 전에 비해 APTT 활성이 증가하였다. pronase와 laminase로 수식한 fucoidan의 fucose : galactose : mannose : sulfate : uronic acid의 mole%는 1 : 1.3 : 0.03 : 2.7 : 0.08이었으며, 효소처리에 따른 미역포자엽의 결합구조는 변화가 없었다.

알긴산 조성 : 식용 갈조류의 uronate 조성과 alginate 분자량을 조사하였다. 미역, 다시마, 모자반, 톳 4종의 갈조류 중 미역이 가장 alginate 분자량이 크며, D-mannuronioc acid와 L-glucuronic acid(M/G)비가 톳〉모자반〉미역〉다시마 순이었고, 특히 수용성 alginate가 많았다. alginate의 분자량은 다시마가 45,000~48,000kDa, 미역이 4,000~4,200kDa, 톳이 3,300~3,400kDa, 모자반이 3,000~3,200kDa 순이었다. 미역의 수용성 alginate에서 M/G비는 4.59로 가장 높았다. 분자량은 포자엽과 줄기가 4,100~4,200kDa로 비슷하였고, 잎부분은 4,000~4,100kDa정도였다.

산화적 Stress에 대한 Fucoidan과 Alginic acid의 보호 효과 : Peroxyl radical -

유도 산화적 stress에 대한 fucoidan과 alginic acid(갈조류 함유활성 다당류)의 보호 작용을 in vitro에서 실험한 결과, fucoidan은 NO와 O_2(superoxide)제거능이 강력하였으나, alginic acid는 이러한 작용이 없었다. 그러나 alginic acid는 fucoidan보다 -OH 제거능은 높았다. fucoidan과 alginic acid는 AAPH 유도 산화적 stress에 대하여 세포의 활성을 향상시켰다. fucoidan과 alginic acid 1,000㎎/㎖에서 세포의 활성은 각각 16.4%에서 85.9%와 67.7%로 증가하였다. 또한 fucoidan과 alginic acid는 AAPH에 의해 용량 의존적으로 LLC-PKI세포에서 지질과산화를 개선시켰다. 이 결과로 fucoidan과 alginic acid는 free radical로 인한 산화적 stress에 대해 항산화제로 작용하는 것으로 생각되었다.

Alginate의 항돌연변이와 Cholesterol, Glucose, Cd 결합능① : Alginate의 평균 분자량 약 10,000(HAG-10), 50,000(HAG-50), 100,000(HAG-100)의 저분자 alginate를 만들어 Ames test로 항돌연변이 효과를 측정한 결과, AFB_1에 대한 간접 돌연변이 원성과 MNNG에 대한 직접 돌연변이 원성의 항돌연변이 효과는 HAG-10이 가장 높았고, 다음 HAG-50, HAG-100 및 alginate 순으로 분자량이 적을수록 증가하였다. 저분자 alginate의 cholesterol, glucose 및 Cd 결합능은 alginate가 가장 높았고, 다음 HAG-50과 HAG-100은 유사하였으며, HAG-10은 결합능이 없었다.

Alginate의 Cholesterol, Glucose 및 Cd 배출 효과② : Alginate의 기능성을 개선하고자 저분자 alginate를 만들어 rat에 HAG-10, HAG-50, HAG-100 및 alginate를 투여, cholesterol의 체외 배출 효과를 조사한 결과, HAG-50과 HAG-100이 높았고, 다음 alginate이며, HAG-10은 나타나지 않았다. 혈청 중 glucose양은 HAG-50에서 가장 낮았고, 이후에도 계속 혈당이 저하하였으며, 혈청 중 insulin도 HAG-50에서 초기에 증가한 후 계속 저하되었다. Cd의 체외 배출은 HAG-50에서 가장 높았고, 다음 HAG-100, alginate, HAG-10순이나 HAG-10은 거의 효과가 없었다. 이로써 HAG-50은 rat에서 cholesterol과 Cd 체외 배출이 촉진되었으며, 혈중 glucose 저하 효과가 뚜렷하였다.

Prolyl Endopeptidase, Tyrosinase 저해 및 항응고 활성 : 40여 종 해조류의 MeOH ex에 대하여 prolyl endopeptidase(PEase), tyrosinase(Tyase) 및 혈액 응고 저해 활성을 측정한 결과, 항치매 활성 지표인 PEase에 대하여 40ppm에서 쌍발이모자반, 짝잎모자반, 큰잎모자반, 지충이, 감태, 패, 톳이 90% 이상 저하 활성이 있었고, 항암 및 미백 효과 활성 지표인 tyrosinase에는 꽈배기모자반, 감태가 각각 40ppm에서 51%, 76% 저해 효과를 보여 시료 중 가장 강하였다. 강력한 항응고 활성 해조류는 없었으나, 약 367ppm에서 APTT assay에서는 큰모자반, 개우무 및 톳이 대조구에 비해 210, 211, 198% 응고 시간 연장 효과를 보였고, TT assay에서는 마디잘록이, 쌍발이서실 및 톳이 각각 216, 197, 251%의 연장 효과를 보였다.

Tyrosinase 억제 활성 : 납작파래를 비롯한 23종의 해조류의 MeOH ex에 대해 tyrosinase 억제 활성을 검색한 결과, 납작파래(*Enteromorpha compressa*) 53%, 큰잎모자반(*Sargassum ringgoldianum*) 50%, 잎파래 30%, 톳 24%, 매생이 21%, 참불가사리 18% 순의 억제 효과를 보였으며(dopachrome법), 이중 비교적 강한 억제 활성은 납작파래와 큰잎모자반이었다.

피부세포주 HaCaT에 대한 해조류의 영향 : 한국 연안 해조류를 채집, 이들 중 잎파래 등 녹조류 4종, 비틀대모자반 등 갈조류 18종, 참도박, 돌가사리 등 홍조류 14종을 수세, 음건하여 80% MeOH로 4회 추출, 37℃에 건조한 시료를 인체 피부세포 HaCaT와 24시간 배양후 조사한 결과, 36종의 해조시료 중 비틀대모자반과 돌가사리가 대조구보다 1.6배 활력이 증가되었고, 참그물바탕말(*Dictyota dichotoma*), 참도박(*Pachymeniopsis elliptica*) 및 잎파래(*Enteromorpha linza*)의 추출물은 대조구보다 각각 0.2, 0.4, 0.4배 정도 활력을 억제시켰다.

Nitrite 제거 해조류 검색과 활성 : 녹조류 (파래−*Enteromorpha, Ulva*), 갈조류(톳, 미역, 모자반류, 곰피), 홍조류(우뭇가사리, 진두발, 도박, 서실, 보라우무, 지누아리, 꼬시래기, 돌가사리) 등에 대하여 NO 제거 활성을 검색한 결과, 곰피의 MeOH ex가 가장 강하였고, 추출 정제한 활성 물질은 phlorotannin A로 밝혀졌다. phloroglucinol(IC_{50}=3.9㎎/㎖)의 활성은 ascorbic acid(IC_{50}=65.0㎎/㎖)보다 강하였다. 이상의 결과로 곰피에서 추출한 활성 물질 phlorotannin A과 phloroglucinol은 발암성 N-nitroso 화합물의 전구물질 nitrite제거제로 응용될 수 있을 것으로 생각되었다.

항산화 효과와 Polyphenol 함량 : 상용되는 해조류 5종 – 미역, 다시마, 톳, 파래, 김의 항산화 활성과 총 flavonoid 및 polyphenol 함량을 알고자, 해조 EtOH ex를 Fe 유도 지방 과산화 억제율, DPPH 라디칼 소거율 및 MDA-BSA 결합 저해율 등 3가지 방법으로 측정하였다. 녹조류인 파래의 항산화 효과가 가장 우수하였고, 미역과 톳은 거의 없었다. 총 flavonoid는 미역 11.63㎎/g으로 높았고, 총 polyphenol은 파래가 8.97㎎/g으로 가장 높았다. 3가지 방법의 항산화 효과는 총 phenol과 관계가 깊었으며, 지질 과산화 억제율과 매우 높은 상관성을 보였다. 해조류의 항산화 효과에 polyphenol 성분의 기여도가 큰 것으로 나타났다.

알코올 투여와 항산화효소 활성 : 톳 EtOH ex가 알코올 투여 흰쥐의 간 조직 손상에 미치는 영향을 알고자 정상군, 알코올 투여군(35%EtOH, 10㎖/kg, b.w/day), 알코올 및 톳 EtOH ex(200㎎/kg 및 400㎎/kg) 병합투여군을 6주간 사육 후 관찰한 결과, 체중은 EtOH 투여군에서 약 38% 감소, EtOH+톳 ex군은 정상군과 유사하게 증가되었고, 식이효율은 EtOH군이 약 50% 감소되되었으나, EtOH+톳 ex군은 증가되었다. 간손상 지표 효소 ALT와 ALP 활성은 EtOH군은 정상군보다 160% 증가, EtOH+톳 ex 200㎎/kg군과 400㎎/kg 군은 각각 63%와 47% 감소되었다. 톳 EtOH ex는 알코올로 증가된 세포내 xanthine oxidase 활성을 감소시키지 못하였으나, SOD, catalase 및 GSH-Px 활성은 알코올군보다 각각 56%, 38% 및 28%가 감소되었다. 알코올만 투여한 군의 TBARS 량은 정상군에 비하여 약 129% 증가되었으나, EtOH+톳 병합투여로 알코올 투여군에 비해 각각 33% 및 66% 증가되었다. 특히 400㎎/kg 톳 EtOH ex투여군이 GSH 상승 효과가 우수하였다.

항균성 : 제주도산 톳을 40℃에서 용매별, 농도별로 추출, 항균성을 검색하였다. 건조 톳의 증류수 추출에서 33% 수율로 가장 많았고, hexane, Et_2O, EtOH 추출은 1% 이하로 적었다. EtOH 추출 수율은 0~50%까지 거의 비슷, 70% 이상에서는 더욱 감소, 이들 추출물의 항균성을 조사한 결과, EtOH 추출물에서 *E. coli*와 *B. subtilis*에, Et_2O와 hexane 추출물에서 *E. coli*에 항균성을 보였고, EtOH의 70%에서 *E. coli*와 *B. subtilis*에 뚜렷한 항균 효과를 보였다.

충치균에 대한 항균 활성 : 우리나라 연안에서 채취한 해조류 27종의 80% EtOH 추출물이 *Streptococcus mutans* KCTC 3300의 증식에 미치는 영향을 조사한 결과, 해조류 종 다시마가 가장 강하였고(+++), 갈파래, 청각, 감태, 곰피, 미역도 비교적 활성이 높았으며(++), 홍조류보다 갈조류와 녹조류가 대체로 강하였다. 다시마의 항균 활성은 용매에 따른 추출물의 차이는 나타나지 않았다. *S. mutans* KCTC 3300과 *S. sobrinus* KCTC 3307에 대한 해조류의 80% EtOH 추출물의 MIC는 해조류 종뿐 아니라, 동일 해조류 추출물에서도 균 종에 따라 차이가 있었다. 다시마의 80% EtOH의 Et_2O분획에서 MIC는 105㎍/㎖, 수용성 분획은 약 5,500 ㎍/㎖에서 균의 증식이 억제되지 않았다. 톳은 약한 항균성을 보였다(+).

Phenol성 물질의 간 보호 활성 : 16종의 해조류 MeOH 추출물을 대상으로 시험관 내에서 bromobenzene - 유도 흰쥐의 지질 과산화에 대해 관찰한 결과, *Enteromorpha compressa, Capsosiphon fulvescens, Gelidium amansii, Hizikia fusiformis, Sargassum siliquastrum, S. thunbergii* 추출물이 10^{-1}㎎/㎖에서 각각 22%, 32%, 21%, 41%, 54%, 40%, 1㎎/㎖에서 26%, 45%, 26%, 66%, 79%, 59% 지질 과산화 생성이 감소 되었다. 이 중에 *S. siliquastrum* 추출물의 n-BuOH 분획이 억제율이 가장 컸다. bromobenzene - 유도 xanthine oxidase 와 aldehyde oxidase 활성은 추출물 1㎎/㎖에서 모두 억제되었다. *Ecklonia stolonifera*에서 분리된 phloroglucinol 의 경구 투여도 bromobenzene 유도 - 과산화 지질이 감소되었으나, glutathion S-transferase, aminopyrine N-demethylase, aniline hydroxylase의 활성 변화는 없었고, epoxide hydrolase 농도를 대조군의 76%로 회복시켰다. 따라서 phloroglucinol에 의한 bromobenzene 유도 흰쥐의 지질 과산화 억제 활성은 epoxide hydroxylase가 관여하는 것으로 사료되었다.

난소절제 흰쥐에 칼슘과 톳 식이효과 : 난소절제 SD계 흰쥐(♀)에 3주간 저칼슘식이 공급후, 6군으로 나누고, 저Ca식이, 정상Ca식이, 고Ca식이 3군에 각각 톳을 첨가, 3주간 투여 후 희생시켜 혈중 Ca를 조사한 결과, 유의성은 각각 군간 차이는 없었으나, 저Ca식이보다 높았다. alkaline phosphatase 활성도는 톳 첨가에 따라 차이는 없었으나, Ca첨가에 따라 정상Ca과 고Ca군이 높은 활성도를 보였다. 총 cholesterol, TG, 총 지질량은 Ca과 톳 첨가에 차이는 없었으나, TG와 총 지질은 고Ca군이 낮았다. HDL-cholesterol은 톳 첨가와 무관하였으나, Ca양에 따라 정상 Ca군과 고Ca군은 저Ca군보다 높았다. 뇨 중 hydroxyproline(HP)과 creatine(CT) 배설량, HP/CT비는 차이가 없었으나, HP/CT비는 저Ca군과 정상Ca군은 톳 첨가에서 감소하였다. 이상의 결과로, 난소절제 후 식이Ca 증가 시 혈청 HDL-cholesterol이 높아져 폐경시 식이 Ca증가가 고지혈증을 감소시킬 수 있으며, 식이 Ca증가는 대퇴골 Ca과 회분을 증가, 또 식이 Ca증가로 alkaline phosphatase 활성을 증가시켜 폐경 후 골다공증에 도움이 될 것이며, 톳 첨가가 혈청지질 감소에 큰 효과는 없었으나, 대퇴골의 회분을 증가시켜, 골 분해를 감소시킬 것으로 생각되었다.

항균 및 암세포 증식 억제 효과 : 톳 MeOH ex의 hexane(HFMH), MeOH(MFMM) BuOH(HFMB) 및 H_2O(HFMA) 분획에 대하여 세포독성과 암세포 증식 억제를 관찰한 결과, 단백질 부패균 *Proteus mirabilies*는 HFMH와 HFMM에서 강력한 항균 활성이, 식중독균 *Staphylococcus aureus*에는 HFMA에서 항균성이 있었고, MCF-7, $HepG_2$, HT-29의 3종 암세포에는 모든 시료 첨가에서 농도 의존적 증식 억제 효과가 있었다. 특히 톳의 HFMB와 HFMM의 낮은 농도에서도 암세포 성장 억제를 보였다. 특히 $HepG_2$세포에 성장 정지 효과가 탁월하였다. 3종 암세포중 QR이 있는

HepG$_2$에 HFMB 60㎍/㎖에서 대조군의 1.7배 유도 효과를 보였고 최종 농도 150㎍/㎖에서는 2.6배의 암예방 QR유도 효과를 보였다.

지질대사와 간 효소 활성 : 고지혈증 유도 흰쥐(100g 내외, SD 계, ♂)에 용매 별 톳 추출물을 0.5㎎/kg 복강내 일주일간 투여한 결과, 혈청과 간 중 유리 cholesterol 함량은 hexane 분획군이 대조군보다 낮았고, HDL-cholesterol은 EtOH분획과 hexane 분획군이 대조군보다 높았다. 혈청과 간의 총 cholesterol 은 모든 시료 투여군에서 낮았으며, 특히 간은 Et$_2$O, EtOAc 군이 낮았다. 수층 투여군의 혈청 중에 중성 지방은 EtOH와 hexane 분획군이 대조군보다 낮았다. 간 중 TBARS양은 수용성 및 비 수용성 톳 분획군의 TBARS 함량이 대조군보다 낮았고, 간 중 SOD 활성도는 톳 수층군이 낮았으며, 비수용성 대조군보다 hexane 분획군이 낮았다. 간의 catalase 활성도는 정상군보다 대조군과 분획물군이 높았으나, EtOAc 분획군은 정상군보다 낮았다. 이 결과로 톳은 생체 내 항고지혈증, 항고cholesterol 및 항산화 효과가 있음을 알게 되었다.

Angiotensin-1 전환 효소 저해 : 해조류(김, 파래, 미역, 우뭇가사리, 청각, 톳, 다시마) 추출물과 가수 분해물의 성분과 ACE 저해 효과를 조사하였다. 단백질의 함량은 김 39.6%, 파래 22.1%, 미역 21.1%, 우뭇가사리 18.3%, 청각 15.7%, 톳 12.4%, 다시마 8.2% 순이었고, 추출물의 ACE저해 효과는 50, 70, 98℃에서 추출한 결과, 70℃ 추출 시료 모두에서 가장 높았으며, 70℃를 기준 ACE 저해율은 우뭇가사리 10.9%, 김 9.3%, 파래 8.9%, 미역 8.2%, 톳 7.5%, 다시마 7.1% 및 청각 7.0% 순이었다. maxayme과 papain 가수 분해 물의 ACE 저해 효과는 김이 파래, 미역, 우뭇가사리보다 현저히 높았고, peptide-nitrogen 함량 역시 높았다. 김을 8시간 가수 분해 후 ACE 저해 효과가 maxazyme 31.3%, papain 27.9%로 가장 높았고, peptide-nitrogen 함량도 가장 높았다. 파래의 ACE 저해 효과 역시 8시간에서 maxazyme 9.6%, papain 8.5%로 다른 시간대보다 높았으며, peptide-nitrogen 함량이 16시간까지 완만히 증가하였다.

무기성분 강화 염의 혈압과 무기질 대사 : 본태성 고 혈압쥐(SHR)와 정상쥐(WKY)의 음용수에 톳유래 고 · 저식염을 넣어 급여한 결과, SHR에서 6주후 수축기의 혈압(SBP)이 대조군(C)보다 고 · 저식염군(A,B)이 각각 17.24mmHg로 낮았고, 기준혈압(RBP) 대비 6주 후 혈압 상승률은 A, B, C군이 각각 12, 14, 21%로 B군이 낮았다. WKY는 6주 후에 SBP는 A군과 C군에서 각각 165, 164mmHg, B군은 148mmHg로 A, B조보다 낮았다. RBP 대비 6주 후 혈압상승률은 A,B,C군이 각각 17, 7, 19%로 B군이 낮았다. 분뇨 중 무기질은 SHR/WKY 종에서 강화염이 정제염보다 Na^+ 함량은 낮았고 K^+는 높았다. 간장에서 SHR은 K^+ 제외 Na^+, Ca^{++} 및 Mg^{++} 함량을 강화염보다 높았다. WKY에서 Na^+은 A가 가장 높았고, 신장에서 SHR의 Na^+은 정제염이 강화염보다 높았으나 WKY에서는 A군과 B군이 C군보다 높았고, K^+는 B군이 가장 높았다. 이상의 결과에서 톳유래 저염식은 Na^+양은 낮추고, K^+양은 높이는 등 체내 무기질 대사에 긍정적 영향을 주어 혈압 상승을 억제하는 것으로 사료되었다.

미량 금속 함량 : 한국 연안에서 생산된 톳의 미량 금속 함량은 건물중 Hg는 ND~0.07㎍/g, Cd 0.12~19.8㎍/g, Cr은 ND~2.52㎍/g, Cu 0.10~9.03㎍/g, Mn 4.40~38.31㎍/g, Ni은 ND~2.39㎍/g, Pb는 ND~ 4.48㎍/g, Zn은 2.09~ 49.44㎍/g이었다.

비장세포와 Cytokine(IL-1β, IL-6, TNF-α)의 생성량에 미치는 영향 : 톳 추출물을 2주간 격일로 0, 50, 500㎎/㎏ · bw 농도로 마우스에 경구 투여한 후 비장세포 증식능 및 복강 대식세포에서 분비하는 cytokine 생성량을 검색한 결과, 50㎎/㎏과 500㎎/㎏ · bw 농도에서 Con A나 LPS 자극시 대조군에 비해 비장 세포 증식을 보였고, 특히 50㎎/㎏ 농도에서 비장세포 증식이 최대를 보였다. 복강 대식세포에 의한 cytokine 생성량은 LPS 첨가 시 IL-1β 분비량은 2주 경구투여시 50㎎/㎏ 농도에서 가장 많았다. 이는 LPS 투여군과 대조군에서 모두 같은 경향이었다. IL-6 분비는 LPS 첨가 시 50㎎/㎏ 투여군에서 가장 많았으나 TNF-α의 경우는 차이가 없었다. 이상의 결과로 톳 열수 추출물은 대식세포를 활성화시켜 cytokine

생성을 증가시키는 것으로 사려되며 톳 추출물은 마우스의 면역계의 조절기전에 작용, 비장세포와 대식세포의 활성화를 유도, 면역세포 활성을 직접적으로 촉진 또는 이와 관련된 다른 면역 반응에 영향을 주어 면역 활성에 효과적으로 작용하는 것으로 생각되었다.

면역세포 활성화 : 혼합시료(고들빼기, 돌미나리, 메밀, 톳, 생강)의 물 추출물을 4주간 격일로 마우스 체중 ㎏당 0, 50, 500㎎를 경구 투여 후 비장세포 증식능, LPS로 활성화된 복강 대식세포가 분비하는 염증성 cytokine (IL-1β, IL-6, TNF-α)의 생성량을 측정한 결과, 혼합시료는 Con A나 LPS로 자극하지 않는 경우, 50㎎/㎏ · bw에서 대조군보다 강한 비장 증식능을 보였다. LPS로 활성화된 복강 대식세포의 cytokine 분비량 측정 결과도 IL-1β, IL-6, TNF-α 분비량은 마우스 50㎎/㎏ 투여군에서 높은 생성량을 보였으나, 500㎎/㎏ 투여군에서는 IL-6 분비량이 대조군보다 높은 반면, TNF-α 분비량은 큰 차이가 없었다. 이상의 결과에서 비장세포 증식능과 사이토카인 분비능은 위의 혼합시료 추출물 50㎎/㎏ 투여가 면역세포와 면역기관의 주요기능을 증진시킬 가능성이 있을 것으로 사료되었다.

톳의 비소 분석과 위해성 : 전국 10개 지역(강원, 군산, 포항, 목포, 부산, 서울, 여수, 인천, 통영, 제주)의 수산시장에서 총 30종의 톳을 구입, 비소 함량을 측정한 결과, 평균 함량은 45.65±21.17㎎/㎏(생물기준 3.63±2.19㎎/㎏)로 다른 나라보다는 낮았으며, 독성이 강한 무기비소 평균 함량은 As(V) 40.36㎎/kg, As(Ⅲ) 0.37㎎/㎏으로 전체 비소의 88.6%였다. 무기비소 함량이 가장 높은 시료(생물 기준 9.19㎎/㎏)의 위해성은 JECFA의 PTWI와 비교, 6.1%로 낮았다. 따라서 연평균 0.1g의 톳 섭취 한국인에는 14.0g/day(98.3g/week)이상 톳의 지속적 섭취는 위해 가능성이 있다.

해조 기능성 소금 제조 : 톳, 김, 다시마로 소금을 제조, 그 특성을 조사한 결과, 톳 해조 소금은 대조군과 수분에서 별 차이 없었으나, fucoidan(다시마)과 laver(김)소금은 높았고, 염도는 해조 소금 3종이 모두 대조군보다 낮았고, pH는 톳소금 11.34, fucoidan소금과 laver소금은 6.88과 6.33이었으며, ORP는 -229mV에서 38mV로 매우 낮았다. 시료소금은 모두 L, a, b 값이 대조군보다 어두운 색을 띠었다. 톳 소금은 K량이 많았고, laver소금은 54.8%의 ACE 저해 활성을, fucoidan소금은 54.1~80.7%의 높은 bile acid 결합 특성을 보여 cholesterol 대사 및 혈압조절 기능성을 갖고 있는 것으로 사료되었다.

건조방법과 항산화 활성 : 제주도 연안의 톳을 채집, 건조 처리법을 달리하여 톳의 무기질, vitamin C, β-carotene, α-tocopherol, 총 polyphenol 등 항산화 성분과 활성변화를 조사한 결과, 무기질은 함량의 변화와 활성은 변화가 없었고, vitamin C, β-carotene, α-tocopherol, 총 polyphenol 함량은 동결건조 〉 열풍건조 〉 천일건조 순으로 천일건조에서 손실이 컸고, 항산화 활성도 감소되었다. 톳의 항산화 활성은 총 polyphenol 함량과 상관 관계가 높았다. 실험결과, 동결건조에서 총 polyphenol량의 보유율이 가장 높았다.

항돌연변이 활성 및 암세포 성장 억제 : 톳, 다시마, 미역, 김, 파래 등 5종의 해조류 EtOH 추출물의 2-anthramine에 대한 돌연변이 억제 효과를 *Sal. thypimurium* TA98에서 측정 결과, 톳(100%), 다시마(94.2%)가 3.5㎎/plate에서, 파래(68.5%)가 4.5㎎/plate에서 억제능을 보였고, TA100에서 파래(100%), 톳(100%), 다시마(94.1%)가 각각 1.5, 2.5, 4.5㎎/plate에서 최대 억제 효과를 보였으나, 미역과 김은 간접 돌연변이 억제는 없었다. 직접 항돌연변이는 TA98에서 톳, 미역, 파래 모두 4.5㎎/plate에서 각각 83%, 73%, 73% 억제되어 2-nitrofluorene의 돌연변이능 저해율이 비교적 높았다. 또한 TA100에서 sodium-azide의 돌연변이 저해가 가장 큰 해조류는 톳, 다시마 및 파래로 3.5㎎/plate에서 모두 100% 저해율을 보였다. TA98에서 미역과 김은 4.5㎎/plate에서 각각 73%, 50% 저해하였고, TA100에서 저해능이 없었다. HeLa와 MCF-7, SNU-638 암세포 성장 억제를 MTT assay로 관찰한 결과, 5종 모두 억제 효과를 보였다. HeLa cell 성장을 90% 이상 저해는 파래〉미역〉다시마〉톳 순이었고, 김은 56% 저해하였다. MCF-7 cell에 90% 이상 저해는 파래〉미역〉다시마〉톳 순이었고, 김은 50% 저해율을 보였다. SNU-638 cell 세포 성장 억제는 HeLa cell과 MCF-7 cell보다 낮았다. 저해율 70% 이상은 파래, 미역, 다시마, 톳이었고, 김은 68%이었다. 이상에서 Ames test와 MTT assay 결과, 톳, 파래, 다시마는 항돌연변이 효과와 암세포 성장 억제 효과가 우수한 것으로 나타났다.

PhIP와 MeIQx 돌연변이 원성억제 : 곰피, 다시마, 감태, 톳 등 갈조류 9종, 마디잘록이, 꼬시래기 등 홍조류 5종, 청각 등 녹조류 2종을 대상으로 돌연변이 유발물질 PhIP와 MeIQx에 대한 돌연변이 원성 억제를 조사한 결과, 갈조류가 녹조류와 홍조류보다 우수하였고, 특히 갈조류 감태, 곰피, 다시마, 미야베모자반이 우수하였다. 그중 곰피의 Et_2O, $CHCl_3$, EtOAc및 수용성 획분 중 비극성 획분의 억제가 강하였고, 특히 EtOAc 획분이 가장 강하였다. 곰피의 EtOAc 획분을 sephadex LH20으로 분리한 결과, 활성 획분 A-7은 PhIP에 90%/㎎ 이상, MeIQx에 80%/㎎의 억제를 보였고, 207.7 및 232nm에서 흡수파장을 보였다.

갈조류 추출물의 항혈액 응고 활성 : 다시마, 톳 등 갈조류 18종에 대하여 항혈액 응고를 조사한 결과, 미역, 다시마, 감태, 대황, 곰피, 톳, 괭생이모자반의 열수 추출물의 ADTT가 190.0초 이상으로 항응고 활성이 높았으며, 이때 추출 온도는 90℃였다. 감태의 EtOH 불용성분의 항혈액 응고 활성은 500㎍/㎖에서 EtOH 가용성 물질에 비하여 2배 이상 증가하였으며, EtOH 불용성 성분의 분자량에 따른 항혈액 응고 활성은 100㎍/㎖에서 EKJ(검둥감태) EtOH insoluble(eim) 2(100-50kDa) 및 EKJ-eim 3(50-10kDa)에 비해 좋았으며, 이 분획의 화학적 구성 성분은 fucose, xylose, mamnose, galactose, glucose, sulfate로 Mol비는 1: 0.05: 0.10: 0.15: 0.17: 1.46으로 2 mole의 fucose에 3 mole의 황산기가 결합되어있는 산성 다당체임을 확인하였다.

녹조류와 갈조류의 항고혈압 활성 : 제주 연안에 서식하는 녹조류와 갈조류(감태, 모자반, 미역, 톳, 다시마)의 항고혈압 활성을 조사하기 위해 해조류 MeOH와 H_2O로 20℃와 70℃에서 추출, 각 분획의 활성을 조사한 결과, 녹조류에서는 비교적 활성이 낮았으나, 갈조류에서는 70℃ MeOH ex 중 잇바디괭생이모자반, 말미역, 바위주름, 넓패, 톳, 다시마 및 70℃ H_2O 감태 추출물에서 ACE 저해 활성이 높았다. 또한 70℃ H_2O 추출 감태의 가수 분해물은 2.33~3.56㎍/㎖의 IC_{50}값을 보여, 매우 ACE 저해 활성이 높았다. H_2O 추출물과 MeOH 추출물에서도 ACE 활성이 나타난 것은 해조류에는 fucoxanthin, phlorotannin 및 polyphenol계 물질이 있기 때문으로 보인다.

지방산 조성 : 녹조류(파래, 청각), 갈조류(다시마, 톳, 곰피, 모자반, 미역), 홍조류(김) 등 8종의 식용 해조류의 지방산을 GLC로 분석한 결과, 녹조류 1.51%, 갈조류 2.81%, 홍조류 1.02%이었고, 지방산 조성은 녹조류에 $C_{16:0}$산이 가장 많았고, $C_{18:1}$, $C_{18:2}$, $C_{18:3}$산도 많았다. 갈조류는 $C_{16:0}$, $C_{18:1}$, $C_{18:2}$, $C_{18:3}$산이 많았으나 $C_{18:0}$산은 적었다. 홍조류는 $C_{16:0}$산이 많았고, $C_{14:0}$, $C_{18:1}$, $C_{18:2}$, $C_{18:3}$은 매우 적었다. 녹조류 C_{16}, C_{18}산이, 갈조류는 C_{16}, C_{18}, C_{22}산이, 홍조류는 C_{15}, C_{16}, C_{18}산이 각각 많았다.

광량과 지질 산화 : 김, 미역, 다시마, 톳 등의 해조류는 chlorophyll을 다량 함유, 굴은 소화관에 미분해 chlorophyll를 축적한다. chlorophyll은 광량 증감에 따라 산소에 의해 산화한다. 진두발과 김은 천일 건조나 굴의 자외선 조사로 지질 산화가 광량에 따라 다르므로 조사하였다. 굴의 지질은 2.7%, 진두발과 김은 각각 0.1%이다. 굴의 과산화 물가는 56.7meg/㎏이 4시간 자외선 조사 후 100.9 meg/㎏으로 증가, 진두발은 140.2meg/㎏이 3일 천일 건조 후 213.4meg/㎏으로, 김은 63.3meg/㎏이 3일 천일 건조 후 118.8meg/㎏으로 산화가 증가되었다. 각 시료의 광산화에 따른 과산화물의 위치 이성체 조성을 GC-MS로 측정한 결과, 18:1(n-9)와 18:2(n-6)에서 생성된 것으로 추정된 위치 이성체를 분리, 또 9-OOH와 13-OOH의 비율이 높았으나, 18:1(n-9)과 18:2(n-6) 이외의 지방산에서 생성된 것으로 추정되는 위치 이성체는 확인되지 않았다.

알긴산 조성 : 미역, 다시마, 모자반, 톳 등 식용 갈조류의 uronate 조성과 alginate 분자량을 조사하였다. 4종의 갈조류 중 미역이 가장 alginate 분자량이 크며, D-mannuronioc acid와 L-glucuronic acid(M/G)비가 톳〉모

자반〉미역〉다시마 순이었고, 특히 수용성 alginate가 많았다. alginate의 분자량은 다시마가 45,000~48,000kDa, 미역이 4,000~4,200kDa, 톳이 3,300~3,400kDa, 모자반이 3,000~3,200kDa 순이었다. 미역의 수용성 alginate에서 M/G비는 4.59로 가장 높았다. 분자량은 포자엽과 줄기가 4,100~4,200kDa로 비슷하였고, 잎부분은 4,000~4,100kDa정도였다.

알긴산의 비만 억제 효과 : 미역, 다시마 등 갈조류에 20~30% 함유되어 있는 알긴산을 agar, cellulose, CMC, chitin, lignin 등의 식이섬유의 비만 억제 작용을 magarine유도 비만 쥐에서 비교 검토하였다. 사료에 식이섬유 10%를 가하여 비만 억제 효과를 보면, lignin이 가장 크고, 다음 Na-alginate, cellulose, CMC 순이었다. 간장과 부고환 및 난소주위의 지방 조직의 비만 억제 효과는 lignin이 가장 크고, Na-alginate, cellulose, CMC 순. 또 Lee index의 비만 억제는 Na-alginate〉lignin〉CMC〉chitin〉cellulose 순. 간의 지질분석에서 지방 축적 억제 효과는 agar〉CMC〉cellulose〉Na-alginate〉chitin〉lignin 순이었다. 혈청 glucose 감소 효과는 CMC가 가장 크고, 다음 Na-alginate, lignin 순. 혈청 cholesterol 저하효과는 Na-alginate가 가장 크고, 다음이 lignin, cellulose 순. 그 밖에 chitin을 제외한 대부분이 효과가 있었다. 또 lipase 활성의 상승 작용은 Na-alginate가 가장 효과적이며 다음 chitin이었다. 이상으로 갈조류 중 알긴산 20~30%가 있는 미역, 다시마 등은 비만 예방과 치료에 가장 효과적인 것으로 생각되었다.

조류와 생약성분의 비만 억제 비교 : 해조류의 알긴산, 담수 록조 chlorella, 생약 인삼 saponin, 마늘 alliin과 scordinin 첨가, 비만 억제 효과를 검토한 결과, Na-alginate(71%)가 크고, 다음 scordinin(76%), chlorella(76%), alliin(86%) 순으로 체중 증가가 있었다. 사료 효율과 비교, 체중 증가량은 Na-alginate(68%)가 가장 효과적이고, alliin(79%)도 인정되었다. 간의 지방 축적 억제 효과는 Na-alginate(84%)가 가장 효과적, 부고환 및 난소 주변의 지방 축적 억제 효과는 Na-alginate(54%)가 가장 효과적, 다음 alliin(64%), saponin(66%) 순이었다. 또 Lee index 비만 억제 효과를 비교하면 Na-alginate(91%)에서만 인정되었다. 간 중 지방 축적 억제 효과는 alliin(40%)〉saponin(58%)〉Na-alginate(62%)〉chlorella(64%)〉scordinin(74%) 순. 혈청 glucose 감소 효과는 Na-alginate(67%)가 가장 크고, 다음 saponin(73%), scordinin(74%), alliin(83%) 순. 혈청 cholesterol 저하작용은 Na-alginate(82%)가 가장 크고, 다음 alliin(84%), chlorella(86%), saponin(87%) 순이었다. 또한 혈청 lipase 활성 증가에 의한 비만 억제작용은 Na-alginate(109%)와 saponin(104%)의 첨가가 효과적. 따라서 미역, 다시마, 톳 등 갈조류 성분 알긴산이 chlorella, 인삼 saponin, 마늘 alliin 및 scordinin보다 비만 예방과 치료에 효과적이었다.

알긴산과 3T3-L1 세포의 분화 : 3T3-L1 세포가 지방세포로 분화되는 과정에서 혈청 중 분화 촉진인자(insulin, prostaglandin F2*α* 등)첨가로 분화가 촉진되고, 분화 억제인자(actinomycin D, tumor necrosis factor *α* 등)로 억제될 수도 있다. 3T3-L1 세포는 세포내 지방 축적으로 지방세포 형태를 나타낸다. 3T3-L1 세포의 특성을 이용, 해조류에 많은 알긴산이 지방세포로의 분화과정에 어떤 영향을 주는지 실험한 결과, 3T3 L1 세포분화를 억제하였다. 또 분화 촉진 물질 IGF-1(insulin-like growth factor-1)과 insulin을 이용, 알긴산 분화에 미치는 영향을 검토한 결과, 알긴산은 insulin의 분화 촉진 작용을 특이적으로 억제하였다. 본 연구는 알긴산을 이용, 알긴산의 지질 감소 효과를 세포 수준에서 검증하였다.

식이섬유 함량과 추출 조건 : 미역, 다시마, 톳, 파래(*U. lactuca*), 우뭇가사리, 꼬시래기에서 가용성 식이섬유를 추출하고자, 산, 알칼리, 효소를 사용한 결과, 미역은 1.5% Na_2CO_3나 2.0% Na_2EDTA가, 다시마는 1.0% Na_2EDTA, 톳은 2.0% Na_2CO_3, 우뭇가사리와 꼬시래기는 2.0% Na_2EDTA, 파래는 Na_2CO_3, NaOH, Na_2EDTA의 2%, 17.49~18.46% 식이섬유를 얻었다. 추출 시간과 온도는 100℃에서 추출 시간이 길수록 추출률이 높았다. 우뭇가사리와 꼬시래기는 110℃ 이상에서 1시간 추출이 각각 38.48%, 42.11%의 높은 수율을 보였다.

산지와 채취시기별 식이섬유질 함량과 해조다당류 분포 : 참홑파래, 청각, 미역,

톳, 모자반, 다시마, 얼룩도박, 참김, 불등풀가사리 등 9종의 식이섬유를 시기별로 비교한 결과, 총 식이섬유질은 참홑파래가 25.4~38.1%, 청각 35.4~43.8%, 미역 34.2~48.8%, 톳 37.5~47.8%, 모자반은 42.9~71.3%, 다시마는 37.1~45.1%, 참김은 31.3~40.5%, 얼룩도박은 51.5~60.4%, 불등풀가사리는 57.1~65.8% 이었고, 가용성 및 불용성 식이섬유를 많이 함유한 해조류는 불등풀가사리와 모자반이었다. 총 식이섬유에 대한 가용성 식이섬유 비율은 녹조류 중 참홑파래 43.7~64.8%, 갈조류 중 미역은 17.5~31.3%, 홍조류 중 불등풀가사리는 44.7~63.2%가 높았다. 해조 다당류의 분포 특징은 갈조류는 알칼리 가용성 알긴산을 9.0~15.1%, 홍조류 중 참김은 porphyran 5.8%, 불등풀가사리와 얼룩도박은 한천 20.0%, 카라기난 23.8%를 각각 많이 함유하는 차이를 보였다.

산지와 채취시기별 일반성분의 조성과 무기원소 : 녹조류(참홑파래, 청각), 갈조류(미역, 톳, 모자반, 다시마), 홍조류(얼룩도박, 참김, 불등풀가사리) 9종에 대해 기장, 충무, 여수 지역에서 채취 시기별 일반성분을 분석한 결과, 조 단백질은 참김(45%)이 가장 많았고, 참홑파래(30%)가 낮았으나, 지질은 다시마 약 10%로 많은 편이며, 참김은 약 6%로 높았으나, 얼룩도박과 불등풀가사리는 약 3% 이하로 낮았다. 회분과 탄수화물은 청각(약 90%)이 많았고, 참김(약 30%)이 가장 적었다. 참홑파래, 미역, 얼룩도박에는 Na가 가장 많았으나, K, Mg, Ca이 비슷하였고, Fe은 참홑파래가 많았고, 미역과 얼룩도박에는 낮았다. Zn은 해조류에 비교적 많았고, 얼룩도박이 가장 많았다. 미역, 톳, 다시마의 무기질 중 K과 Na은 비슷하였으나 Mg은 Ca보다 많았고, Zn은 지역별 차이가 많았다. 일반성분 조성은 종류와 채취 장소에 따라 차이가 있고, 무기원소는 채취 시기에 따라 큰 차이가 있었다.

기장산과 완도산 해조류의 무기질 함량 : 기장과 완도에서 채집한 갈조류인 미역, 다시마, 톳, 녹조류인 가시파래, 참홑파래의 무기질과 중금속을 측정한 결과, 녹조류의 총 회분은 13.8~24.8%, sulfate는 1.08~3.25%이었고, 갈조류의 총 회분은 24.5~24.8%로 녹조류보다 많았으며, 완도와 기장의 무기질 함량은 5종의 무기질이 각각 달랐다. 갈조류의 대량무기질; Ca, Mg, Na, K가 657~13,947㎎/100g, 미량 무기질 ; Fe, Al, Zn, Mn, Cr, Cu, Ni 0.27~12.98㎎/100g으로 많았고, 녹조류에서도 대량 무기질이 233~5,279㎎/100g과 미량 무기질 0.26~10.6㎎/100g으로 모두 다량함유하였다.

미량 금속 함량 : 우리나라 연안에서 수집한 해조류 총 620건 시료 즉 녹조류(파래 등 113건), 갈조류(톳 등 275건), 홍조류(서실 등 232건)의 미량 금속 함량을 비교 분석한 결과, Hg은 갈조류에서, Cd는 홍조류에서, Cu, Cd는 녹조류에 많았고, Mn과 Ni은 녹조류와 홍조류에서, Pb는 녹조류에서, Zn은 홍조류에 많았다. 지역 별로는 Hg, Cd, Ni, Mn은 충남 태안지역에서 Cr은 영덕, Cu는 통영, Pb와 Zn은 울산지역에서 많았다. 갈조류에는 Hg와 Cd, 녹조류는 Cr, Cu, Mn, Ni, Pb가, 홍조류에는 Zn이 많았다. 비식용 해조류 중 지충이는 Cd와 Mn의 biomonitor, 애기마디잘록이와 지누아리는 Ni와 Zn의 biomonitor, 식용 갈조류인 고리매는 Cr과 Pb의 biomonitor로 사용할 수 있을 것으로 판단되었다.

수용성 단백질 추출 : 해조류, 둥근돌김, 파래(*E. linza*), 톳, 모자반, 미역, 청각, 셀만모자반, 구멍갈파래 등 8종을 선정, 수용성 단백질을 추출한 결과, 둥근돌김 24.14%, 미역 15.7%, 톳 7.66%, 모자반 12.61%, 셀만모자반 14.08%, 잎파래 10.86%, 구멍갈파래 16.60%, 청각 9.89%이었고, 추출 조건은 구멍갈파래와 잎파래는 1시간, 둥근돌김, 톳, 미역, 모자반, 셀만모자반은 2시간, 청각은 3시간이, 추출온도는 톳 40℃, 둥근돌김, 청각, 잎파래, 미역, 모자반, 셀만모자반이 50℃, 구멍갈파래 60℃에서 최고 수율을 보였으며, pH는 9~12가 양호하였다.

식염 및 알코올 가용성 단백질 : 상용해조류인 둥근돌김, 잎파래, 구멍갈파래, 미역, 톳, 모자반, 셀만모자반, 누운청각의 식염 가용성 단백질은 미역, 톳, 돌김, 잎파래, 구멍갈파래, 0.25M-NaCl 용액에서, 모자반, 셀만모자반, 누운청각은 1.0M-NaCl 용액에서 수율이 가장 높았고, 알코올 가용성 단백질은 전시료 모두 20% EtOH에서 수율이 높았다. 식염 가용성 단백질은 구멍갈파래, 잎파래가 1시간, 둥근돌김, 누운청각이 2시간, 미역, 톳, 모자반, 셀만모자반은 3시간이었고, 알코올 가용성 단백질은 전시료가 1시간 내외에서 수율이 높았다. 온도는 잎파래, 구멍갈파래는 40℃, 미역은 50℃, 톳, 모자반, 셀만모자반, 누운청각 60℃에서 최고 수율을, 알코올 가용성 단백질은 잎파래 30℃, 미역, 둥근돌김, 모자반은 40℃에서 수율이 높았으며 pH는 식염 가용성은 pH 7~8, 알코올 가용성은 pH 8~9에서 성적이 양호하였다.

해조의 단백계수와 소화율 : 홍조류(양식과 자연산김)의 단백질 소화율은 78.5~82.2%로 녹조류(잎파래)와 갈조류(미역, 톳, 모자반)보다 높았고, trypsin inhibitor는 갈조류가 높았다. 잎파래는 김보다 체외소화율이 낮았으나, trypsin inhibitor 함량은 갈조류가 높았다. 햇빛에 말린 김이 microwave cooking 영향은 가열시간 15분 후에도 소화율이 현저히 증가되지 않았으며 trypsin inhibitrory는 서서히 감소하였다. 구운김의 체외 소화율은 microwave로 15분 가열시료와 비슷하였다. 아미노산 분석 결과, 단백계수는 김 6.52, 잎파래 6.00, 미역 6.11, 모자반 5.85, 톳은 5.83이었다.

PhIP와 MeIQx 돌연변이 원성억제 : 톳 등 갈조류 9종, 꼬시래기 등 홍조류 5종, 파래 등 녹조류 2종을 대상으로 돌연변이 유발 물질 PhIP와 MeIQx에 대한 돌연변이 원성 억제를 조사한 결과, 갈조류가 녹조류와 홍조류보다 우수하였고, 특히 갈조류 감태, 곰피, 다시마, 미야베모자반이 우수하였다. 그중 곰피의 Et_2O, $CHCl_3$, EtOAc및 수용성 획분 중 비극성 획분의 억제가 강하였고, 특히 EtOAc 획분이 가장 강하였다. 곰피의 EtOAc 획분을 sephadex LH20으로 분리한 결과, 활성 획분 A-7은 PhIP에 90%/㎎ 이상, MeIQx에 80%/㎎의 억제를 보였고, 207.7 및 232nm에서 흡수파장을 보였다.

녹미채 김치 숙성과 품질 : 10% 소금물에 배추를 절여(약 20℃, 15시간), 고춧가루, 마늘, 파, 생강, 멸치액젓 및 녹미채(톳) 0.1%, 0.3%, 0.5%를 넣어 100℃에서 숙성하여 실험한 결과, pH는 녹미채 첨가량의 증가에 따라 높았고, 숙성 5~15일 사이였다. 적정산도는 대조군보다 낮았으며, 0.1% 첨가구가 가장 낮았다. 김치 적숙기의 적정 산도 0.6~0.8% 기준에서 녹미채 0.1%첨가구는 2~3일 적숙기가 지연되었고, 숙성 10일부터 다른 실험구에 비해 높은 환원당을 유지, 이는 적정 산도의 증가가 다른 시험구에 비하여 낮기 때문으로 보인다. 김치 담근 직후부터 숙성 2일까지 녹미채 김치의 유산균수가 대조구에 비해 현저히 낮았으나, 10일 이후에는 큰 차이가 없었다. 숙성 5일에 김치의 색, 냄새 및 맛을 평가한 결과, 대조구가 가장 높은 점수를 받았고, 녹미채 0.1% 첨가구는 대조구보다 점수는 낮았으나, 유의성 차이는 없었다.

건강기능성 식품과 해조류 소비 : 경북대 학생 281명을 대상으로 해조류 건강기능식품의 구매의도와 소비가치를 조사한 결과, 구매 장소는 24시간 편의점이고, 낱개 포장으로, 구매 목적은 영양보충과 체중조절이며, 구매의도가 높은군과 낮은군의 차이가 현저하였고, 식품, 영양 및 건강 관련 과목 수강 경험자 중 기능가치와 인식가치가 높았다.

해조류의 지방산 조성 : 녹주류(파래, 청각), 갈조류(다시마, 톳, 곰피, 모자반, 미역), 홍조류(김) 등 8종의 식용 해조류의 지방산을 GLC로 분석한 결과, 녹조류 1.51%, 갈조류 2.81%, 홍조류 1.02% 이었고, 지방산 조성은 녹조류는 $C_{16:0}$산이 가장 많았고, $C_{18:1}$, $C_{18:2}$, $C_{18:3}$산도 많았다. 갈조류는 $C_{16:0}$, $C_{18:1}$, $C_{18:2}$, $C_{18:3}$산이 많았으나 $C_{18:0}$산은 적었다. 홍조류는 $C_{16:0}$산이 많았고, $C_{14:0}$, $C_{18:1}$, $C_{18:2}$, $C_{18:3}$은 매우 적었다. 녹조류 C_{16}, C_{18}산이, 갈조류는 C_{16}, C_{18}, C_{22}산이, 홍조류는 C_{15}, C_{16}, C_{18}산이 각각 많았다.

남해 조간대 해조 군집 : 남해 10개 도서 조간대의 해조 군집의 구조와 특성을 조사한 결과, 군집의 구조는 상, 중, 하부의 뚜렷한 층위구조로 구성되고, 상부와 중부의 중요 종은 조사기간 매우 유사하였으나, 지역 간에는 차이가 있었다. 상부의 대표 종은 막상 혹은 사상형의 *Gloiopeltis* spp. *Gelidium divaricatum*, *Prophyra suborbiculata*, *Nemalion vermiculare* 이었고, 중부의 대표종은 *Corallina pilulifera*, *Chondria crassicaulis*, *Hizikia fusiformis* 이었으며, 조사기간 중 공통으로 중요 종으로는 *Sargassum sagamianum*, *Laurencia* spp. *Symphyocladia latiuscula*, *Chondrus* spp. *Pachymeniopsis lanceolata*, *Gigartina* spp. 등이었다.

연화도의 해조 군집 및 변동의 정량적 분석 : 1984년 12월~1986년 1월 사이 연화도 해조군을 조사한 결과, 남조류 2종(1.8%), 녹조류 18종(15.8%), 갈조류 25종(21.9%), 홍조류 69종(60.5%), 모두 114종이었다. 해조류의 기능형 군별 구성비는 봄, 겨울에는 사상형과 막상형이 우세, 여름과 가을에는 직립 분기형과 다육질형이 우세하였으며, 파도가 적은 내만에는 막상형과 각상형이, 파도가 강한 곳은 직립 분기형과 다육질형이 우세하였다. 전 조사기간 동안 각 지점에서 중요도 10 이상인 종은 *Porphyra suborbiculata*(30.1), *Corallina pilulifera*(27.8), *Hizikia fusiforme*(27.7), *Sargassum thurnbergii*(27.5), *Undaria pinnatifida*(22), *Ishige okamurai* (20.6), *Chondria crassicaulis*(20), *Ulva pertusa*(16), *Pseudulvella consociata*(15.7), *Urospora penicilliformis*(15), *Sargassum sagamianum* (14.9), *Caulacanthus okamurai*(12.8), *Gloiopeltis furcata*(12.7), *Sargassum microcanthum*(11.7), *Myelophycus simplex*(11.2)이었고, Melobesioideae가 25.7이었다.

✲ 효능과 이용

1) 효능 : 항고혈압, 항암, 항혈액응고, 면역 활성
2) 식용 : 식재료

참고문헌

1) 강태선, 제종길, 홍재상, **수산학회지**, 1993, 26(1), 49 (남해의 하계 해조 군집 – 1. 조간대 : 도박, 톳, 불등가사리, 서실, 진두발, 돌가사리, 우뭇가사리, 보라우무, 비틀대모자반 등)

2) 고무석, 신길만, 이명렬, **식품영양과학회지,** 2002, 31(1), 87 (톳 에탄올 추출물이 알코올을 투여한 흰쥐의 항산화 효소 활성에 미치는 영향)
3) **과학기술부 정책연구**, 목포대학교 연구(책임자 길정목) 전남(0103), 2004 〔해조류(다시마, 미역, 톳)가공과 기능성 물질 개발 연구〕
4) 곽충실, 김성애, 이미숙, **식품영양과학회지,** 2005, 34(8), 1143 (한국산 5종 해조류의 항산화 효과와 총 폴리페놀 함량의 관련성 – 미역, 다시마, 톳, 파래, 김)
5) 구재근, **박사학위논문,** 고려대학교, 1994 (한국산 갈조류 중의 Fucoidan 추출, 정제 및 그 특성에 관한 연구 – 다시마, 미역, 톳, 모자반)
6) 구재근, **수산학회지,** 1997, 30(1), 128 (국내산 다시마, 미역 포자엽, 톳, 모자반 정제 Fucoidan의 구성당 결합 특성)
7) 구재근, 조길석, 도정룡, 박진희, 양차범, **수산학회지,** 1995, 28(6), 659 (톳과 모자반 Fucoidan의 화학적 특성)
8) 구재근, 조길석, 박진희, **수산학회지,** 1997, 30(3), 329 (국내산 다시마, 미역포자엽, 톳, 모자반 Fucoidan의 리올로지 특성)
9) 구재근, 최용석, 곽중기, **수산학회지,** 2001, 34(5), 515 (국내산 미역포자엽, 다시마, 톳, 모자반 Fucoidan의 항혈액 응고 특성)
10) 권대중, 임승택, 정용준, 박상후, 권동권, **식품과학과 산업,** 2006, 39(3), 73 (갈조류에서 추출한 푸코이단의 이해와 활용)
11) 김귀식, 小泉千秋, 배태진, **수산학회지,** 1997, 30(3), 355 (진두발, 김 및 굴의 지질에 있어서 광 증감 산화에 관한 연구)
12) 김두상, 이동수, 조득문, 김형락, 변재형, **수산학회지,** 1995, 28(10), 270 (식용 해조류 중의 미량 요소와 특수 기능성 당질 –2. 산지와 채취 시기별 식이성 섬유질 함량 변화와 해조 다당류의 분포)
13) 김성애, 김진, 우미경, 곽충실, 이미숙, **식품영양과학회지,** 2005, 34(4), 451 (다섯 가지 해조류 에탄올 추출물의 항돌연변이 활성 및 암세포 성장 억제 효과 – 톳, 다시마, 미역, 김, 파래)
14) 김수현, 임상빈, 고영환, 오창경, 오명철, 박제석, **수산학회지,** 1994, 27(5), 462 (추출 용매에 따른 톳 추출물의 수율 및 항균성 검정)

15) 김영면, 변지영, 남궁배, 조진호, 도정룡, 인재평, **식품과학회지,** 2007, 39(2), 152 (해조 성분 강화 기능성 소금에 대한 연구 – 톳, 김, 다시마)
16) 김영명, 김동수, 최용석, **식품과학회지,** 2004, 36(6), 1008 (국내산 주요 갈조류 추출물의 항혈액 응고 활성 – 미역, 다시마, 감태, 대황, 곰피, 톳, 괭생이모자반 등)
17) 김영명, 변지영, 한찬규, 성기승, 남궁배, **식품과학회지**, 2009, 41(2), 203 (톳유래의 무기성분 강화염이 본태성 고혈압쥐와 정상쥐의 혈압과 미네랄대사에 미치는 영향)
18) 김육용, 이근우, 김건배, 조영제, **수산학회지,** 2000, 33(5), 388 (다시마 Alginate 의 가열 가수 분해에 따른 물리, 화학적 및 생물학적 특성에 관한 연구 –3. 랫드의 Cholesterol, Glucose 및 Cd 체의 배출 효과)
19) 김지희, 목종수, 박희연, **식품영양과학회지,** 2005, 34(7), 1041 (한국 연안 해조류의 미량 금속 함량 – 톳)
20) 김지희, 임치원, 박희연, 이두석, 박정흠, **수산학회지,** 2002, 35(2), 191 〔충치균(*Streptococcus mutans*)에 대한 다시마 추출물의 항균 활성 – 갈파래, 청각, 감태, 곰피, 미역, 다시마, 톳 등〕
21) 김진아, 이종미, **식생활문화학회지**, 2004, 19(2), 200 〔건조방법에 따른 해조류(톳)의 생리활성 성분 및 항산화 활성의 변화〕
22) 도정룡, 김은미, 구재근, 조길석, **수산학회지,** 1997, 30(2), 291 〔국내산 주요 해조류의 식이섬유소의 함량과 추출 조건 – 미역, 다시마, 톳, 파래(*U. lactuca*), 우뭇가사리, 꼬시래기〕
23) 류근영, 심성례, 황인민, 정민석, 전삼녀, 서혜영, 박종석, 김희연, 엄애선, 박경수, 김경수, **식품과학회지,** 2009, 41(1), 1 (HPLC-ICP-MS를 이용한 톳의 비소 화학종 분석 및 위해성 평가)
24) 류혜숙, 김정희, 김현숙, **영양학회지,** 2008, 41(2), 141 〔5가지(고들빼기, 돌미나리, 메밀, 톳, 생강) 혼합식품 물 추출물의 마우스 면역세포 활성화 효과〕
25) 류혜숙, 정윤희, 김현숙, **영양학회지,** 2007, 40(7), 624 〔2주 동안의 톳 추출물 투여가 마우스의 비장세포와 Cytokine(IL-1β, IL-6, TNF-α)의 생

성량에 미치는 영향)
26) 박영범, 김인수, 유승재, 인종관, 이태기, 박덕천, 김선봉, **수산학회지,** 1998, 31(4), 581 (해조류 중의 anti-tumor initiator 및 promoter의 해석 -2: PhIP와 MeIQx의 돌연변이 원성을 억제하는 해조 추출물 소재 연구 — 미역, 곰피, 감태, 다시마, 모자반, 괭생이모자반, 미야베모자반, 지충이, 납작파래, 청각, 갈파래, 구멍쇠미역, 톳, 방사무늬김, 참도박, 마디잘록이, 참곱슬이, 꼬시래기)
27) 박우포, 조용범, 이승철, 김정목, 이미정, **식품영양과학회지,** 2001, 30(5), 834 (녹미채 첨가가 김치의 숙성 중 품질에 미치는 영향)
28) 박종철, 최재수, 송상호, 최명락, 김광용, 최종원, **생약학회지,** 1997, 28(4), 239 (해조류 추출물과 페놀성 화합물의 in vitro 및 in vivo 간 보호활성 — 매생이, 톳, 우뭇가사리, 알쏭이모자반, 과배기 모자반, 지충이, 구멍갈파래, 납작파래, 주름진두발, 개그물바탕말, 마디잘록이, 바위수염)
29) 손재학, 강대연, 오현철, 정복미, 김미향, 신미옥, 배송자, **영양학회지,** 2006, 39(5), 444 (톳 분획물의 항균 및 암세포 증식 억제 효과)
30) 손철현, 이인규, 강제원, **수산학회지,** 1986, 19(3), 265 (한국 남해안 동부 해역 해조 군집 구조 및 변동의 정량적 분석 — 1. 연화도 - 톳, 지충이, 미역, 갈파래, 서실, 불등가사리 등)
31) 유홍수, Statterlee, L. D., 이강호, **수산학회지,** 1982, 15(4), 263 (수종 해조의 단백계수와 in vitro Digestibility: 잎파래, 미역, 톳, 모자반)
32) 유홍수, 이강호, **수산학회지,** 1997, 10(3), 151 (해조 단백질의 추출에 관한 연구 —1. 수용성 단백질의 추출 : 둥근돌김, 파래(*E. linza*), 톳, 모자반, 미역, 청각, 셀만모자반, 구멍갈파래)
33) 유홍수, 이강호, 우순임, **수산학회지,** 1997, 10(4), 189 (해조 단백질의 추출에 관한 연구 —2. 식염 가용성 및 알코올 가용성 단밸질의 추출: 둥근돌김, 잎파래, 구멍갈파래, 미역, 톳, 모자반, 셀만모자반, 누운청각)
34) 윤승제, 조연숙, 남주현, 이형호, Kim Eliya, 홍용기, **수산학회지,** 2008, 41(1), 68 (각종 해조류 추출물들의 인간 피부세포주 HaCaT에 대한 활

력 영향 – 비틀대모자반, 돌가사리, 참그물바탕말, 참도박, 구멍파래, 잎파래, 청각, 납작파래, 딕티오타, 감태, 곰피, 톳, 패, 다시마, 모자반류, 고리매, 미역, 진두발, 꼬시래기, 부챗살)

35) 이동수, 김형탁, 조득문, 남택정, 변재형, **수산학회지,** 1998, 31(1), 1 (식용 갈조류의 알긴산조성 – 미역, 다시마, 모자반, 톳)

36) 이헌옥, 김동수, 도정룡, 고영수, **수산학회지,** 1999, 32(4), 427 (해조류의 Angiotensin-1 전환 효소 저해 작용 – 김, 파래, 미역, 우뭇가사리, 청각, 톳, 다시마)

37) 이현진, 김진희, 이주현, 김종식, 곽상태, 이경복, 송경식, 최병욱, 이봉호, **생약학회지,** 1999, 30(3), 231 (해조류 메탄올 추출물의 Prolyl Endopeptidase, Tyrosinase 저해 및 항응고 활성 스크리닝 – 모자반, 지충이, 감태, 서실, 톳, 잘록이)

38) 임영근, 최진석, 김동수, **수산학회지,** 2006, 39(1), 16 (기장산과 완도산 식용해조류 중의 미네랄 함량 – 미역, 다시마, 톳, 홑파래, 가시파래)

39) 장승은, 천종희, **영양학회지,** 2007, 40(5), 419 (식이중 칼슘 수준과 톳 첨가가 난소절제한 흰쥐의 골지표와 혈청지질 함량에 미치는 영향)

40) 정복미, 안창범, 강성조, 박정현, 정덕화, **식품영양과학회지,** 2001, 30(6), 1184 〔톳(*Hijikia fusiforme*) 추출물이 고지혈증 흰쥐의 지질 대사 및 간 효소 활성에 미치는 영향〕

41) 조득문, 김두상, 이동수, 김형락, 변재형, **수산학회지,** 1995, 28(1), 49 (식용해조류 중의 미량요소의 특수기능성 당질 –1, 산지와 채취 시기별 일반성분의 조성과 무기원소의 분포- 톳 등)

42) 차명화, 김유경, **식생활문화학회지,** 2008, 23(4), 462 (해조류 건강 기능성 식품에 대한 소비가치 분석)

43) 차선희, 안긴내, 허수진, 김길남, 이기와, 송춘복, 김소미, 전유진, **식품영양과학회지,** 2006, 35(3), 307 (제주 자생 해양 녹조류와 갈조류 추출물로 부터의 항고혈압 활성- 감태, 모자반, 미역, 톳, 다시마)

44) 최병욱, 이봉호, 강기정, 이은석, 이남호, **생약학회지,** 1998, 29(3), 237 (해조류 및 생약의 Tyrosinase 억제 활성 검색 – 납작파래, 잎파래,

톳, 매생이, 큰잎모자반)

45) 최진호, 임채환, 김재연, 양종순, 최재수, 변대석, **수산학회지,** 1986, 19(4), 303 (비만 치료식 개발을 위한 기초연구 -1. 식이 섬유로서의 알긴산의 비만 억제 효과)

46) 최진호, 최재수, 변대석, 양달선, **수산학회지,** 1986, 19(5), 485 (비만 치료식 개발을 위한 기초연구 -2. 조류와 생약 성분의 비만 억제 작용 비교)

47) 최창근, **수산학회지,** 2008, 41(5), 371 (한려 해상 국립공원의 해조상 - 파래류, 청각, 패, 고리매, 곰피, 감태, 부챗말, 참그물바탕말, 톳, 모자반류, 지충이, 김, 시나이아 등)

48) 하봉석, **수산학회지,** 1997, 10(4), 199 〔수산물의 지질에 관한 연구(제2보), 해조류 지질의 지방산 조성에 대하여〕

49) 하지혜, 권민철, 한재건, 김령, 정향숙, 최근표, 박욱연, 유상권, 이현용, **식품과학회지,** 2008, 40(5), 545 (톳 유래 저분자 푸코이단의 면역활성 증진)

50) 한국식품개발연구원, **톳을 이용한 건강편의 식품개발에 관한 연구,** 농림부, 서울, 1997

51) 황은경, 김창훈, 손철현, **Algae,** 1994, 9(1), 77 〔톳(*Hizikia fusiformis*)의 재생, 분화와 생식 기탁 형성에 미치는 조도 및 온도의 영향〕

52) 황은경, 김창훈, 손철현, **Algae,** 1994, 9(1), 85 〔톳(*Hizikia fusiformis*)의 callus-like 형성 및 성분〕

53) 황은경, 조용철, 손철현, **수산학회지,** 1999, 32(1), 112 (양식 톳 표복지의 재활용에 관한 연구)

54) 황혜정, 변재형, 남택정, **수산학회지**, 2000, 33(6), 541 (알긴산이 3T3-L1 세포의 분화에 미치는 영향)

55) Arai, A., **An Illustrated Atlas of the Life History of Algae,** Hori, T. ed., Tokoy, 1993, Vol. 2. Brown and red algae 〔*Hizikia fusiformis* (Harvey) Okamura〕

56) Cho, K, J., Lee, Y. S.y Ryu, B.I., **J. Kor. Fish. Soc.,** 1990, 23, 315

(Antitumor effect and immunology activity of seaweeds toward sarcoma -180)

57) Church, F. C., Meade, J. B., Treanor, R. E., Whinna, H. C., **J. Biol. Chem.**, 1989, 264, 3618 (Antithrombin Activity of Fucoidan)

58) Cote, R. H., **J. Chem. Soc.**, 1959, 2248 (Disaccharides from fucoidan)

59) Do, J. R., Kim, E. M., Koo, J. G., Jo, K. S., **Bull. Kor. Fish. Soc.**, 1997, 30, 291 (Dietary fiber contents of marine algae and extraction of the fiber)

60) Dobashi, K., Nishino, T., Fujihara, Nagumo, T., **Carbohydr. Res.**, 1989, 194, 315 (Isolation and preliminary characterization of fucose-containing sulfated polysaccharides with blood-anticoagulant activity from the brown seaweed *Hizikia fusiforme*)

61) Ehresmann, D. W., Deig, E. F., Hatch, M. T., Vedros, N. A., **J. Phycol.**, 1977, 13, 37 (Antivirus substances from California marine algae)

62) Glombitza, K. W., Rosener, H. V., Vilter, H., Rauwald, H. W., **Planta Med.**, 1973, 24, 301 (Antibiotica aus algen 8 Mitt, Phloroglucin aus braunalgen)

63) Ha, D. S., Ko, D. H., **Tec. Rep. Nat'l Fish. Res. Devel. Agency**, 1992, 96, 153 (Studies on the culture of seaweed fusiforme, *Hizikia fusiforme* Okamura)

64) Hamaoka, K., Yosida, K., Tamano, M., Kuroiwa, T., Kaise, T., Maeda, S., **Appl. Organomet. Chem.**, 2001, 15, 561 (Arsenic in the prepared edible browm alga *Hizikia fusiforme*)

65) Haugan, J. A., Aakermann, T., Liaaen-Jensen, S., **Method in Enzymology**, 1992, 213, 231 (Isolation of fucoxanthin and peridinin)

66) Holan, Z. R., Volesky, B., **Biotechnol. Bioeng.**, 1994, 43, 1001 (Biosorption of lead and nickel by biomass of marine algae)

67) Holan, Z. R., Volesky, B., Prasetyo, I., **Biotechnol. Bioeng.**, 1993,

41, 819 (Biosorption of cadmium by biomass of marine algae)

68) Hurch, F. C., Meade, J. B., Treanor, R. E., Whinna, H. C., **J. Biol. Chem.**, 1989, 6, 361 (Antithrombotic activity of Fucoidan with heparin cofactor II, antithrombin III and thrombin)

69) Hwang, E. K., Park, C. S., Shon, C. H., **Bull. Kor. Fish. Soc.**, 1997, 10, 199 [Concentrations on the early growth of *Hizikia fusiformis* (Phaeophyta)]

70) Ishikawa, M., Izawa, G., Omori, T., Yoshihara, K., **Nippon Suisan Gakkaishi**, 1987, 53, 853 (Annual variation of elemental quantities in brown sea algae Hijiki, *H. fusiforme*)

71) Jung, B. M., Ahn, C. B., Kang, S. J., Park, J. H., Chung, D. H., **J. Food Sci. Nutr.**, 2001, 30(6), 1184 (Effects of *Hizikia fusiforme* extracts on Lipid metabolism and Liver Antioxidative Enzyme Activities in Triton-Induced Hyperlipidemic Rats)

72) Kang, K. S., Kim, I. D., Kwon, R. H., Lee, J. Y., Kang, J. S., Ha, B. J., **Arch. Pharm. Res.**, 2008, 31(5), 622 (The effect of Fucoidan Extracts on CCl_4-Induced Liver Injury)

73) Karthikeyan, S., Hirata, S., **Appl. Organomet. Chem.**, 2004, 18, 323 (Ion chromatography-inductively coupled plasma mass spectrometry determination of arsenic species in marine samples)

74) Kim, H. S., Kim, G. J., **J. Kor. Soc. Food Sci. Nutr.**, 1998, 27(4), 718 (Effect of the feeding *Hijikia fusiforme*(Harvey) Okamura on lipid composition of serum in dietary hyperlipidemic rats)

75) Kim, J. A., Lee, J. M., **Kor. J. Food Culture**, 2004, 19(2), 200 (The change of biologically functional compounds and antioxidant activities in *Hizikia fusiformis* with drying methods)

76) Kim, J. A., Lee, J. M., **Kor. J. Soc. Food Cookery Sci.**, 2004, 20, 219 (Changes of chemical components and antioxidant activities in *Hizikia fusiformis*(Harvey) OKAMURA with blanching times)

77) Kim, J. H., **MS Thesis,** Sookmyung Women's Univ., Seoul, 2005 [Effects of plant water Extract Mixture(*Ixeris sonchifolia, Oenanthe javanica, Fagopyrum esculentum, Hizikia fusiforme, Zingiber officinale*) on mouse Immune Cell Activation)

78) Kim, K. I., Seo, H. D., Lee, H. S., Jo, H. Y., Yang, H. C., **J. Kor. Soc. Food Sci. Nutr.,** 1998, 27(6), 1204 (Studies on the blood anticoagulant polysaccharide isolated from hot water extracts of *Hijikia fusiforme*)

79) Kim, M. H., Joo, H. J., **Immunol. Lett.,** 2007, 115, 138 (Immunostimulatory effects fucoidan on bone marrow-derived dendritic cells)

80) Kim, Y. M., Byun, J. Y., Namgung, B., Jo, J. H., In, J. P. **Kor. J. Food Sci. Technol.,** 2007, 39, 152 (Studies on functional salt fortified with seaweed components)

81) Ko, M. S., Shin, K. M., Lee, M. Y., **J. Kor. Soc. Food Sci. Nutr.,** 2002, 31, 87 (Effect of *Hizikia fusiformis* ethanol extract on antioxidative enzymes in ethanol-induced hepatotoxicity on rat liver)

82) Kolb, N., Vallorani, L., Stocchi, V., **Acta Alimentaria,** 1999, 28, 213 [Chemical composition and evaluation of protein quality by amino acid score method of edible brown marine algae Arame(*Eisenia bicyclis*) and Hijiki(*H. fusiformis*)]

83) Koo, J. G., Choi, Y. S., Kwak, J. K., **J. Kor. Fish Soc.,** 2001, 34(5), 515 (Blood-Anticoagulant Activity of fucoidans from Sporophylls of *Undaria pinnatifida, Laminaria religiosa, Hizikia fusiforme* and *Sargassum fulvellum* in Korea)

84) Koo, J. G., **J, Kor. Fish. Soc.,** 1997, 30, 128 (Structure characterization of purified fucoidan from *Laminaria relgiosa*, sporophylls of *Undaria pinnatifida, Hizikia fusiformis* and *Sargassum fulvellum* in Korea)

85) Kumagai, A., Hirota, N., **Nippon Suisan Gakkaishi.**, 1991, 58, 1171 (Solubilization and isolation of chlorophyll-protein complexes from *Hijikia fusiformis*)

86) Lahaye, M., **J. Sci. Food Agric.**, 1991, 54, 587 〔Marine algae as sources of fibers ; Determination of soluble and insoluble dietary fiber contents in some vegetable)

87) Lee, Y. P., Kamura, S., **Algae,** 1997, 12(2), 57 〔Morphological variation of *Hizikia fusiformis* (Harvey) Okamura (Sargassaceae, phaeophyta) from the western Coast of the North Pacific〕

88) Lim, S. B., Kim, S. H., Ko, Y. H., Oh, C. K., **Kor. J. Food Sci. Technol.**, 1995, 27(1), 68 (Extraction Yields of *Hizikia fusiforme* and *Aloe vera* Linne by Supercritical carbon dioxide and Antimicrobial activity of their extracts)

89) Nakazawa, Y., Kuroda, H., Abe, F., Nishino, T., Otsuki, M., Umezaki, I., **Chemotheraphy,** 1974, 22, 1435 〔Antitumor effect of water extracts from marine algae(1)〕

90) Niemeck, R. A., Mathieson, A. C., **Bot. Mar.**, 1978, 21, 221 (Physiological studies of intertidal fucoid algae)

91) Nishide, E., Azai, H., Uchida, N., **Nippon Suisan Gakkaishi,** 1987b, 53, 1215 (A comparative investigation on the water-soluble and alkali-soluble alginates from various Japanese brown algae)

92) Nishino, T., Aizu, Y., Nagumo, T., **Thrombosis Res.**, 1991, 64, 723 (The influence of sulfate content and molecular weight of a fucan sulfate from the brown seaweed *Ecklonia kurome* on its anti-thrombin activity)

93) Noda, H., Amano, H., Arashima, K., Hashimoto, S., Nishizawa, K., **Nippon Suisan Gakkaishi,** 1989, 55, 1265 (Antitumor activity of polysaccharides and lipid from marine algae)

94) Park, K. E., Jang, M. S., Lim, C. W., Kim, Y. K., Seo, Y. W., Park,

H. Y., **J. Kor. Soc. Appl. Biol. Chem.**, 2005, 48, 435 (Antioxidant activity on ethanol extract from boiled water of *Hizikia fusifomis*)

95) Park, M. J., Han, J. S., **J. Food Sci. Nutr.**, 2008, 13(4), 259 (Fucoidan protects LLC-PK1 cells against AAPH-induced Damage)

96) Ryu, H. S., Kim, J. H., Kim, H. S., **Kor. J. Food Nutr.**, 2007, 40(7), 639 〔Effects of plant water extract mixture (*Ixeris sonchifolia, Oenanthe javanica, Fagopyrum esculentum, Hizikia fusiforme, Zingiber officinale*) on mouse immune cell activation〕

97) Siriwardhana, N., Jeon, Y. J., Kim, S. H., Ha, Joh., Heo, S. J., Lee, K. W., **Algae**, 2004, 19, 59 (Enzymatic hydrolysis for effective extraction of antioxidative compounds from *Hizikia fusiformis*)

98) Siriwardhana, N., Lee, K. W., Kim, S. H., Ha, J. W., Jeon, Y. J., **Food Sci. Technol. Intl.**, 2003, 9, 339 (Antioxidant activity of *Hizikia fusiformis* on reactive oxygen species scavenging and lipid peroxidation inhibition)

99) So, M. J., Kim, B. K., Choi, M. J., Park, K. Y., Rhee, S. H., Cho, E. J., **J. Food Sci. Nutr.**, 2007, 12, 191 (Protective Activity of Fucoidan and Alginic Acid against Free Radical-Induced Oxidative Stress under in Vitro and Cellular System)

100) Sohn, C. H., **Algae**, 1993, 8(2), 207 (Special Issue for Asia-Pacific Phycological Forum : *Porphyra, Undaria* and *Hizikia* cultivation in Korea)

101) Suto, S., **Bull. Jpn. Soc. Sci. Fish.**, 1951a, 17, 9 (On shedding of eggs, liberation of embryos and their later fixing in *H. fusiforme*)

102) Suto, S., **Bull. Jpn. Soc. Sci. Fish.**, 1951b, 17, 13 (On the growth of "Bush" in *Hizikia fusiforme*)

103) Suzuki, T., Nakai, K., Yoshie, Y., Shirai, T., Hirano, T., **Nippon Suisan Gakkaishi**, 1993, 59(9), 1633 (Seasonal variation in the dietary fiber content and molecular weight of Soluble dietary fiber

in brown alga, Hijiki)

104) Takahi, N., Hiroaki, K., Haruki, Y., Terukazu, N., **Phytochemistry,** 1991, 30, 535 (An anticoagulant fucoidan from the brown seaweed *Ecklonia kurome*)

105) Viso, A. C., Marty, J. C., **Phytochemistry,** 1993, 34, 1521 (Fatty acids from 28 marine microalgae)

106) Vokman, J. K., Jeffery, S. W., Nicholas, P. D., Rogers, G. I., Garland, C. D., **J. Exp. Mar. Biol. Ecol.,** 1989, 128, 219 (Fatty acid and lipid composition of 10 species of microalgae used in marin culture)

107) Wondimu, T., Ueno, A., Kanamaru, I., Yamaguchi, Y., McCrindle, R., Hanaoka, K., **Food Chem.,** 2007, 104, 542 (Temperature dependent extraction of trace elements in edible brown alga hijiki, *Hizikia fusiforme*)

108) Yamamoto, I., Takahashi, M., Tamura, E., Maruyama, M., **Bot. Mar.,** 1982, 25, 455 (Antitumor activity of crude extracts from edible marine algae against L-1219 Leukemia)

109) Yan, J., Chuda, Y., Suzuki, M., Nagata, T., **Biosci. Biotechnol. Biochem.,** 1999, 63(3), 605 (Fucoxanthin as the major antioxidant in *Hizikia fusiformis,* a common edible seaweed.)

110) Yasuji, O., Kiyoka, H. O,. **J. Sci. Food Agric.,** 1994, 66, 103 〔Identification of antimutagenic activities in the extract of an edible brown algae, *Hizikia fusiformis* (Hijiki) by mue gene expression system in *Salmonella typhimurium* (TA 1535/PSK 1002)〕

Ishige okamurai Yendo

패 18

갈조류 · Punctariaceae (넓은미역쇠과)

• 일명 | Ishige
• 용도 | 식용
• 분포 | 우리나라 남부 해안, 일본

✲ 식물학적 특성

조간대 중부의 바위 위에 군락하며, 뿌리는 작은 반상근(盤狀根)이고, 짧은 줄기가 있고, 복차상(復叉狀)으로 분기. 상부는 원주상, 또는 모가 나고, 좀 편원이며 세로로 주름이 있기도 하다. 크기는 5~10㎝. 색은 암적갈색이다.

동속식용 식물에는 넓패(*I. foliacea*)와 모장패(*I. sinicola*)가 있다.

✲ 생리 활성

해조류 추출물의 화학적 암 예방 효과 : 동해와 남해안에서 미역, 다시마, 감태 등 30종의 해조류에 대하여 phase II 해독 효소유도 및 염증반응 방지효과로 화학적 암 예방효과를 시험한 결과, *Dictyota coriacea*(그물바탕말) *Cutleria cylindrica*(채찍말)에서 4.36과 4.66의 강한 암 예방수치를 얻었고, 이 추출액 100㎎/㎖에서 3배의 항산화 효과를 얻었다. 패(*Ishige okamurae*), 산말류(*Desmarestia ligulata, D. viridis*), 딕티오프레티스(*Dictyopretis divaricata, D. coriacea*), 모자반류(*S. horneri, S. yezoense*)

등에서 NO에 대해 현저한 방해와 5~20㎎/㎖에서 농도의존적 prostaglandin E_2 생산을 억제하였다. 이들 해조류들은 화학적 암 예방 효과가 있는 식품으로 이용될 수 있다. 특히 *Dictyota coriacea*는 ARE의존 기작으로 gene을 조절할 뿐 아니라 NO와 PGE_2 생산을 방해하여 염증을 예방하는 강력한 화학적 암 예방 물질을 함유하고 있을 것으로 생각되었다.

해조류 항염증기전 : 해조류 *Desmarestia viride*(Dv), *Dictyopretis divaricata* (Db), 모자반, 고리매, 패 추출물로 자극된 Raw 264.7cell에서(NF)kβ인 pro-inflammatory mediator에 대하여 실험한 결과, 이 추출물들은 전사 단계에서 iNOS와 interleukin(IL)-1β expressin을 감소시켰다. Dd, 고리매, 패의 3종 추출물은 translation level에서 COX-2 expression을 저해하였고, Dd와 고리매 추출물은 Ik$\beta_{-\alpha}$변화를 저해하였다. Dd와 고리매의 항염증 효과는 NF-kβ 활성화를 차단하여 murine macrophage의 활성이 방해될 수 있음을 알 수 있었다.

Fucoidan의 항혈액 응고 활성① : 국내 연안의 갈조류인 미역포자엽, 다시마, 톳, 모자반을 묽은 염산(pH 2.0)으로 65℃에서 추출 crude fucoidan을 CPC 처리로 침전시킨 후 $CaCl_2$(1.0M, 1.5M, 3.0M)를 증가시켜 분리하였다. APTT 활성으로 비교한 결과, 분획물의 항혈액 응고 활성은 황산기 함량의 증가에 따라 증가하였으며, 분획물 시료 중 미역포자엽을 3.0M $CaCl_2$로 분획한 것이 가장 활성이 우수하였다. 이 분획을 다시 pronase와 laminase로 수식한 결과, 각각 단백질과 glucose가 감소하였으나 수식 전에 비해 APTT 활성이 증가하였다. pronase와 laminase로 수식한 fucoidan의 fucose : galactose : mannose : sulfate : uronic acid의 mole%는 1 : 1.3 : 0.03 : 2.7 : 0.08이 었으며, 효소처리에 따른 미역포자엽의 결합 구조는 변화가 없었다.

Prolyl Endopeptidase, Tyrosinase 저해 및 항응고 활성② : 40여 종 해조류의 MeOH ex에 대하여 prolyl endopeptidase(PEase), tyrosinase(Tyase) 및 혈액 응고 저해 활성을 측정한 결과, 항치매 활성 지표인 PEase에 대하여 40ppm에서 쌍발이모자반, 짝잎모자반, 큰잎모자반, 지충이, 감태, 패,

톳이 90% 이상 저해 활성이 있었고, 항암 및 미백 효과 활성 지표인 tyrosinase에는 꽈배기모자반, 감태가 각각 40ppm에서 51%, 76% 저해 효과를 보여 시료 중 가장 강하였다. 강력한 항응고 활성 해조류는 없었으나, 약 367ppm에서 APTT assay에서는 큰모자반, 개우무 및 톳이 대조구에 비해 210, 211, 198% 응고 시간 연장 효과를 보였고, TT assay에서는 마디잘록이, 쌍발이서실 및 톳이 각각 216, 197, 251%의 연장 효과를 보였다.

Fucoidan의 이해와 활용 : 미역, 다시마, 톳 등 갈조류에 많은 fucoidan은 90여 년 전에 추출 확인되었으며 항혈액 응고, 항혈전, 항암, 면역 조절, 항virus, 줄기세포의 활성화 등의 생리 활성이 연구되어, 이와 관련된 각종 질병의 완화 및 치료제로 활용 가능성이 인식되고 있다. 갈조류의 양식은 잘 발달되었고, 전남 완도지역은 청정지역으로 수질오염이 낮아 다시마, 미역 포자엽의 수확량이 풍부, fucoidan 추출원료 수급이 용이하다.

CCl_4- 유도 간손상과 Fucoidan 효과 : CCl_4—산화 stress 손상 간에 fucoidan extracts(FE)의 항산화성을 GOT, GPT, ALP, LDH, MDA, SOD, CAT, GPx수준으로 알 수 있는지 실험 하였다. SD계rat(♀)에 Fe 100㎎/㎏을 14일간 투여하고 15일째 CCl_4를 준 후 희생시켰다. rat 혈청 중 GDT, GPT, ALP 및 LDH를 총 간의 균질액에서 MDA, SOD, CAT 및 GPx와 같이 측정한 결과 CCl_4처리에서는 GDT, GPT, ALP, LDH 및 MDA가 증가하였고, SOD, CAT 및 GPx는 현저히 감소하였으나, FE로 전처리 한 rat은 CCl_4 처리 rat에서 SOD, CAT 및 GPx양이 회복되는 것과 같이 GOT, GPT, ALP, LDH 및 MDA의 증가가 억제되었다. 더구나 FE처리 rat의 간에서는 괴저나 경화 발생이 현저히 감소하였다. 이러한 결과로 FE의 항상화성이 CCl_4-유도 산화적 stress에 효과 있음을 알게 되었다.

AAPH-손상 LLC-PK1세포와 Fucoidan : AAPH-손상 LLC-PK1 세포 산화적 stress에 fucoidan의 보호 효과를 실험하였다. LLC-PK1세포를 1mM 2,2'-azobis(2-aminopropane)dihydroehloride(AAPH)에 24시간 노출시켜 산화적 stress에 생활력이 현저히 감소하였으나, fucoidan은 용량 의존적

으로 이를 보호하였다. 이러한 fucoidan의 작용은 superoxide anion radical과 hydroxyl radical의 작용을 제거하는 것과 같이 fucoidan이 지질 과산화와 항산화효소의 작용과 같은 양상이다. fucoidan의 AAPH-유도 LLC-PK1 손상에 보호효과는 특히 superoxide radical을 강하게 제거함을 보였다. fucoidan의 IC_{50}은 48.37±1.54㎍/㎖ superoxide anion radical 제거능과 hydoxyl radical 제거 능력은 IC_{50} 32.03㎍/㎖로 강하였다. 그러므로 fucoidan의 AAPH-손상 LLC-PK1 세포 보호는 지질 과산화를 방해하고, 항산화 효소 작용을 증가시켜 과산화 radical을 제거함에 있다(LLC-PK1 cell: Procine kidney epitheial celll).

산화적 Stress에 대한 Fucoidan과 Alginic acid의 보호효과 : Peroxyl radical-유도 산화적 stress에 대한 fucoidan과 alginic acid(갈조류 함유활성 다당류)의 보호 작용을 in vitro에서 실험한 결과, fucoidan은 NO와 O_2 (superoxide)제거능이 강력하였으나, alginic acid는 이러한 작용이 없었다. 그러나 alginic acid는 fucoidan보다 -OH 제거능은 높았다. fucoidan과 alginic acid는 AAPH 유도 산화적 stress에 대하여 세포의 활성을 향상시켰다. fucoidan과 alginic acid 1,000㎎/㎖에서 세포의 활성은 각각 16.4%에서 85.9%와 67.7%로 증가하였다. 또한 fucoidan과 alginic acid는 AAPH에 의해 용량 의존적으로 LLC-PKI 세포에서 지질 과산화를 개선시켰다. 이 결과로 fucoidan과 alginic acid는 free radical로 인한 산화적 stress에 대해 항산화제로 작용하는 것으로 생각되었다.

알긴산의 비만 억제 효과① : 미역, 다시마 등 갈조류에 20~30% 함유되어 있는 알긴산을 agar, cellulose, CMC, chitin, lignin 등의 식이섬유의 비만억제 작용을 magarine 유도 비만 쥐에 비교 검토하였다. 사료에 식이섬유 10%를 가하여 비만 억제 효과를 보면, lignin이 가장 크고, 다음 Na-alginate, cellulose, CMC 순이었다. 간장과 부고환 및 난소 주위의 지방조직의 비만 억제 효과는 lignin이 가장 크고, Na-alginate, cellulose, CMC 순. 또 Lee index의 비만 억제는 Na-alginate〉lignin〉CMC〉chitin〉cellulose 순. 간의 지질 분석에서 지방 축적 억제 효과는 agar〉CMC〉 cellulose〉Na-alginate〉chitin〉lignin 순이었다. 혈청 glucose 감소 효과는 CMC가 가장 크고, 다음 Na-alginate, lignin 순. 혈청 cholesterol 저하효과는 Na-alginate가 가장 크고, 다음이 lignin, cellulose 순. 그밖에 chitin을 제외한 대부분이 효과가 있었다. 또 lipase 활성의 상승 작용은 Na-alginate가 가장 효과적이며 다음 chitin이었다. 이상으로 갈조류 중 알긴산 20~30%가 있는 미역, 다시마 등은 비만 예방과 치료에 가장 효과적인 것으로 생각된다.

조류와 생약성분의 비만 억제 비교② : 해조류의 알긴산, 담수 록조 chlorella, 생약 인삼 saponin, 마늘 alliin과 scordinin 첨가, 비만 억제 효과를 검토한 결과, Na-alginate(71%)가 크고, 다음 scordinin(76%), chlorella(76%), alliin(86%) 순으로 체중 증가가 있었다. 사료 효율과 비교, 체중 증가량은 Na-alginate(68%)가 가장 효과적이고, alliin(79%)도 인정되었다. 간의 지방 축적 억제 효과는 Na-alginate(84%)가 가장 효과적, 부고환 및 난소 주변의 지방 축적 억제 효과는 Na-alginate(54%)가 가장 효과적, 다음 alliin(64%), saponin(66%) 순이었다. 또 Lee index 비만 억제 효과를 비교하면 Na-alginate(91%)에서만 인정되었다. 간 중 지방 축적 억제 효과는 alliin(40%)〉saponin(58%)〉Na-alginate(62%)〉chlorella(64%)〉scordinin(74%) 순. 혈청 glucose 감소 효과는 Na-alginate(67%)가 가장 크고, 다음 saponin(73%), scordinin(74%), alliin(83%) 순. 혈청 cholesterol 저하 작용은 Na-alginate(82%)가 가장 크고, 다음 alliin(84%), chlorella(86%), saponin(87%) 순이었다. 또한 혈청 lipase 활성 증가에 의한 비만 억제 작용은 Na-alginate(109%)와 saponin(104%)의 첨가가 효과적. 따라서 미역, 다시마, 톳 등 갈조류 성분 알긴산이 chlorella, 인삼 saponin, 마늘 alliin 및 scordinin보다 비만 예방과 치료에 효과적이었다.

알긴산과 3T3-L1 세포의 분화③ : 3T3-L1 세포가 지방세포로 분화되는 과정 중 혈청 중 분화 촉진인자(insulin, prostaglandin F2α 등) 첨가로 분화가 촉진되고, 분화 억제인자(actinomycin D, tumor necrosis factor α 등)로 억제될 수도 있다. 3T3-L1 세포는 세포내 지방 축적으로 지방세포 형태를 나타낸다. 3T3-L1 세포의 특성을 이용, 해조류에 많은 알긴산이 지방세포로의 분화 과정에 어떤 영향을 주는지 실험한 결과, 3T3-L1 세포 분화를 억제하였다. 또 분화 촉진 물질 IGF-1(insulin-like growth factor-1)과 insulin을 이용, 알긴산 분화에 미치는 영향을 검토한 결과, 알긴산은 insulin의 분화 촉진작용을 특이적으로 억제하였다. 본 연구는 알긴산을 이용, 알긴산의 지질 감소 효과를 세포수준에서 검증하였다.

Alginate의 항돌연변이와 Cholesterol, Glucose, Cd 결합능① : Alginate의 평균 분자량 약 10,000(HAG-10), 50,000(HAG-50), 100,000(HAG-100)의 저분자 alginate를 만들어 Ames test로 항돌연변이 효과를 측정한 결과, AFB_1에 대한 간접 돌연변이 원성과 MNNG에 대한 직접 돌연변이 원성의 항돌연변이 효과는 HAG-10이 가장 높았고, 다음 HAG-50, HAG-100 및 alginate 순으로 분자량이 적을수록 증가하였다. 저분자 alginate의 cholesterol, glucose 및 Cd 결합능은 alginate가 가장 높았고, 다음 HAG-50과 HAG-100은 유사하였으며, HAG-10은 결합능이 없었다.

Alginate의 Cholesterol, Glucose 및 Cd 배출 효과② : Alginate의 기능성을 개선코자 저 분자 alginate를 만들어 rat에 HAG-10, HAG-50, HAG-100 및 alginate를 투여, cholesterol의 체외 배출 효과를 조사한 결과, HAG-50과 HAG-100이 높았고, 다음 alginate이며, HAG-10은 나타나지 않았다. 혈청 중 glucose양은 HAG-50에서 가장 낮았고, 이후에도 계속 혈당이 저하하였으며, 혈청 중 insulin도 HAG-50에서 초기에 증가한 후 계속 저하되었다. Cd의 체외 배출은 HAG-50에서 가장 높았고, 다음 HAG-100, alginate, HAG-10순이나 HAG-10은 거의 효과가 없었다. 이로써 HAG-50은 rat에서 cholesterol과 Cd 체외 배출이 촉진되었으며, 혈중 glucose 저하 효과가 뚜렷하였다.

ACE 활성 저해 : 갈조류 중 *Ecklonia cava*(감태), *Sargassum fulvellum*(모자반), *S. thunbergii*(지충이), *S. horneri*(괭생이모자반), *S. coreanum*, *Scytosiphon lomentaria*(고리매), *Ishige okamurae*(패)를 protamex, kojizyme, nuetrase, flavourzyme(F), alcalase 등 5종의 효소로 가수 분

해시켜 ACE 활성을 검색한 결과, 대부분 양호한 활성을 보였으며, 특히 감태가 가장 강하였다. flavourzyme으로 감태를 가수 분해 한 것이 0.3 ㎍/㎖에서 ACE IC_{50}을 보였고, captopril은 ~0.05㎍/㎖에서 IC_{50}을 보였다. F 가수 분해물을 5, 10, 30KDa MWCO로 초원심분리하여 분자량에 따라 3분획을 얻었고, 〉30KD분획에 가장 많은 단백질(27%)과 phenol성 화합물(261㎍/100㎖)이 다른 소분자량 분획보다 많았다. 이 분획이 활성 물질이 포함된 protein(glycoprotein)과 polyphenol 분획이며, 감태의 항고혈압 물질이 포함된 분획이었다.

피부세포주 HaCaT에 대한 해조류의 영향 : 한국 연안 해조류를 채집, 이들 중 잎파래 등 녹조류 4종, 패, 감태, 곰피, 톳 등 갈조류 18종, 참도박 등 홍조류 14종을 수세, 음건하여 80% MeOH로 4회 추출, 37℃에 건조한 시료를 인체 피부세포 HaCaT와 24시간 배양을 조사한 결과, 36종의 해조 시료 중 비틀대모자반과 돌가사리가 대조구보다 1.6배 활력이 증가되었고, 참그물바탕말(*Dictyota dichotoma*), 참도박(*Pachymeniopsis elliptica*) 및 잎파래(*Enteromorpha linza*)의 추출물은 대조구보다 각각 0.2, 0.4, 0.4배 정도 활력을 억제시켰다.

녹조류와 갈조류의 항고혈압활성 : 제주 연안에 서식하는 녹조류와 갈조류(감태, 모자반, 미역, 톳, 다시마)의 항고혈압 활성을 조사하기 위해 해조류 MeOH와 H_2O로 20℃와 70℃에서 추출, 각 분획의 활성을 조사한 결과, 녹조류에서는 비교적 활성이 낮았으나, 갈조류에서는 70℃ MeOH ex 중 잇바디 괭생이모자반, 말미역, 바위주름, 넓패, 톳, 다시마 및 70℃ H_2O 감태 추출물에서 ACE 저해 활성이 높았다. 또한 70℃ H_2O 추출 감태의 가수 분해물은 2.33~3.56㎍/㎖의 IC_{50}값을 보여, 매우 ACE 저해 활성이 높았다. H_2O 추출물과 MeOH 추출물에서도 ACE 활성이 나타난 것은 해조류에는 fucoxanthin, phlorotannin 및 polyphenol계 물질이 있기 때문으로 보인다.

항미생물작용과 온도 및 pH의 영향 : 패를 비롯한 30종 해조류 수침ex와 EtOH ex를 한천 분산법으로 항미생물 활성 최저억제농도(MIC)를 측정하였다. 한천 분산법에서 12종 해조류가 실험미생물에 대해 성장 억제 효과가 있었고, 특히 패, 곰피, 모자반(*S. siliquastrum*), 지충이, 긴볼레기 말 및 감태에 4㎎/㎖에서 Gram 양성 미생물에 대해 강한 항bacteria 활성을 보였다. *S. siliquastrum*은 *Listeria monocytogens, Clostridium perfringens* 및 *Bacillus subtilis*에 MIC가 0.005~0.0075%에서 가장 강한 항균성을 보였다. 열 안정성 시험에서 패, 지충이, 모자반, 감태, 긴볼레기말의 EtOH ex는 121℃에서 15분간 안전하였으며, 모자반 EtOH ex의 항균 활성은 pH 2~10에서 안전하였으나, 다른 종류는 pH 10 이하에서는 불안정하였다.

Marine carotenoid의 생물학적 기능 : 자연계에서 생성되는 색소 중 carotenoid (CA)는 가장 중요하며 인체건강에 유용한 효과를 갖고 있어 홍미가 증가되고 있다. 해산 CA는 그들이 주는 화학적, 생물학적 이익의 영향은 중요하다. 해산 CA 중 astaxanthin과 fucoxanthin은 해양 동물이나 해양 식물 중에서는 비교적 강력한 생물학적 활성이 있었다. 즉 이 둘 CA는 quenching siglet oxygen과 scavenging free radical의 강한 항산화 작용이 있기 때문이며, 식이성 항산화 작용이 있는 이들 강력한 작용의 CA는 항암작용과 항염작용이 있다. 특히 fucoxanthin이 근래 항비만과 항당뇨 효과가 인정되면서부터 주목받고 있다. 이러한 작용은 mitochondria의 백색지방(WAT)에서 uncoupling protein(UCP1)을 만들어 WAT에서 지방산을 산화시켜 WAT에서 열을 생산하기 때문이다. fucoxanthin은 insulin 저항을 개선하여 혈당을 낮추며, 동물의 WAT에서 종양괴사 인자 α(TNFα)를 감소시키기 때문이다.

항산화능에 열과 pH 영향 : 패를 95, 70, 50% 발효주정 및 물 추출물의 항산화능을 측정, 최적 추출 조건을 조사한 결과, 70% 발효주정 추출이 17%로 수율이 높았고, 26㎎/g 총 phenol도 높았으며, 0.1㎎/㎖에서 약 73%의 높은 DPPH 라디칼 소거능을 보여 이를 최적 추출 조건으로 선정하였다. 70% 발효주정 추출물 60℃에서 10, 30 및 60분, 80℃와 100℃에서 10, 20분, 121℃에서 15분 열처리에서, 무처리구 및 모든 처리구에서

94% DPPH 라디칼 소거능과, 24mg/g 이상의 총 phenol을 유지하여 높은 열안정을 보였다. 패의 70% 발효주정 추출물의 pH처리에 항산화 안정성을 조사한 결과, pH 2, 4, 6 및 8처리구에서 무처리구와 유사한 항산화능을 보여 높은 pH 안정성을 보였으나, pH 10처리에서 89%라디칼 소거능과 20mg/g의 총 phenol 함량을 보여, 항산화능이 다소 감소하였다. 이상으로 패 70% 발효주정 추출물은 높은 수율과 항산화능을 가지며, 열 및 pH에 높은 안정성을 가져 식품 산업에 유용하게 응용할 수 있을 것으로 사료되었다.

연화도의 해조 군집 및 변동의 정량적 분석 : 1984년 12월~1986년 1월 사이 연화도 해조군을 조사한 결과, 남조류 2종(1.8%), 녹조류 18종(15.8%), 갈조류 25종(21.9%), 홍조류 69종(60.5%), 모두 114종이었다. 해조류의 기능형 군별 구성비는 봄, 겨울에는 사상형과 막상형이 우세, 여름과 가을에는 직립 분기형과 다육질형이 우세하였으며, 파도가 적은 내만에는 막상형과 각상형이, 파도가 강한 곳은 직립 분기형과 다육질형이 우세하였다. 전 조사기간 중에 각 지점에서 중요도 10 이상인 종은 *Porphyra suborbiculata*(30.1), *Corallina pilulifera*(27.8), *Hizikia fusiforme*(27.7), *Sargassum thurnbergii*(27.5), *Undaria pinnatifida*(22), *Ishige okamurai* (20.6), *Chondria crassicaulis*(20), *Ulva pertusa*(16), *Pseudulvella consociata*(15.7), *Urospora penicilliformis*(15), *Sargassum sagamianum* (14.9), *Caulacanthus okamurai*(12.8), *Gloiopeltis furcata*(12.7), *Sargassum microcanthum*(11.7), *Myelophycus simplex*(11.2) 이었고, Melobesioideae가 25.7이었다.

건강기능성 식품과 해조류 소비 : 경북대 학생 281명을 대상으로 해조류 건강기능식품의 구매의도와 소비가치를 조사한 결과, 구매 장소는 24시간 편의점이고, 낱개 포장으로, 구매 목적은 영양보충과 체중조절이며, 구매의도가 높은 군과 낮은 군의 차이가 현저하였고, 식품, 영양 및 건강 관련 과목 수강 경험자 중 기능가치와 인식가치가 높았다.

✻ 효능과 이용

1)식용 : 식재료

참고문헌

1) 구재근, 최용석, 곽중기, **수산학회지,** 2001, 34(5), 515 (국내산 미역포자엽, 다시마, 톳, 모자반 Fucoidan의 항혈액 응고 특성)
2) 권대중, 임승택, 정용준, 박상후, 권동권, **식품과학과 산업,** 2006, 39(3), 73 (갈조류에서 추출한 푸코이단의 이해와 활용)
3) 김영동, 김영명, 김동심, **한국식품연구소, 연구보고,** 1981, 163 (해조류의 다각적 이용에 관한 연구)
4) 김육용, 이근우, 김건배, 조영제,**수산학회지,** 2000, 33(5), 388 (다시마 Alginate 의 가열 가수 분해에 따른 물리, 화학적 및 생물학적 특성에 관한 연구 - 3. 랫드의 Cholesterol, Glucose 및 Cd 체외 배출 효과)
5) 손철현, 이인규, 강제원, **수산학회지,** 1986, 19(3), 265 (한국 남해안 동부해역 해조 군집 구조 및 변동의 정량적 분석 - 1. 연화도)
6) 오윤식, 이인규, 부성민, **Algae,** 1990, 5(1), 57 (한국산 유용해조 특히 식용, 약용 및 공업용 해조에 대한 주해)
7) 윤승제, 조연숙, 남주현, 이형호, Kim Eliya, 홍용기, **수산학회지,** 2008, 41(1), 68 (각종 해조류 추출물들의 인간 피부세포주 HaCaT에 대한 활력 영향 - 비틀대모자반, 돌가사리, 참그물바탕말, 참도박, 구멍파래, 잎파래, 청각, 납작파래, 딕티오타, 감태, 곰피, 톳, 패, 다시마, 모자반류, 고리매, 미역, 진두발, 꼬시래기, 부챗살)
8) 이용필, 강서영, **Algae,** 2002, 17(1), 69 (한국산 해조류의 목록)
9) 이현진, 김진희, 이주현, 김종식, 곽상태, 이경복, 송경식, 최병욱, 이봉호, **생약학회지,** 1999, 30(3), 231 (해조류 메탄올 추출물의 Prolyl Endopeptidase, Tyrosinase 저해 및 항응고 활성 스크리닝 - 모자반, 지충

이, 감태, 서실, 패, 모자반류, 개우무, 톳, 잘록이)

10) 정미정, 최정수, 송유진, 이소영, 김꽃봉우리, 이소정, 김서진, 윤소영, 전유진, 안동현, **식품과학회지,** 2009, 41(1), 50 (패 추출물의 항산화능에 미치는 열과 pH의 영향)

11) 차명화, 김유경, **식생활문화학회지,** 2008, 23(4), 462 (해조류 건강기능성 식품에 대한 소비가치 분석)

12) 차선희, 안긴내, 허수진, 김길남, 이기와, 송춘복, 김소미, 전유진, **식품영양과학회지,** 2006, 35(3), 307 (제주 자생 해양 녹조류와 갈조류 추출물로 부터의 항고혈압 활성- 감태, 모자반, 미역, 톳, 다시마)

13) 최진호, 임채환, 김재연, 양종순, 최재수, 변대석, **수산학회지,** 1986, 19(4), 303 (비만 치료식 개발을 위한 기초연구 −1. 식이섬유로서의 알긴산의 비만 억제 효과)

14) 최진호, 최재수, 변대석, 양달선, **수산학회지,** 1986, 19(5), 485 (비만 치료식 개발을 위한 기초연구 −2. 조류와 생약성분의 비만 억제 작용 비교)

15) 최창근, **수산학회지,** 2008, 41(5), 371 (한려 해상 국립공원의 해조상 − 파래류, 청각, 패, 고리매, 곰피, 감태, 부챗말, 참그물바탕말, 톳, 모자반류, 지충이, 김, 시나이아 등)

16) 황혜정, 변재형, 남택정, **수산학회지**, 2000, 33(6), 541 (알긴산이 3T3-L1 세포의 분화에 미치는 영향)

17) Ahn, M. J., Yoon, K. D., Kim, C. Y., Kim, J. H., Shin, C. G., Kim, J., **Phytother. Res.,** 2006, 20, 711 (Inhibitory activity on HIV-1 reserve trancriptase and integrase of carmalol derivative from a brown Alga, *Ishige okamurai*)

18) Alhukorala, Y., Jeon, Y. J., **J. Food Sci. Nutr.,** 2005, 10, 134 (Screening for Angiotensin 1-Converting enzyme Inhibitoory Activity of *Ecklonia cava*)

19) Athukorala, Y., Lee, J. W., Kim, S. K., Jeon, Y. J., **Bioresource Technol.,** 2007, 98, 1711 (Anticoagulant activity of marine green and brown algae collected from Jeju Island in Korea)

20) Chapman, V. J., Chapman, D. J., **Seaweeds and Their Uses,** Chapman and Hall, London, 1980, 334

21) Chengkui, Z., Junfu, Z., **Proc. Intl. Seaweed Symp.,** 1984, 11, 151 (Chinese seaweeds in herbal medicine)

22) Fujihara, M., Nagumo, T., **Carbohydr. Res.,** 1993a, 243, 211 (An Influence of the structure of alginate on the chemotactic activity of macrophages and the antitumor activity)

23) Fujihara, M., Nagumo, T., **Carbohydr. Res.,** 1993b, 224, 343 (The effect of the content of D-mannuronic acid and L-guluronic acid blocks in alginates on antitumor activity)

24) Girard, J. P., Marion, C., Liukus, M., Boucard, M., Rechencq, E., Vidal, J. P., Rossi, J. C., **Planta Med.,** 1988, 54, 193 (Hypotensive constituent of marine algae 1. Pharmacological studies of laminarin)

25) Hosokawa, M., Okada, T., Mikami, N., Konishi, I., Miyashita, K., **Food Sci. Biotechnol.**, 2009, 18(1), 1 (Bio-function of Marine Carotenoids)

26) Ikeda, A., Takemura, A., Ono, H., **Carbohydr. Polym.,** 2000, 42, 421 (Preparation of low-molecular weight alginic acid by acid hydrolysis)

27) Jimenz-Escrig, A., Goni Ganbrodon, I., **Arch. Latinoam. Nutr.,** 1999, 49, 114 (Nutritional evaluation and physiological effects of edible seaweeds)

28) Kang, K. S., Kim, I. D., Kwon, R. H., Lee, J. Y., Kang, J. S., Ha, B. J., **Arch. Pharm. Res.,** 2008, 31(5), 622 (The effect of Fucoidan Extracts on CCl_4-Induced Liver Injury)

29) Lee, S. B., Lee, J. Y., Song, D. G., Pan, C. H., Nho, C. W., Kim, M. C., Lee E. H., Jung, S. H., Kim, H. S., Kim. Y. S., Um, B. H., **Food Sci. Biotechnol.,** 2008. 17(3), 613 (Cancer chemopreventive Effects of Korean seafood Extracts)

30) Lee, S. Y., Kim, J. H., Song, E. J., Kim, K. B. W. R., Hong, Y. K., Lim, S. M., Ahn, D. H., **Food Sci. Biotechnol.,** 2009, 18(2), 506

(Investigation of Antimicrobial Activity of Brown Algae Extracts and the thermal and pH effects on their activity; 패, 곰피, 모자반, 지충이, 긴볼레기말, 감태)

31) Mabeau, S., Fleurence, J., **Trends Food Sci. Technol.**, 1993, 4, 103 (Seaweed in the food products : Biochemical and nutritional aspects)

32) Meade, M., Nishizawa, K., **Carbohydr. Res.**, 1968, 7, 97 (Laminarin of *Ishige okamarai*)

33) Nakamura, T., Nagayama, K., Kawaguchi, S., **Fish. Sci.**, 1994, 60, 793 (High Tocopherol Content in a Brown Algae *Ishige okamurae*)

34) Nishizawa, K., **Food Develop.**, 1989a, 24, 54 〔Physiological substances of sea weeds(I)〕

35) Nishizawa, K., **Food Develop.**, 1989b, 24, 59 〔Physiological substances of sea weeds(II)〕

36) Noda, H., Amano, H., Arshima, K., Hashimoto, S., Nisizawa, K., **Nippon Suisan Gakkaishi**, 1989, 55(7), 1259 (Studies on the antitumor activity of marine algae)

37) Pan, C. H., Kim, E. S., Um, B. H., Lee, J. K., **Food Sci. Biotechnol.**, 2009, 18(3), 813 (Anti-inflammatory Mechanism of seaweeds in Murine Macrophage- 고리매, 패, 그물바탕말, 모자반)

38) Park, M. J., Han, J. S., **J. Food Sci. Nutr.**, 2008, 13(4), 259 (Fucoidan protects LLC-PK1 cells against AAPH-induced Damage)

39) So, M. J., Kim, B. K., Choi, M. J., Park, K. Y., Rhee, S. H., Cho, E. J., **J. Food Sci. Nutr.**, 2007, 12, 191 (Protective Activity of Fucoidan and Alginic Acid against Free Radical-Induced Oxidative Stress under in vitro and Cellular System)

40) Tseng, C. K., Zhang, J. F., **Proc. Intl. Seaweed Symp.**, 1984, 11, 152 (Chinese seaweeds in herbal medicine)

41) Tsuchiya, Y., **Proc. Intl. Seaweed Symp.**, 1969, 6, 747 (Comparative hypocholesterolemic activities of marine algae)

42) Yamamoto, L., Takahashi, M., Tarmura, E., Maruyama, H., Mori, H., **Hydrobiologia**, 1984, 116, 145 (Antitumor activity of edible marine algae : Effect of crude fucoidan fraction prepared from edible brown seaweeds against L1210 leukemia)

Gloiopeltis tenax (Turner) J. Agardh

풀가사리 19

홍조류 · Endocladiaceae (풀가사리과)

- 영명 | Seaweed tenax
- 일명 | Funori
- 한명 | 布海苔, 海羅
- 별명 | 세모가사리, 참가사리
- 분포 | 한국 중부 이남, 일본 각지
- 용도 | 식재료, 호료

✻ 식물학적 특성

홍조류로 풀가사리과에 속하며, 몸은 뭉쳐나고, 하부는 가는 줄기로 되고 높이 10~20㎝, 굵기 1~4㎜, 처음에 원주상이나 후에는 좀 모가난다. 여러번 차상(叉狀) 분기하고, 혹은 군데군데 불규칙하게 가지가 난다. 차차 가지 끝쪽으로 가늘게 되고, 더러는 가지가 아래로 굽는다. 사분 포자낭은 표면층에 산재하고, 낭과는 반구상(半球狀)으로 부풀어 오른다. 질은 연골질로 되어 있다.

동속 식물에는 불등가사리(*G. furcata*)와 애기풀가사리(*G. complanata*)가 있다.

✻ 성분

1) 특수성분

동속 *G. furcata*에서 Agarobiose(A-00543)가 분리되었다.

❋ 생리 활성

항산화물질 : 동해 주문진 해안에 생육하는 12가지 식용 해조류에서 항산화 물질을 분리하였다. 항산화 측정(AOM법, DPPH법)과 UV, HPLC, GC/MS로 분석하였다. 12종의 식용 해조류를 hot-MeOH 추출 AOM법으로 활성을 측정한 결과, 김〉미역, BHT〉다시마〉넓미역〉지누아리〉서실 순이었고, 나머지 해조류는 활성이 나타나지 않았다. 또한 석유 에텔, Et_2O, $CHCl_3$, MeOH, H_2O로 순차 추출, 색소제거, 농축하여 DPPH법으로 항산화를 측정한 결과, H_2O-MeOH 가용 분획에서 강한 활성을 보였고, 김〉미역〉다시마〉BHA〉파래〉Tocopherol〉넓미역〉BHT 순이었다. 특히, 김, 미역, 다시마, 파래는 같은 양에서 BHT, BHA보다 높거나 비슷한 항산화 활성을 보였다. 활성 물질 회수율은 1.82%, 극성 용매 분획에서 강한 활성을 보였다. 추출 물질의 흡수 파장은 235±5nm, 270±5nm(λ max), HPLC 분석 결과 다시마, 미역, 파래의 retention time(RT)이 8.5분, 10분인 극성물질이 분리되었고, 김에서는 25분의 비극성 물질로 BHA, BHT와 비슷한 RT에서 분리되었다.

충치균에 대한 항균 활성 : 우리나라 연안에서 채취한 해조류 27종의 80% EtOH 추출물이 충치균 *Streptococcus mutans* KCTC 3300의 증식에 미치는 영향을 조사한 결과, 해조류 종 다시마가 가장 강하였고, 갈파래, 청각, 감태, 곰피, 미역도 비교적 활성이 높았으며, 홍조류보다 갈조류와 녹조류가 대체로 강하였다. 다시마의 항균 활성은 용매에 따른 추출물의 차이는 나타나지 않았다. *S. mutans* KCTC 3300과 *S. sobrinus* KCTC 3307에 대한 해조류의 80% EtOH 추출물의 MIC는 해조류 종뿐 아니라, 동일 해조류 추출물에서도 균 종에 따라 차이가 있었다. 다시마의 80% EtOH의 Et_2O 분획에서 MIC 는 105㎍/㎖, 수용성 분획은 약 5,500㎍/㎖에서 균의 증식이 억제되지 않았다.

Marine carotenoid의 생물학적 기능 : 자연계에서 생성되는 색소 중 carotenoid (CA)는 가장 중요하며 인체 건강에 유용한 효과를 갖고 있어 흥미가 증가되고 있다. 해산 CA는 그들이 주는 화학적, 생물학적 이익의 영향은 중요하다. 해산 CA 중 astaxanthin과 fucoxanthin은 해양동물이나 해양 식물 중에서 비교적 강력한 생물학적 활성이 있다. 즉 이 둘 CA는 quenching siglet oxygen과 scavenging free radical의 강한 항산화 작용이 있기 때문이며, 식이성 항산화 작용이 있는 이들 강력한 작용의 CA는 항암 작용과 항염작용이 있다. 특히 fucoxanthin이 근래 항비만과 항당뇨 효과가 인정되면서부터 주목받게 되었다. 이러한 작용은 mitochondria에서 백색지방(WAT)에서 uncoupling protein(UCP1)을 만들어 WAT에서 지방산을 산화시켜 WAT에서 열을 생산하기 때문이다. fucoxanthin은 insulin 저항을 개선하여 혈당을 낮추며, 동물의 WAT에서 종양괴사 인자 α(TNF α)를 감소시키기 때문이다.

홍조류의 성분 : 국내 연안에 서식하는 13종의 홍조류를 채취, 구성 성분을 분석한 결과, 채취 장소에 따라 차이가 있었고, 우뭇가사리의 회분은 9.02~13.30%, 단백질 19.99~20.47%, 지방 0.31~0.11%, 탄수화물 66.02~69.88%, sulfate는 2.35~1.62%, 돌가사리의 회분은 29.48, 단백질 27.42, 지방 0.90, 탄수화물 42.20, sulfate 19.48%, 부챗살의 회분 17.32, 단백질 31.15, 지방 0.24, 탄수화물 48.71, sulfate 1.92%, 깃꼴진두발의 회분 12.91, 단백질 22.47, 지방 0.22, 탄수화물 64.40, sulfate 17.96%, 풀가사리의 회분 19.20, 단백질 18.11, 지방 0.64, 탄수화물 62.05, sulfate 18.23%, 석묵의 회분은 11.41, 단백질 31.69, 지방 0.53, 탄수화물 60.71, sulfate 4.43%였으며, 수용성 구성당은 3,6-anhydrogalactose, galactose, 6-methylgalactose, rhamnose, fucose, ribose, arabinose, xylose, mannose, glucose 였고, 가장 많은 당은 galactose, 다음 3,6-anhydrogalactose, glucose, xylose 순이었다.

미이용해조류의 성분과 단백질추출 : 갈조류 14종(18시료), 녹조류 3종(3시료), 홍조류 15종(19시료)를 분석한 결과, 홍조류의 조단백이 높고, 조지방이 낮았으며, 갈조류와 녹조류는 조단백은 낮고, 조지방이 높았다. 단백질 자원으로는 지충이, 부채꼴아크로소리움, 꿩꼬리, 오카므라서실, 검은서실, 지누아리, 진두발, 불등가사리, 돌가사리, 딕티오타, 고리매 등이나, 큰딕티오타, 코르다리아, 비틀대모자반, 알쏭이모자반, 외톨개모자반, 도박, 털도박, 미끌도박, 납작파래, 구멍갈파래, 거머리말은 단백질이 극히 적었다. 추출액 중 단백질 침전법은 MeOH 처리법이 가장 양호하였으며, 알쏭이모자반이 가장 좋았고, 다음이 지누아리, 거머리말 순이었다.

산지와 채취시기별 식이섬유질 함량과 해조다당류 분포 : 참홑파래, 청각, 미역, 톳, 모자반, 다시마, 얼룩도박, 참김, 불등풀가사리 등 9종의 식이섬유를 시기별로 비교한 결과, 총 식이섬유질은 참홑파래가 25.4~38.1%, 청각 35.4~43.8%, 미역 34.2~48.8%, 톳 37.5~47.8%, 모자반은 42.9~71.3%, 다시마는 37.1~45.1%, 참김은 31.3~40.5%, 얼룩도박은 51.5~60.4%, 불등풀가사리는 57.1~65.8% 이었고, 가용성 및 불용성 식이섬유를 많이 함유한 해조류는 불등풀가사리와 모자반이었다. 총 식이섬유에 대한 가용성 식이섬유 비율은 녹조류 중 참홑파래 43.7~64.8%, 갈조류 중 미역은 17.5~31.3%, 홍조류 중 불등풀가사리는 44.7~63.2%가 높았다. 해조다당류의 분포 특징은 갈조류는 알칼리 가용성 알긴산 9.0~15.1%, 홍조류 중 참김은 porphyran 5.8%, 불등풀가사리와 얼룩도박은 한천 20.0%, 카라기난 23.8%를 각각 많이 함유하는 차이를 보였다.

미량 금속 함량 : 우리나라 연안에서 수집한 해조류 총 620건 시료 즉 녹조류(113건), 갈조류(275건), 홍조류(232건)의 미량 금속 함량을 비교 분석한 결과, Hg은 갈조류에서, Cd는 홍조류에서, Cu, Cd는 녹조류에 많았고, Mn과 Ni은 녹조류와 홍조류에서, Pb는 녹조류에서, Zn은 홍조류에 많았다. 지역별로는 Hg, Cd, Ni, Mn은 충남 태안지역에서 Cr은 영덕, Cu는 통영, Pb와 Zn은 울산 지역에서 많았다. 갈조류에는 Hg와 Cd, 녹조류는 Cr, Cu, Mn, Ni, Pb가, 홍조류에는 Zn이 많았다. 비식용 해조류 중 지충이는 Cd와 Mn의 biomonitor, 애기마디잘록이와 지누아리는 Ni와 Zn의 biomonitor, 식용 갈조류인 고리매는 Cr과 Pb의 biomonitor로 사용할 수 있을 것으로 판단된다

연화도의 해조 군집 및 변동의 정량적 분석 : 1984년 12월~1986년 1월 사이 연화도 해조군을 조사한 결과, 남조류 2종(1.8%), 녹조류 18종(15.8%), 갈조류 25종(21.9%), 홍조류 69종(60.5%), 모두 114종이었다. 해조류의 기능형 군별 구성비는 봄 겨울에는 사상형과 막상형이 우세, 여름과 가을에는 직립 분기형과 다육질형이 우세하였으며, 파도가 적은 내만에는 막상형과 각상형이, 파도가 강한 곳은 직립 분기형과 다육질형이 우세하였다. 전 조사 기간 동안 각 지점에서 중요도 10 이상인 종은 *Porphyra suborbiculata*(30.1), *Corallina pilulifera*(27.8), *Hizikia fusiforme*(27.7), *Sargassum thurnbergii*(27.5), *Undaria pinnatifida*(22), *Ishige okamurai* (20.6), *Chondria crassicaulis*(20), *Ulva pertusa*(16), *Pseudulvella consociata*(15.7), *Urospora penicilliformis*(15), *Sargassum sagamianum* (14.9), *Caulacanthus okamurai*(12.8), *Gloiopeltis furcata*(12.7), *Sargassum microcanthum*(11.7), *Myelophycus simplex*(11.2)이었고, Melobesioideae가 25.7 이었다.

남해 조간대 해조 군집 : 남해 10개 도서 조간대의 해조 군집의 구조와 특성을 조사한 결과, 군집의 구조는 상, 중, 하부의 뚜렷한 층위 구조로 구성되고, 상부와 중부의 중요 종은 조사기간 매우 유사하였으나, 지역 간에는 차이가 있었다. 상부의 대표 종은 막상 혹은 사상형의 *Gloiopeltis* spp., *Gelidium divaricatum*, *Prophyra suborbiculata*, *Nemalion vermiculare*이었고, 중부의 대표 종은 *Corallina pilulifera*, *Chondria crassicaulis*, *Hizikia fusiformis* 이었으며, 조사 기간 동안 공통으로 중요 종으로는 *Sargassum sagamianum*, *Laurencia* spp., *Symphyocladia latiuscula*, *Chondrus* spp., *Pachymeniopsis lanceolata*, *Gigartina* spp. 등이었다.

동해 영일만 중심 해조류의 해조상, 분포, 군집 구조 : 1995년 7월~1996년 6월까지 계절별, 남조류 5종(3.5%), 녹조류 18종(12.5%), 갈조류 20종 (13.9%), 홍조류 101종(70.1%)로 144종이었고, 봄 77종, 여름 78종, 가을 92종, 겨울 81종이 출현하였다. 연중 4계절 출현하는 것은 구멍파래, 참그물바탕말, 우뭇가사리, 진두발, 돌가사리, 폴리시포니아, 보라색우무,

단박, 서실 등 29종이 출현, 연중 비교적 높은 빈도 출현은 구멍파래, 우뭇가사리, 보라색우무이며, 중요한 것은 지충이, 클라도포라, 모자반, 납작파래 등이 있었다.

✻ 효능과 이용

1) 효능 : stomach, ailments, hemorroids, anal fistulas, goiter, scrofula, rheumatic arthritis, tuberclosis, cough, bronchitis, tonsillitis, asthma.

2) 식용 : 식재료

참고문헌

1) 강태선, 제종길, 홍재상, **수산학회지,** 1993, 26(1), 49 (남해의 하계 해조군집 – 1. 조간대 : 도박, 톳, 불등가사리, 서실, 진두발, 돌가사리, 우뭇가사리, 보라우무, 비틀대모자반 등)

2) 김두상, 이동수, 조득문, 김형락, 변재형, **수산학회지**, 1995, 28(3), 270 (식용 해조류중의 미량요소와 특수 기능성 당질 – 2. 산지와 채취 시기별 식이성 섬유질 함량의 변화와 해조 다당류의 분포)

3) 김영동, 김영명, 강통삼, **한국식품연구소 연구보고,** 1981, 163 (해조류의 다각적 이용에 관한 연구)

4) 김지희, 목종수, 박희연, **식품영양과학회지**, 2005, 34(7), 104 (한국 연안 해조류의 미량 금속 함량 – 파래, 청각, 매생이, 미역, 다시마, 김, 모자반, 톳, 고리매, 우뭇가사리, 꼬시래기, 서실, 불등가사리)

5) 김지희, 임치원, 박희연, 이두석, 박정흠, **수산학회지,** 2002, 35(2), 191 〔충치균(*Streptococcus mutans*)에 대한 다시마 추출물의 항균 활성 – 갈파래, 청각, 감태, 곰피, 미역, 다시마 등〕

6) 남기완, 김영식, 김영환, 손철현, **수산학회지,** 1996, 29(5), 727 (한국 동

해안 연안역의 저서 해조류 : 해조상, 분포 및 군집 구조)

7) 도정룡, 남윤주, 박진희, 조진호, **수산학회지,** 1997, 30(3), 428 (국내산 홍조류의 구성 성분에 관한 연구 – 우뭇가사리, 꼬시래기, 돌가사리, 붉은까막살, 애기곱슬이, 붉은잎, 애기마디잘록이, 부챗살, 진두발, 풀가사리, 석묵)

8) 박영호, 변재형, 오후규, 강영주, **수산학회지,** 1976, 9(3), 155 (미이용해조류의 이용화에 관한 연구 – 1. 미이용 해조류의 성분 조성과 조류 단백질 추출 - 불등가사리, 돌가사리, 진두발 등)

9) 박재한, 강규찬, 백상봉, 이윤형, 이규순, **식품과학회지,** 1991, 23(3), 256 (식용 해조류에서 항산화 물질의 분리 – 김, 파래, 미역, 다시마)

10) 손철현, 이인규, 강제원, **수산학회지,** 1986, 19(3), 265 (한국 남해안 동부해역 해조 군집 구조 및 변동의 정량적 분석 – 1. 연화도)

11) 오윤식, 이인규, 부성민, **Algae,** 1990, 5(1), 57 (한국산 유용 해조 특히 식용, 약용 및 공업용 해조에 대한 주해)

12) Amano, H., **Marine Biochemistry,** Yamaguchi, K. ed., Tokyo University Press, Japan, 1999, pp.170~171 (Biochemistry and biotechnology of seaweed)

13) Baker, J. T., **Proc. Intl. Seaweed Symp.,** 1984, 11, 29 (Seaweeds in pharmaceutical studies and application)

14) Chapman, V. J., Chapman, D. J., **Seaweeds and Their Uses,** Chapman and Hall, London, 1980, 334

15) Cole, K. M., **Biology of the Red Algae,** Cole, K. M., Sheath, R. G.(eds.), Cambridge Univ. Press, Cambridge, 1990, pp.517.

16) Efimor, V. S., Usov. A. I., Ol'kaya, T. S., Baliunis, A., Roskin, M. Y., **Farmakol. Toksikol.,** 1983, 46(3), 61 (Comparative study of anticoagulant activity of Sulfated polysaccharides obtained from red sea algae)

17) Hosokawa, M., Okada, T., Mikami, N., Konishi, I., Miyashita, K., **Food Sci. Biotechnol.,** 2009, 18(1), 1 (Bio-function of Marine Carotenoids)

18) Jimenz-Escrig, A., Goni Ganbrodon, I., **Arch. Latinoam. Nutr.**, 1999, 49, 114 (Nutritional evaluation and physiological effects of edible seaweeds)

19) Kaneda, T. P., Kamasastri, V., Tokuda, S., **Bull. Jpn. Fish. Sci. Soc.**, 1965, 31, 1026 [Studies on the effects of marine products on cholesterol metabolism in rat. V. The effect of edible seaweed (supplement)]

20) Mabeau, S., Fleurence, J., **Trends Food Sci. Technol.**, 1993, 4, 103 (Seaweed in the food products : Biochemical and nutritional aspects)

21) Nishizawa, K., Murasugi, S., **The Sea Vegetable Book**, Kensei Press, Tokyo, 1988, 57 (in Japanese)

22) Noda, H., **Science of Marine Algae**, Oishi, K. ed. Asakura-Shoten, Tokyo, 1993, pp.14~29 (Chemistry of marine algae)

23) Tseng, C. K., Zhang, J. F., **Proc. Intl. Seaweed Symp.**, 1984, 11, 152 (Chinese seaweeds in herbal medicine)

24) Van der Meer, J. P., **Biology of the Red algae**, Cole, K. M., Sheath, R. G. eds., Cambridge Univ. Press, Cambridge, 1990, pp.103~121 (Genetics)

Salicornia herbacea L.

함초 20

Chenopodiaceae (명아주과)

• 영명 | Saltwort, glasswort
• 일명 | Atsukeshi-so
• 별명 | 퉁퉁마디
• 용도 | 식용

✻ 식물학적 특성

우리나라에 1종뿐인 다육질의 초본으로 해변 각처에 나는 1년초, 전체에 털이 없고, 줄기는 마디가 많으며, 두드러지고, 1~2번 갈라지고, 가지는 대생, 다육질이고, 비대하며, 짙은 녹색. 후에 붉게 된다. 잎은 없고, 꽃은 녹색, 이삭화서, 가지 끝에 달림. 마디 위에 마주 난 움푹 들어간 구멍 속에 2~3송이 꽃이 숨어 있고, 화피는 역 원추형, 다육질로 통통하며, 꽃이 핀 후 자라서 열매를 둘러쌈. 수술은 1~2개, 자방은 난형, 암술대는 2개가 길게 나옴. 열매는 포과, 납작한 난형, 화피에 싸여 있다.

✻ 식물학적 특성

1) 특수성분

함초에서 Salicornia herbacea alkaloid C(A-00909), D(A-00937), Salicornice(S-00043), Saliherbine(S-00052) 등이 분리되었고, *S. europaea*에서 Amaranthin(B-00309) 6,7-Dihxdroxy-4H-1-benzopyran-4-one: 6 Meether,

7-*B*-D-glucopyranoide(D-01544). 2,7-Dihydroxy-6-methoxyisoflavone(T-02265) 6,7-Dimethoxychromone(D-01544), 2'-Hydroxy-6,7- methylene dioxyiso-flavone(T-02265) 6,7-Methylenedioxy-4H-1-benzopyran-4-one(M-00979) 등도 분리되었다.

✲ 생리 활성

가수 분해물과 고콜레스테롤 식이-항산화 방어계 : 함초 가수 분해물이 고콜레스테롤 식이 SD계 rat(♂)의 항산화계와 지질 산화에 미치는 영향을 알고자, 정상식이군(N), 정상식이+함초열추출물 2%(NW-2), 고콜레스테롤 식이 대조군(C), 고콜레스테롤 +함초 열추출물 1%와 2%(CW-1, CW-2), 4%(CW-4)로 나누어 3주간 사육 후 희생시켜 관찰한 결과, 증체량은 N군보다 C군에서 증가, 시료군은 다소 감소하였다. 간 손상 지표인 GDT와 GPT활성 중 GOT는 각 군간의 변화는 없었으나, GPT는 CW-1과 CW-2에서 감소하여 시료가 간 독성에 영향이 없음을 알 수 있었다. 간의 항산화 방어계의 효소 활성을 측정한 결과, SOD활성은 C군보다 시료군에서 다소 증가, 특히 CW-2군이 증가하였다. GSH px활성은 시료군에서 증가, 특히 CW-4군이 증가하였다. catalase활성은 시료군이 증가하였으나 군간 차이는 없었다. 조직과 산화 손상 지표인 TBARS함량은 C군이 N군보다 30% 증가, CW-2와 CW-4군이 C군보다 각각 23%와 26% 감소되었다. 간 조직의 mitochondria에서 carbonyl양을 측정한 결과, N군보다 C군이 29% 증가하였으나 CW-1, CW-2, CW-4군에서 각각 31%, 30%, 26% 감소, 정상군 수준이었다. 그러나 간의 microsome에서는 군간 차이가 없었다. 이 결과로 함초 가수 분해물은 고cholesterol 식이 흰쥐 간 조직의 항산화계를 강화, 조직 산화적 손상을 감소시킴을 규명하였다.

암세포 성장 억제와 Quinone Reductase 활성유도 : 염생 식물의 하나인 함초의 용매별 분획이 암 세포 성장 억제와 Quinone Reductase(QR) 활성 유도효과를 간암 세포 $HepG_2$, 대장암 세포주 HT-29, 유방암 세포주

MCF-7의 성장 억제를 관찰한 결과, $HepG_2$에 가장 효과가 컸고, 3종 암세포 주에 모두 SHMM층에서 월등히 높은 억제 효과를 보였다. 또한 $HepG_2$에 대해 SHMM층이 QR활성 유도 효과가 높았다. 본 실험 결과, 함초의 MeOH분획인 SHMM층에서 암세포 성장 억제 효과와 QR유도 활성 효과가 나타나, 이 분획에 유효한 활성 물질이 함유되어 있는 것으로 추정되었다.

제2형 당뇨와 함초의 혈중 지방 저하 효과① : 제2형 당뇨병 환자에서 고지혈과 고혈당은 심혈관계 질환의 합병증으로 주요한 위험요소이다. 함초의 70% EtOH 탈염으로 만든 함초의 추출액에서 제2형당뇨의 고지혈과 고혈당에 효과 여부를 관찰한 결과, 탈염 1%함초 EtOH 추출물 포함 사료와 AIN-93G 사료로 6주간 사육 후, 효소법으로 공복혈당과 TG, 총 cholesterol을 측정하고, 당화 혈색소는 크로마토그라피법으로 측정한 결과, 체중과 함초 섭취는 대조군과 별 차이 없었으나, 공복 혈당과 당화혈색소는 함초군에서 낮아졌다. 함초 추출액은 α-glucosidase를 31.9% 감소시켰고, 함초 EtOH 추출액은 돼지 췌장 lipase를 59.0% 억제하였다. 이러한 결과로 함초는 제2형 당뇨 동물 모델에서 췌장 lipase를 억제함으로써 고지혈증의 조절 효과가 있음이 사료되었다.

함초와 당뇨흰쥐의 혈당 및 지질대사물② : 함초의 항당뇨효과를 검색하고자 정상군과 당뇨군, 정상 대조군과 당뇨 실험군에 각각 함초 분말 10%와 20% 첨가, 6군으로 SD계(♂, 220g)쥐에 STZ-유도 당뇨쥐를 4주간 사육한 결과, 당뇨군에서 함초식이군이 혈당이 낮았고, 10%보다 20%군에서 더 낮았다. 지방 대사물인 cholesterol 감소는 없었으나, 혈장 단백질, 중성지방 및 유리 지방산 저하에는 당뇨군보다 정상군에 영향이 컸으며, 정상군 중 10%보다 20%군에서 더 효과가 커 양적 상관성을 보였다.

STZ-당뇨쥐에서 함초보충이 지질 과산화와 무기질 변화③ : STZ-당뇨유도 흰쥐에서 함초(GW)가 지질 과산화와 무기질 함량을 조사하고자 기본식이에 10%, 20% 함초 분말을 첨가, 4주간 사육하였고, 정상군(N), N-10% GW, N-20% GW로 STZ-control, STZ-10% GW, STZ-20% GW로 나누어 실험한 후, 흰쥐의 간과 근육 glyeogen, 간과 신장의 단백질, 간의 cholesterol, TG, 간과 신장의 malondialdehyde(MDA) 및 간의 Cr, Fe, Zn 함량을 측정한 결과, 간 glycogen은 N-20% GW군이 시험군 중 가장 많았으나, 간 MDA량은 STZ-control보다 STZ-10% GW와 20% GW군이 현저히 낮았고, 간의 Zn양은 N-control과 STZ-control은 현저한 차이를 보였으며, 간의 Cr양은 N-20% GW, STZ-10% GW와 STZ-20% GW군에서 각각의 control group보다 현저히 높았다. 이러한 결과는 함초가 간에서 지방 과산화에 바람직한 효과가 있음을 시사하였다.

STZ-당뇨유발흰쥐의 항산화 효소 활성과 함초④ : 함초의 항당뇨 효과를 검색하고자 정상군과 당뇨군으로 나누고, 정상 대조군(N)과 당뇨 대조군(STZ-C)에 각각 함초 분말 10%와 20%를 첨가 6군으로, SD계 흰쥐(♂, 220g 내외)를 STZ유도 당뇨쥐에 4주간 사육, 간장의 항산화 방어체계에 미치는 효소 활성도를 분석한 결과, 1) 간장의 cytosol에서 유리기 생성계 XOD활성도는 정상과 당뇨시 각각의 대조군보다 함초 첨가군에서 낮았고, 2) 유리기 제거계 GST활성도는 정상시 함초 첨가량 의존적으로 높았고, 당뇨시에는 20%첨가군에서 낮았다. 3) GPx 활성은 정상시 함초 첨가량 의존적으로 높았으며, 당뇨 시 20% 첨가군이 낮아 정상 대조군과 당뇨 대조군 간 차이가 없었다. 4) 당뇨쥐에서 glutathione 의존성 효소 GR활성은 각 실험 대조군에 비해 다소 증가하였고, 정상시 함초 20%첨가군에서, 당뇨시 10%첨가군에서 활성이 높았다. 5) SOD활성도는 정상 대조군보다 20%첨가 시 낮았으나, 당뇨시에도 실험군 간 차이는 없었다. 6) CAT활성도는 정상시 정상 대조군에 비해 시료 첨가 시 차이가 없었고, 당뇨시에 당뇨 대조군보다 시료 첨가에도 차이가 없었다. 이러한 결과로 STZ-유도 당뇨쥐에서 함초 첨가식이시 CAT활성도는 증가를 억제, XOD활성은 감소하였고, GST활성도를 효과적으로 감소시켰음으로 시료 첨가는 당뇨로 인한 산화적 스트레스를 줄이고, 항산화 방어체계 개선 효과를 얻어 함초 식이요법은 당뇨로 인한 stress 감소와 당뇨 예방 및 치료의 기능성 식품으로 생각되었다.

함초 가수분해물의 STZ-당뇨쥐에서 혈당강하와 혈청지질 개선효과[5] : STZ-당뇨쥐의 시료(함초 가수 분해물) 투여로 체중 증가가 대조군보다 현저히 감소하였고, 혈중 포도당은 DM군에 비해 DM-4군과 DM-8군에서 감소하였으며, 소장에서 이당류 분해 효소 활성의 저해로 혈당 강하효과를 보였다. 간조직 손상 지표인 GDT와 GPT효소 활성 변화를 측정한 결과, 시료는 GOT와 GPT 활성 변화에 영향이 없었다. 혈중 중성 지질 함량은 당뇨 대조군(DM군)이 정상군에 비해 2배 상승하였으나 시료 공급군은 정상이었다. HDL-cholesterol은 DM군에서 감소하였으나, 시료군에서는 정상이었다. 총 cholesterol 함량은 DM군보다 시료군에서 다소 감소하였으며, 특히 DM-16군은 정상이었다. 이러한 결과는 시료공급군은 STZ-유도 당뇨쥐에서 혈당 강하 효과 및 혈청 총지질, 중성지질, cholesterol 및 HDL-cholesterol 등 지질을 조절함으로써 지질 상태 개선 효과가 있음을 알 수 있었다.

다당체의 항당뇨 활성[6] : 염습지대에 자생하는 명아주과 일년초인 함초는 퉁퉁마디라고도 하며, 식용과 약용으로 이용된다. 건조 함초의 열수 추출물(CSP)에서 한외여과 다당체(SPI)를 얻어 STZ(55㎎/㎖/㎏)유도 당뇨쥐에 시료를 6주간 투여, 정상 대조군(NC)과 당뇨 대조군(DC), 당뇨시료추출물군(DCSP), 당뇨 다당체군(DSPI)을 비교한 결과, 혈당은 DCSP군과 DSPI군은 각각 10%, 25% 감소, 중성지방은 13%, 20% 감소하였다. CSP와 SPI의 항당뇨 시험 결과, 각군의 혈당 저하와 중성지방 저하가 보였으며, 함초의 다당체가 활성이 더 강함을 나타내었다.

장기능 개선과 변비 해소 효과 : 함초 추출물을 식수에 첨가, 장 이동을 관찰한 결과, 대조군에 비해 시료군에서 활성탄 식이 장 이동률은 8.5~16.4% 증가되었다. 변비해소 효과는 시료 추출물을 식수에 첨가, 공급한 결과, 3㎎/㎖농도에서 식수 섭취량과 관련하여 최대 156% 증가하였다. 시료함유 yogurt의 변비 해소 효과는 0.25%시료 함유 yogurt로 변비 유발기간 중 변량이 최대 150% 증가하였으며, loperamide 섭취 지속에도 변비가 해소 되었다. 이 결과로, 함초 추출물은 장 이동률 증가와 장 운동 촉진으로, 변비 해소 효과와 장기능 개선 효과를 나타내었다.

함초의 일반성분 : 함초의 건초 일반성분을 분석한 결과, 함초 100g당 수분 10.88%, 조단백질 3.97%, 조지방은 0.89%, 조회분 17.51%이었으며, 함초 추출물은 100g당 수분은 7.12%, 조단백질 7.86%, 조지방은 0.55%, 조회분은 211.63%로 함초 추출물이 건초보다 수분과 조지방은 적었으나 조단백과 조회분은 많았다.

적자색 색소의 특성 및 안정성 : 퉁퉁마디의 적자색 색소의 안정성을 조사한 결과, pH 4~6 범위에서 가장 안정하였고, 저장기간에 따라 색소의 잔존율은 다양한 당 첨가에 따라 대조구보다 높았다. 특히 저장 10일 후 0.5M surcose첨가구는 대조구에 비해 11.1% 색소 잔존율이 높았으며, 다음 fructose, maltose, glucose, galactose순이있다. 또 유기산의 종류와 농도에 관계없이 모두 대조구에 비해 저장 기간 중 적자색 색소의 잔존율이 감소 되었으며, 특히 유기산 0.5M처리구의 잔존율이 저장 10일 후 13.1~15.9%로 감소하였다. 저장 기간 10일 경과 후, ascorbic acid와 thiourea를 동시에 100ppm씩 첨가에서 저장 10일 후 색소 잔존율이 48.4%로 대조구보다 23.1% 높았다. 또 아미노산 중 aspartic acid를 50mM처리 시 색소의 잔존율이 41.5%로 가장 높았으며, 식염 2.0M 처리 시 색소 잔존율이 31.6%로 대조구보다 높았다. 5℃와 25℃등 저온 저장에서 색소의 안정성이 유지되나, 저장 온도 상승에 따라 색소의 안정성이 급격히 감소하였다.

함초 발효액의 기능성 : 각종 무기질을 함유한 함초를 발효, 그 기능성을 관찰하였다. 함초 추출액에 유산균을 접종, 초기 pH는 4.50, 발효 후 2.84, 산도는 초기 0.29, 발효 후 0.55로 증가하였고, 생균수는 초기에 $1.2x10^{11}$cfu/㎖, 72시간 발효 후, $1.4x10^{13}$cfu/㎖이었다. 발효액을 동결건조 후 기능성을 조사한 결과, SOD유사 활성과 DPPH 라디칼 소거능은 농도 의존적 경향을 보였으며, 혈전 분해능은 발효전에는 없었으나, 발효 후에는 동결 건조 분말 25%의 농도에서 plasmin 3.84㎍/㎖농도와 동일한 혈전 분해능을 보였다.

발효 퉁퉁마디의 품질특성 : 퉁퉁마디를 주원료로, 부원료로 미강과 대두 혼합비로 1:1:0(A군) 2:1:1(B군) 및 1:0:1(C군)로 하여 *B. subtilis* KCCM 12447을 접종, 멸균수로 수분을 조절, 37℃에서 48시간 발효, 성분 특성 및 품질 특성을 비교한 결과, 발효 후 수분, 조단백질, 조지방 및 조회분은 C군이 각각 60.44, 30.18(건중량), 19.26(건중량) 및 25.56(건중량)%로 가장 높았고, 탄수화물은 A군이 59.10%(건중량)로 가장 함량이 높았다. 총 유리 아미노산은 모든군에서 발효전보다 발효 후에 증가, A군은 발효 전 459.11㎎/100g에서 발효 후에 668.89㎎/100g으로 가장 높았고, B군은 각각 304.02㎎/100g, 561.34㎎/100g이었으며, C군은 304.02㎎/100g, 447.57㎎/100g이었다. 유리 아미노산은 aspartic acid, asparagine, glutamic acid, alanine, valine, β-aminobutyric acid, lysine 및 arginine 등이었다. 발효물의 물의 색은 L값이 62, a값이 4.5, b값이 18로 황갈색이며, 적색도는 발효 전보다 후에 모든 실험군에서 높았다. ACE저해 활성은 모든 실험구에서 발효 전(184.91±1.12~88.33±1.34%)보다 발효 후(96.77±1.23%~97.56±1.23%)에 증가, C군이 97.56±1.23%로 저해 활성이 가장 높았고, 다음 A군(97.22±2.10%), B군(96.77±1.23%)이었다. 전자 공여능은 발효 전보다 후에 증가하였으나, C군이 발효 전에 49.54±1.77%, 발효 후 50.87±1.84%로 가장 높았다.

함초 Cake의 항산화 활성 : 함초의 수침 및 EtOH ex의 항산화 효과와 효소처리 된 cake의 항산화 활성은 DPPH, superoxide, hydroxyl radical(in vitro)로 평가하였다. 5종의 탄수화물 가수 분해 효소로 처리한 수침 및 EtOH ex중, viscozyme 처리한 EtOH ex의 함초 cake이 수율과 phenol성 물질이 더 많았으며, DPPH에 대해 가장 강력한 활성을 보였고 (IC_{50}=186.91㎎/㎖), 다음 superoxide(IC_{50}=87.54㎎/㎖), hydroxyl radical (IC_{50}=3.67.07㎎/㎖) 순이었다. EtOH ex를 분리 정제한 항산화성 phenol성 물질은 procatechuic, ferulic, caffeic acid, quercetin, isorhamnetin 등이었다. 이 중 가장 강력한 항산화 활성 물질은 caffeic, ferulic acid이었고, quercetin과 isorhamnetin도 함초 EtOH ex 중 강한 항산화 물질이었다.

viscozyme처리 함초 cake 중 phenol성 물질은 procatechuic acid(1.56㎎%), caffeic acid(6.87㎎%), ferulic acid(8.45㎎%) 및 quercetin(12.63㎎%)이었으나, 수침 ex의 항산화성 phenol성 물질은 procatechuic acid, caffeic acid 및 ferulic acid로 수침 ex보다 EtOH ex가 더 항산화 활성이 높았다.

일반 김과 기능성 김의 영양 비교 : 일반 김, 목초액김, 함초 김, 퉁퉁마디 참숯돌김을 제조, 이들의 일반성분을 비교한 결과, 탄수화물, 조섬유는 별 차이 없었으나, 그 외 성분은 기능성 김이 많았다. Ca, K, Cu, Na은 함초 김, 철분은 퉁퉁마디김이 가장 높았고, 중금속 함량은 Cr, Cd, Pb는 일반 김에 많았다. 구성 아미노산은 일반 김과 기능성 김에서 대부분 glutamic acid, glycine, isoleucine, phenylalanine이 가장 많았고, 특히 일반 김에 비하여 약 3배가 많은 아미노산은 alanine, phenylalanine이, 함초 김과 퉁퉁마디 참숯돌김은 serine, lysine이 많았다. 굽기 전에는 일반 김과 기능성 김의 영양 차이가 없었으나, 구운 후에는 기능성 김이 일반 김에 비하여 높았고, 목초액 김보다 함초 김의 선호도가 높았다.

함초 설기떡의 최적 혼합 비율 : 최적 함초 설기떡의 비율을 알고자, 물 13~18%, 함초 2~6%, 설탕 8~13%, 쌀가루 등의 재료로 설기떡을 만들어 조사한 결과, 물 15.2%, 함초 3.0%, 설탕 9.8% 배합 설기떡이 가장 적합하였고, 관능시험 결과, 색은 5.6~7.6, 냄새 5.8~7.6, 맛은 5.6~7.3, 부드러운 정도 6.0~7.2, 촉촉한 정도 6.0~7.8, 전반적 기호도는 5.6~7.6이었다. 수분과 설탕 첨가율이 높을수록, 함초량이 낮을수록 명도는 높고, 적색도와 황색도는 낮았다. 조직감은 함초량 증가에 따라 점성, 경도, 씹힘성이 증가, 부드러움이 낮아졌다.

함초 제빵 적성 : 함초 분말을 분석한 결과, 수분 9.39%, 조회분 25.60%, 조섬유 73.02%, 철분과 칼슘은 각각 17.6㎎%, 117.5㎎%였고, 반죽의 pH는 함초 분말 첨가로 현저한 차이는 없었다. 시료 6.0%첨가구의 발효능은 대조구보다 다소 낮았으나, 그 외 시료 첨가구는 높았다. 굽기 손실률은 시료 0.6% 첨가구를 제외한 시료구는 대조구보다 낮았다. 시료 첨

가량의 증가에 따라 빵의 무게도 증가하였으나, 빵의 부피는 감소하였다. 빵 반죽의 색도는 시료 첨가량 증가에 따라 L값과 b값도 감소하였으나, a값은 증가하였다. 함초 식빵의 기호성은 맛과 풍미, 색은 1.2%첨가구가 대조구보다 증가하였고, 종합적 기호도는 대조구와 큰 차이를 보이지 않았다.

함초 식빵의 특성 : 식빵재료에 함초 분말을 0, 0.6, 1.2, 1.8, 2.4, 6.0%를 첨가하여 식빵을 제조, 분석 한 결과, 조섬유, 칼슘, 철분은 뚜렷이 증가하였고, pH는 대조구에 비해 높았다. 시료 0.6%~2.4%첨가 식빵의 염도는 대조구와 별 차이 없었으나, 식빵의 표면 색도는 L값, b값은 대조구보다 감소, a값은 증가하였고, 내부 색도는 시료 1.8%까지는 대조구와 차이가 없었다. 함초 식빵의 조직감 hardness, springiness, chewiness, cohesiveness는 대조구보다 높았으며, 첨가 함초량 증가에 따라 증가하였다. 식빵의 전자 공여능은 시료 0.6, 1.2, 1.8, 2.4 및 6.0% 첨가구 각각 30.42, 33.91, 39.51, 41.17 및 63.82%로 대조구 27.95%보다 높았으며, 함초 첨가량 증가에 따라 식빵의 지방 산패 억제활성은 증가하였고, polyphenol양도 증가하였다.

함초 요구르트 저장 중 품질 특성 : 함초 추출물을 0, 0.25, 0.50, 1.00% 첨가 요구르트를 제조한 결과, 0.25, 0.50%첨가군에서 단백질, 지방, 회분이 대조군보다 많았고, pH는 대조군이 4.32로 함초 요구르트보다 높았으며, 적정 산도는 0.86%로 함초 요구르트보다 낮았다. 젖산균수는 함초첨가량 증가에 따라 증가, 1.0%군에서 8.90 log cfu/㎖로 가장 높았다. L값은 75.14로 함초군이 가장 높았고, a,b값도 1.0%군에서 가장 높아 각각 -0.25, 11.65였다. 점도는 함초 첨가량 증가에 따라 낮아, 1.0%군에서 768.67cps로 가장 낮았다. 관능평가에서 0.25와 0.5%군이 양호하였으며, 0.25%군이 가장 높았다. 5℃에서 15일간 저장에서 시간이 지남에 따라 함초 요구르트는 pH와 적정산도, 색도 a와 b값, 점도와 유의성 차이는 없었으나, L값은 감소, 젖산 균수는 증가하였다. 이 결과로 함초 추출물은 기능성 식품 천연물 소재로서의 가능성을 보였다.

참고문헌

1) 김경란, 최정화, 우미희, 김영희, 최상원, **식품영양과학회지,** 2008, 37(2), 170 (함초 효소적 가수 분해물이 STZ-유발 당뇨쥐의 혈당 강화 및 혈청 지질 개선효과)

2) 김경란, 최정화, 이성권, 우미희, 최상원, **식품영양과학회지,** 2006, 35(10), 1356 (함초의 효소적 가수 분해물이 고콜레스테롤 식이 흰쥐의 항산화 방어계에 미치는 영향)

3) 김명화, **영양학회지,** 2007, 40(1), 5 (함초 첨가식이가 당뇨유발 흰쥐의 혈당 및 지질대사물에 미치는 영향)

4) 김명화, **영양학회지,** 2007, 40(5), 403 (함초 보충시 당뇨유발 흰쥐의 지질 과산화와 무기질 함량에 미치는 영향)

5) 김명화, **영양학회지,** 2008, 41(7), 583 (함초 첨가식이가 당뇨유발 흰쥐의 항산화효소 활성에 미치는 영향)

6) 김선희, 류덕선, 이미경, 김기훈, 김용호, 이동석, **미생물 · 생명공학회지,** 2008, 36(1), 43 (함초 다당체의 항당뇨 활성)

7) 박인배, 박정욱, 이영재, 신종원, 김해섭, 조영철, **식품영양과학회,** 2009, 38(7), 902 〔*Bacillus subtilis*를 이용하여 발효시킨 퉁퉁마디(*Salicornia herbacea* L.)의 품질특성〕

8) 배종윤, 박나영, 이신호, **식품영양과학회지,** 2008, 37(7), 908 (함초 분말 첨가가 제빵 적성에 미치는 영향)

9) 배종윤, 박나영, 이신호, **식품영양학회지,** 2008, 37(9), 1196 (함초 분말 첨가가 식빵의 품질 특성에 미치는 영향)

10) 서희영, 정복미, **식품영양과학회지,** 2007, 36(10), 1314 (일반 김과 기능성 김의 식품성분과 관능평가 비교분석에 관한 연구)

11) 송태철, 이창호, 김영언, 김인호, 한대석, 양동흠, **식품영양과학회지,** 2007, 36(4), 395 (함초 추출물 발효액의 기능성)

12) 이영재, 박인배, 김해섭, 심궁원, 박정욱, 조영철, **식품영양학회지,** 2009, 38(7), 885 〔퉁퉁마디(*Salicornia herbacea* L.)에서 추출한 적자색 색소의 특성 및 안정성〕

13) 장명숙, 박정은, **식품영양과학회지,** 2006, 35(5), 641 (함초 첨가 설기떡의 재료 혼합 비율의 최적화)
14) 정복미, 박정애, 배송자, **식품영양과학회지,** 2008, 37(2), 148 (함초 분획물의 in vitro에서의 암세포 성장 억제 및 Quinone Reductase 활성 유도효과)
15) 조영심, 김순임, 한영실, **식품과학회지,** 2008, 40(3), 326 (함초 추출물의 장기능 개선과 변비해소 효과)
16) 조영심, 김순임, 한영실, **식품조리학회지,** 2008, 24(2), 212 (함초 추출물 첨가가 요구르트 저장 중의 품질 특성에 미치는 영향)
17) Arakawa, Y. et al, **CA,** 1983, 98, 198725 (2,7-Dihydroxy-6- methoxy-isoflavone, 2'-Hydroxy-6,7-methylene dioxyisoflavone)
18) Arkkawa Y. et al, **Agric. Boil. Chem.,** 1983, 47, 2029 (deriv. 6,7-Dihydroxy-4H-1-benzopyran-4-one; 6Me ether, 7-β-D-glycopyranoide)
19) Attia, F. M., Alsobayel, A. A., Kriadees, M. S., Alsaiady, M. Y., Bayoumi, M. S., **Animal Feed Sci. Tech.,** 1997, 65, 257 (Nutrient composition and feeding value of *Salicornia bifelovii* Torr meal in broiler diets)
20) Bang, M. A., Km, H. A., Cho, Y. J., **J. Kor. Soc. Food Sci. Nutr.,** 2002, 31(5), 840 (Hypoglycemic and antioxidant effect of dietary Hamcho powder in streptozotocin - induceed diabetic rats)
21) Borkowski, B. et al, **Pharmazie,** 1965, 20, 390, **CA,** 63, 15223c (Alkaloid, Salicornice, Saliherbine)
22) Borkowski, B. et al, **Pharmazie,** 1965, 20, 390, **CA,** 63, 15223c (*Salicornia herbacea* alkaloid)
23) Cha, J. Y., Jeon, B. S., Kim, B. K., Kang, H. Y., Cho, Y. S., **J. Life Sci.,** 2005, 15, 619 (Physiological effect of Hamcho yogurt of strepto-zotocin-induced diabetic rats)
24) Cha, J. Y., Jeon, B. S., Park, J. W., Kim, B. K., Jeong, C. Y., Ryu, J. S., Choi, C. K., Cho, Y. S., **J. Life Sci.,** 2004, 14, 747 (Hypo-

cholesterolemic effect of yogurt supplemented *Salicornia herbacea* extract in cholesterol-fed rats)

25) Cha, J. Y., Jeong, J. J., Kim, Y. T., Seo, W. S., Yang, H. J., Kim, J. S., Lee, Y. S., **J. Life Sci.**, 2006, 16(4), 683 〔Detection of chemical charcteristics in hamcho(*S. herbacea*) according to harvest periods〕

26) Chiji, H. et al, **Agric. Biol. Chem.**, 1978, 42, 159 (isol. *S. europaea* leaves, stems, 6,7-Dimethylenedioxy-4H-1-benzopyran-4-one)

27) Chiji, H. et al, **Agric. Boil. Chem.**, 1978, 42, 159 (isol. 6,7-Dihydroxy-4H-1-benzopyran-4-one; 6 Me ether, 7-*β*-D-glycopyranoide)

28) Cho, Y. S., Kim, S. I., Han, Y. S., **Kor. J. Food Sci. Technol.**, 2008, 40, 326 〔Effects of slander glasswort(*Salicornia herbacea* L.) extract on improvements in bowel function and constipation relief〕

29) Choi, I. K., **Duksung Bull. Pharm. Sci.**, 1998, 9, 51 (Protective effect of *Salicornia herbacea* L. against carbon tetrachloride - induced hepatotoxicity in rats)

30) Choi, J. K., **J. Kor. Soc. Plants People & Environ.**, 2002, 5(1), 7 (A edible korean medicinal herbs)

31) Chung, Y. C., Chun, H. K., Yang, J. Y., Kim, J. Y., Han, E. H., Kho, Y. H., **Arch, Pharm. Res.**, 2008, 28, 1122 (Tungtungmadic acid, a novel antioxidant, from *Salicornia herbacea*)

32) Ha, B. J., Lee, S. H., Kim, H. J., Lee, J. Y., **Biol. Pharm. Bull.**, 2006, 29, 1305 (The role of *Salicornia herbacea* in ovariectomy - induced oxidative stress)

33) Han, S. K., Kim, S. M., **J. Kor. Soc. Food Sci. Nutr.**, 2003, 32(2), 207 (Antioxidative effect of *Salicornia herbacea* grown in closed sea beach)

34) Han, S. K., Kim, S. M., **Kor. J. Food Sci. Ani. Resour.**, 2004, 24, 298 〔Antioxidant effect of fermented *Salicornia herbacea* liquid with effective micro-organism on pork〕

35) Han, S. K., Kim, S. M., **Kor. J. Nutr.**, 2004 36(2), 981 (Antioxidative effect of *Salicornia herbacea* L. on the lipid oxidation of pork)

36) Han, S. K., Kim, S. M., Pyo, B. S., **Kor. J. Food Sci. Ani. Resour.**, 2003, 23(1), 46 [Antioxidative effect of glasswort(*Salicornia herbacea*) on the lipid oxidation of pork]

37) Hideyuki, C., **Hokkaido Univ. Collect Scholarly Acad. Paper**, 1976, 9, 303~372 (Studies on betaliain pigments of controspermae plants with special referance to a violet red pigment in *Salicornia europaea* L.)

38) Hwang, J. Y., Lee, S. K., Jo, J. R., Kim, M. E., So, H. A., Cho, C. W., Seo, Y. W., Kim, J. I., **Nutr. Res. Practice**, 2007, 1(4), 371 (Hypolipidemic effect of *Salicorina herbacea* in animal model of type 2 diabetes mellitus)

39) Im, J. S., Lee, S. K., Chang, I. Y., Ha, H. C., Lim, Y., Kim, H. Y., Park, K. H., Yoon, S. P., **Kor. J. Phys. Anthropol.**, 2006, 19(2), 117 (Activation of macrophage by polysaccharide isolated from *Salicornia herbacea* L.)

40) Im, S. A., Kim, G. W., Lee, C. K., **Nat. Prod. Sci.**, 2003, 9, 273 (Immunomodulatory activity of *Salicornia herbacea* L. components)

41) Im, S. A., Kim, K. J., Lee, C. K., **Intl. Immunopharmacol.**, 2006, 6, 1451 (Immunomodulatory activity of polysaccharides isolated from *Salicornia herbacea*)

42) Jang, H. S., Kim, L. R., Choi, S. W., Woo, M. H., Choi, J. H., **Ann. Nutr. Metab.**, 2007, 51, 119 (Antioxidant and antithrombus activities of enzyme-treated *Salicornia herbacea* extracts)

43) Jang, M. J., Kim, K. R., Choi, S. W., Woo, M. H., Choi, J. H., **Ann. Nutr. Metab.**, 2007, 51, 119 [Antioxidant and antithrombus activities of water and methanol extreacts from *Salicornia herbacea* prepared by enzymatic treatment)

44) Jang, M. S., Park, J. E., **J. Kor. Soc. Food Sci. Nutr.**, 2006, 35(5),

641 〔Optimization of ingridient mixing ratio for preparation of sulgidduk with saltwort (*Salicornia herbacea* L.)〕

45) Jeon, S. M., Kim, S. I., Ahn, J. Y., Park, S. M., **J. Soc. Cosmet. Scientists Kor.**, 2007, 33, 145 〔Antioxidative properties of extract/fractions of suae asparagoides and *Salicornia herbacea* extracts(1)〕

46) Jeong, C. Y., Ryu, J. S., Choi, C. K., Jeon, B. S., Park, J. W., Kim, B. K., Shin, G. G., Bae, D. W., Cha, J. Y., **J. Life Sci.**, 2004, 14, 788 (Supplemented effect of *Salicornia herbacea* extracted powder on preparation and quality characteristics of fermented milk product)

47) Jo, Y. C., Ahn, J. H., Chon, S. M., Lee, K. S., Bae, J. J., Kang, D. S., **Kor. J. Medicinal Crop. Sci.**, 2002, 10(2), 93 〔Studies on pharmacological effects of glasswort(*Salicornia herbacea*)〕

48) Jung, B. M., Park, J. A., Bae, S. J., **J. Kor. Soc. Food Sci. Nutr.**, 2008, 37, 148 (Growth inhibitory and quinone reductase induction activities of *Salicornia herbacea* L. fractions on human cancer cell lines in vitro)

49) Kim, J. B., Choe, S. M., Choe, K. H., Lim, S. H., Chai, S. J., **J. Fish Mar. Sci. Edu.**, 2007, 19, 197 (Functional components of halophyte: antioxidant substances in *Salicornea herbacea* L.)

50) Kim, K. R., Choi, J. H., Lee, S. K., Woo, M. H., Choi, S. W., **J. Kor. Soc. Food Sci. Nutr.**, 2006, 35(10), 1356 〔Effect of enzymatic hydrolysate of hamcho(*Salicornia herbacea*) on antioxidative defens system in rats fed high cholesterol diet〕

51) Kim, K. R., Choi, J. H., Woo, M. H., Kim, Y. H., Choi, S. W., **J. Kor. Soc. Food Sci. Nutr.**, 2008, 37, 170 〔Effects of enzymatic hydrolysates from hamcho(*Salicornia herbacea* L.) on blood glucose and serum lipid composition in STZ-induced diabetic rats〕

52) Kim, K. R., Jang, M. J., Choi, S. W., Woo, M. H., Choi, J. H., **J. Kor. Soc. Food Sci. Nutr.**, 2006, 35, 55 〔Effect of water extract from

enzymic-treated hamcho(*Salicornia herbacea*) on lipid metabolism in rats fed high cholesterol diet〕

53) Kim, M. H., **Kor. J. Nutr.**, 2007a, 40(1), 5 (Effects of *Salicornia herbacea* L. supplementation on blood glucose and lipid metabolites in STZ-induced diabetic rats)

54) Kim, M. H., **Kor. J. Nutr.**, 2007b, 40, 403(Effects of *Salicornia herbacea* L. supplementation on lipid peroxidation and mineral levels in STZ-induced diabetic rats)

55) Kim, S. H., Ryu, D. S., Lee, M. Y., Kim, K. H., Kim, Y. H., Lee, D. S., **Kor. J. Microbiol. Biotechnol.**, 2008, 36, 43 (Antidiabetic activity of polysaccharide from *Salicornia herbacea*)

56) Kim, Y. H., **MS Thesis,** Dongshin Univ., Korea, 2003, 23~24 〔A study on the antioxidant activity of glasswort(*Salicornia herbacea* L.)〕

57) Kim, Y. S., Kwak, S. H., Jang, M. S., **Kor. J. Food Cookery Sci.**, 2006, 23, 666 〔Optimization of ingredient mixing ratio for preparation of steamed foam cake with saltwort(*Salicornia herbacea* L.)〕

58) Lee, C. H., Kim, I. H., Kim, Y. E., Oh, S. W., Lee, H. J., **J. Kor. Soc. Food Nutr.**, 2004, 33(9), 1584 (Determination of betaine from *Salicornia herbacea* L.)

59) Lee, J. T., An, B. J., **Kor. J. Herbology,** 2002, 17(2), 61 (Detection of physical activity of *Salicornia herbacea*)

60) Lee, J. T., Jeong, Y. S., An, B. J., **Kor. J. Herbology,** 2002, 17, 51 (Physiological activity of *Salicornia herbacea* and its application for cosmetic materials)

61) Lee, J. Y., **MS Thesis,** Dankook Univ., Seoul, Korea, 〔Effect of glasswort (*Salicornia herbacea* L.) on the yulmoo Mul-kimchi during fermentation〕

62) Lee, K. Y., Lee, M. H., Chang, I. Y., Yoon, S. P., Lim, D. Y., Jeon, Y. J., **J. Ethnopharmacal.**, 2005, 22, 145 (Macrophage activation by

polysaccharide fraction isolated from *Salicornia herbacea*)

63) Lee, Y. S., Lee, H. S., Kim, B. K., Ohuchi, K., Shin, K. H., **Biol. Pharm. Bull.**, 2005, 28, 916 (Inhibitory effect of isorhamnetin- 3-*O*-*β*-D-glucoside from *Salicornia herbacea* on rat lens aldose reductase and sorbitol accumulation in STZ-induced diabetic rat tissues)

64) Lee, Y. S., Lee, H. S., Shin, K. H., Kim, B. K., Lee, S., **Arch. Pharm. Res.**, 2004, 27(10), 1034 (Constituents of the halophyte *Salicornia herbacea*)

65) Min, J. G., Lee, D. S., Kim, J. J., Park, J. H., Cho, T. Y., Park, D. I., **J. Food Sci. Nutr.**, 2002, 7(1), 105 (Chemical compsition of *Salicornia herbacea* L.)

66) Min, J. G., Son, K. T., Kim, J. H., Kim, T. J., Park, J. H., **J. Food Sci. Nutr.**, 2002, 7(3), 261 〔Physiological and functional properties of *Salicornia herbacea* (Tungtungmadi) leaf extreacts〕

67) Netty, E., Cha, J. Y., Yingshi, L., Jung, M. H., Shin, D. G., Lee, K. H., Son, D. Y., **Kor. J. Plant Biotenol.**, 2004, 31, 273 (Molecular cloning and charcterization of outer envelope membrane protein from *Salicornia herbacea*)

68) Oh, J. H., Kim, E. O., Lee, S. K., Woo, M. H., Choi, S. W., **Food Sci. Biotechnol.**, 2007, 16(1), 90 〔Antioxidant activities of the Ethanol extract of Hamcho (*Salicornia herbacea* L.) Cake prepared by Enzymatic treatment〕

69) Park, S. H., Kim, K. S., **J. Kor. Soc. Appl. Biol. Chem.**, 2004, 47, 120 (Isolation and identification of antioxidant flavonoids from *Salicornia herbacea*)

70) Park, S. H., Ko, S. K., Choi, J. G., Chung, S. H., **Arch. Pharm. Res.**, 2006, 29, 256 (*Salicornia herbacea* prevents high fat-induced hyperglycemia and hyperlipidemia in ICR mice)

71) Piattelli, M. et al, **Ann. Chim.(Rome)**, 1996, 56, 1060, **CA**, 66, 658054

(Amaranthin)

72) Rha, E. S., **Kor. J. Plant Res.**, 2004, 17, 170 (Utilization of halophyte for improving agricultural environment in China)

73) Schwartsmann, G., Rocha, A. B., Berlinck, R. G. S., Jimeno, J., **Lancet Oncology**, 2001, 2, 221 (Marine organism as a source of new anticancer agents)

74) Shimizu, K., **Jpn. J. Trop. Agr.**, 2000, 44(1), 61 〔Effects of salt treatments on the production and chemical composition of saltwort (*Salicornia herbacea* L.), rhodesgrass and alfalfa〕

75) Shin, K. S., Boo, H. O., Jeon, M. W., Ko, J. Y., **Kor. J. Plant Res.**, 2002, 15(3), 216 (Chemical componets of native plant *Salicornia herbacea* L.)

76) Son, D. Y., Ermawati, N., Cha, J. Y., Liang, Y. S., Jung, M. H., Shin, D. J., Lee, B. H., Lee, K. H., **J. Plant Biotechnol.**, 2004, 31, 273 (Molecular cloning and characterization of outer envelope membrane protein from *Salicornia herbacea*)

77) Song, H. S., Kim, D. P., Jung, Y. H., Lee, M. K., **Kor. J. Food Nutr.**, 2007, 20, 150 〔Antioxidant activities of red Hamcho (*Salicornia herbacea* L.) against lipid peroxidation and the formation of redicals〕

78) Song, T. C., Lee, C. H., Kim, Y. E., Kim, I. H., Han, D. S., Yang, D. H., **J. Kor. Soc. Food Sci. Nutr.**, 2007, 36(4), 395 〔The functionality of the saltwort (*Salicornia herbacea*) extract fermented juice〕

Monostroma nitidum Wittrock

홑파래 21

녹조류 · Monostromaceae (홑파래과)

- 영명 | Green laver
- 일명 | Hitoegusa
- 별명 | 파래, 참파래, 참홑파래
- 분포 | 한국 남해, 일본, 동지나해
- 용도 | 식용

✻ 식물학적 특성

녹조류로 홑파래과에 속하며, 몸은 막상(膜狀), 뿌리루 부착하고, 연약하며 선록색이고, 광택이 있다. 체형은 불규칙 하고 열편(裂片)을 이루고, 주름이 있다. 가장 자리에는 매우 주름살이 많고, 또 소열편이 있다. 자라서도 구멍이 생기지 않으며, 크기는 2~3㎝, 때로는 20㎝이상, 몸 두께는 26~56μ이며, 세포는 모가 났으나 좀 둥근편. 불규칙하게 산재하며, 서로 촘촘히 모여있고, 2개씩 모이는 경향이 있다. 몸의 횡단면은 좀 둥굴고 높이 12~15μ이다.

동속 식물에는 그레빌레홑파래(*Monostroma grevillei*)가 있고, 식용한다.

✻ 성분

1) 영양성분

① **홑 파래(말린 것 12063)** : 가식부 100g 중 수분 15.50%, 열량 241.0kcal,

단백질 17.2g, 지질 1.1g, 당질 48.3g, 조섬유 4.90g, Ca 630.0mg, P 185.0 mg, Fe 10.30mg, Zn 1.73mg, vitamin A 630.0 RE, β-caroten 3780.0mg, B_1 0.330mg, B_2 0.210mg, B_6 0.96mg, niacin 3.1mg, C 53.0mg, 엽산 1364.0μg, E 4.30mg.

② **가시파래(말린것, 12060)** : 가식부 100g 중 수분 12.80%, 열량 216.0 kcal, 단백질 20.0g, 지질 0.7g, 당질 42.2g, 조섬유 4.30g, Ca 646.0mg, P 274.0mg, Fe 37.20mg, Zn 1.73mg, vitamin A 345.0 RE, β-caroten 2070.0μg, B_1 0.290mg, B_2 1,340mg, B_6 0.96mg, niacin 4.0mg, C 36.0mg, 엽산 1364.0μg, E 4.30mg.

2) 특수성분

*M. fuscum*에서 Dopamine(D-03651)이 분리되었다.

✻ 생리 활성

Phenol성 물질과 항산화 효과① : 상용되는 해조류 5종 – 미역, 다시마, 톳, 파래, 김의 항산화 활성과 총 flavonoid 및 polyphenol 함량을 알고자, 해조 EtOH ex를 Fe유도 지방 과산화 억제율, DPPH 라디칼 소거율 및 MDA-BSA 결합 저해율을 3가지 방법으로 측정하였다. 녹조류인 파래의 항산화 효과가 가장 우수하였고, 특히 지질 과산화물이 단백질과 결합 반응을 저해하였다. 김, 다시마의 항산화효과가 우수하였으며 미역과 톳은 거의 없었다. 총 flavonoid는 미역 11.63mg/g으로 높았고, 총 polyphenol은 파래가 8.97mg/g으로 가장 높았다. 3가지 방법의 항산화 효과는 총 phenol성 화합물과 관계가 깊었으며, 지질 과산화 억제율과 매우 높은 상관성을 보였다. 해조류의 항산화 효과에 polypenol 성분의 기여도가 큰 것으로 나타났다.

항산화물질② : 동해 주문진 해안에 생육하는 12가지 식용 해조류에서 항산화 물질을 분리하였다. 항산화측정(AOM법, DPPH법)과 UV, HPLC,

GC/MS로 분석하였다. 12종 식용 해조류를 hot-MeOH 추출, AOM법으로 활성을 측정한 결과, 김〉미역, BHT〉다시마〉넓미역〉지누아리〉서실 순이었고, 나머지 해조류는 활성이 나타나지 않았다. 또한 석유에텔, Et_2O, $CHCl_3$, MeOH, H_2O로 순차 추출, 색소제거후, 농축하여 DPPH법으로 항산화를 측정한 결과, H_2O-MeOH 가용분획에서 강한 활성을 보였고, 김〉미역〉다시마〉BHA〉파래〉Tocopherol〉넓미역〉BHT 순이었다. 특히, 김, 미역, 다시마, 파래는 같은 양에서 BHT, BHA보다 높거나 비슷한 항산화 활성을 보였다. 활성 물질 회수율은 1.82%, 극성용매 분획에서 강한 활성을 보였다. 추출 물질의 흡수 파장은 235±5nm, 270±5nm(λmax), HPLC 분석 결과 다시마, 미역, 파래의 retention time(RT)이 8.5분, 10분인 극성 물질이 분리되었고, 김에서는 25분의 비극성 물질로 BHA, BHT와 비슷한 RT에서 분리되었다.

항돌연변이 활성 및 암세포 성장 억제 : 톳, 다시마, 미역, 김, 파래 5종의 해조류 EtOH 추출물의 2-anthramine에 대한 돌연변이 억제 효과를 *Sal. thypimurium* TA98에서 측정 결과, 톳(100%), 다시마(94.2%)가 3.5㎎/plate에서, 파래(68.5%)가 4.5㎎/plate에서 억제능을 보였고, TA100에서 파래(100%), 톳(100%), 다시마(94.1%)가 각각 1.5, 2.5, 4.5㎎/plate에서 최대 억제 효과를 보였으나 미역과 김은 간접 돌연변이 억제는 없었다. 직접 항돌연변이는 TA98에서 톳, 미역, 파래 모두 4.5㎎/plate에서 각각 83%, 73%, 73% 억제되어 2-nitrofluorene의 돌연변이능 저해율이 비교적 높았다. 또한 TA100에서 sodium-azide의 돌연변이 저해가 가장 큰 해조류는 톳, 다시마 및 파래로 3.5㎎/plate에서 모두 100% 저해율을 보였다. TA98에서 미역과 김은 4.5㎎/plate에서 각각 73%, 50% 저해하였고, TA100에서 저해능이 없었다. HeLa cell과 MCF-7 cell, SNU-638 cell 암세포 성장 억제를 MTT assay로 관찰한 결과, 5종 모두 억제 효과를 보였다. HeLa cell 성장을 90% 이상 저해는 파래〉미역〉다시마〉톳 순이었고, 김은 56% 저해하였다. MCF 7 cell에는 90% 이상 저해는 파래〉미역〉다시마〉톳 순이었고, 김은 50% 저해율을 보였다. SNU-638 cell 세포 성장 억제는 HeLa cell과 MCF-7 cell보다 낮았다. 저해율 70% 이상은 파래, 미역, 다시마, 톳이었고, 김은 68%이었다. 이상에서 Ames test와 MTT assay 결과, 톳, 파래, 다시마는 항돌연변이 효과와 암세포 성장 억제 효과가 우수한 것으로 나타났다.

Angiotensin-1 전환 효소 저해 : 해조류(김, 파래, 미역, 우뭇가사리, 청각, 톳, 다시마) 추출물과 가수 분해물의 성분과 ACE 저해 효과를 조사하였다. 단백질의 함량은 김 39.6%, 파래 22.1%, 미역 21.1%, 우뭇가사리 18.3%, 청각 15.7%, 톳 12.4%, 다시마 8.2% 순이었고, 추출물의 ACE저해 효과는 50, 70, 98℃에서 추출한 결과, 70℃ 추출 시료 모두에서 가장 높았으며, 70℃를 기준 ACE 저해율은 우뭇가사리 10.9%, 김 9.3%, 파래 8.9%, 미역 8.2%, 톳 7.5%, 다시마 7.1%, 청각 7.0% 순이었다. max-ayme 과 papain 가수 분해 물의 ACE 저해 효과는 김이 파래, 미역, 우뭇가사리보다 현저히 높았고, peptide-nitrogen 함량 역시 높았다. 김 8시간 가수 분해 후 ACE 저해 효과가 maxazyme 31.3%, papain 27.9%로 가장 높았고, peptide-nitrogen 함량도 가장 높았다. 파래의 ACE 저해 효과 역시 8시간에서 maxazyme 9.6%, papain 8.5%로 다른 시간대보다 높았으며, peptide-nitrogen 함량이 16시간 까지 완만히 증가하였다.

저분자 Peptide 의 기능성 : 해조류의 이용성을 높이고자 pepsin으로 가수분해한 peptide를 정제, 쇠미역, 파래, 지누아리는 3개의 peptide, 김은 2개의 peptide를 얻어 항산화 활성을 검사한 결과, 김은 peak 1이 높았고, 다음 peak 2가 높았다. ACE 저해 활성은 김 peak 1, 파래 peak 3, peak 2 순으로 높았으며, 항갈변 활성은 김 peak 1과 2, 파래 peak 2가, 파래 peak 3이 높았다. 항암 활성은 파래 peak 1〉쇠미역 peak 2〉 파래 peak 3〉 지누아리 peak 3 순이었다. 전반적으로 김의 기능성이 높았고, 또한 단백질 함량도 높았다.

산지와 채취시기별 일반성분의 조성과 무기원소 : 녹조류(참홑파래, 청각), 갈조류(미역, 톳, 모자반, 다시마), 홍조류(얼룩도박, 참김, 불등풀가사리) 9종에 대해 기장, 충무, 여수지역에서 채취시기별 일반성분을 분석한 결과, 조단백질은 참김(45%)이 가장 많았고, 참홑파래(30%)가 낮았다. 지질은 다시마 약 10%로 많은 편이며, 참김은 약 6%로 높았으나, 얼룩도박과 불등풀가사리는 약 3% 이하로 낮았다. 회분과 탄수화물은 청각(약 90%)이 많았고, 참김(약 30%)이 가장 적었다. 참홑파래, 미역, 얼룩도박에는 Na가 가장 많았고, K, Mg, Ca이 비슷하였고, Fe은 참홑파래가 많았고, 미역과 얼룩도박에는 낮았다. Zn은 해조류에 비교적 많았고, 얼룩도박이 가장 많았다. 미역, 톳, 다시마의 무기질 중 K과 Na 비슷하였으나 Mg은 Ca보다 많았고, Zn은 지역별 차이가 많았다. 일반 성분 조성은 종류와 채취 장소에 따라 차이가 있고, 무기 원소는 채취 시기에 따라 큰 차이가 있었다.

산지와 채취시기별 식이섬유질 함량과 해조다당류 분포 : 참홑파래, 청각, 미역, 톳, 모자반, 다시마, 얼룩도박, 참김, 불등풀가사리 등 9종의 식이섬유를 시기별로 비교한 결과, 총 식이 섬유질은 참홑파래가 25.4~38.1%, 청각 35.4~43.8%, 미역 34.2~48.8%, 톳 37.5~47.8%, 모자반은 42.9~71.3%, 다시마는 37.1~45.1%, 참김은 31.3~40.5%, 얼룩도박은 51.5~60.4%, 불등풀가사리는 57.1~65.8% 이었고, 가용성 및 불용성 식이섬유를 많이 함유한 해조류는 불등풀가사리와 모자반이었다. 총 식이섬유에 대한 가용성 식이섬유 비율은 녹조류 중 참홑파래 43.7~64.8%, 갈조류 중 미역은 17.5~31.3%, 홍조류 중 불등풀가사리는 44.7~63.2%가 높았다. 해조다당류의 분포 특징은 갈조류는 알칼리 가용성 알긴산을 9.0~15.1%, 홍조류 중 참김은 porphyran 5.8%, 불등풀가사리와 얼룩도박은 한천 20.0%, 카라기난 23.8%를 각각 많이 함유하는 차이를 보였다.

지방산 조성 : 녹조류(파래, 청각), 갈조류(다시마, 톳, 곰피, 모자반, 미역), 홍조류(김) 등 8종의 식용 해조류의 지방산을 GLC로 분석한 결과, 녹조류 1.51%, 갈조류 2.81%, 홍조류 1.02%이었고, 지방산 조성은 녹조류는 $C_{16:0}$산이 가장 많았고, $C_{18:1}$, $C_{18:2}$, $C_{18:3}$산도 많았다. 갈조류는 $C_{16:0}$, $C_{18:1}$, $C_{18:2}$, $C_{18:3}$산이 많았으나 $C_{18:0}$산은 적었다. 홍조류는 $C_{16:0}$산이 많았고, $C_{14:0}$, $C_{18:1}$, $C_{18:2}$, $C_{18:3}$은 매우 적었다. 녹조류 C_{16}, C_{18}산이, 갈조류는 C_{16},

C_{18}, C_{22}산이, 홍조류는 C_{15}, C_{16}, C_{18}산이 각각 많았다.

미량 금속 함량 : 우리나라 연안에서 수집한 해조류 총 620건 시료 즉 녹조류(파래 등 113건), 갈조류(다시마 등 275건), 홍조류(김 등 232건)의 미량 금속 함량을 비교 분석한 결과, Hg은 갈조류에서, Cd는 홍조류에서, Cu, Cd는 녹조류에 많았고, Mn과 Ni은 녹조류와 홍조류에서, Pb는 녹조류에서, Zn은 홍조류에 많았다. 지역 별로는 Hg, Cd, Ni, Mn은 충남 태안 지역에서 Cr은 영덕, Cu는 통영, Pb와 Zn은 울산 지역에서 많았다. 갈조류에는 Hg와 Cd, 녹조류는 Cr, Cu, Mn, Ni, Pb가, 홍조류에는 Zn이 많았다. 비 식용 해조류 중 지충이는 Cd와 Mn의 biomonitor, 애기마디잘록이와 지누아리는 Ni와 Zn의 biomonitor, 식용 갈조류인 고리매는 Cr과 Pb의 biomonitor로 사용할 수 있을 것으로 판단된다.

기장산과 완도산 해조류의 무기질 함량 : 기장과 완도에서 채집한 갈조류인 미역, 다시마, 톳, 녹조류인 가시파래, 참홑파래의 무기질과 중금속을 측정한 결과, 녹조류의 총 회분은 13.8~24.8%, sulfate는 1.08~3.25%이었고, 갈조류의 총 회분은 24.5~24.8%로 녹조류보다 많았으며, 완도와 기장의 무기질 함량은 5종의 무기질이 각각 달랐다. 갈조류의 대량 무기질; Ca, Mg, Na, K가 657~13,947㎎/100g, 미량 무기질 ; Fe, Al, Zn, Mn, Cr, Cu, Ni 0.27~12.98㎎/100g으로 많았고, 녹조류에서도 대량 무기질이 233~5,279㎎/100g과 미량 무기질 0.26~10.6㎎/100g으로 모두 다량 함유하였다.

미량 금속과 안전성 평가 : 우리나라 연안에서 수집한 김(33점), 미역(88점), 다시마(12점), 파래(43점) 등 총 176점 해조류의 미량 금속을 조사한 결과, Zn, Mn, Cu 순으로 많았고, 다음 Cr, Ni, Cd, Hg 순이었다. 김에는 Cd, Zn이, 파래에는 Cr, Ni, Pb가 많았으며, 다시마에는 Hg가 가장 많았다. Cd와 Zn 농축계수는 김에서 각각 약 12,000과 14,000으로 높았으며 Cr과 Pb는 파래에서 각각 약 23,000 및 2,500으로 가장 많았다. Cu는 김과 파래에서 약 5,500으로 가장 많이 농축되어 있었다. 다시마에는 Mn과 Pb가 많았고, 갈조류인 미역과 녹조류인 파래에는 전혀 다른 경향이었다. 우리나라 국민의 식용 해조류에서 Hg 섭취는 평균 0.03㎎/일로 PTWI(5㎎/kg b.w/wk)의 0.07%이었고, Cd 섭취량은 평균 2.15㎎/일로 PTWI(7㎎/kg b.w/wk)의 3.57%, Pb의 섭취량은 평균 2.65㎎/일로 PTWI(25㎎/kg b.w/wk)의 1.20%이었다. 이로써 우리국민이 해조류로 섭취하는 Hg, Pb, Cd/주의 함량은 PTWI 0.07~3.57%이며, 유해금속 섭취는 매우 안전하며, Cu, Zn, Mn, Cr의 섭취량은 영양소 기준치의 각각 1.35, 0.89, 4.28, 9.18%이었다.

해조류의 콜린함량 : 김, 다시마, 미역, 파래의 가식부 100g당 choline 함량은 각각 179.47, 76.70, 11.53, 112.74, 2.46㎎%로 미역 > 김 > 다시마 > 파래 순이었다.

발효식품과 해조류의 비타민 B_{12} : 진통법으로 제조한 된장의 비타민 B_{12}함량은 1.85㎍%, 공장된장은 0.04~0.86%, 전통 청국장은 0.69㎍%, 공장 청국장은 0.06~0.15㎍이었고, 전통식 고추장은 0.11㎍%, 국 간장은 0.04㎍%이었으나 진 간장에서는 검출되지 않았다. 시판 배추김치의 B_{12}는 0.02~0.03㎍%, 열무김치 0.013㎍%, 갓김치 0.02㎍, 깍두기는 0.004㎍%이었고 새우젓 0.78㎍, 멸치액젓 1.52㎍%이었다. 김의 B_{12}함량은 66.76㎍, 파래 84.74㎍, 다시마 0.36㎍, 미역 1.90㎍%이었다.

건강기능성 식품과 해조류 소비 : 경북대 학생 281명을 대상으로 해조류 건강기능식품의 구매의도와 소비가치를 조사한 결과, 구매 장소는 24시간 편의점이고, 낱개 포장으로, 구매 목적은 영양 보충, 체중조절이며, 구매의도가 높은군과 낮은군의 차이가 현저하였고, 식품, 영양 및 건강 관련 과목 수강 경험자 중 기능가치와 인식가치가 높았다.

✼ 효능과 이용

1) 효능 : cholesterol 저하

2) 식용 : 식재료

참고문헌

1) 곽충실, 김성애, 이미숙, **식품영양과학회지,** 2005, 34(8), 1143 (한국산 5종 해조류의 항산화 효과와 총 폴리페놀 함량의 관련성 – 미역, 다시마, 톳, 파래, 김)
2) 곽충실, 황진용, 와다나베 후미오, 박상철, **영양학회지,** 2008, 41(5), 439 (한국 장류, 김치 및 식용 해조류를 중심으로 하는 일부 상용 식품의 비타민 B_{12} 함량 분석 연구 – 파래, 다시마, 김, 미역)
3) 김두상, 이동수, 조득문, 김형락, 변재형, **수산학회지**, 1995, 28(3), 270 (식용 해조류중의 미량 요소와 특수기능성 당질 –2. 산지와 채취 시기별 식이섬유질 함량의 변화와 해조 다당류의 분포: 홑파래)
4) 김성애, 김진, 우미경, 곽충실, 이미숙, **식품영양과학회지,** 2005, 34(4), 451 (다섯 가지 해조류 에탄올 추출물의 항돌연변이 활성 및 암세포 성장 억제 효과 – 톳, 다시마, 미역, 김, 파래)
5) 김영동, 김영명, 강통삼, **한국식품연구소 연구보고,** 1981, 163 (해조류의 다각적 이용에 관한 연구)
6) 김지희, 목종수, 박희연, **식품영양과학회지**, 2005, 34(7), 104 (한국 연안 해조류의 미량 금속 함량 – 파래, 청각, 매생이, 미역, 다시마, 김, 모자반, 톳, 고리매, 우뭇가사리, 꼬시래기, 서실, 불등가사리)
7) 목종수, 박희연, 김지희, **식품영양과학회지,** 2005, 34(9), 1464 (한국산 주요 식용 해조류의 미량 금속 함량 및 안전성 평가 – 김, 미역, 다시마, 파래 등 176종)
8) 박재한, 강규찬, 백상봉, 이윤형, 이규순, **식품과학회지,** 1991, 23(3), 256 (식용 해조류에서 항산화 물질의 분리 – 김, 파래, 미역, 다시마, 지누아리, 서실)
9) 오윤식, 이인규, 부성민, **Algae,** 1990, 5(1), 57 (한국산 유용 해조 특히 식용, 약용 및 공업용 해조에 대한 주해)
10) 윤장택, 조용철, 공용근, 정규화, **수산학회지,** 2006, 39(5), 419 〔녹조류 참홑파래 (*Monostroma nitidum*)의 생태와 초기생장〕
11) 이용필, 강서영, **Algae,** 2002, 17(1), 69 (한국산 해조류의 목록)

12) 이헌옥, 김동수, 도정룡, 고영수, **수산학회지,** 1999, 32(4), 427 (해조류의 Angiotensin-1 전환 효소 저해 작용 – 김, 파래, 미역, 우뭇가사리, 청각, 톳, 다시마)

13) 임영근, 최진석, 김동수, **수산학회지,** 2006, 39(1), 16 (기장산과 완도산 식용 해조류 중의 미네랄 함량 – 미역, 다시마, 톳, 홑파래, 가시파래)

14) 정영하, 조용철, 박인식, 안상현, 김진택, 강용주, 홍용기, **수산학회지,** 1997, 30, 850 (Triton WR-1339 복강 주사로 유도된 생쥐의 고지혈증에 대한 참홑파래 추출물의 영향)

15) 조득문, 김두상, 이동수, 김형락, 변재형, **수산학회지,** 1995, 28(1), 49 (식용 해조류중의 미량요소의 특수 기능성 당질 – 1, 산지와 채취 시기별 일반성분의 조성과 무기원소의 분포)

16) 조용철, 공용근, 윤장택, 선상미, 정규화, **수산학회지,** 1999, 32(1), 117 (해산 녹조류 참홑파래 *Monostroma nitidum* 의 원형질체 분리와 분화)

17) 조효정, 나진석, 정한옥, 정영진, **영양학회지,** 2008, 41(5), 428 (한국인 상용 식품의 콜린 함량 – 두류, 채소류, 버섯류, 과실류, 육류, 난류, 생선류, 조개류, 해조류: 파래, 김, 다시마, 미역)

18) 차명화, 김유경, **식생활문화학회지,** 2008, 23(4), 462 (해조류 건강 기능성 식품에 대한 소비 가치 분석)

19) 최창근, **수산학회지,** 2008, 41(5), 371 (한려 해상 국립공원의 해조상 – 파래류, 청각, 패, 고리매, 곰피, 감태, 부챗말, 참그물바탕말, 톳, 모자반류, 지충이, 김, 시나이아 등)

20) 하봉석, **수산학회지,** 1997, 10(4), 199 〔수산물의 지질에 관한 연구(제2보), 해조류 지질의 지방산 조성에 대하여 – 파래, 청각, 다시마, 톳, 곰피, 모자반, 미역, 김〕

21) Amano, H., **Marine Biochemistry,** Yamaguchi, K. ed., Tokyo University Press, Japan, 1999, pp.170~171 (Biochemistry and biotechnology of seaweed)

22) Baker, J. T., **Proc. Intl. Seaweed Symp.,** 1984, 11, 29 (Seaweeds in

pharmaceutical studies and application)

23) Brannon, M. A., Bartsch, A. F., **Ann. J. Bot.**, 1939, 26, 179 (Influence of growth substances on growth and cell division in green algae)

24) Brwon, M. R., Jeffrey S. W., **J. Exp. Mar. Biol.**, 1992m 161, 91 (Biochemical composition of microalgae from the green algal classes chlorophyceae and prasinophyceae, I. Amino acids, sugars and pigments)

25) Chapman, V. J., Chapman, D. J., **Seaweeds and Their Uses,** Chapman and Hall, London, 1980, 334

26) Chen, Y. C., Chiang, Y. M., **Bot. Bull. Acad. Sin.**, 1994, 35, 45 〔Isolation and regeneration of protoplasts of *Monostroma latissium* Wittrock (Monostromaceae, chlorophyta)〕

27) Chengkui, Z., Junfu, Z., **Proc. Intl. Seaweed Symp.**, 1984, 11, 151 (Chinese seaweeds in herbal medicine)

28) Goodwin, T. W., **J. Gen, Microbiol.**, 1957, 17, 467 (The nature and distribution of carotenoids in some blue-green algae)

29) Jennings, R. C., **Planta,** 1968, 80, 34 (Gibberellins as endogenous growth regulaters in green and brown algae)

30) Jimenz-Escrig, A., Goni Ganbrodon, I., **Arch. Latinoam. Nutr.**, 1999, 49, 114 (Nutritional evaluation and physiological effects of edible seaweeds)

31) Lee, H. Y., Kang, J. K., **Kor. J. Appl. Microbiol. Bioeng.**, 1989, 17(2), 170 (The effects of light intensity in producing EPA from marine green algae)

32) Mabeau, S., Fleurence, J., **Trends Food Sci. Technol.**, 1993, 4, 103 (Seaweed in the food products : Biochemical and nutritional aspects)

33) Matsukawa, R., Dubinsky, Z., Kishimoto, E., Masak, K., Masuda, Y., Takeuchi, T., Chihara, M., Yamamoto, Y., Niki, E., Karube, I., **J.**

Appl. Phycol., 1997, 9, 29 (A comparison of screening methods for antioxidant activity in seaweeds)

34) Mori, B., Kusima, K., Iwasaki, T., Omiya. H., Agric. Biol. Chem., 1981, 55, 787 (Dietary fiber content of seaweed)

35) Moromizato, S., Aquaculture in Tropical Areas, Shokita, S., Kakazu, K., Tomori, A., Toma, ed, Midori Shobo Co. Ltd. Japan (English edition prepared by Yamaguchi, M.) [*Monostroma* spp.(Hitoe-gusa)]

36) Risso, S., Escudero, C., Estevao Belchior, S., de Portela, M. L., Fajardo, M. B., Arch. Latinoam. Nutr., 2003, 53, 306 (Chemical composition and seasonal fluctuations of the edible green seaweed, *Monostroma undalatum*, wittrock, from southerm Argentina coast)

37) Saga, N., Kudo, T., J. Appl. Phycol., 1989, 1, 25 (Isolation and culture of protoplasts from the marine green algae *Monostroma angicava*)

38) Senger, H., Wagner, C., Hermsmeier, D., Hohl, N., Urbig, T., Bishop, N., J. Phytocham. Photobiol., 1993, 18, 273 (The influence of light intensity and wave-length on the contents of α-and β -carotene and their xanthophylls in green algae)

39) Smath, T. A., Phytochemistry, 1997, 16, 9 (occur, Dopamine, Adrenergic, sympathomimetic, Vasopressor)

40) Tseng, C. K., Zhang, J. F., Proc. Intl. Seaweed Symp., 1984, 11, 152 (Chinese seaweeds in herbal medicine)

41) Villaves, R., Puento, X., Carballeira, A., Environ. Pollut., 2002, 119, 79 (Seasonal variation an background level of heavy metals in two green seaweeds)

42) Yan, X. J., Nagata, T., Fan, X., Plant Foods for Hum. Nutr., 1998, 52, 253 (Antioxidative activities in some common seaweeds)

43) Yokohama, Y., Misonou, Jpn. J. Phycol., 1980, 28, 219 (Chlorophyll a : b rations in marine benthic green algae)

I 권 찾아보기

〈학명〉

✻ U

〈영명〉

〈일명〉

Ⅱ권 찾아보기

〈학명〉

〈영명〉

〈일명〉

식용해조류 II

초판발행	2010년 9월 1일
초판 2쇄	2012년 1월 10일
지은이	한용봉
펴낸곳	**고려대학교출판부**
	www.kupress.com
	kupress@korea.ac.kr
	136-701 서울특별시 성북구 안암동
	02-3290-4230, 4232
	Fax 923-6311
찍은곳	경주문화인쇄

ISBN 978-89-7641-728-2 94480
ISBN 978-89-7641-729-9 (세트)

값 22,000원

* 잘못 만들어진 책은 바꿔드립니다.